高等院校计算机应用系列教材

面向对象软件工程

段恩泽　编著

清華大學出版社

北　京

内 容 简 介

本书详细讲述了运用面向对象的思想进行软件开发的过程，主要包含软件工程基础、UML、软件项目管理、需求调研、需求建模、分析、设计、实现和测试、软件维护等内容。

本书介绍了使用商业软件进行需求调研的方法，并通过两次软件开发过程的训练来强化读者对软件开发的过程、方法和工具的掌握，第一次是在UML的案例中，第二次是在第4～第8章的案例中。

本书注重理论与实践相结合，通过大量的案例分析对概念和理论进行详细剖析和实践，阐明了面向对象软件工程的原理、原则、过程、方法和工具。

本书是编者多年在面向对象软件工程领域从事科研、教学和工程实践的总结，在广泛借鉴该领域的经典理论和当前最新研究成果的基础上，坚持独立思考、实事求是的科学态度，对该领域的许多问题提出了新的学术观点和解决方案。

本书适合作为高等院校软件工程、计算机等相关专业的高年级本科生的教材，也可作为软件工程领域的研究人员、教师、培训机构师生和工程技术人员的参考用书。

图书在版编目（CIP）数据

面向对象软件工程 / 段恩泽编著. -- 北京 : 清华大学出版社, 2025. 4.
(高等院校计算机应用系列教材). -- ISBN 978-7-302-68349-0

Ⅰ. TP312.8

中国国家版本馆 CIP 数据核字第 2025NE8670 号

责任编辑： 刘金喜
封面设计： 高娟妮
版式设计： 孔祥峰
责任校对： 成凤进
责任印制： 丛怀宇

出版发行： 清华大学出版社

网　　址： https://www.tup.com.cn，https://www.wqxuetang.com
地　　址： 北京清华大学学研大厦A座　　**邮　　编：** 100084
社 总 机： 010-83470000　　**邮　　购：** 010-62786544
投稿与读者服务： 010-62776969，c-service@tup.tsinghua.edu.cn
质 量 反 馈： 010-62772015，zhiliang@tup.tsinghua.edu.cn

印 装 者： 三河市铭诚印务有限公司
经　　销： 全国新华书店
开　　本： 185mm×260mm　　**印　　张：** 20.25　　**字　　数：** 518千字
版　　次： 2025年4月第1版　　**印　　次：** 2025年4月第1次印刷
定　　价： 69.00元

产品编号：104941-01

前　言

软件工程概念自1968年提出以来，经过了近60年的发展，工程化开发软件的思想已经成为软件行业从业人员的共识。特别是进入21世纪以后，随着移动互联网、物联网、大数据、人工智能等新技术的发展与普及，软件已深深融入国民经济和各行各业之中，成为不可或缺的基础工具。面向对象方法学在软件工程领域的应用越来越普遍，面向对象软件工程成为软件行业的主流。

软件工程涉及软件需求、分析、设计、实现、测试和维护等软件生命周期，包含了一系列原理、原则、过程、方法、工具和实践，指导人们进行工程化的软件开发。软件工程强调从工程化的原理出发，按照系统化、规范化和可量化的方法开发和管理项目，并进行过程改进。

本书分为9章：

第1章软件工程基础，介绍了软件、软件危机、软件工程、软件过程、传统过程模型、RUP、敏捷开发、软件工程工具和软件工程师的职业道德。

第2章UML，介绍了UML的历史、UML的结构、UML的事物、UML的关系、UML的图和UML建模工具。本章的案例按照业务建模、需求、分析和设计四个工作流组织，帮助读者在软件过程中使用UML建模工具，理解软件过程。

第3章软件项目管理，介绍了项目管理知识体系、风险管理、团队管理、估算成本、范围管理和质量管理等主要软件项目方面的管理。

第4章需求调研，介绍了需求和需求调研方法，本章的案例介绍了使用商业软件进行需求调研的方法。

第5章需求建模，介绍了系统用例图、系统用例规约、跟踪与变更需求，本章的最后以“58同城”为例介绍了需求建模的过程。

第6章分析，介绍了面向对象的分析方法，包括发现对象、对象分类、定义类的属性、确定类之间的关系和定义类的方法等内容。

第7章设计，介绍了软件架构设计和面向对象的设计方法，包括系统架构设计、类设计、设计模式、数据库设计和界面设计。

第8章实现和测试，介绍了面向对象的软件实现方法和软件测试方法。

第9章软件维护，介绍了软件维护的概念、软件维护活动、程序修改的步骤及副作用和提高软件的可维护性。

第4～第8章案例的组织体现了案例贯穿开发过程的思想，帮助读者在第2章UML案例的基础上熟练掌握软件开发的过程、方法和工具。此外，第7章还提供了Android游戏架构、.NET分层架构和Java Web SSM架构等多个案例，读者可根据自己的实际情况选择案例深入学习和练习。

每章后面均配备了丰富的习题，涵盖选择题、填空题、判断题、简答题和应用题，供读者强化理论理解和工程实践训练。其中，选择题、填空题、判断题和简答题等用于强化对理论内容的理解，由于答案均可在书中获取，所以本书并没有专门给出习题的答案，以便读者进行深入阅读和思考。应用题可作为工程实践训练项目，按照软件开发过程进行组织。例如，第4～第8章的应用题选择的是电商软件、租房或租车软件、游戏软件、餐饮软件、音乐软件、银行软件等行业软件，便于读者作为工程实践项目进行学习和练习。

教学建议

在把本书作为教材使用时，可参考如下教学建议。

(1) 每章的教学学时安排如表1所示。

表1　教学学时安排

章节	章节内容	学时	合计
第1章	1.1 软件，1.2 软件危机	1	12
	1.3 软件工程	2	
	1.4 软件过程	2	
	1.5 传统过程模型	2	
	1.6 RUP	2	
	1.7 敏捷开发	2	
	1.8 软件工程工具，1.9 软件工程师的职业道德	1	
第2章	2.1 UML简介，2.2 UML的历史，2.3 UML的结构，2.4 UML的事物	1	12
	2.5 UML的关系	2	
	2.6 UML的图	2	
	2.7 UML建模工具	1	
	2.8 案例	6	
第3章	3.1 项目管理知识体系	1	7
	3.2 风险管理	2	
	3.3 团队管理	1	
	3.4 估算成本	2	
	3.5 范围管理，3.6 质量管理	1	
第4章	4.1 理解需求	2	6
	4.2 需求调研方法	2	
	4.3 案例分析	2	
第5章	5.1 系统用例图	2	8
	5.2 系统用例规约	2	
	5.3 跟踪与变更需求	1	
	5.4 案例分析	3	

(续表)

章节	章节内容	学时	合计
第 6 章	6.1 发现对象	1	6
	6.2 对象分类	1	
	6.3 定义类的属性	1	
	6.4 确定类之间的关系	1	
	6.5 定义类的方法	2	
第 7 章	7.1 软件架构设计	1	10
	7.2 系统架构设计	2	
	7.3 类设计	2	
	7.4 设计模式	2	
	7.5 数据库设计	2	
	7.6 界面设计	1	
第 8 章	8.1 软件实现	2	6
	8.2 软件测试	4	
第 9 章	软件维护	1	1
总计		68	

对于第 2 章 UML、第 3 章软件项目管理、第 8 章实现和测试，不同的专业可根据具体情况酌情安排教学内容与学时。

(2) 本书提供了课件供教学使用。为了方便读者使用课件，每章以二级标题来组织课件。

(3) 教师可使用本书中的案例作为课程的教学项目，也可以从每章的习题中选择项目作为课程的教学项目。为了使教学更加顺利地进行，建议学生组成小组或团队进行学习。这样可在训练学生面向对象建模能力的同时，培养学生的团队协作和交流沟通能力。学生项目可以从每章的习题中选择或学生自己选择。

本书由成都东软学院的段恩泽编著，在写作过程中从各种参考文献、技术网页和网站中引用了许多观点、见解和案例，在这里向原作者表示由衷的感谢。限于编者水平，书中难免存在不足和疏漏之处，恳请广大读者给予批评指正。

本书 PPT 教学课件、习题参考答案等教学资源可通过扫描下方二维码下载。

教学资源

编者

2025 年 1 月

目录

第1章 软件工程基础

21 世纪，计算机系统已经渗入人类社会的各个领域，计算机软件已经发展成为当今世界最重要的技术领域之一，对人们的生活和工作都产生了深远的影响。研究软件本身则产生了一门重要的学科，即软件工程(software engineering)。软件工程的研究领域包括软件的开发方法、软件的生命周期及软件的工程实践等。

1.1 软件

1.1.1 软件的概念

软件，也称计算机软件或软件系统，是指计算机系统中的程序及其文档。现在的软件具有产品和产品交付载体的双重作用。作为产品，软件显示了由计算机硬件体现的计算能力，更广泛地说，显示的是由一个可被本地硬件设备访问的计算机网络体现的计算潜力。因此，无论是安装在移动电话、手持平板电脑、台式机还是大型计算机中，软件都扮演着信息转换的角色：产生、管理、获取、修改、显示或传输各种不同的信息，从简单的几比特信息传递，到整合多个独立数据源来获取多媒体信息。而作为产品的载体，软件提供了计算机控制(操作系统)、信息通信(网络)及应用程序开发和控制(软件工具和环境)的基础平台。

一般来说，软件被划分为编程语言、系统软件、应用软件和介于其中的中间件。

(1) 编程语言(programming language)是用来定义计算机程序的形式语言，它是一种被标准化的交流技巧，用来向计算机发出指令。计算机语言让程序员能够准确地定义计算机所需要使用的数据，并精确地定义在不同情况下应当采取的行动。

(2) 系统软件(system software)负责管理计算机系统中各种独立的硬件，使得它们可以协调工作。系统软件使得计算机使用者和其他软件将计算机当作一个整体而不需要顾及底层每个硬件是如何工作的。一般来讲，系统软件包括操作系统和一系列基本的工具(如编译、数据库管理、存储器格式化、文件系统管理、用户身份验证、驱动管理、网络连接等方面的工具)。

(3) 应用软件(application software)是为了某种特定的用途而开发的软件。它可以是一个特定的程序，如一个图像浏览器；也可以是一组功能联系紧密、可以互相协作的程序的集合，如微软的 Office 软件；还可以是一个由众多独立程序组成的庞大的软件系统，如数据库管理系统。

软件的含义具体包括以下几点。

(1) 指令的集合(set of instructions)，通过执行这些指令可以满足预期的特性、功能和性能需求。

(2) 数据结构(data structure)，使得程序可以合理利用信息。

(3) 软件描述信息(software description information)，它以硬拷贝和虚拟形式存在，用来描述程序的操作和使用。

软件的形式化定义如下：

```
S=(I，O，E，R，D)
```

S 是 software 的首字母，表示软件；

I 是 input 的首字母，表示输入，I=(i_1，i_2，…，i_n)，i_j表示一个抽象的输入数据类型；

O 是 output 的首字母，表示输出，O=(o_1，o_2，…，o_n)，o_j表示一个抽象的输出数据类型；

E 是 element 的首字母，表示元素，E=(e_1，e_2，…，e_n)，e_i表示一个子系统或一个构件；

R 是 relation 的首字母，表示关系，R=(r_1，r_2，…，r_n)，r_i表示一个关系；

D 是 document 的首字母，表示文档，D=(d_1，d_2，…，d_n)，d_i表示软件相关的文档。

1.1.2 软件的特性

为了全面、正确地理解计算机系统及软件，必须了解软件的以下特性。

1. 形态特性

软件是一种无形的看不见的逻辑实体，而不是具体的物理实体，因此，度量其常规的几何尺寸、物理性质或化学成分对它来说毫无意义，这种抽象性是软件与硬件的根本区别。软件一般寄生在纸、内存储器、磁带、磁盘、光盘或云盘等载体上，无法观察到它的具体形态，而必须通过对它的分析来了解其功能和特点。

2. 智能特性

软件的开发工作需要投入大量复杂的、高强度的脑力劳动，它本身也体现了知识、实践经验和人类的智慧，具有一定的智能特性。它可以帮助人们解决复杂的计算、分析、判断和决策问题。

3. 生产特性

软件的生产与硬件的生产不同，它无明显的制造过程。在硬件的制造过程中，必须对第一个制造环节进行质量控制，以保证整个硬件的质量，并且每个硬件都几乎付出与样品同样的生产资料成本。软件将人类的知识和技术转化成产品，其开发成本几乎全部用在样品的开发设计上，制造过程则非常简单，人们可以用很低的成本进行软件的复制，因此也产生了软件的保护问题。该问题已引起国际上的普遍重视，为保护软件开发者的根本利益，除了国家在法律上采取的有力措施，开发者在技术上也采取了各种措施，防止对软件的随意复制。

4. 开发特性

尽管已经有了一些工具(也是软件)来辅助软件开发工作，但到目前为止尚未实现自动化。

软件开发工作仍然包含了相当分量的个体劳动，使得这一大规模知识型工作充满了个人行为和个人因素。

相比之下，传统制造业的工艺都已相当成熟，早已摆脱了作坊式的手工生产，大规模采用自动化生产模式。然而，大多数的软件产品仍是基于客户(customer，用创造的软件系统来产生商业价值的个人和群体)的定制化需求进行开发的个性化产品。虽然业界始终憧憬着软件生产能像硬件生产那样基于已有零部件进行组装，但目前与这一目标还有相当长的距离。

5. 质量特性

软件的质量控制存在着一些难以克服的实际困难，主要表现在以下几个方面。

(1) 软件的需求在开发之初常常是不确定的，也难以确定，并且需求还会在开发过程中出现变更，这使软件质量控制失去了重要的可参照物。

(2) 软件测试技术存在不可克服的局限性。任何测试都只能在极大数量的应用实例数据中选取极为有限的数据，致使人们无法检验大多数实例，也无法得到完全没有缺陷的软件系统。

(3) 即便长期使用或反复使用的软件没有发现问题，也并不意味着今后的使用中不会出现问题。

这一特性提醒人们：一定要警惕软件的质量风险，特别是在某些重要场合，需要提前准备好应对策略。

6. 管理特性

上述特性使得软件的开发管理显得更为重要，也更为独特。这种管理可归结为对大规模知识型工作者的智力劳动管理，其中包括必要的培训、指导、激励、制度化规程的推行、过程的量化分析与监督，以及沟通、协调，甚至过程文化的建立和实施。

7. 环境特性

软件的开发和运行往往受到计算机系统的限制，对计算机系统有着不同程度的依赖性，为了减少这种依赖性，在软件开发过程中提出了软件的可移植问题。

8. 维护特性

软件投入使用以后需要进行维护，但这种维护与传统产业产品的维护概念有着很大区别，如建筑物、机械和电子产品的维护大多数是由于使用(也包括非正常使用)中造成了材料的老化、腐蚀或是机械性的磨损等，有待于通过维修恢复其功能或性能。而软件使用中出现的问题并非使用造成的，也不是使用时间长导致的，而是开发时遗留的、在特定运行条件下才暴露的隐蔽的缺陷。软件维护工作的核心便在于发现并修正这些潜在的缺陷。另外，软件维护也可能是为了扩展与提升软件的功能或性能，以及适应运行环境的变更。

对软件的维护往往不能像硬件那样通过更换来解决，而是要对不适应的软件进行修改。

9. 废弃特性

当软件的运行环境变化过大，或者客户提出了更大、更多的需求变更，导致维护成本不再经济划算时，该软件将步入生命周期的终点而被废弃(或称退役)。此时，客户将考虑采用新的软件代替。因此，与硬件不同，软件不是由于“用坏”而被废弃的。

10. 复杂特性

软件本身是复杂的，其复杂性可能来自它所反映的实际问题，也可能来自程序逻辑结构。

11. 应用特性

软件的应用极为广泛，如今已渗入国民经济和国防的各个领域，现已成为信息产业、先进制造业和现代服务业的核心，占据了无法取代的地位。

12. 社会特性

相当多的软件工作涉及各种社会因素，从机构设置、体制运行到管理方式等，乃至人们的观念和心理状态，都直接影响软件项目管理的成败。

1.1.3 软件的演化

自 20 世纪 40 年代世界上第一台计算机诞生以来，软件作为其伴随物应运而生。纵观软件近 80 年的发展历程，其演化过程大致经历了以下五个阶段。

1. 20 世纪 50 年代中期到 20 世纪 60 年代中期

这一阶段称为程序设计阶段，其主要特征是软件生产方式为个体手工方式。在这个时期，通用硬件已经相当普遍，从真空管计算机、水银延迟线存储器、磁带、核心内存，到晶体管存储器、兼容的体系结构和磁盘。在这个时期，出现了许多程序设计语言，例如，从汇编语言到 FORTRAN、COBOL、ALGOL、APL、LISP、SIMULA，还出现了程序设计的基本概念、子程序、数据结构、编译技术、BNF 语法、代码优化器、解释器、动态存储方法和表处理、多任务操作系统，以及语法指导编译器等方法。软件设计往往只是为了一个特定的应用而在指定的计算机上进行规划和编制，大多数人认为软件开发是无须预先计划的事情。软件开发主要解决的是科学计算问题，由于此时软件的规模比较小，文档资料也不完备，很少使用系统化的开发方法，因此设计软件往往等同于编制程序，其关键点是选择合适的数据结构和算法，而尼古拉斯 • 沃斯(Niklaus Wirth)提出的著名公式“程序=数据结构+算法”精确地概括了这一时代软件开发的关键特征。这一阶段的软件实际上就是规模较小的程序，程序的编写者和使用者往往是同一个(或同一组)人，编写程序大多是为了自己使用，因此编写起来比较容易，没有系统化的方法，也不用对软件开发工作进行任何管理。这种高度个体化的软件开发环境，使得软件设计过程往往只是在开发者头脑中以一种模糊的方式进行，除了程序简单之外，根本没有其他文档资料保存下来。

2. 20 世纪 60 年代中期到 20 世纪 70 年代中期

这一阶段称为程序系统阶段，其特征是软件生产方式为手工作坊方式。

(1) 硬件方面：硬件的容量和速度增大而价钱减少，微程序、集成电路广泛应用，微型计算机、小型计算机流行。

(2) 编程语言方面：FORTRAN、ALGOL、COBOL、APL、BASIC、PL/I、Pascal、SIMULA、C 等语言被广泛使用。

在这十年中计算机技术有了很大进步，出现了分时和交互式系统、优化编译器和翻译书写系统等技术和方法。多进程、多用户软件系统引入了人机交互的新概念，语法指导编译器的使用，开创了计算机应用的新境界，使硬件和软件的配合上了一个新的层次。实时系统能够从多个信息源收集、分析和转换数据，从而使得进程控制能以毫秒而不是分钟来进行。在线存储技术的进步催生了新一代数据库管理系统的诞生。

该阶段程序的规模已经发展得很大，需要多人分工协作，软件的开发方式由个体生产发展到了小组生产。同时，软件商业化出现，即软件的生产者为软件的消费者开发软件。

3. 20 世纪 70 年代中期到 20 世纪 80 年代中期

这一阶段称为传统软件工程阶段，其特征是把工程化的思想引入软件开发中，采用结构化的方法来规模化开发软件。

(1) 硬件方面：小规模的大容量存储系统、超大容量存储系统广泛应用，核心内存减少，半导体内存增长，小型计算机过时，商业化微型计算机、分布式计算出现。

(2) 编程语言方面：FORTRAN、COBOL、APL、Pascal、PL/I、C、Scheme、Prolog、Smalltalk、Ada、ML、SQL 等语言被广泛使用。程序检验器、结构化编程、数据抽象、形式化语义、并行、嵌入和实时编程技术等出现。

结构化方法解决了一些与数据处理相关的问题，如计费等，其关键点有两方面：一方面是确定有哪些数据，格式是什么，如何存储，主要通过 E-R(entity relation diagram，实体关系模型)表达；另一方面是确定数据的加工、处理过程，主要通过 DFD(data flow diagram，数据流程图)表达。

4. 20 世纪 80 年代中期到 21 世纪初

这一阶段称为现代软件工程阶段，其特征是把面向对象的思想引入软件开发中。

(1) 硬件方面：RISC、大型并行机等发展迅速，微型计算机、个人计算机、第一代工作站、工程工作站、廉价而高速的工作站和微型计算机，以及大型机和超级计算机得到快速发展，局域网、ARPA 网、Internet 得到广泛应用，电子游戏、声音、图像、传真和多媒体等被硬件支持。

(2) 编程语言方面：Turbo Pascal、Smalltalk、Prolog、PostScript、FORTRAN、C++、Perl、SML(Standard ML)、Ada、Process(TCL、PERL)、Visual Basic(.NET)、Python、Java、C#、JavaScript、PHP、Object-C、SQL、Ruby on rails、Node.js、GO 等语言被广泛使用。面向对象编程、交互式环境、语法指导编辑器、客户机/服务器架构、开放式系统、环境框架等技术得到广泛应用。

面向对象方法受到人们的重视，促进了软件产业的飞速发展，并在世界经济中占有举足轻重的地位。面向对象方法认为“万物皆对象”，以分类的方式进行思考和解决问题。与结构化方法相比，面向对象方法在处理简单的业务系统时，效果较差。但在复杂系统的设计上，通用性的业务流程，个性化的差异点，原子化的功能组件等，更适合面向对象方法。

5. 21 世纪初到现在

这一阶段称为软件定义阶段或智能软件工程阶段，其特征是硬件、知识和工艺流程软件化、软件平台化、软件设计智能化。

(1) 硬件方面：由于移动互联网、物联网、云计算、大数据、人工智能等新技术的发展，制造业正在进行新一轮革命，软件技术是新一轮制造业革命的核心竞争力之一。

(2) 编程语言方面：FORTRAN、C++、Visual Basic.NET、Python、Java、C#、JavaScript、PHP、Object-C、SQL、Ruby on rails、Node.js、GO、Swift、Rust、Lisp、Prolog、Yigo 等语言

被广泛使用。

软件定义的技术本质是把原先一体化的硬件设施打破，将基础硬件虚拟化并提供标准化的基本功能，然后通过管控软件，控制其基本功能，提供更开放、灵活、智能的管控服务。在人-机-物融合计算的场景下，万物皆可互联，一切均可编程。

2023 年，随着 GPT-4 的发布，软件开发模式也进入了 AI 大模型驱动的 3.0 时代，利用神经网络可自动完成软件的设计，具有数字化、AIGC(生成式人工智能)、极致的持续交付、人机交互智能、以模型和数据为本等特征。AI 重新定义了开发人员构建、维护和改进软件应用程序的方式，研发团队的主要任务不是写代码、执行测试，而是训练模型、参数调优、围绕业务主题提问或给出提示。

在软件刚诞生时，人们普遍认为编程是高不可攀的技术领域。当然，当时的软件性能也不能与当今的软件相提并论。随着计算机的普及，程序的稳健性和易读性受到了广泛的关注，于是，软件从个人按自己意图创造的“艺术品”转变为能被广大客户接受的工程化产品。由于外部环境和客户需求的不断变化及软件开发技术的不断发展，软件系统只有不断演化才能适应客户的新需求。

软件开发的目的是满足客户的需求，提高其生命力。其发展历程清晰展现了这一趋势：从第一阶段主要解决科学计算问题，逐步演进至第二、三阶段的信息和数据处理，随后到第四阶段使用软件系统解决产业问题，直至第五阶段的制造业革命甚至智能制造，软件的应用和社会特性决定了软件的需求仍是软件发展的动力。早期的软件开发者只是为了满足自己的需求，这种自给自足的生产方式是其低级阶段的表现。进入软件工程阶段以后，软件开发具有社会属性，它要在市场中流通以满足更多客户的需要。

软件演化过程包括演化计划、软件理解、软件需求变更的分析、重构、测试等阶段，各个阶段的特征不同，在这些阶段中，软件工作的范围从只考虑程序的编写扩展到涉及整个软件生命周期。

软件的演化过程也是软件的特性形成、发展的过程。从第一阶段的通用硬件普遍、第二阶段支撑人机交互技术的硬件革命，到第三、四阶段的一体化的硬件设施和第五阶段的基础硬件虚拟化，使得软件形成了无形的形态特性。并且，在软件的演化过程中形成了硬件软件化、软件硬件化的特点，也形成了软件高强度脑力劳动的智能特性、程序逻辑结构复杂的复杂特性、无明显制造过程的生产特性、充满个人行为和个人因素的开发特性、受到计算机系统限制的环境特性。除了硬件之外，客户需求的社会属性是软件的应用特性、社会特性、管理特性、复杂特性、维护特性和废弃特性等发展形成的主要因素。

1.2 软件危机

1.2.1 软件危机介绍

软件的数量急剧膨胀，需求日趋复杂，维护的难度越来越大，开发成本越来越高，而失败的软件开发项目却屡见不鲜，软件危机就这样开始了。

最为突出的例子是美国 IBM 公司于 1963—1966 年开发的 IBM 360 系列机的操作系统。该项目投入了约 5000 人一年的工作量，高峰时期更是有 1000 人投入开发工作，写出了近 100 万行的源程序。尽管投入了这么多的人力和物力，得到的结果却不尽如人意。据统计，该操作系统每次发行的新版本都是从前一版本中找出 1000 个程序错误而修正的结果。

另一个例子是 1963 年，美国用于控制火星探测器的软件中的一个“，”号被误写为“•”，致使飞往火星的探测器发生爆炸，造成高达数亿美元的损失。

软件危机的出现与软件自身的特性息息相关。虽然软件的管理特性使得软件开发过程具有必要的管理措施，如培训、指导、激励、制度化规程的推行，过程的量化分析与监督，以及沟通、协调，甚至过程文化的建立和实施，但软件的应用特性使软件的数量急剧膨胀，也使得软件的需求日趋复杂；软件的废弃特性使得软件的使用时间长，由此带来的维护难度越来越大。另外，软件的维护特性也是造成软件维护难度增大的主要原因。而软件无形的形态特性、复杂且高强度脑力劳动的智能特性、无明显制造过程的生产特性、充满个人行为和个人因素的开发特性、质量控制困难的质量特性、受到计算机系统限制的环境特性、实际问题和程序逻辑结构复杂的复杂特性、涉及各种社会因素的社会特性等也是造成软件危机的主要原因，正是这些特性使得软件的开发成本上升、进度延迟、质量控制的难度和满足客户需求的难度增加。

1968 年，北大西洋公约组织的计算机科学家在联邦德国召开的国际学术会议上第一次提出了“软件危机”(software crisis)这一名词。概括来说，软件危机包含以下两个方面的问题。

(1) 如何开发软件，以满足不断增长、日趋复杂的需求。

(2) 如何维护数量不断膨胀的软件系统。

软件危机表现为软件系统的质量太差，并且交付日期和预算限制无法满足。在 2004 年，国外的 Standish Group 曾对某个开发软件公司的 9000 多个软件开发项目进行研究，结果如图 1-1 所示。

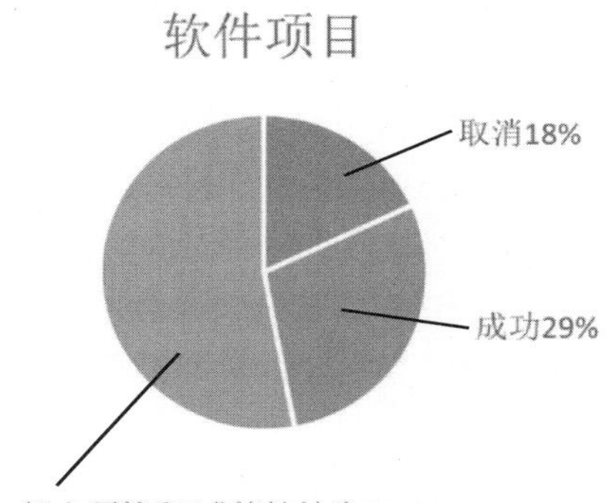

图 1-1　对 2004 年完成的 9000 多个软件开发项目的研究结果

从图 1-1 中可以看出，仅有 29%的项目是成功完成的，有 18%的项目在完成之前被取消或根本没有实现，其余 53%的项目虽然得以完成，但这些项目不是超出预算就是延期交付，或者比最初确定的少一些特性和功能。换句话说，在 2004 年，这家软件开发公司成功的项目不足 1/3，一半以上的项目呈现出软件危机的一个或多个征兆。

软件危机带来的不良经济影响也比较大。由 Cutter Consortium 所做的统计调查报告显示：

(1) 78%的信息技术机构卷入纠纷并以诉讼结束。

(2) 67%的交付软件没有达到软件开发者所声称的性能或功能。

(3) 56%的承诺交付日期被数次推迟。

(4) 45%的软件错误非常严重以致软件无法使用。

目前软件危机仍然存在，这个事实说明了以下两件事情。

(1) 软件生产过程虽然在许多方面与传统过程相似，但有自己的特性和问题。

(2) 考虑到软件危机持续时间长且难以预测，因此，应将软件危机重新命名为软件萧条(software depression)。

1.2.2 产生软件危机的原因

除了软件本身的特性，软件危机发生的原因主要有以下几个方面。

(1) 缺乏软件开发的经验和有关软件开发数据的积累，使得开发工作的计划很难制订。主观盲目地制订计划，往往与实际情况相差太远，致使常常超过经费预算，工期一拖再拖。而且对于软件开发工作，给已拖延项目临时增加人力或反至项目延期加剧。

(2) 软件工程师与客户的交流存在障碍。除了知识背景的差异，缺少合适的交流方法及需求描述工具也是一个重要原因，这使得获取的需求不充分或存在错误，在开发的初期难以发现，存在的问题往往在开发的后期才暴露出来，使得开发周期延长，成本增加。

(3) 软件开发过程不规范，缺少方法论和规范的指导，开发工程师各自为战，缺少整体的规划和配合，不重视文档工作，软件难以维护。

(4) 随着软件规模的增大，其复杂性往往会呈指数型增长。

(5) 缺乏有效的软件评测手段，提交给客户的软件质量差，在运行中暴露出大量的问题，轻者影响软件的正常使用，重者造成财产的重大损失。

1.2.3 消除软件危机的途径

为使软件系统能够按时交付，不超出预算，没有差错且满足客户需求，软件工程师需要掌握广泛的技巧，既有技术上的也有管理上的。这些技巧不仅可用于编程，还可用于软件生产的每一个步骤(从需求到交付后的维护)。

(1) 为了消除软件危机，应该对软件有一个正确的认识，清除在软件早期发展阶段形成的“软件就是程序”的错误观念，应认识到一个软件必须由一个完整的配置组成。更重要的是，必须充分认识到软件开发不是某种个体劳动的神秘技巧，而应该是一个组织良好、管理严密、各类人员协同配合、共同完成的工程项目。此外，还要充分吸取和借鉴人类长期以来从事各种工程项目所积累的行之有效的原理、概念、技术和方法，特别要吸取几十年来人类从事计算机硬件研究和开发的经验教训。

(2) 推广使用在实践中总结出来的开发软件成功的技术和方法，引入工程化的思想，分析导致软件危机的原因，并提出解决方案。

① 在软件开发的初期阶段，需求提得不够明确或未能得到确切的表达，而开发工作开始后，软件工程师和客户又未能及时交换意见，造成在软件开发的后期矛盾集中暴露，导致开发的软件达不到客户的要求，不得不进行二次开发。

② 开发过程要有统一、公认的方法论和规范指导。软件工程师必须按照规定的方法论进行开发，重视分析、设计和实现过程的资料，重视个人的工作与其他人的接口，否则开发出来的

软件将很难维护。由于软件是逻辑部件，开发阶段的质量较难衡量和评价，开发过程较难管理和控制，因此软件工程师要有统一的软件工程理论进行指导。

③ 必须做好充分的测试工作，达到客户提出的质量要求。重视有关软件开发数据的积累，确保开发工作按计划完成，在规定期限内交付软件给客户。

(3) 应该开发和使用更好的软件工具。正如机械工具可以“放大”人类的体力一样，软件工具可以“放大”人类的智力。在软件开发的每个阶段都有许多烦琐重复的工作需要做，在适当的软件工具辅助下，软件工程师可以把这类工作做得既快又好。

总之，为了消除软件危机，既要有技术措施(方法和工具)，又要有必要的组织管理措施。软件工程正是从管理和技术两方面研究如何更好地开发和维护软件的一门学科。

1.3 软件工程

1968 年秋季，NATO(北大西洋公约组织)的科技委员会召集近 50 名一流的编程人员、计算机科学家和工业界巨头，讨论和制定摆脱“软件危机”的对策。在该会议上第一次提出了软件工程(software engineering)这一概念。

1.3.1 软件工程的定义

软件工程是一门研究如何用系统化、规范化、数量化等工程原则和方法进行软件开发和维护的学科，它的目的是生产出没有错误、按时并且可在预算之内交付的、能满足客户需求的软件。

“没有错误”指的是对软件质量的要求，“按时”指的是对软件交付时间的要求，“预算之内”指的是对软件所需资源的要求。没有错误是对软件质量的最高要求，实际生产出的软件或多或少都是有错误的。并且，如果要提高软件的质量，要么增加资源，要么延长软件产品的交付时间(改变合同工期)，要避免开发无用的功能。当有限的时间和资源造成浪费时，有用功能的质量势必会受到影响。

下面给出软件工程的几个定义。

在 NATO 会议上，弗里茨 • 鲍尔(Fritz Bauer)对软件工程的定义是：软件工程是为了经济地获得可靠的和能在实际机器上高效运行的软件，而建立和使用的健全的工程原则。这个定义不仅指出软件工程的目标是经济地开发出高质量的软件，而且强调了软件工程是一门工程化的学科，它应该建立并使用完善的工程化原则。

1983 年，IEEE 对软件工程的定义是：软件工程是开发、运行、维护和修复软件的系统方法。其中，软件的定义是：计算机程序、方法、规则、相关的文档资料及在计算机上运行时所必需的数据。这个定义主要强调软件工程是系统方法而不是某种神秘的个人技巧。

巴里 • W • 博纳姆(Barry W. Boehm)对软件工程的定义是：运用现代化科学知识设计并构造计算机程序及为开发、运行和维护这些程序所必需的相关文字资料。此处“设计”一词的广义理解应包括软件的需求、分析和对软件进行修复时所进行的再设计活动。

1993 年，IEEE 给出了一个更全面的软件工程定义：软件工程是：①把系统化的、规范的、可度量的途径应用于软件开发、运行和维护的过程，也就是把工程化应用于软件中；②研究①

中提到的途径。

软件工程包括两方面内容：软件开发技术和软件项目管理。软件开发技术包括软件开发方法学、软件工具和软件工程环境。软件项目管理包括软件度量、项目估算、进度控制、人员组织、配置管理、项目计划等。

软件工程是一种层次化的技术，如图 1-2 所示。任何工程方法(包括软件工程)都必须构建在质量保证的基础之上。全面质量管理、六西格玛等先进理念不仅促进了持续不断的过程改进文化，还推动了人们开发出更有效的软件工程方法。因此，支持软件工程的根基在于质量关注点。

图 1-2　软件工程层次图

软件工程的基础是过程层。软件过程将各个技术层次结合在一起，使得合理、及时地开发软件成为可能。过程定义了一个框架，构建该框架是有效实施软件过程技术必不可少的。软件过程构成了软件项目管理控制的基础，建立了工作环境以便于应用技术方法、提交工件(模型、文档、数据、报告、表格等)、建立里程碑、保证质量及正确的管理变更。

软件工程方法为构建软件提供了全方位的技术指导框架(即“如何做”)。其覆盖面广，包括沟通、需求、分析、设计、实现、测试和维护。为了系统地组织这些技术活动引入了“范型”这一概念，它代表了一套涵盖整个软件生产过程的技术的集合。在软件的演化过程中形成了两种主要的软件工程方法学，分别是结构化范型和面向对象范型。

结构化范型出现在软件演化的第三阶段，从对问题的抽象逻辑分析开始，包括结构化分析、结构化设计、结构化实现和结构化测试，顺序地完成每个阶段的任务。这些技术以数据处理为主，在小型系统方面得到广泛的应用。结构化范型获得采纳和推广的原因是，结构化技术要么面向数据，要么面向行为。

面向对象范型出现在软件演化的第四阶段，也是从对问题的抽象逻辑分析开始，包括面向对象分析、面向对象设计、面向对象实现和面向对象测试。但面向对象范型可以同时进行分析、设计、实现和测试，而不仅仅是结构化范型中的每个阶段的顺序进行。面向对象范型将数据和行为封装在一起，通过信息隐藏来保证相对独立性，提高了复用率，降低了开发维护的时间和费用。

软件工程工具为过程和方法提供自动化或半自动化的支持。这些工具可以集成起来，使得一个工具产生的信息可被另一个工具使用，这样就建立了软件开发的支撑环境，称为计算机辅助软件工程(computer aided software engineering，CASE)。

1.3.2　软件工程的基本原理

自从 1968 年提出“软件工程”这一术语以来，研究软件工程的专家学者们陆续提出了 100 多条关于软件工程的准则或“信条”。著名的美国软件工程专家巴里 • W. 博纳姆(Barry W. Boehm)综合这些学者的意见并总结美国天合汽车集团(TRW Automotive Holdings Corp.)多年的开发经验，于 1983 年提出了软件工程的 7 条基本原理，他认为这 7 条基本原理是确保软件系统质量和开发效率的原理的最小集合。这 7 条原理既是相互独立的(其中任何 6 条原理的组合都不能代替另一条原理)，又是相对完整的，人们虽然不能用数学方法严格证明它们是一个完整的集合，但是可以证明在此之前已经提出的 100 多条软件工程原理都可以由这 7 条原理的任意组合蕴含或派生。

下面简要介绍软件工程的 7 条基本原理。

1. 用分阶段生命周期计划严格管理

在不成功的软件系统中，约 50%的失败是由于计划不周造成的，可见将完善计划作为首要基本原理的必要性，它是吸取前人的教训而提出来的。显然，要开发一个软件系统，没有计划是不可能的。

在软件开发与维护的漫长生命周期中，需要完成许多互不相关的工作。因此，本条基本原理意味着应将软件生命周期划分为若干阶段，并相应地制订出切实可行的计划，然后严格按照计划对软件的开发与维护工作进行管理。在项目开始时，对管理需求和分析阶段进行初步的计划，一旦明确了开发目标，就制订出软件项目管理计划(software project management plan，SPMP)，它包括预算、人事需求和详尽的日程安排。在整个项目进行过程中，管理人员都需要监控 SPMP 并关注该计划是否偏离。

巴里 • W. 博纳姆认为，在软件的整个生命周期中应该制订并严格执行 6 类计划，即项目概要计划、里程碑计划、项目控制计划、产品控制计划、验证计划和运行维护计划。也就是说，没有独立的计划阶段，计划活动贯穿整个软件生命周期。

不同层次的管理人员都必须严格按照计划各尽其职地管理软件开发与维护工作，绝不能受客户或上级人员的影响而擅自背离预定计划。

本条原理是使用工程化方法开发和维护软件的基础，即按照系统化、规范化、可量化的方法开发和维护软件，体现了软件工程的过程层，构成了软件项目管理控制的基础。

2. 坚持进行阶段评审

巴里 • W. 博纳姆等人的统计数据显示，软件生命周期中，实现阶段之前出现的错误约占总错误的 63%，而实现阶段产生的错误仅占 37%。并且，错误发现得越晚，纠错的成本越高。假设在需求阶段检测和纠正错误的成本是 10 元，则在分析阶段纠正同样错误的成本是 30 元，在设计阶段纠正同样错误的成本是 40 元，而在实现阶段纠正同样错误的成本则高达 2000 元。在软件生命周期初期的需求、分析和设计阶段，系统仅在纸上纠正错误，可能只是修改一下文档或模型，而在后期的实现、维护阶段，纠正错误则意味着编辑代码、更新编译和链接，修改设计、分析和需求等阶段的文档和模型，以及检查所进行的修改是否在软件的其他地方引发新的问题，然后交付修改好的软件并重新安装。

每个软件开发团队都应该包括一个独立的小组，其主要职责是保证交付的软件系统就是客户所需要的，软件系统一直是以正确的方式开发的。该小组称为软件质量保证(software quality assurance，SQA)小组。

坚持进行阶段评审的一个基本方法是确保软件系统的文档必须是完整、正确和最新的。例如，在需求阶段，软件需求规格说明书必须反映规格说明书的当前版本，其他阶段也类似。

(1) 确保文档是最新的，其根本原因是软件行业中从业人员的流动性。例如，假定设计文档没有保持更新，而主设计师离开去从事另一项工作，那么就很难更新设计文档以反映系统设计以来所做的改动。

(2) 除非前一阶段的文档是完整、正确和最新的，否则执行下一个阶段的工作步骤几乎是不可能的。例如，一个不完整的需求规格说明书不可避免会导致不完整的设计，继而产生不完整的实现和结果。

(3) 除非有陈述软件系统的期望性能的文档，否则测试一个软件系统是否能正确工作实质上也是不可能的。

(4) 除非有一套描述当前版本的系统行为的完整、正确的精确文档，否则维护也几乎是不可能的。

没有独立的文档阶段，必须在整个软件系统的生命周期中确保文档是完整、正确和最新的。因此，在每个阶段都要进行严格的评审，以便尽早发现软件开发过程中所犯的错误，是一条必须遵循的重要原理，体现了软件工程质量保证的根基。

3. 实行严格的产品控制

在软件开发过程中不应随意变更需求，因为变更需求往往需要付出较高的代价。但是，在软件开发过程中变更需求又是难免的。由于外部环境的变化，相应地变更需求是一种客观需要，显然不能硬性禁止客户提出变更需求的要求，而只能依靠科学的产品控制技术来顺应这种要求。也就是说，当变更需求时，为了保持软件各个配置成分的一致性，必须实行严格的产品控制，其中主要是实行基准配置管理。基准配置又称基线配置，它们是经阶段评审后的软件配置成分(各个阶段产生的文档或程序代码)。基准配置管理又称变动控制：一切有关修改软件的建议，特别是涉及对基准配置的修改建议，都必须按照严格的规程进行评审，获得批准后才能实施修改。绝对不允许谁想修改软件(包括尚在开发过程中的软件)，就随意进行修改。

实行严格的产品控制除了体现软件工程质量保证的根基之外，还体现了软件工程的过程层、方法层和工具层，因为，需要在软件开发过程中，针对不同的开发方法采用不同的工具实行严格的产品控制。

4. 采用现代程序设计技术

从提出软件工程的概念开始，人们一直把主要精力用于研究各种新的程序设计技术。从二十世纪六七十年代提出的结构化程序设计技术到后来的面向对象技术，从第一代语言到第四代语言，人们普遍认识到：采用先进的程序设计技术既可以提高软件开发与维护的效率，又可以提高软件的质量并减少维护的成本。但是，从软件工程经济学的角度看，有时会得出相反的结论，这是因为采用新技术会增加软件开发的成本和时间，如培训技术人员的费用和技术人员熟悉新技术所花的时间。另外，使用新技术会增加维护的成本。所以，在采用新技术之前，软件开发团队应该进行评估。如果采用新技术所产生的收益大于所花费的时间和成本，则可以采用新技术；否则，就不采用新技术。当然，如果采用新技术的长期效应远大于短期效应，则软件开发团队会采用新技术。

这条原理体现了软件工程的方法层和工具层。

5. 结果应能清楚地审查

软件是一种无形的看不见的逻辑实体。软件开发人员(或开发小组)的工作进展情况可见性差，难以准确度量，从而使得软件系统的开发过程比一般产品的开发过程更难以评价和管理。为了提高软件开发过程的可见性，便于更好地进行管理，应该根据软件开发项目的总目标和完成期限，规定开发组织的责任和产品标准，从而使得所得到的结果能被清楚地审查。

这条原理是软件工程质量保证层的体现。

6. 开发小组的人员应该少而精

这条原理的含义是：软件开发小组的组成成员的素质应该较高，而人数则不宜过多。开发小组人员的素质和质量是影响软件系统质量和开发效率的重要因素。素质高的人员的开发效率比素质低的人员的开发效率可能高几倍甚至几十倍，且素质高的人员所开发的软件中的错误明显少于素质低的人员所开发的软件中的错误。此外，随着开发小组人员数目的增加，因为交流情况讨论问题而造成的通信开销也会随之增加。

7. 承认不断改进软件工程实践的必要性

遵循上述 6 条原理，就能够按照当代软件工程的基本原理实现软件的工程化生产。但是，仅有上述 6 条原理并不能保证软件开发与维护的过程能赶上时代前进的步伐，并跟上技术的进步。因此，巴里 • W. 博纳姆提出应将承认不断改进软件工程实践的必要性作为软件工程的第 7 条基本原理。依据这条原理，不仅要积极主动地采纳新的软件技术，而且要注意不断总结经验，如收集进度和资源耗费数据，收集出错类型和问题报告数据等。这些数据不仅可以用来评价新的软件技术的实现效果，而且可以用来指明必须着重开发的软件工具和应该优先研究的技术。

软件工程的基本原理应该体现在软件工程的各个层面，从工具层、方法层、过程层到质量保证层。只有在软件工程的各个层面应用和遵循软件工程的基本原理，才能保证按照系统化、规范化和可量化的方法开发软件，也才能保证开发出较少缺陷的、按时交付的、在预算之内的软件，并且使软件满足客户需求。

1.3.3　软件工程通用原则

原则是某种思想体系所需要的重要的根本规则或者假设，原则可以帮助软件工程师建立一种思维方式，进行扎实的软件工程实践。有些原则关注软件工程的整体，有些原则考虑特定的、通用的框架活动(比如沟通)，还有些原则关注软件工程的动作(比如架构设计)或者技术任务(比如编制用例场景)。大卫 • 胡克(David Hooker)提出了 7 个关注软件工程整体实践的原则。

第 1 条原则：存在价值

一个软件系统因能为客户提供价值而具有存在价值，所有的决策都应该基于这个思想。在确定系统需求之前，在关注系统功能之前，在决定硬件平台之前或者开发过程之前，软件工程师应问问自己：这确实能为系统增加真正的价值吗？如果答案是不，那就坚决不做。所有的其他原则都以这条原则为基础。

第 2 条原则：保持简洁

软件系统设计并不是一个随意的过程，在软件设计中需要考虑很多因素，所有的设计都应该尽可能简洁，但不是过于简化。这有助于构建更易理解和维护的软件系统，但并不是说有些特性(甚至是内部特性)应该以“简洁”为借口而被取消。的确，优雅的设计也是简洁的设计，但简洁并不意味着“快速和粗糙”。事实上，它经常是经过大量思考和多次工作迭代才达到的，这样做的结果是所得到的软件系统更易于维护且错误更少。

第 3 条原则：保持愿景

清晰的愿景是软件系统成功的基础。没有愿景，软件系统将由于它有“两种或更多种思想”而永远不能结束；如果缺乏概念一致性，软件系统就好像是由许多不协调的设计补丁、错误的集成方式强行拼凑在一起。如果不能保持软件体系结构的愿景，就会削弱甚至彻底破坏设计良好的系统。授权体系架构师，使其能够保持愿景，并保证系统实现始终与愿景保持一致，这对软件开发的成功至关重要。

第 4 条原则：关注使用者

有产业实力的软件系统不是在真空中开发和使用的。通常软件系统必定由软件开发者以外的人员使用、维护和编制文档等，因此必须让使用者理解你的系统。在需求、分析、设计和实现过程中，牢记要让使用者理解你所做的事情。对于任何一个软件系统都可能有很多客户。需求说明时应该时刻想到客户，分析中始终想到设计，设计中始终想到实现，实现时想着那些维护和扩展系统的人。一些人可能不得不调试你编写的代码，这使得他们成了你所编写代码的使用者，尽可能使他们的工作简单化，这样会大大提升系统的价值。

第 5 条原则：面向未来

生命周期持久的软件系统具有更高的价值。在当今的计算环境中，需求规格说明随时会改变，硬件平台几个月就会被淘汰，软件生命周期都是以月而不是以年来衡量的，真正具有“产业实力”的软件系统必须持久耐用。为了成功做到这一点，软件系统必须能适应各种变化，能成功做到这一点的软件系统都是一开始就以这一路线来设计的系统。永远不要把自己的设计局限于一隅，经常考虑如果出现一些特殊情况，应该怎样面对。构建可以解决通用问题的软件系统，为各种可能的方案做好准备，在很大程度上可以提高整个软件系统的可复用性。

第 6 条原则：提前计划复用

软件设计的复用既省时又省力，但在软件系统开发过程中，高水平的复用是很难实现的一个目标。代码和设计复用是面向对象技术的一大优势，为达到面向对象(或是传统)程序设计技术所能够提供的复用性，需要有前瞻性的设计和计划。系统开发过程中的各个层面上都有多种技术可以复用，提前做好复用计划将降低开发费用，并提高可复用组件以及组件化系统的价值。

第 7 条原则：认真思考

这一原则最容易被忽略。在行动之前准确定位、完整思考通常能产生更好的结果。仔细思考如何能做好事情，而且也能获得更多的知识。如果仔细思考过后还是把事情做错了，那么，这就变成了很有价值的经验。思考就是学习和了解本来一无所知的事情，使其成为研究答案的起点。把明确的思想应用在系统中，就产生了价值。认真思考前 6 条原则，将带来巨大的潜在回报。

如果每个软件工程师和开发团队都能够遵从大卫•胡克提出的这 7 条简单的原则，那么开发复杂软件系统时所遇到的问题就可以迎刃而解。

1.3.4　软件工程的基本原则

软件工程的目标可以概括为生产具有正确性、可用性及开销适度的软件，软件开发活动包括需求、分析、设计、实现、确认和支持等活动。因此，软件开发过程中，围绕工程设计、支持及管理有以下四条基本原则。

1. 选取适宜的开发范型

该原则与系统设计有关。在系统设计中，软件需求、硬件需求及其他因素之间是相互制约、相互影响的，经常需要权衡。因此，必须认识需求定义的易变性，采用适宜的开发范型加以控制，以保证软件系统满足客户的需求。

2. 采用合适的设计方法

在软件设计中，通常要考虑实现软件的模块化、抽象与信息隐蔽、局部化、一致性及适应性等特征。合适的设计方法有助于这些特征的实现，以达到软件工程的目标。

3. 提供高质量的工具支持

“工欲善其事，必先利其器。”在软件工程中，软件工具与环境对软件过程的支持颇为重要。软件工程项目的质量与开销取决于对软件工程所提供的支撑质量和效用。

4. 重视开发过程的管理

软件开发过程的管理直接影响可用资源的有效利用、生产满足目标的软件产品、提高软件组织的生产能力等问题。只有对软件开发过程予以有效管理，才能实现有效的软件工程。

1.3.5　软件工程开发活动

在软件工程概念被提出之前，开发人员错误地认为软件活动就是开发活动，或者极端地认为就是编码，而分析和设计等均被视为是次要的。在软件工程概念中，软件活动不仅包括开发活动，还有重要的管理活动，进而发展了过程与过程改进活动。软件的诞生和生命周期是一个过程，我们总体上称这个过程为软件过程(software process)。软件过程是为了开发出软件系统，或者是为了完成软件工程项目而需要完成的有关软件工程的活动。

软件开发活动是软件工程师生产软件的活动。软件开发活动是软件工程的核心过程活动，是生产一个最终满足需求且达到工程目标的软件系统所需要的步骤。UML 创始人詹姆斯•伦博(James Rumbaugh)的 OMT 方法将开发过程分为四个活动：分析、系统设计、对象设计和实现。而现代软件工程的开发活动主要包括需求、分析、设计、实现、确认和支持，每一项活动又可分为一系列的工程任务，如图 1-3 所示。

图 1-3　现代软件工程的开发活动

1. 需求

需求活动主要定义问题，即建立需求模型。其主要任务包括以下几项。

(1) 获取需求。

(2) 定义需求：对系统功能的正确陈述。

(3) 规约需求：系统需求规格说明，主要成分是需求模型，是对系统功能的一个精确、系统的描述。

(4) 验证需求：指验证需求陈述和需求规约之间的一致性、完整性和可跟踪性。

在需求活动中应该遵循软件工程的存在价值、保持愿景和关注使用者这 3 条通用原则，因为如果需求不能为客户带来价值、保持客户组织的愿景及不关注使用者，那么开发出来的软件系统是毫无用处的。

2. 分析

分析活动在需求活动之后，主要是分析问题，即建立分析模型，包括概念模型、数据模型、静态模型和动态模型。其主要任务包括以下几项。

(1) 领域分析：即建立概念模型，包含领域实体、属性及其关系。

(2) 静态分析：即建立静态模型，包含软件系统的组成元素及其关系。

(3) 动态分析：即建立动态模型，包含软件系统的组成元素及如何交互完成系统需求。

(4) 数据分析：即建立数据模型，包含系统需求中输入、处理和输出的数据及其特征和关系。

3. 设计

设计活动是在分析活动的基础上，给出系统的软件设计方案，包括系统架构设计(概要设计)和详细设计。其中，系统架构设计是面向对象方法学的说法，概要设计是结构化方法学的说法。

(1) 系统架构设计(概要设计)：建立整个软件体系结构，包括子系统、模块及相关层次的说明，以及每一模块的接口定义。

(2) 详细设计：针对总体设计结果，给出体系结构中每一模块或组件的详细描述。

4. 实现

实现活动把设计结果转换为可执行的程序代码。具体做法可分为以下两种。

(1) 选择可用的模块或组件。

(2) 以一种选定的语言对每一模块或组件进行编码。

5. 确认

确认活动贯穿整个开发过程，通过各阶段的确认活动保证最终产品满足客户的需求。确认活动主要包括需求复审、分析复审、设计复审及程序测试，主要任务是软件测试。

6. 支持

支持活动包括修改和完善，为系统的运行提供完善性维护、纠错性维护、适应性维护和预防性维护。

1.3.6　软件过程管理活动

如今的软件开发活动是一个复杂的过程，一个开发项目涉及几十、几百甚至几千名人员，开发周期短则几个月，长则几年，费用也越来越高。因此，软件开发活动需要有计划地进行管理，我们将管理软件开发过程的活动称为软件项目管理(software project management)。著名的项目管理专家詹姆斯 • P . 刘易斯(James P. Lewis)曾说过：项目是一次性的、多任务的工作，具有明确的开始和结束日期、特定的工作范围和要达到的特定性能水平。因此，项目涉及预期的目标、费用、进度和工作范围要素。

软件项目管理活动就是如何管理好项目的范围(要做的内容)、进度(花费的时间)、成本(要耗费的资源)。为此，要制订一个合理的项目计划，然后跟踪和控制好这个计划。实际上，做到项目计划切实可行是一个非常高的要求，这需要对项目进行详细的需求分析，清晰界定项目的范围，合理安排开发进度、资源调配、经费使用等，并要不断地进行跟踪和调整。为了降低风险，这需要进行必要的风险分析，并制订风险管理计划等。

1.3.7　软件过程改进活动

卡内基 • 梅隆大学的软件工程研究所(software engineering institute，SEI)得出这样一个结论：一个软件组织的软件开发能力取决于该组织的过程能力。因此，一个软件组织的过程能力越成熟，该组织的软件开发能力就越有保证。

若要完成一个软件项目，项目经理需要了解项目的过程，确定项目需要经历的各个步骤，以及每个步骤需要完成的任务、所需的资源和技术等。对于同一个项目，不同的开发团队可能会采取不同的开发过程，结果导致开发的产品质量不同，质量的好坏取决于个人的素质和能力。

如果将项目的关注点放在项目的开发过程上，无论由哪个组织来执行，都采用统一的开发过程，那么产品的质量就可以通过不断提高过程的质量来提升。这个过程体现了组织的整体能力，而不依赖于个人能力。

软件过程不只是软件开发的活动系列，还是软件开发的最佳实践，包括流程、技术、产品、关系、角色和工具等。在软件过程管理中，首先要定义过程，然后合理地描述过程，进而建立企业过程库，并使其成为企业可以重用的资源。对于过程，要不断改进，以不断改善和规范过程，帮助提高企业的生产力。

软件过程的改进非常复杂，必须不断总结过往项目的过程经验，形成有效的过程描述，即最佳实践，并不断完善以便在以后的项目中重复利用。过程管理的主要内容包括过程定义和过程改进。过程定义是对最佳实践加以总结，以形成一套稳定的可重复利用的软件过程。过程改进是针对过程的实际使用中存在的偏差或不切实际的地方进行优化的活动。通过实施过程管理，软件开发组织可以逐步提高其软件过程能力，从根本上提高软件生产能力。

1. CMM

卡内基 • 梅隆大学软件工程研究所的研究人员提出的能力成熟度模型(capability maturity model for software，CMM)对软件组织在定义、实施、度量、控制和改善其软件过程实践中的各个发展阶段进行了描述。其假设是：只要集中精力持续努力地建立有效的软件工程过程的基础结构，不断进行管理的实践和过程的改进，就可以克服软件生产中的困难。CMM 的核心是把软件开发视为一个过程，并根据这一原则对软件开发和维护进行过程监控和研究，以使其更加科学化、标准化，以便企业能够更好地实现商业目标。

CMM 是一种用于评价软件承包能力以改善软件质量的方法，侧重于软件开发过程的管理及工程能力的提高与评估，共分为五个等级：第一级为初始级，第二级为可重复级，第三级为已定义级，第四级为已管理级，第五级为优化级，如表 1-1 所示。

1) CMM 的历史

1984 年，美国国防部资助建立了卡内基•梅隆大学软件研究所(SEI)。1987 年，SEI 发布第一份技术报告，介绍软件能力成熟度模型(CMM)及作为评价国防合同承包方过程成熟度的方法论。1991 年，SEI 发表 1.0 版软件 CMM(SW-CMM)。

CMM 自 1987 年开始实施认证，现已成为软件业权威的评估认证体系。CMM 包括 5 个等级，共计 18 个过程域、52 个目标、300 多个关键实践。

2) CMM 的基本思想

CMM 的基本思想是：因为问题是由管理软件过程的方法引起的，所以新软件技术的运用不会自动提高生产率和利润率。CMM 有助于组织建立一个有规律的、成熟的软件过程。这一改进过程将促进更高质量软件的开发，有效减少软件项目在时间和费用上的超支现象。

3) CMM 的等级

CMM 各等级的特点及关键过程域如表 1-1 所示。

表 1-1　CMM 各等级的特点及关键过程域

能力等级	名称	特点	关键过程域
第一级	初始级(最低级)	软件工程管理制度缺失，过程缺乏定义，导致运作混乱无序。成功往往依赖于个人的才能和经验，但常因管理缺失和计划不足，引发时间与费用超支问题。管理方式属于反应式，主要用来应付危机。过程不可预测，难以重复	
第二级	可重复级	基于类似项目中的经验，建立了基本的项目管理制度，采取了一定的措施控制费用和时间。管理人员可及时发现问题，采取措施。一定程度上可重复类似项目的软件开发	需求管理，软件项目计划，软件项目的跟踪和监控，软件子合同管理，软件配置管理，软件质量保障
第三级	已定义级	已将软件过程文档化、标准化，可按需要改进开发过程，采用评审方法保证软件质量。可借助 CASE 工具提高质量和效率	组织过程定义，组织过程关注，培训计划，集成软件管理，软件产品工程，组间协调，对等审查
第四级	已管理级	针对质量与效率目标进行明确设定，并收集、测量相应指标。利用统计工具分析并采取改进措施。对软件过程和产品质量有定量的理解和控制	定量的软件过程管理和产品质量管理
第五级	优化级(最高级)	基于统计质量和过程控制工具，持续改进软件过程。质量和效率稳步改进	缺陷预防，过程变更管理和技术变更管理

软件过程包括各种活动、技术和用来生产软件的工具。因此，它实际上包括了软件生产的技术方面和管理方面。CMM 的每一级都提出了一定的关键过程域(key process area，KPA)，作为评价软件组织是否达到该级别的标准。CMM 力图改进软件过程的管理，而在技术上的改进是其必然的结果。

CMM 为软件的过程能力提供了一个阶梯式的改进框架，它基于以往软件工程的经验教训，提供了一个基于过程改进的框架图，它指出一个软件组织在软件开发方面需要做哪些主要工作，这些工作之间的关系，以及开展工作的先后顺序，一步步做好这些工作从而使软件组织走向成熟。CMM 的思想来源于已有多年历史的项目管理和质量管理，自产生以来几经修订，成为软件业具有广泛影响的模型，并对以后项目管理成熟度模型的建立产生了重要影响。

必须牢记，软件过程的改善不可能一蹴而就，CMM 是以增量方式逐步引入变化的。CMM 明确定义了 5 个不同的“成熟度”等级，一个组织可按一系列小的改良性步骤向更高的成熟度等级前进。

企业会把重点放在对过程进行不断的优化上，采取主动的措施去找出过程的弱点与长处，以达到预防缺陷的目标。同时，分析各有关过程的有效性资料，对新技术的成本与效益进行分析，提出对过程进行修改的建议，达到该级的组织可自发地不断改进，防止同类缺陷二次出现。

4) CMM 的意义

软件开发的风险之所以大，是由于软件过程能力低，其中最关键的问题在于软件开发组织不能很好地管理其软件过程，从而使一些好的开发方法和技术起不到预期的作用。而且项目的成功也要通过工作组的不懈努力，所以仅仅依靠某些特定人员的成功不能为全组织的生产和质量的长期提高打下基础，必须在建立有效的软件过程管理实践的基础设施方面，坚持不懈地努力，才能不断改进，直至最终成功。

软件质量是模糊的、捉摸不定的概念。经常听说的“某某软件好用，某某软件不好用；某某软件功能全、结构合理；某某软件功能单一、操作困难等”这些模模糊糊的语言不能算作软件质量评价，更不能算作软件质量科学的定量的评价。软件质量，乃至于任何产品质量，都是一个复杂的事物性质和行为。产品质量，包括软件质量，是人们实践产物的属性和行为，是可以认识、可以科学描述的；可以通过一些方法和人类活动，来改进质量。

实施 CMM 是改进软件质量的有效方法，是控制软件生产过程、提高软件生产者组织性和软件生产者个人能力的有效合理的方法。

2. CMMI

CMMI(capability maturity model integration，能力成熟度模型集成)将各种能力成熟度模型(即 Software CMM、Systems Eng-CMM、People CMM 和 Acquisition CMM)整合到同一架构中，由此建立起包括软件工程、系统工程和软件采购等在内的诸模型的集成，以解决除软件开发以外的软件系统工程和软件采购工作中的迫切需求。

CMMI 框架包括软件能力成熟度模型(CMM2.0 草案)、系统工程能力成熟度模型、软件采购能力成熟度模型、继承产品和过程开发等。CMMI 的关键过程域 25 个、目标 105 个、关键实践 485 条。

CMMI 的评估方式分为自我评估(用于本企业领导层评价公司自身的软件能力)和主任评估(用于本企业领导层评价公司自身的软件能力后，向外宣布自己企业的软件能力)。而 CMMI 的评估类型包括软件组织的关于具体的软件过程能力的评估及软件组织整体软件能力的评估(软件能力成熟度等级评估)。

1) CMMI 的基本思想

(1) 解决软件项目过程改进难度增大问题。

(2) 实现软件工程的并行与多学科组合。

(3) 实现过程改进的最佳效益。

2) CMMI 的等级

(1) 未完成级：表明过程域的一个或多个特定目标没有被满足。

(2) 已执行级：过程通过转化可识别的输入工作产品，产生可识别的输出工作产品，关注于过程域的特定目标的完成。

(3) 已管理级：过程管理已制度化，针对单个过程实例的能力。

(4) 已定义级：过程定义已制度化，关注过程的组织级标准化和部署。

(5) 量化管理级：过程定量管理已制度化。

(6) 优化级：过程作为优化的过程制度化，表明过程得到良好执行，并持续得到改进。

1.4 软件过程

复杂的大型软件的开发一直是软件开发团队和软件工程师面临的严峻挑战，特别是软件危机出现以后，人们为了解决软件危机提出了各种各样的方法。一方面，从技术方面入手，这种研究直接影响了系统分析的思想；另一方面，从管理、组织的角度入手解决软件的核心问题，这就产生了软件工程的概念。软件工程继续发展，人们开始关注软件工程的一个核心问题——软件过程。开发软件过程包括把客户需求转变成软件系统所需的所有活动。在 20 世纪 80 年代，随着 CMM 标准的产生和发展，软件过程在软件工程中的重要地位不断得到体现。

有效的软件过程可以提高软件开发团队的生产能力。理解软件工程的基本原理和通用原则，有利于软件开发团队做出更符合实际情况的决定，可以标准化软件开发的工作，提高软件的可重用性和团队之间的协作。同时，软件开发这种机制本身也在不断地提高，促进软件工程师不断地接受新的管理思想和良好的软件开发经验。有效的软件过程可以改善软件工程师对软件的维护。在软件开发过程中，有效地定义如何管理需求变更，才能在后期的版本中适当地更新变更部分，使之平滑过渡。

1.4.1 软件过程概述

软件过程是为了获得高质量软件而完成的一系列任务的框架，它规定了完成各项任务的工作步骤。软件过程定义了一个框架，该框架包括：为了完成开发任务必须进行的一系列的开发活动，以及应该使用的适当资源(人员、时间、计算机硬件、软件工具等)，并且在过程结束时将输入(如软件需求)转化为输出(如软件系统)。因此，ISO 9000 把过程定义为：把输入转化为输出的一组彼此相关的资源和活动。

软件过程是工件构建时所执行的一系列活动、动作和任务的集合。活动主要实现宽泛的目标(如与涉众进行沟通)，与应用领域、项目大小、结果复杂性或者实施软件工程的重要程度没有直接关系。软件工程的活动是软件过程的基础，包括软件工程开发活动、管理活动和软件过程改进活动。活动由若干动作组成，动作包含了主要工件(如体系结构设计模型)生产过程中的一系列任务。任务关注小而明确的目标，能够产生实际产品(如构建一个单元测试)。

软件过程定义了软件开发中采用的技术方法、应该交付的工件(模型、文档、报告、表格等)，构成了为保证软件质量和协调变化所需采取的软件项目管理控制的基础。软件过程创建了一个环境以便于技术方法的采用、工件的产生、各个阶段里程碑的创建、质量的保证以及正常变更的正确管理。为获得高质量的软件系统，软件过程必须科学、合理。

在软件工程领域，过程不是对如何构建软件的严格规定，而是一种具有可适应性的调整方法，以便软件开发团队可以挑选适合的工作活动和任务集合。其目标通常是及时、高质量地交付软件，以满足客户的需求。任何一个软件开发团队都可以规定自己的软件过程，为了获得高质量的软件系统，软件过程必须科学、有效。由于软件项目千差万别，不可能找到一个适用于所有软件项目的任务集合，因此科学、有效的软件过程应该定义一组适合于所承担的项目特点的任务集合。通常，一个任务集合包括一组软件工程任务、里程碑和应该交付的工件。事实上，软件过程是一个软件开发团队针对某一类软件系统为自己规定的工作步骤，它应当是科学、合理的，否则必将影响到软件系统的质量。

软件过程并不是教条的发展，也不要求软件开发团队机械地执行，而应该是灵活、可适应的(根据软件所需解决的问题、项目特点、开发团队和组织文化等进行适应性调整)。因此，不同软件所采用的软件过程可能有很多的不同，这些不同主要体现在以下几个方面：

(1) 活动、动作和任务的总体流程以及相互依赖关系。

(2) 在每个框架活动中，动作和任务细化的程度。

(3) 工件的定义和要求的程度。

(4) 质量保证活动应用的方式。

(5) 过程描述的详细程度和严谨程度。

(6) 客户和涉众对项目的参与程度。

(7) 软件开发团队所赋予的自主权。

(8) 队伍组织和角色的明确程度。

1.4.2　普适性活动

软件过程框架除了定义软件开发活动(如需求、分析、设计、实现、确认和支持等)之外，还定义了很多软件过程管理活动和软件过程改进活动等普适性活动。通常，这些普适性活动贯穿软件项目始终，以帮助软件开发团队管理和控制项目进度、质量、变更和风险。典型的普适性活动如图 1-4 所示。

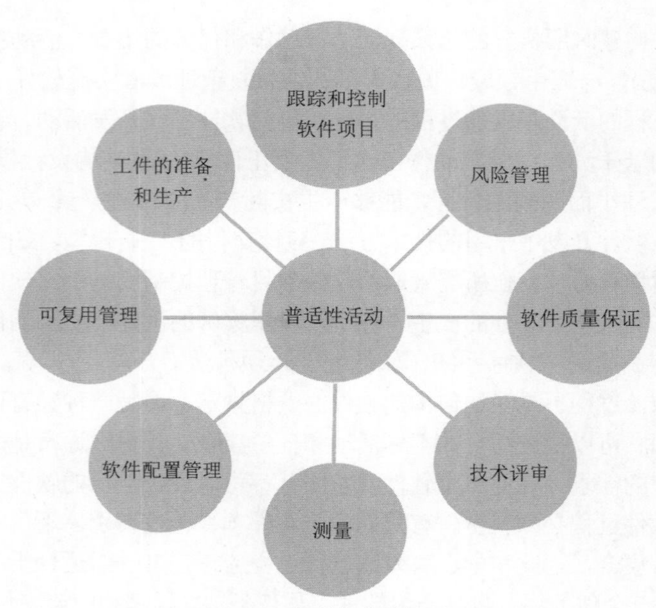

图 1-4　典型的普适性活动

(1) 跟踪和控制软件项目：项目组根据计划来评估项目进度，并且采取必要的措施保证项目按进度计划进行。

(2) 风险管理：对可能影响项目成果或者产品质量的风险进行评估。

(3) 软件质量保证：确定和执行保证软件质量的活动。

(4) 技术评审：评估工件，尽量在错误传播到下一个活动之前发现并清除错误。

(5) 测量：定义和收集过程、项目以及产品的度量，以帮助团队在发布软件时满足客户的需求。同时，测量还可以与其他框架活动和普适性活动配合使用。

(6) 软件配置管理：在整个软件过程中管理变更带来的影响。

(7) 可复用管理：定义工件复用的标准(包括软件组件)，并且建立组件复用机制。

(8) 工件的准备和生产：包括工件(如模型、文档、日志、表格和列表等)所必需的活动。

1.4.3　软件生命周期

同任何事物类似，软件也有一个从生到死的过程。这个过程一般称为软件生命周期或软件生存周期(software life cycle)。概括地说，软件生命周期由软件定义、软件开发、软件运行维护 3 个时期组成，每个时期又可进一步划分为若干个阶段。把整个软件生命周期划分为若干阶段，使得每个阶段有明确的任务，使规模大、结构复杂和管理复杂的软件开发变得容易控制和管理。

软件定义时期的任务是确定软件工程必须完成的总目标；确定工程的可行性；导出实现工程目标应该采用的策略及协调必须完成的功能；估计完成该项工程需要的资源和成本，并且制定工程进度表。软件定义时期通常进一步划分为 3 个阶段：问题定义、可行性研究和需求。就软件工程的开发活动而言，软件定义时期包含需求活动，或者说，需求活动被分成了问题定义、可行性研究和需求三个阶段。当然，软件定义时期应该包含确认活动。

软件开发时期的任务是具体分析、设计和实现在前一个时期定义的软件，它通常由下述 5 个阶段组成：分析、系统架构设计、详细设计、实现和测试。其中系统架构设计和详细设计又称为系统设计，简称为设计。就软件工程的开发活动而言，软件开发时期包含分析、设计、实现和测试活动，其中，分析阶段进行分析活动，而设计活动被分成系统架构设计和详细设计两个阶段。实现阶段包含实现活动和确认活动中的单元测试任务，测试阶段包含除单元测试任务之外的其他任务。

软件运行维护时期的主要任务是使软件持久地满足客户的需要，它通常由维护和退役两个阶段组成。具体地说，当软件在使用过程中发现错误时应该加以改正；当环境改变时应该修改软件以适应新的环境；当客户有新需求时应该及时改进软件以满足客户的新需求。通常不再对维护时期进一步划分阶段，但是每一次维护活动本质上都是一次压缩和简化了的定义和开发过程。而当软件不再使用时，进入退役阶段，其主要任务是分析当运行环境变化大时或者客户需求变更大时维护软件是否合算。如果维护的成本效益不再合算，客户将考虑采用新的软件代替旧的软件。就软件工程的开发活动而言，软件运行维护时期包含支持活动。软件生命周期如图 1-5 所示。

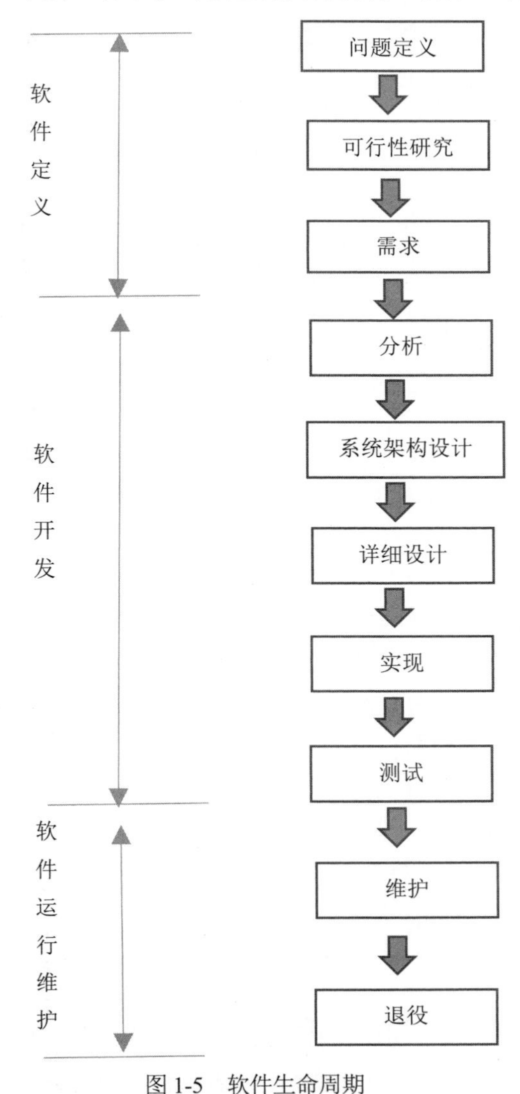

图 1-5　软件生命周期

1. 问题定义

问题定义阶段必须回答的关键问题是“要解决的问题是什么”。如果不知道问题是什么就试图解决问题，显然是盲目的，只会白白浪费时间和金钱，最终得出的结果很可能是毫无意义的。尽管确切地定义问题的必要性十分明显，但是在实践中却可能是最容易被忽视的一个步骤。如果软件系统被认为必能使客户获利，或至少从经济角度来看是合理的，则客户会向软件开发团队提议开发这个软件系统。

首先，问题定义的任务是软件开发团队从根本上理解应用域(简称领域)。领域具体指一种特定的范围或区域，这里指的是某一个产业或某个产业更细微的划分。产业分为以农业为主的第一产业、以工业为主的第二产业及包含流通部门和服务部门的第三产业。

其次，软件开发团队应该理解客户组织的结构和机制，包括客户组织的结构、愿景、业务及业务流程。

最后，软件开发团队应该理解客户组织当前存在的问题并确定潜在改进的可能性。特别是客户组织的业务流程中存在的问题，理解业务流程中的改进点。

在客户与软件开发团队的首次会议中，客户按其概念上的理解概略描述所期望的软件系统。从软件开发团队的角度来看，客户对预期系统的描述可能非常模糊、不合理、自相矛盾，或者根本不可能实现。

通过调研，系统分析员应该提出关于问题性质、工程目标和工程规模的书面报告，并且需要得到客户对这份报告的确认。

2. 可行性研究

可行性研究阶段要回答的关键问题是“上一个阶段所确定的问题是否有行得通的解决办法”。并非所有问题都有切实可行的解决办法，事实上，许多问题不可能在预定的系统规模或时间期限之内解决。如果问题没有可行的解，那么花费在这项工程上的任何时间、资源和经费都是无谓的浪费。在生命周期的任意阶段，如果客户不再认为软件的成本效益合算，软件开发将终止。软件开发的一个重要方面就是业务模型文档，以证明目标系统的成本效益合算。

软件开发团队的任务是明确客户的需求，并从客户描述中找到存在的约束条件。

(1) 主要约束几乎总是最后期限。例如，客户可能规定完整系统必须在 14 个月内完成。几乎所有应用领域，目标系统普遍都是任务关键性的。也就是说，客户需要的目标系统和所在组织的核心任务的运行相关，目标系统交付的任何延期都会对该组织不利。

(2) 通常还存在一些其他约束，如可靠性(例如，目标系统必须 99%的时间保持运行，或者失败之间的平均时间至少达到 4 个月)。另一个常见约束是可执行的目标程序的大小限制(例如，目标系统必须运行于客户的个人计算机中，或者运行于嵌入式设备之中)。

(3) 成本几乎总是一个重要的约束条件。然而，客户很少告诉软件开发团队会在目标系统开发上投入多少资金。通常的做法是，当完成需求规格说明后，客户会要求软件开发团队给出完成目标系统开发的价格。依据投标规程，客户期望的是软件开发团队的标的低于目标系统原有的预算。

有时，把对客户需求的初步调查称为概念设计。随后，软件开发团队与客户再次会面，继续精化并分析所提议目标系统的功能，以使其技术上可行、经济上合理。

3. 需求

需求阶段的任务仍然不是具体地解决客户的问题，而是准确地回答“目标系统必须做什么”这个问题。

虽然在可行性研究阶段已经粗略了解了客户的需求，甚至提出了一些可行的方案，但是，可行性研究的基本目的是用较小的承诺在短时间内确定是否存在科学的解法，因此许多细节被忽略了。然而在最终的系统中却不能遗漏任何一个微小的细节，所以可行性研究并不能代替需求，它实际上并没有准确回答“目标系统必须做什么”这个问题。

需求的任务还不确定目标系统怎样完成它的工作，而仅仅是确定目标系统必须完成哪些工作，也就是对目标系统提出完整、准确、清晰和具体的要求。

这个阶段的一项重要任务，是用正式文档准确地记录对目标系统的需求，该文档通常被称为规格说明。规格说明使用客户能够理解的语言来表达，即自然语言，如汉语、英语等。规格说明等同于契约，当软件开发团队交付一个满足规格说明验收标准的目标系统时，被视为已经履行完契约。因此，规格说明不能包含不严密的用语，如合适的、方便的、充分的或足够的等，或者听起来明确但实际上含糊的术语，如最优的、98%完成等。虽然软件开发契约可能会引起法律诉讼，但是当客户与软件开发团队属于相同组织时，则不会存在因规格说明而导致的法律行为。然而，即使是在内部开发软件，也应该编写规格说明，因为它们可以成为将来出现麻烦时的证据。

4. 分析

分析，又称系统分析，这个阶段的基本任务是分析并精化需求，以理解正确开发软件和易于维护所必需的需求细节，也就是回答“目标系统应该做什么”这个问题。

需求规格说明必须使用自然语言，但是，无一例外，所有自然语言都或多或少地不够严密，容易引起误解。所以，在分析阶段必须采用更为精确的语言(如 UML)，以确保设计和实现的正确实施。

在分析中已经确定目标系统的体系结构，也就是说，目标系统已经分解为相对独立的基本组成元素(如类)。软件开发人员应该分析目标系统的基本组成元素的关系，以及基本组成元素如何交互完成系统需求。

分析的第二个任务是分析在系统需求中输入、处理和输出的数据及其特征和关系。

分析的另外一项重要任务是制订软件项目管理计划。计划的主要部分是交付能力、里程碑和预算。

5. 系统架构设计

系统架构设计是面向对象方法学的说法，在结构化方法学中称为概要设计，又称初步设计、逻辑设计、高层设计或总体设计。这个阶段的基本任务是概括地回答“怎样实现目标系统”这个问题。

首先，应该设计出实现目标系统的几种可能的方案。软件工程师应该用适当的表达工具描述每种可能的方案，分析每种方案的优缺点，并在充分权衡各种方案利弊的基础上，推荐一个最佳方案。此外，还应该制订出实现所推荐方案的详细计划。如果客户接受所推荐的系统方案，则应该进一步完成本阶段的另一项主要任务。

上述设计工作确定了解决问题的策略及目标系统中应包含的程序。但是，对于怎样设计这些程序，软件设计的一条基本原理指出，程序应该模块化。因此，系统架构设计的另一项任务就是设计系统的体系架构，也就是确定整体由哪些模块组成以及模块间的关系。

6. 详细设计

系统架构设计阶段以比较抽象的方式提出了解决问题的办法。详细设计阶段的任务就是把解法具体化，也就是回答“怎样具体地实现系统”这个关键问题。

这个阶段的任务还不是编写程序，而是设计出程序的详细规格说明。这种规格说明的作用类似于其他工程领域中工程师经常使用的工程蓝图，它们应该包含必要的细节，程序员可以根据这些细节写出实际的程序代码。

详细设计也叫模块设计、物理设计或低层设计。在这个阶段将详细地设计每个模块，确定实现模块功能所需要的算法和数据结构。

7. 实现

实现包含编码和单元测试，这个阶段的关键任务是写出正确的、容易理解且容易维护的程序模块。

程序员应该根据目标系统的性质和实际环境，选取适当的高级程序设计语言，把详细设计的结果翻译成用选定语言书写的程序，并且仔细测试编写出的每一个模块。有时，一个小型的软件系统直接由设计人员实现。相反，一个大型的软件系统则会划分为更小的子系统，每个子系统也可能划分为多个模块，然后由多个编码团队并行实现。每个子系统都由代码制品组成，分别由多个程序员来实现。

8. 测试

测试阶段的关键任务是通过各种类型的测试(及相应的调试)使软件达到预定的要求。最基本的测试是集成测试、系统测试和验收测试。所谓集成测试是根据设计的软件结构，把经过单元测试检验的模块按选定的策略组装起来，在装配过程中对程序进行必要的测试。当完成集成测试后，SQA(software quality assurance，软件质量保证)小组开始系统测试。依据需求规格说明，检测软件系统整体上的功能性。特别地，要测试需求规格说明中列出的约束条件。所谓验收测试则是按照需求规格说明书(通常在需求阶段确定)，由客户(或在客户的积极参加下)对目标系统进行验收。

9. 维护

维护阶段的关键任务是通过各种必要的维护活动使系统持久地满足客户的需要。通常有 4 类维护活动：纠错性维护是诊断和改正在使用过程中发现的软件错误，适应性维护即修改软件以适应环境的变化，完善性维护即根据客户的要求改进或扩充软件使之完善，预防性维护即修改软件为将来的维护活动预先做准备。

10. 退役

软件生命周期的最后一个阶段是退役。在服务多年之后当进行进一步交付后维护的成本效益不再合算时，软件就进入这一时期。

(1) 有时所提议的修改过大，以致必须从整体上来修改设计。在这种情况下，对整个软件系统进行重新设计并重新编码，会更为合算。

(2) 对原型设计的改变过多，不经意间就会在软件系统中引入相互依赖性。此时，即使对于一个小型组件进行细微的改变，也可能会对整个软件系统产生巨大的影响。

(3) 文档维护不够充分，回归错误带来的风险已达到一定程度。此时，重新编码比维护更安全。

(4) 软件系统运行的硬件平台(和操作系统)需要更新换代。此时，从零开始重写软件比修改软件会更为经济。

在以上情况下，都采用新版本取代旧版本，并且软件过程将继续。

另外，即使软件系统失去可用性，真正的退役阶段也极少经历。客户不再需要软件系统提供的功能时，就会将软件系统从计算机中删除或不再访问该软件系统。

软件过程是整个软件生命周期中一系列有序的软件生产活动的流程，包括软件开发活动、软件管理活动以及软件过程改进活动。应该说，除了退役，软件过程包含了软件生命周期中的所有活动。

1.5 传统过程模型

最早提出软件过程模型是为了改变软件开发的混乱状况，使软件开发更加有序。历史证明，这些模型为软件工程工作提出了大量有用的结构，并为软件开发团队提供了有效的路线图。尽管如此，软件工程工作及其系统仍然停留在“混乱的边缘”。混乱的边缘可定义为：有序和混乱之间的一种自然状态，结构化和反常之间的重大妥协。混乱的边缘可以被视为一种不稳定和部分结构化的状态，它的不稳定是因为它不停地受到混乱或者完全有序的影响。

我们通常认为有序是自然的完美状态，这可能是个误区。研究证实，打破平衡的活动会产生创造力、自我组织的过程和更高的回报。完全的有序意味着缺乏可变性，而可变性在某些不可预测的环境下往往是一种优势。变更通常发生在某些结构中，这些结构使得变更可以被有效组织，但还不是死板得使变更无法发生。另外，太多的混乱会使协调和一致成为不可能。缺少结构并不意味着无序。

上面这段话的哲学思想对于软件工程有着重要的意义。所有的软件过程模型都试图在找出混乱世界中的秩序和适应不断发生的变化这两种要求之间的平衡。

软件过程是整个软件生命周期中一系列有序的软件生产活动的流程。为了高效地开发一个高质量的软件系统，通常把软件生命周期中各项开发活动的流程用一个合理的框架——开发模型来规范描述，这就是软件过程模型(software process model)，或者称为软件生命周期模型(software life cycle model)。所以，软件过程模型是一种软件过程的抽象表示法，建模是软件过程中最常使用的技术手段之一。

软件过程模型是从一个特定的角度表现一个过程，一般使用直观的图形标识软件开发的过程。软件过程模型就是一种开发策略，这种策略针对软件工程的各个阶段提供一套范型，使工程的进展达到预期的目的。对一个软件的开发无论其大小，都需要选择一个合适的软件过程模型，这种选择基于项目和应用的性质、采用的方法、需要的控制，以及要交付的系统的特点。选择一个错误的模型，将迷失开发方向。

几十年来，软件过程领域出现了多种不同的过程模型，它们各具特色，分别适用于不同特征的软件项目的开发应用。而传统过程模型(traditional process model)为力求达到软件开发的结构和秩序，其活动和任务都是按照过程的特定顺序进行的。称之为“传统”，是因为传统过程模型规定了一套过程元素——框架活动、软件工程动作、任务、工件、质量保证以及每个项目的变更控制机制。每个过程还定义了过程流(也称为工作流)——也就是过程元素之间关联的方式。

所有的软件过程模型都支持软件工程的开发活动、管理活动和过程改进活动，都包含软件生命周期的所有阶段，但是每个模型都对框架活动和软件生命周期有不同的侧重，并且定义了不同的过程流以不同的方式执行每个框架活动(以及软件工程动作和任务)。

由于许多软件过程模型都有迭代或增量的特征，或者二者兼有，所以在介绍各种软件过程模型之前，先介绍迭代和增量这两个概念。

1.5.1 迭代和增量

迭代(iteration)和增量(increment)是软件开发中的两个重要概念，明白迭代和增量及其依据，就可以在实际的操作中有章法可循。

1. 迭代

为什么要进行迭代开发呢？软件工程师一定遇到过这样的情况：

“我们知道想要什么。但你能估算出构建它需要多长时间吗？”

“在启动开发之前，我们必须将这些需求明确下来。”

“客户不知道他们想要什么。”

“客户时常改变想法。”

“虽然不知道客户想要什么，但却知道怎么得到客户想要的东西。”

怎么得到客户想要的东西？——迭代！软件工程师不指望所构建的软件正是客户所想要的，但可以先构建后修改，通过多次迭代找到真正满足客户需求的软件。当然，必须保证初次确定的方案正确、行得通，这样后继的迭代就是反复求精的过程，是不断对备选方案改进并选择更优方案的过程，是以更优方案取代之前勉强行得通的方案的过程。

以达·芬奇创作蒙娜丽莎画像为例说明，其过程就是迭代的。先素描，画出蒙娜丽莎的轮廓，这是第一次迭代。然后，对画像进行半着色，这是第二次迭代。最后，完成成品，这是第三次迭代，如图 1-6 所示。

图 1-6　蒙娜丽莎画像的迭代过程

在软件开发中，对于某个软件制品的后继版本，其基本过程就是迭代，即先开发该制品的第一个版本，例如需求规格说明文档或代码模块，然后修改并得到第二个版本，以此类推。目标是：较之前的版本，每个版本都更为接近目标，并最终构造一个满足条件的版本。

迭代开发的过程就是对软件功能不断细化的过程，所以，迭代的依据就是功能细化原则的四个特性：必要性、灵活性、安全性和舒适性/趣味性。

(1) 必要性：指能支持软件工程师完成任务的最少功能特性。

(2) 灵活性：指支持软件工程师使用多种方式完成任务或者支持软件工程师做出额外选择的功能特性。

(3) 安全性：指为了避免软件工程师犯错，确保软件工程师在软件使用过程中所做操作安全的功能特性。

(4) 舒适性/趣味性：指可以使软件工程师更简单、更快捷、更有趣地完成任务的功能特性。

每次迭代可能包含多个需求，但是在同一次迭代中，对每个需求开发的完善程度是不一样的。随着软件开发工作的深入进行，会在需求中发现更多的功能，可能是舒适性/趣味性方面的功能，也可能是必要的功能。或者，在软件开发的过程中，竞争对手的软件系统有了新的功能、市场销售情况有新的反馈、客户有新的需求等，需要不断地丰富、细化软件所支持的需求，增加/改善新的功能。经过多次迭代，就可以完成所有的功能，从多个层次(必要性、灵活性、安全性、舒适性/趣味性)满足客户需求。

2. 增量

不论是哪种类型的软件，其业务目标一旦确定下来，都会为此准备好“理想”的解决方案和实现手段。但是，项目工期和资金预算是有限的，人手也不可能无限增加。为什么项目工期总是很短？是因为资金紧张还是人手不够？因为“理想”的解决方案需要很大的代价。并且，“理想”的解决方案也有很大的风险：在漫长的“完美”解决方案实现过程中，市场情况、客户需求等外部因素都会发生改变；不及时发布、不从市场/客户处得到及时的反馈，“理想”的解决方案是否真的完美也就无法得到验证。

1956 年，心理学教授乔治•米勒指出，任何时候，人们可能关注于大约 7±2 个信息块。但是，一个典型的软件制品，其程序块数远大于 7。例如，一个代码制品可能远不止 7 个变量，一个需求文档可能不止包含 7 个需求。也就是说，某个时刻可处理的信息数是有限制的。一种解决方法就是采用逐步求精，即先关注当前最为重要的方面，稍后考虑当前并不重要的其他方面。换言之，最终会处理每个方面，但要按照各个方面当前的重要性进行排序，这就是增量的含义。这意味着，初期仅开发可解决目标一小部分的制品，然后进一步考虑问题的其他方面，增加新的片段到已有制品。例如，在构造需求文档时，先考虑最为重要的 7 个需求，接下来考虑另外 7 个次重要的需求，以此类推，这是一个增量过程。

例如，达•芬奇在创作蒙娜丽莎画像时，其过程也可以是增量的。第 1 个增量先完成头部和颈部，从轮廓到成品。第 2 个增量完成左边身躯，从轮廓到成品。第 3 个增量完成画像的剩下部分，从轮廓到成品。并且，在做每个增量的时候都可以采用迭代的画法，先素描，再半着色，最后成品，如图 1-7 所示。

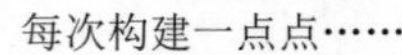

图 1-7　蒙娜丽莎画像的增量过程

如果说迭代开发是为了应对软件系统内部的不确定因素，那么，增量发布软件系统，为的就是应对软件系统之外的其他不确定因素。

既然增量发布软件系统是为了应对软件系统之外的不确定因素，那么，确定增量发行版本的过程，也就是项目风险控制的过程。在确定版本计划的时候，应采用什么样的尺度？考虑得太粗，版本规划就不会太准确，在项目实施的过程中，就会存在较大的风险；如果考虑得很周到，必定会在规划上花太多的时间。这其中的“度”在哪里呢？首先想到的就是对功能的优先级进行排序，然后看情况，到项目工期截止的时候，功能完成多少就交付多少。大多数的软件项目就是这么失败的。

可以按照重要程度来进行。但是，在必要的功能全部实现之前，所实现的再重要的功能都无法体现其价值。这也是在做软件需求工作时，普遍存在的问题：功能考虑得很多，优先级排得有水平，对每个功能的描述也很详尽。但是，各个功能各自为战、不成体系，甚至还缺少许多必要的功能。

在第一个版本中，必须实现所有的“必要性”功能，否则，软件是无法体现价值的。在之后的每个版本中，都要参考“功能细化原则”，使得软件系统的所有功能都达到相同的用户体验水平。

迭代就是在实现软件的每一功能时反复求精的过程，是提升软件质量的过程，是从模糊到清晰的过程。增量则强调软件在发布不同的版本时，每次都多发布一点点，是软件功能数量渐增发布的过程。

1.5.2　瀑布模型

瀑布模型(waterfall model)是第一个软件过程模型，1970 年由温斯顿 • 罗伊斯提出。瀑布模型的核心思想是按工序将问题化简，将功能的实现与设计分开，便于分工协作，即采用结构化的分析与设计方法将逻辑实现与物理实现分开。瀑布模型提出了软件开发的系统化的、顺序的方法，是应用最广泛的软件过程模型。

瀑布模型是其他软件过程模型的源头，按照软件过程分为定义、开发和维护三个阶段，与软件生命周期的三个时期一一对应。而每个阶段又分为几个子阶段，其中，定义阶段包含问题定义、可行性研究、需求子阶段，开发阶段包含分析、设计、实现、测试子阶段。维护阶段就是维护瀑布模型，如图 1-8 所示。

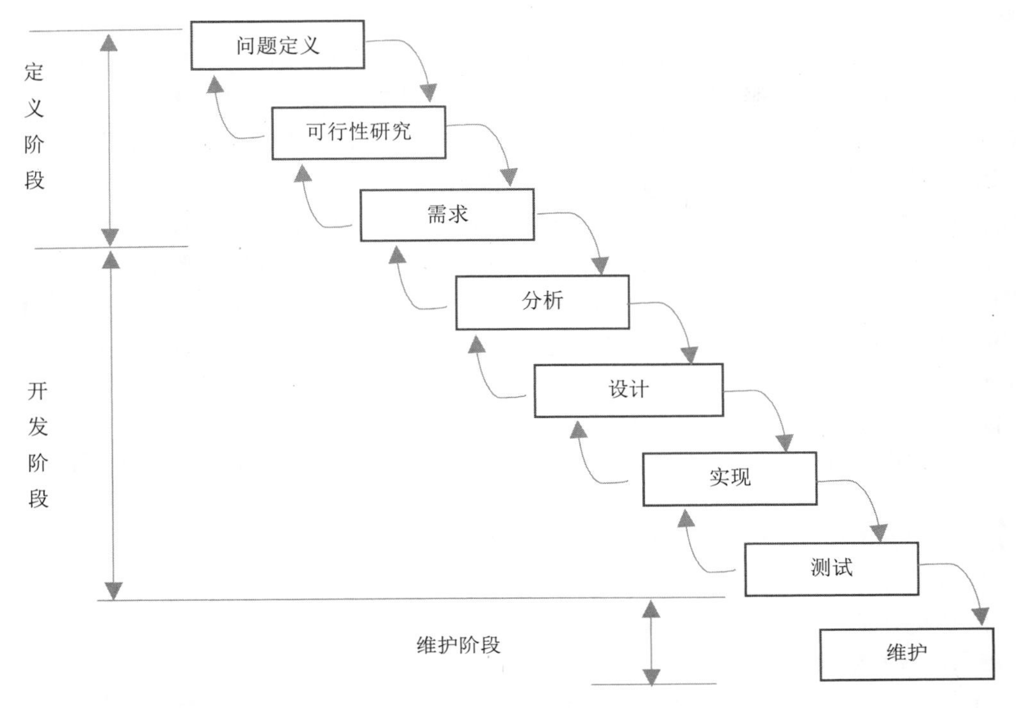

图 1-8　瀑布模型

最初的瀑布模型是每个子阶段依次进行，前一个子阶段的制品是下一个子阶段的依据，前一个子阶段的工作结果通过验证、评审之后进入下一个子阶段，并且规定了它们自上而下、相互衔接的固定次序，如同瀑布流水，逐级下落。后来在模型中加入了纠错和回溯机制，可以根据当前子阶段的制品去修改前面子阶段的制品，直到问题定义子阶段为止。如果问题定义和可行性研究子阶段的制品修改幅度过大，必然导致整个软件项目的时间延迟，成本增加。所以，实际的瀑布模型是迭代的。当然，如果软件系统已经处于维护阶段，不能再进行修改。这个特点有两重含义：

(1) 必须等前一子阶段的工作完成之后，才能开始后一子阶段的工作。

(2) 前一子阶段的输出文档是后一子阶段的输入文档，因此，只有前一子阶段的输出文档正确，后一子阶段的工作才能获得正确的结果。

瀑布模型每个子阶段都应坚持两个重要做法：

(1) 每个子阶段都必须完成规定的文档，没有交出合格的文档就是没有完成该子阶段的任务。完整、准确的合格文档是软件开发时期各类人员之间相互通信的媒介，也是运行时期对软件进行维护的重要依据。

(2) 每个子阶段结束前都要对所完成的文档进行评审，以便尽早发现问题，改正错误。事实上越是早期阶段犯下的错误，暴露出来的时间就越晚，排除故障改正错误所需付出的代价也越高。因此，及时审查，是保证软件质量、降低软件成本的重要措施。

可以说瀑布模型是由文档驱动的。这其实也是它的缺点之一，在可运行的软件系统交付给客户之前，客户只能通过文档了解系统是什么样的。瀑布模型历史悠久、广为人知，其优势在于它是规范的文档驱动的方法。这种模型的问题是：最终开发出的产品可能并不是客户真正需要的。

瀑布模型是第一个软件过程模型，是其他软件过程模型的源头和基础，其文档驱动的特点遵循了软件工程的基本原理，即用分阶段的生命周期计划严格管理、坚持进行阶段评审、实行严格的产品控制、采用现代化程序设计技术、结果应能清楚地审查、开发小组的人员应该少而精，以及承认不断改进软件工程实践的必要性。它虽然产生于传统软件工程阶段，但至今仍然应用广泛。瀑布模型遵循软件工程实践的通用原则，即存在价值、保持简洁、保持愿景、关注使用者、面向未来、提前计划复用和认真思考。作为一种软件过程模型，必须遵循软件工程的基本原理和通用原则，这是对过程模型的基本要求，也是能够成为一种过程模型的基本条件。后续的软件过程模型都是对瀑布模型的改进，都是在瀑布模型的基础上遵循了软件工程的一条或几条基本原理或通用原则。

瀑布模型的优点如下：

(1) 它提供了一个模板，这个模板使得分析、设计、实现、测试和维护的方法可以在该模板下有一个共同的指导。

(2) 虽然有不少缺陷但比在软件开发中随意的状态要好得多。

(3) 易于理解，管理成本低。

(4) 强化开发阶段早期计划及需求调查和产品测试。

瀑布模型的缺点如下：

(1) 实际的项目大部分情况难以按照该模型给出的顺序进行，而且这种模型的迭代是间接的，这很容易由微小的变化造成大的混乱。

(2) 客户必须完整地表达出他们的需求，通常情况下客户难以表达真正的需求，这种模型不允许二义性问题存在。

(3) 客户要等到开发周期的后期才能看到程序运行的测试版本，而如果此时发现大的错误，使风险控制能力减弱，可能引起客户恐慌，而后果也可能是灾难性的。

(4) 采用这种线性模型，会经常在过程的开始和结束时需等待其他成员完成其所依赖的任务才能进行下去，有可能花费的等待时间比开发时间要长，称之为“堵塞状态”。

1.5.3 快速原型模型

快速原型模型(rapid-prototyping model)是为解决在瀑布模型中客户与开发人员对于需求的不同理解而造成软件开发失败的问题所提出来的，其设计思想是：正式开发前在需求方面达成一致，可有效地提高客户的满意度和软件的可用性。

快速原型法开始于沟通。软件开发团队与客户进行会晤，定义软件系统的总体目标，标识已知的需求并且规划出需要进一步定义的区域。然后是快速策划一个原型，开发迭代并进行建模(以“快速设计”的方式)，它集中于软件中那些对客户可见的部分的表示，这将产生原型的创建。对原型进行部署，然后由客户进行评估。根据客户的反馈信息，进一步精化待开发软件系统的需求，逐步调整原型使其满足客户的需求，这个过程是迭代的。其流程从听取客户意见开始，随后是建造/修改原型、客户测试运行原型、回头往复循环直到客户对原型满意为止。由于这种模型可以让客户快速感受到实际的系统(虽然这个系统不带有任何质量的保证)，所以客户和开发者都比较喜欢这种过程模型(对于那些仅仅用来演示软件功能的公司而言，或从来不考虑软件质量和不担心长期维护的公司而言)。快速原型法如图 1-9 所示。

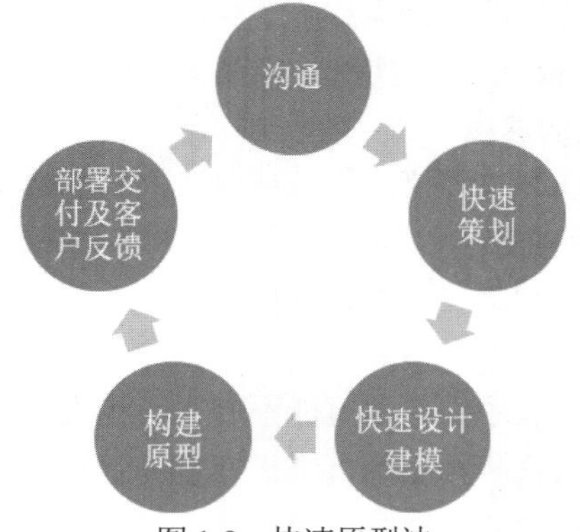

图 1-9　快速原型法

通过快速原型法确认软件系统需求后(得到确认的需求规格说明)，可以按照软件生命周期进行分析、设计、实现、测试和维护，每个阶段都需要确认。其中，如果在维护阶段出现变化的需求，则需要重新确定需求(修改需求规格说明)。快速原型模型如图 1-10 所示。

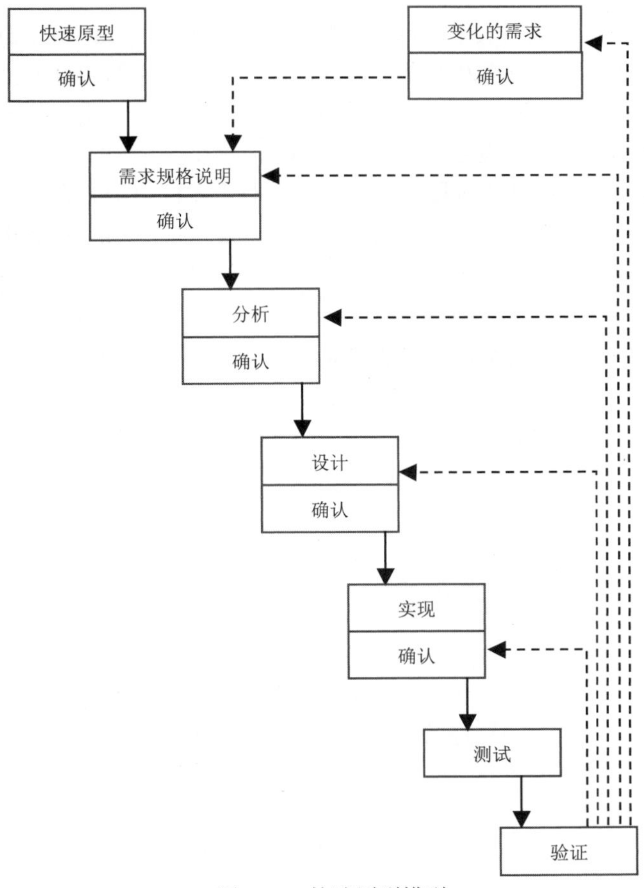

图 1-10　快速原型模型

快速原型模型的优点如下：

(1) 产品的开发基本上是线性的，最大程度避免回溯。

(2) 开发进度快：正式分析、设计和实现前做了大量的沟通和准备工作，在开发过程回溯较少，因此整体上提高了开发的速度。

(3) 如果客户和开发者达成一致协议，原型被建造仅为了定义需求，之后就被抛弃或者部分抛弃，表明这种模型就是合适的。

(4) 如果客户想抢占市场，则是一个首选的模型。

快速原型模型的缺点如下：

(1) 需求人员和客户确定的展示性原型可能不利于设计人员的创新。

(2) 没有考虑软件的整体质量和长期的可维护性。

(3) 大部分情况是采用了不合适的操作算法。目的是为了演示相关功能，不合适的开发工具被采用仅仅是为了它的方便，还有不合适的操作系统被选择等。

(4) 由于达不到质量要求，产品可能被抛弃，而采用新的模型重新设计。

1.5.4 螺旋模型

1998 年，巴利 • 玻姆正式发表了软件系统开发的螺旋模型(spiral model)，这是一个演化软件过程模型。它将原型的迭代特点及瀑布模型的可控性和系统性的特点结合起来，使得软件系统的增量版本的快速开发成为可能。在螺旋模型中，软件开发是一系列的增量发布。在每个增量开发中，通过多次迭代，被开发系统的更加完善的版本逐步产生。

螺旋模型是一种风险驱动型的过程模型生成器，对于软件集中的系统，它可以指导多个涉众的协同工作。它有两个显著特点：一是采用循环方式逐步加深系统定义和实现的深度，同时降低风险；二是确定一系列里程碑作为支撑点，确保系统是客户认为可行的且令各方满意的解决方案。

螺旋模型提出了强调客户交流的一个框架活动，如图 1-11 所示。

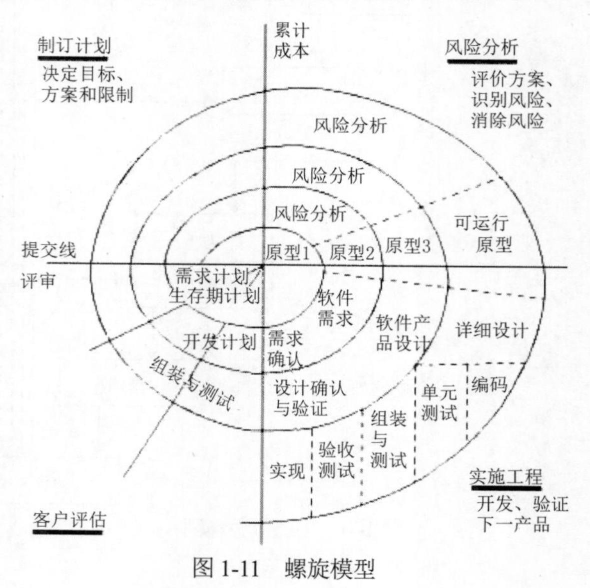

图 1-11 螺旋模型

该模型的目标是从客户处诱导系统需求。在理想情况下，软件开发团队简单询问客户需要什么，客户提供足够的细节，只是这种理想的情形很少发生。在现实中，客户和软件开发团队进行谈判，客户被要求在成本和应市(应市的意思是适应市场需要上市出售)的约束下平衡功能、性能和其他系统特征。最好的谈判追求“双赢”结果，也就是说通过谈判客户获得大部分系统的功能，而开发者则获得现实的和可达到的预算和时限。螺旋模型被划分为若干框架活动，也称为任务区域。典型的任务区域有4个。

1．制订计划

定义资源、进度以及其他相关项目信息所需要的任务。具体任务包括：弄清对软件系统的限制条件，制订详细的管理计划，识别项目风险，可能还要计划与这些风险有关的对策。

2．风险分析

评估技术及管理的风险所需要的任务。具体任务包括：针对每一个风险进行详细分析，设想弱化风险的步骤。例如，若有一个风险(如需求不合适)，可以考虑开发一个原型系统。

3．实施工程

构造、测试、安装系统和提供客户支持所需要的任务。具体任务包括：风险分析之后选择系统开发模型。例如，若用户界面风险的发生概率和影响最严重，则可以采用演化模型作为开发原型；若安全性风险是主要考虑因素，则可以采用形式化变换方法；若子系统集成成为主要风险，则瀑布模型最合适。

4．客户评估

指基于对在工程阶段产生的或在安装阶段实现的软件所做的评估，获得客户反馈所需要的任务。具体任务包括：评价开发工作，确定是否继续进行螺线的下一个循环。

每个活动代表螺旋上的一个片段，即随着演化过程开始，从圆心开始顺时针方向，软件开发团队执行螺旋上的一圈所表示的活动。在每次演化的时候，都要考虑风险。每个演化过程还要标记里程碑——沿着螺旋路径达到的工件和条件的结合体。

螺旋的第一圈一般通过原型1开发出软件系统的需求计划和生存期计划，经过客户交流和客户评估后，接下来开发软件系统的原型系统，并在每次迭代中完善，开发不同的软件版本。螺旋的每一圈都要跨过指定计划任务区域，此时需要调整项目计划，并根据交付后客户的反馈调整预算和进度。而在开发原型之前必须经过风险分析，风险包括人员风险、硬件风险、测试投入和技术风险。原型系统的开发经过几次迭代才能完成，一般来说，经过原型2、原型3到可运行原型。当然，项目经理会根据软件系统的实际情况调整开发需要迭代的次数。

螺旋模型的优点如下：

(1) 螺旋模型是开发大型软件系统的实际方法。由于软件随着过程的推进而变化，因而在每一个演化层次上，软件开发团队和客户都可以更好地理解和应对风险。螺旋模型把原型作为降低风险的机制，更重要的是，开发人员可以在软件系统演化的任何阶段使用原型方法。它保留了经典生命周期模型中系统逐步精化的方法，于是把它纳入一种迭代框架之中，这种迭代方法与真实世界更加吻合。螺旋模型要求在项目的所有阶段始终考虑风险，如果适当地应用该方法，就能够在风险变为难题之前得以化解。

(2) 适合动态的需求，提高了软件的适应能力。

螺旋模型的缺点如下：

(1) 与其他模型一样，螺旋模型也并不是包治百病的灵丹妙药，它很难使客户相信演化的方法是可控的，它依赖大量的风险评估专家来保证成功。

(2) 如果存在较大的风险没有被发现和管理，就肯定会发生问题。

(3) 需要额外的谈判技巧。

1.6 RUP

RUP(rational unified process，统一软件开发过程)是一个面向对象且基于网络的程序开发方法论。RUP 是一种用例驱动的、以架构为中心的、采用迭代增量方式开发的软件工程过程。它汲取了面向对象软件工程领域多年的优秀研究成果，应用统一建模语言进行可视化建模，为面向对象的软件系统的开发提供了方法论的指导。RUP 描述了如何有效地利用商业的可靠方法开发和部署软件，是一种重量级过程(也被称作厚方法学)，因此特别适用于大型软件团队开发大型项目。

随着计算机计算能力的逐年递增，以及 Internet 的应用促进各类信息交换，软件朝着更大、更复杂的系统发展。20 世纪 90 年代早期，詹姆斯·伦博、格雷迪·布奇和伊瓦尔·雅各布森开始研究“统一方法”，他们的目标是结合各自面向对象分析和设计方法中最好的特点，并吸收其他面向对象模型专家提出的其他特点。他们的成果就是统一建模语言(UML)。也就是说，RUP 与 UML 有密切的关系，UML 是研究 RUP 的产物。

RUP 是第一个二维的软件开发模型，横轴通过时间组织，是以过程展开的生命周期特征，体现开发过程的动态结构，用来描述它的术语主要包括周期、阶段、迭代和里程碑；纵轴以内容来组织，是自然的逻辑活动，体现开发过程的静态结构，用来描述它的术语包括活动、制品、工作者和工作流。RUP 模型如图 1-12 所示。

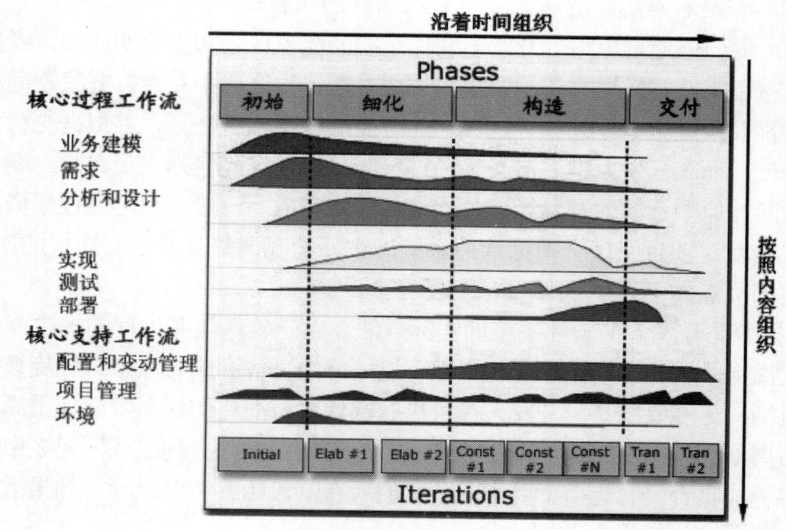

图 1-12　RUP 模型

1.6.1　核心工作流

RUP 中有 9 个核心工作流，分为 6 个核心过程工作流(core process workflows)和 3 个核心支持工作流(core supporting workflows)。尽管 6 个核心过程工作流可能使人想起传统瀑布模型中的几个阶段，但实际上是完全不同的，这些工作流在整个生命周期中一次又一次被访问。9 个核心工作流在项目中被轮流使用，在每一次迭代中以不同的重点和强度重复。

1. 业务建模

业务建模工作流包含了软件生命周期中的问题定义和可行性研究的工作，描述了如何为新的目标组织开发一个构想，并基于这个构想在业务用例模型和业务对象模型中定义组织的过程、角色和责任。软件开发团队必须在业务建模工作流中从根本上理解应用域，即目标软件系统将要运行的特定环境，尽可能准确地分析客户当前的情况。例如，“客户抱怨人工设计系统极其不适，所以他们需要一个计算机辅助设计系统”，这种陈述是不充分的。除非软件开发团队确实了解现有的人工设计系统存在什么问题，否则，极有可能新的计算机系统的各个方面也同样会“极其不适”。只有对当前的状况有了清晰的认识，软件开发团队才能试图回答关键性问题：新的软件系统究竟能干什么？

2. 需求

需求工作流的目标是描述系统应该做什么，并使开发人员和客户就这一描述达成共识。为了达到该目标，要对需要的功能和约束(包括最后期限和成本)进行提取、组织、文档化，最重要的是理解系统所解决问题的定义和范围。

3. 分析和设计

分析和设计工作流将需求转化成未来系统的设计，为系统开发一个健壮的结构并调整设计使其与实现环境相匹配，优化其性能。分析和设计的结果是一个设计模型和一个可选的分析模型。分析模型和设计模型使用 UML 建模，分析模型是对需求的精化，软件系统被分解为类，并且提取每个类的属性，根据需求规格说明分配类的责任，并制订软件项目管理计划，计划的主要部分是交付能力、里程碑和预算。设计模型是源代码的抽象，由设计类和一些描述组成。设计类被组织成具有良好接口的设计包和设计子系统，而描述则体现了类的对象如何协同工作实现用例的功能。设计活动以体系结构设计为中心，体系结构由若干结构视图来表达，结构视图是整个设计的抽象和简化，该视图中省略了一些细节，使重要的特点体现得更加清晰。体系结构不仅仅是良好设计模型的承载媒介，而且在系统的开发中能提高模型的质量。

把分析和设计当作一个工作流，说明在 RUP 出现的时候，分析要做的工作不是很复杂。对于面向对象而言，主要是分析系统中有多少个类、类有哪些属性和方法。所以，把分析看作设计的一部分，分析是为设计准备的。后来随着领域越来越复杂，慢慢把分析从设计中独立出来，形成一个独立的工作流。所以，在本教材中，把分析当作一个独立的工作流。

4. 实现

实现工作流的目的包括：以层次化的子系统形式定义代码的组织结构；以组件的形式实现类和对象；将开发出的组件作为单元进行测试；以及集成由单个开发者(或小组)所产生的结果，使其成为可执行的系统。

5. 测试

测试工作流的目的是验证对象间的交互作用，验证软件中所有组件的正确集成，检验所有的需求已被正确实现，识别并确认缺陷在软件部署之前被提出并处理。RUP 提出了迭代的方法，意味着在整个项目中进行测试，从而尽可能早地发现缺陷，从根本上降低修改缺陷的成本。

6. 部署

部署工作流的目的是成功生成发行版本并将软件分发给最终用户。部署工作流描述了与确保软件系统对最终用户具有可用性相关的活动，包括：软件打包、生成软件本身以外的产品、安装软件、为用户提供帮助。在有些情况下，还可能包括计划和进行 beta 测试、移植现有的软件和数据以及正式验收。

7. 配置和变更管理

配置和变更管理工作流描述了如何在多个成员组成的项目中控制大量的活动，提供了相应准则来管理演化系统中的多个变体，跟踪软件创建过程中的版本，描述了如何管理并行开发、如何进行分布式开发、如何自动化创建工程。同时也描述了系统修改的原因、时间、人员等。

8. 项目管理

软件项目管理平衡各种可能产生冲突的目标，管理风险，克服各种约束并成功交付用户满意的产品。其目标包括：为项目的管理提供框架，为计划、人员配备、执行和监控项目提供实用的准则，为管理风险提供框架等。

9. 环境

环境工作流的目的是向软件开发团队提供软件开发环境，包括过程和工具。环境工作流集中于配置项目过程中所需要的活动，同样也支持开发项目规范的活动，提供了详细的指导手册，并介绍了如何在软件开发团队中实现过程。

1.6.2 阶段

RUP 中的软件生命周期在时间上被分解为四个顺序的阶段，分别是初始阶段(inception phase)、细化阶段(elaboration phase)、构造阶段(construction phase)和交付阶段(transition phase)。每个阶段结束于一个主要的里程碑，每个阶段本质上是两个里程碑之间的时间跨度。在每个阶段的结尾执行一次评估以确定这个阶段的目标是否已经满足。如果评估结果令人满意，则可以使项目进入下一个阶段。

1. 初始阶段

初始阶段又称为先启阶段，该阶段的目标是为系统建立业务案例并确定项目的边界，即判定是否值得开发目标软件系统。为了达到该目的，必须识别所有与系统交互的外部实体，在较高层次上定义交互的特性。显然，除非事先已经了解目标软件系统所涉及的问题领域，否则，软件开发团队无法就未来可能的软件系统提供任何意见，不管问题域是银行、餐饮还是医院，如果软件开发团队未充分了解相关领域，则最终所开发的软件系统将缺乏可信性。因此，第一步应该是获得领域知识。如果软件开发团队已经完全理解问题域，则第二步就是构建业务模型。

换句话说，第一步应该是理解领域本身，第二步需要准确理解客户组织在领域中如何运作。第三步是限定目标项目的范围以及进行风险识别。

在初始阶段仅执行少数几个工作流，通常所做的是为体系结构设计提取必要的信息。在初始阶段通常不执行实现工作流，然而，有时需要进行原型验证，以测试所提议软件系统某些部分的可行性。从初始阶段起始时就开始实施测试工作流，主要目的是确保已明确了需求。计划是每个阶段的基本组成部分。在初始阶段，阶段起始时，软件开发团队缺少充分信息而不能制订整体开发计划，因此，项目开始时，唯一能做的计划就是规划初始阶段本身。同样由于缺乏信息，在初始阶段结束时，唯一有意义的计划就是规划下一个阶段，即细化阶段。

生成业务用例的初始版本是初始阶段的总体目标，这一初始版本包括软件系统的范围描述及财务细节。如果所提议的软件系统将投放市场，则业务用例还包括收入预计、市场评估以及初步的成本估算。如果软件系统仅是内部使用，则业务用例包含初步的成本效益分析。

本阶段具有非常重要的意义，在这个阶段中所关注的是整个项目进行中的业务和需求方面的主要风险，也涉及少量的分析与设计，对实现与测试则极少关注，根本不涉及部署。对于建立在原有系统基础上的开发项目来讲，初始阶段可能很短。初始阶段的终点是第一个重要的里程碑：生命周期目标里程碑，用于评价项目基本的生存能力。

2. 精化阶段

精化阶段又称为细化阶段，该阶段的目标是精化最初的需求、精化体系结构、监控风险并精化风险的属性、精化业务用例，以及制订软件项目管理计划。命名为精化阶段的原因很明显，这一阶段的主要任务就是对前一阶段的求精或细化。为了达到该目的，必须在理解整个系统的基础上对体系结构做出决策，包括其范围、主要功能和诸如性能等非功能需求。同时为项目建立支持环境，包括创建开发案例，创建模板、准则并准备工具。这些任务与完成需求工作流、实际执行整个分析及随后开始的体系结构设计密切相关。

精化阶段的终点是第二个重要的里程碑——生命周期结构里程碑，该里程碑为系统的结构建立了管理基准，并使软件开发团队能够在构建阶段中进行衡量。此时，要检验详细的系统目标和范围、结构的选择以及主要风险的解决方案。

3. 构造阶段

构造阶段又称为构建阶段，目标是开发出软件系统的第一个可操作版本，即 beta 版本。在构造阶段，所有剩余的组件和应用程序功能被开发并集成为系统，所有的功能被详细测试。从某种意义上说，构造阶段是一个制造过程，其重点是管理资源及控制运作，以优化成本、进度和质量。

构造阶段的终点是第三个重要的里程碑——初始操作能力里程碑(initial operational milestone)，该里程碑决定了软件是否可以在测试环境中进行部署。此时，要确定软件、环境、用户是否可以开始系统的运作。

4. 交付阶段

交付阶段又称为移交阶段或产品化阶段，该阶段的重点是确保软件对客户是可用的。交付阶段可以跨越几次迭代，包括为发布做准备的系统测试、基于用户反馈的少量调整。在生命周期这一点上，用户反馈应主要集中在系统调整、设置、安装和可用性问题上，所有主要的结构问题已经在项目生命周期的早期阶段解决。

交付阶段的终点是第四个里程碑——系统发布里程碑(system release milestone)。此时，要确定目标是否实现，是否应该开始另一个开发周期。在一些情况下这个里程碑可能与下一个周期的初始阶段的结束重合。

1.6.3 最佳实践

RUP 的最佳实践描述了一个指导软件开发团队达成目标的迭代和增量式的软件开发过程，而不是强制规定软件项目的“计划、构建、集成”这类活动顺序。

1. 迭代—增量开发

RUP 的整个项目开发过程由多个增量组成。每个增量只考虑软件系统的一部分需求，分为初始、精化、构造和交付四个阶段，而每个阶段进行多次迭代，针对这部分需求进行业务建模、需求、分析和设计、实现、测试、部署等工作。每个增量都是在系统已完成部分的基础上进行的，给系统增加一些功能，如此循环往复地进行下去，直至完成最终项目。

事实上，RUP 重复一系列组成软件生命周期的循环。每次循环都经历一个完整的生命周期，每次循环结束都向客户交付软件系统的一个可运行版本。前面已经讲过，每个生命周期包含 4 个连续的阶段，在每个阶段结束前有一个里程碑来评估该阶段的目标是否已经实现，如果评估结果令人满意，则可以开始下一阶段的工作。

每个阶段又进一步细分为一次或多次迭代过程。项目经理根据当前迭代所处的阶段以及上一次迭代的结果，对核心工作流中的活动进行适当的调整，以完成一次具体的迭代过程。在每个生命周期中都一次次地轮流执行这些核心工作流，但是，在不同的迭代过程中以不同迭代工作重点和强度执行这些核心工作流。例如，在构造阶段的最后一次迭代中，可能还需要做一点需求工作，但是需求已经不像初始阶段和精化阶段的第 1 个迭代过程那样是主要工作了。而在交付阶段的第 2 次迭代中，就完全没有需求工作了。同样，在精化阶段的第 2 个迭代过程及构造阶段中，主要工作是实现，而在交付阶段的第 2 个迭代过程中，实现工作已经很少了。

2. 管理需求

确定系统的需求是一个连续的过程，开发人员在开发系统之前不可能完全详细地说明一个系统的真正需求。RUP 描述了如何提取、组织系统的功能和约束条件并将其文档化，用例和脚本的使用已被证明是捕获功能性需求的有效方法。

3. 使用基于组件的架构

组件使重用成为可能，系统可以由组件组成。基于独立的、可替换的、模块化组件的体系结构有助于降低管理复杂性，提高重用率。RUP 描述了如何设计一个灵活、能适应变化、易于理解、有助于重用的软件体系结构。

4. 可视化建模

RUP 往往和 UML 联系在一起，用于对软件系统建立可视化模型，帮助人们提高管理软件复杂性的能力，能够帮助人们可视化地对软件系统建模，获取有关体系结构中组件的结构和行为信息。

5. 验证软件质量

在 RUP 中，软件质量评估不再是事后进行或单独以小组进行的独立活动，而是内建于过程中的活动，这样可以及早发现软件系统中的缺陷。

6. 控制软件变更

迭代—增量开发中如果没有严格的控制和协调，整个软件开发过程就会陷入混乱，RUP 描述了如何进行控制、跟踪、监控、修改，以确保成功地进行迭代—增量开发。RUP 通过软件开发过程中的制品，隔离来自其他工作空间的变更，以此为每个开发人员建立安全的工作空间。

1.6.4　RUP 的十大要素

通常在软件的质量和开发效率之间需要达到一个平衡，关键就是需要了解软件开发过程中的一些必要元素，并且遵循某些原则定制软件过程来满足项目的特定需求。下面说明 RUP 的十大元素。

1. 愿景：开发愿景

有清晰的愿景是开发一个满足涉众需求的系统的关键。

愿景给更详细的技术需求提供了一个高层的、有时候是合同式的基础。正像这个术语所隐含的，愿景是软件项目的一个清晰的、通常是高层的视图，它能在过程中被任意一个决策者或实施者借用。愿景传达了高层的需求和设计约束，让它的客户能够理解即将开发的系统。愿景向项目审批流程提供输入信息，因此它与业务密切相关。愿景传达了有关项目的基本信息，包括为什么进行这个项目以及这个项目具体做什么，同时愿景还是验证未来决策的标准。

愿景将回答以下问题：

(1) 关键术语是什么？(词汇表)

(2) 要尝试解决什么问题？(问题声明)

(3) 谁是项目的涉众？谁是用户？他们的需要是什么？

(4) 系统的特性是什么？

(5) 功能性需求是什么？(用例)

(6) 非功能性需求是什么？

(7) 设计约束是什么？

制定清晰的愿景和易于让人理解的需求，是需求规格说明的基础，也是平衡相互竞争的涉众之间的优先级的原则。这里包括分析问题、理解涉众的需求、定义系统和管理需求变化。

2. 计划：达成计划

在 RUP 中，软件开发计划综合了管理项目所需的各种信息，也会包括在初始阶段开发的一些单独的内容。软件开发计划必须在整个项目中维护和更新。

软件开发计划定义了项目时间表(包括项目计划和迭代计划)和资源需求(资源和工具)，可以根据项目进度表跟踪项目进展。同时它也指导了其他过程内容的计划：项目组织计划、需求管理计划、配置管理计划、问题解决计划、质量保障计划、测试计划、评估计划以及产品验收计划。

软件开发计划的格式远没有计划活动本身以及驱动这些活动的思想重要。正如德怀特 • D.

艾森豪威尔所说：计划并不重要，重要的是实施计划。

计划、风险、业务案例、架构及控制变更一起构成了RUP中项目管理流程的要素。项目管理流程包括以下活动：构思项目、评估项目规模和风险、监测与控制项目、计划和评估每个迭代和阶段。

3. 风险：标识和减小风险

RUP的要点之一是在项目早期就标识并处理最大的风险。项目组标识的每一个风险都应该有一个相应的缓解或解决计划。风险列表应该既作为项目活动的计划工具，又作为确定迭代的基础。

4. 过程控制：分配和跟踪任务

有一点在任何项目中都很重要，即连续的分析来源于正在进行的活动和高级的系统的客观数据。在RUP中，定期的项目状态评估提供了讲述、交流和解决管理问题、技术问题以及项目风险的机制。团队一旦发现了这些问题，他们就为这些问题指定一个负责人，并指定解决日期。应该定期跟踪进度，如有必要，应发布更新的内容。

这些项目快照突出了需要引起管理人员注意的问题。随着时间的变化(周期可能会变化)，定期的评估使项目经理能捕获项目的历史，并且消除任何限制进度的障碍或瓶颈。

5. 业务案例：检查业务案例

业务案例从商业的角度提供了必要的信息，以决定一个项目是否值得投资。业务案例还可以帮助开发一个实现项目前景所需的经济计划。它提供了进行项目开发的理由，并建立经济约束。当项目继续时，分析人员使用业务案例正确估算投资回报率(return on investment，ROI)。

6. 构架：设计组件构架

在RUP中，软件系统的构架是指一个系统关键部件的组织或结构，部件之间通过接口交互，而部件是由一些更小的部件和接口组成的。RUP提供了一种设计、开发、验证构架的系统的方法。在分析和设计流程中包括以下步骤：定义候选构架、精化构架、分析行为(用例分析)、设计组件。

7. 原型：增量地构建和测试系统

在RUP中，实现和测试流程的要点是在整个项目生命周期中编码、构建、测试系统组件，在初始阶段之后每个迭代结束时生成可执行版本。在细化阶段后期，已经有了一个可用于评估的构架原型；如有必要，它可以包括一个用户界面原型。然后，在构造阶段的每次迭代中，组件不断地被集成到可执行、经过测试的版本中，不断地向最终系统进化。动态及时地配置管理和复审活动也是这个基本过程元素的关键。

8. 评估：验证和评价结果

顾名思义，RUP的增量评估捕获了增量的结果。评估决定了增量满足评价标准的程度，还包括总结的教训和实施的过程改进。

根据项目的规模和风险以及增量的特点，评估可以是对演示及其结果的一条简单的记录，也可能是一个完整的、正式的测试复审记录。

总而言之，既要关注过程问题又要关注系统问题。越早发现问题，就越没有问题。

9. 变更请求：管理和控制变化

RUP 的配置和变更管理流程的要点是当变化发生时管理和控制项目的规模，并且贯穿整个生命周期。其目的是考虑所有的用户需求，尽可能地满足，同时仍能及时交付合格的系统。

10. 用户支持：提供用户支持

在 RUP 中，部署流程的要点是包装和交付系统，同时交付有助于最终用户学习、使用和维护系统的所有必要材料。

项目组至少要给用户提供用户指南(也许是通过联机帮助的方式提供)，安装指南和版本发布说明最好也提供。

根据产品的复杂度，还可以为用户提供相应的培训材料。最后，通过一个材料清单(bill of materials，BOM)清楚地记录应该和系统一起交付的材料。

1.6.5　RUP 的裁剪

RUP 是一个通用的过程模板，包含了很多开发指南、制品、开发过程所涉及的角色说明。由于它非常庞大，因此对于具体的开发机构和项目，用 RUP 时还要做裁剪，也就是要对 RUP 进行配置。RUP 就像一个元过程，通过对 RUP 进行裁剪可以得到很多不同的开发过程，这些软件开发过程可以看作是 RUP 的具体实例。RUP 裁剪可以分为以下几步：

(1) 确定本项目需要哪些工作流。RUP 的 9 个核心工作流并不总是需要的，可以取舍。

(2) 确定每个工作流需要哪些制品。

(3) 确定 4 个阶段之间如何演进。确定阶段间演进要以风险控制为原则，决定每个阶段要哪些工作流、每个工作流执行到什么程度、制品有哪些、每个制品完成到什么程度。

(4) 确定每个阶段内的迭代计划。规划 RUP 的 4 个阶段中每次迭代开发的内容。

(5) 规划工作流内部结构。工作流涉及角色、活动及制品，其复杂程度与项目规模即角色多少有关。最后规划工作流的内部结构，通常用活动图或序列图的形式给出。

RUP 中的每个阶段可以进一步分解为迭代。一个迭代是一个完整的开发循环，产生一个可执行的产品版本，是最终产品的一个子集，它增量式地发展，从一个迭代过程到另一个迭代过程，再到成为最终的系统。

1.7　敏捷开发

传统软件工程方法论更看重流程、文档、合同范围以及遵循计划、控制进度、质量、成本，如 RUP。RUP 优点很多，但是缺点也一样明显：

(1) 重量级的方法论实施难度大，在小型组织中投入过大，生产效率低下。虽然大都支持裁剪，但是裁剪意味着降低质量或者降低过程的可控性。

(2) 重量级的方法论天然就是风险厌恶型的，任何变化都要付出巨大的代价和时间成本，创新变得很艰难。

(3) 传统的软件工程框架不是不能接受需求的变化，只是需求变化的影响大，流程响应缓慢，不能快速响应。比如 RUP 的最佳实践中，有管理需求、控制变更，这两条都是针对需求变更的。

软件产品在面对同类型软件产品竞争时，快速响应市场是最核心的竞争力，尤其是在互联网和移动互联网环境下的软件产品，市场机遇稍纵即逝，一旦不能快速响应需求，在存在可替代的同类软件产品参与竞争时，用户很快就会大批量流失，因为软件产品的用户黏性在于软件产品的很多指标，包括软件产品的良性互动、反馈、社交属性、心理满足等。即使软件产品已经让用户“离不开你”，你也一定不希望给竞争对手机会来超越自己。

从二十世纪九十年代开始，一些新型软件开发方法逐渐被广泛关注，敏捷软件开发就是其中的一种。敏捷软件开发又称敏捷开发，是一种应对快速变化的需求的软件开发能力。敏捷开发以用户的需求进化为核心，采用迭代、循序渐进的方法进行软件开发。在敏捷开发中，软件项目在构建初期被切分成多个子项目，各个子项目的成果都经过测试，具备可视、可集成和可运行使用的特征。换言之，就是把一个大项目分为多个相互联系，但也可独立运行的小项目，并分别完成，在此过程中软件一直处于可使用状态。

敏捷开发的实施虽然形式各异，但都强调一些共同观念，包括软件开发团队和领域专家的紧密合作、面对面交流(比书面文档更重要)、不断发布可部署的版本、紧密和自组织的团队，依靠新的编程模式和团队组织使得不断变化的需求不再成为一种危机。

1.7.1 敏捷开发知识体系

敏捷开发知识体系如图 1-13 所示。

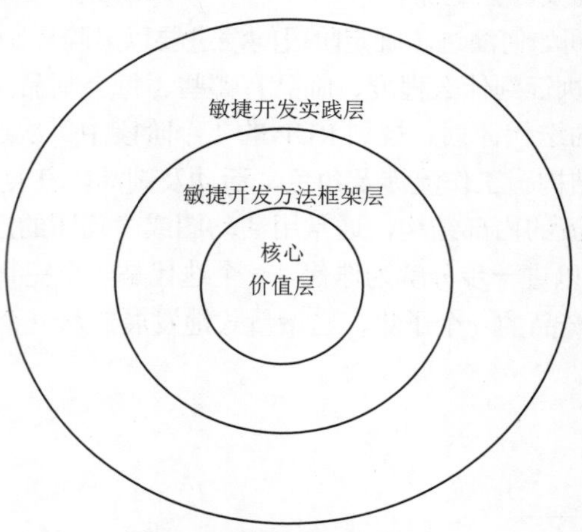

图 1-13 敏捷开发知识体系

敏捷开发以价值为核心，其核心理念就是以最简单有效的方式快速达成目标，并在这个过程中及时响应外界的变化，必要时做出调整。敏捷开发的核心价值观就是以人为本、目标导向、客户为先、拥抱变化。

敏捷开发的方法框架有许多，如图 1-14 所示。

敏捷开发实践包括敏捷开发工程实践和敏捷开发项目管理实践。其中敏捷开发工程实践如图 1-15 所示。

敏捷开发方法框架	Scrum
	XP
	OpenUp
	Lean
	FDD
	Crystal

图 1-14　敏捷开发方法框架

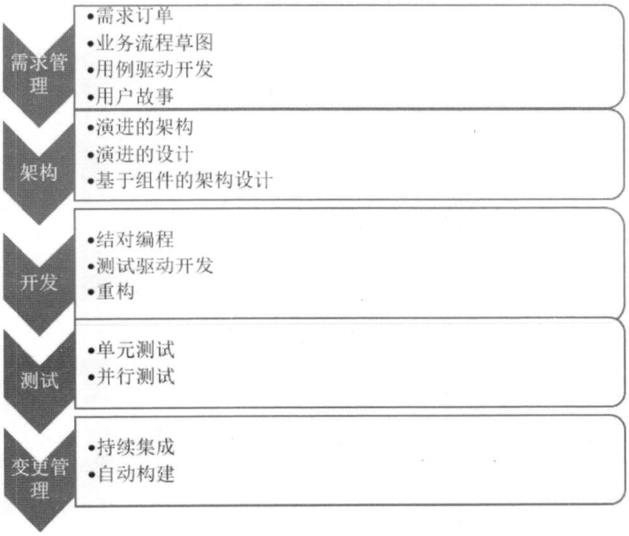

需求管理
- 需求订单
- 业务流程草图
- 用例驱动开发
- 用户故事

架构
- 演进的架构
- 演进的设计
- 基于组件的架构设计

开发
- 结对编程
- 测试驱动开发
- 重构

测试
- 单元测试
- 并行测试

变更管理
- 持续集成
- 自动构建

图 1-15　敏捷开发工程实践

敏捷开发项目管理实践如图 1-16 所示。

项目管理
- 迭代开发
- 风险价值生命周期
- 多级项目规划
- 完整团队
- 每日站立会议
- 任务板
- 燃尽图

开发
- 代码规范

测试
- 测试管理

变更管理
- 团队变理管理

图 1-16　敏捷开发项目管理实践

1.7.2 敏捷宣言

2001年2月，肯特•贝克和其他16位知名的软件开发者、软件工程师及软件咨询师(后来称为敏捷联盟)在美国犹他州的滑雪胜地举行为期三天的会议，主要讨论开发人员对软件开发的共同见解。这次会议的主要成果是决定使用“敏捷”这个术语表达共同性。相对于瀑布模型的僵硬化的过程，敏捷更加强调灵活和快速。会议发布了《敏捷软件开发宣言》(Manifesto for Agile Software Development)，简称敏捷宣言。敏捷宣言从软件开发的角度诠释敏捷价值观，由4个简单的价值观声明组成。敏捷宣言如图1-17所示。

敏捷开发宣言

我们正在通过亲身实践以及帮助他人实践，揭示更好的软件开发方法。通过这项工作，我们认为：

个体和互动胜过流程和工具

工作的软件胜过详尽的文档

客户合作胜过合同谈判

响应变化胜过遵循计划

也就是说，虽然右项具有价值，我们认为左项具有更大的价值。

注：图中“右项”指“胜过”二字右边的各项目；“左项”指“胜过”二字左边的各项目。

图1-17 敏捷宣言

不同于传统软件工程方法论，敏捷开发强调人、强调合作，优秀的团队成员是软件开发项目成功的最重要因素，但不好的过程和工具也会使最优秀的团队成员无法发挥作用。团队成员的合作、沟通以及交互能力比单纯的软件编程能力更为重要。正确的做法是：根据限定条件构建软件开发团队(包括成员和交互方式)，然后再根据需要为软件开发团队配置项目环境(包括过程和工具)。所有团队成员要在每天固定的时间开一个短会，称为每日站会(daily meeting)。所有参与人员站着围成一圈，而不是围着桌子就坐，这有助于保证会议(每日站会)持续时间不超过约定的15分钟。每个团队成员依次回答5个问题：

(1) 从昨天会议到现在我做了什么？

(2) 今天我正在做什么？

(3) 要顺利完成任务，存在什么问题？

(4) 我们忽视了什么？

(5) 我学到了什么？可以向团队分享什么？

每日站会是为了发现问题，而不是解决问题；后续会议才是解决问题之道，而且最好是在每日站会之后随即举行。每日站会是目前用于敏捷过程中的一种成功的管理技术。

每日站会遵循了软件工程第6条基本原理“开发小组的人员应该少而精”、第7条基本原理“承认不断改进软件工程实践的必要性”，以及面向未来、认真思考等通用原则。

软件开发的主要目标是向客户提供可以使用的软件而不是文档，理想情况下，每2~4周提交一次。为此，采用时间盒(timebox)技术，它是一种已使用多年的时间管理技术。对于某个任务，给出指定的时间，而后，软件开发团队在规定的时间内尽最大努力完成任务。在敏捷过程中，通常为每次增量设置2~4周的时间，具体时间因需求的规模、技术难度以及开发团队成员的能力等因素而有差异。一方面，这可以使客户相信，每2~4周就可以给新软件版本增加功能；另一方面，使开发人员知道他们仅有2~4周交付新的增量，在此期间不会有客户干扰。一旦客户选定了某次增量所要完成的工作，就不能再改动或增加。但是，如果在定量时间内不可能完成整个任务，则可能减少工作量(缩小范围)。换句话说，敏捷过程要求确定的时间，而非确定的功能。所有敏捷过程都具有两个基本原则——交流和尽可能满足客户需求，而时间盒技术和每日站会则是这两个原则的具体体现。但是，完全没有文档的软件也是一种灾难。软件开发团队应该把主要精力放在创建可以使用的软件上面，所编制的文档应该尽量简明扼要和主题突出。

客户通常不可能一次性把需求完整表述在合同中。为满足客户不断变化的需求，应让软件开发团队与客户密切合作。因此，能指导软件开发团队与客户协调合作的合同才是最好的合同。

软件开发过程总会有变化，这是客观存在的事实。一个软件过程必须反映现实，因此，软件过程应该有足够的能力及时响应变化。然而没有计划的项目也会因陷入混乱而失败，关键是计划必须要有足够的灵活性和可塑性，在形式发生变化时能迅速调整，以适应业务、技术等方面的变化。

敏捷方法通常基于简单的流程、高素质的团队成员、经过验证的高效的优秀实践，有效快速地响应软件产品开发中的需求变化，并保证持续的交付能力。

在理解上述4个价值观时应该注意，说一个因素重要并不是说其他因素不重要，更不是说某个因素可以被其他因素代替。

另外，“敏捷宣言”中还包含如下12条原则。

准则1：最高目标是，尽早和持续地交付有价值的软件以满足客户的需求。

准则 2：欢迎对需求提出变更——即使是在项目开发后期。要善于利用需求变更，帮助客户获得竞争优势。

准则3：不断交付可用的软件，周期从几周到几个月不等，且越短越好。

准则4：项目过程中，业务人员与开发人员要在一起工作。

准则5：要善于激励项目人员，给他们所需的环境和支持，并相信他们能够完成任务。

准则6：无论是团队内还是团队间，最有效的沟通方式是面对面的交谈。

准则7：可用的软件是衡量进度的主要指标。

准则 8：敏捷过程提倡可持续的开发。项目方、开发人员和用户应该能够保持恒久稳定的进展速度。

准则9：对技术的精益求精以及对设计的不断完善将提升敏捷性。

准则10：要做到简洁，即尽最大可能减少不必要的工作。

准则11：最佳的架构、需求和设计出自于自组织的团队。

准则12：如果组织面对激烈的竞争，或者希望快速占领市场，需要不断创新和快速响应市场需求，这时可以让团队采用敏捷方法论。

1.7.3 Scrum

1993年，肯•施瓦伯和杰夫•萨瑟兰开发了一套方法，取名为Scrum(来源于橄榄球术语，本意是“并列争球”)。Scrum是一个迭代—增量软件开发过程，包括用于开发、交付和持续支持复杂软件产品的一系列实践和预定义角色的过程框架。Scrum 定义了简单的角色、流程、活动实践，敏捷团队可以直接简单上手，在一个个“冲刺”中逐步优化。相对于以架构为中心、基于框架的开发方法，Scrum 易于上手、可扩展。虽然 Scrum 是为管理软件开发项目而开发的，它同样可以用于运行软件的维护团队，或者作为计划管理方法。进入 21 世纪，互联网带来的巨变使敏捷方法受到了更多开发团队的青睐，其中 Scrum 以其扩展性强、门槛低、名字和术语更容易被项目经理接受等因素，逐渐成为最受欢迎的敏捷流派。今天，Scrum 的影响已经远远超出软件开发，成为零售、风险投资甚至学校完成各种任务的创新方法。

1. Scrum 基本框架

Scrum 基本框架非常简单，包括三个角色、四个活动和三个物件。

(1) 三个角色

① 产品负责人：产品负责人是负责维护软件产品订单的人，代表涉众的利益。产品负责人专注于定义更优秀的软件产品，关注于软件产品在公司整个运营中更大的价值；同时产品负责人是团队的第一道防火墙，是屏蔽干扰项，让团队更专注于软件产品本身的首要保证。

产品负责人的职责如下：

- 决定软件产品的目标，有哪些功能。
- 创建和维护产品代办列表，管理项目的范围，解答团队工作中产生的与软件产品、业务相关的问题。

产品负责人一般由客户代表担当，也可以是项目经理担任。

② 教练：教练是负责 Scrum 过程的人，协调指导团队更好地实践 Scrum，负责确保 Scrum 被理解并实施。为了达到这个目的，教练要确保团队遵循 Scrum 的理论、实践和规则，推动过程不断优化，并使得 Scrum 的收益最大化。

教练是团队中的服务式领导，应该专注、有决心和领导才能，服务于软件产品开发团队。教练常由项目组的组长或者项目经理担任。其主要职责是评价过程的健康情况，加强 Scrum 过程，消除障碍，促进过程改进。

③ 团队(Team)：团队是由负责自我管理开发软件产品的人组成的跨职能的团队，自我管理、主动协作是衡量团队的重要标准。开发团队是 Scrum 的中心角色，软件产品交付要依靠团队，以用户故事(user story)为单位的持续交付，要求开发和测试等跨功能团队密切协同。团队是职能交叉的、跨功能领域的，包含软件产品交付的所有角色(需求分析师、设计师、开发人员、测试人员、资料人员等)，团队中的角色是不分等级的，团队成员坐在一起工作，遵循同一份计划，服从于同一个项目经理。敏捷建立在信任和授权的基础上，因此团队是自发组织的，组员选择自己的任务，而不是别人强制加以分配。他们需要自我激励和对工作的目标进行承诺。团队的最佳规模是 6~10 人。

(2) 四个活动

① Sprint 计划会议(sprint planning meeting)：每次 Sprint 启动前，团队共同讨论本次 Sprint 开发计划的详细过程，输入是产品 Backlog，输出是本次 Sprint Backlog。多团队 Sprint 计划会议要分层召开，其中，本次 Sprint 计划会议将产品 Backlog 分配给团队；团队 Sprint 计划会议将选取的产品 Backlog 需求转换成 Sprint Backlog，分配给团队成员。Sprint 计划会议内容包括：

- 澄清需求，对“完成标准”达成一致。
- 工作量估计、根据团队能力确定本次 Sprint 交付的内容。

- 细化、分配 Sprint 任务和初始工作计划。

Sprint 计划会议的关键要点如下：

- 充分参与：教练确保产品负责人和团队充分参与讨论，达成理解一致。
- 相互承诺：团队承诺完成 Sprint Backlog 中的需求并达到“完成”标准，产品负责人承诺在 Sprint 周期不增加需求。
- 确定内部任务：团队和产品负责人协商把一些内部任务放入 Sprint 中(例如重构、搭建持续集成环境等)，由产品负责人考虑并与其他外部需求一起排序。

在敏捷开发中，一般使用用户故事来表示需求。Sprint 计划会议确定本次 Sprint 的用户故事，将用户故事分解为任务。

用户故事是站在用户角度描述需求的一种方式，每个用户故事须有对应的验收测试用例。用户故事是分层分级的，在使用过程中被逐步分解细化。典型的描述句式为：作为一个×××客户角色，我需要×××功能，带来×××好处。

用户故事的关键要点如下：

- I(independent)，可独立交付给客户。
- N(negotiable)，便于与客户交流。
- V(valuable)，对客户有价值。
- E(estimable)，能估计出工作量。
- S(small)，分解到最底层的用户故事粒度尽量小，至少在一个迭代中能完成。
- T(testable)，可测试。

用户故事的好处如下：

- 站在用户视角，便于和客户交流，准确描述客户需求。
- 可独立交付，单元规模小，适于迭代开发，以获得用户快速反馈。

用户故事强调编写验收测试用例作为验收标准，能促使需求分析人员准确把握需求，牵引开发人员避免过度设计。

② Sprint 评审会议(Sprint review meeting)：在每次 Sprint 开发结束时举行，通过演示可工作的软件检查需求是否满足客户要求，由教练组织，产品负责人和客户代表(外部或内部涉众)负责验收、团队负责演示可工作软件。

Sprint 评审会议的好处如下：

- 通过演示可工作的软件来确认项目的进度，具有真实性。
- 能尽早获得客户对软件产品的反馈，使软件产品更加贴近客户需求。

Sprint 评审会议的关键要点如下：

- 展示“真实”的软件产品：团队应在真实环境中展示可运行的软件，判断是否达到“完成”标准。
- 收集反馈：产品负责人根据验收情况及客户反馈意见，及时调整产品 Backlog。

③ Sprint 回顾会议(Sprint retrospective meeting)：在每次 Sprint 结束后举行的会议，目的是分享好的经验和发现改进点，促进团队不断进步。主要围绕如下三个问题：

- 本次 Sprint 有哪些方面做得好？
- 本次 Sprint 在哪些方面还能做得更好？
- 下次 Sprint 准备在哪些方面取得改进？

Sprint 回顾会议的好处如下：

- 激励团队成员。
- 帮助团队挖掘优秀经验并继承。
- 避免团队犯同样的错误。
- 营造团队自主改进的氛围。

Sprint 回顾会议的关键要点如下：

- 会议气氛。团队全员参加，气氛宽松自由，畅所欲言，头脑风暴发现问题，共同分析根因。
- 关注重点。团队共同讨论优先级，将精力放在最需要的地方(关注几个改进就够了)。
- 会议结论要跟踪闭环，可以放入 Sprint backlog 中。

(3) 三个物件

① 产品待办列表：经过优先级排序的动态刷新的软件产品需求清单，用来制订发布计划和 Sprint 计划。

产品待办列表的样表如表 1-2 所示。

表 1-2　产品代办列表的样表

产品 Backlog(示例)					
序号	名称	优先级	工作量	如何演示	注意事项
1	存款	高	5	登录，打开“存款”界面，存入 10 元，转到“我的账户余额”界面，检查我的余额增加了 10 元	需要 UML 序列图，目前不考虑加密的问题
2	查看自己的交易明细	低	8	登录，点击“交易”，存入一笔款项。返回交易界面，看到新的存款显示在界面上	使用分页技术避免大规模数据库查询。与查看用户列表的用例类似

产品待办列表的关键要点如下：

- 清楚表述列表中每个需求任务对客户带来的价值，作为优先级排序的重要参考。
- 动态的需求管理而非“冻结”方式，产品负责人持续管理和及时刷新需求清单，在每次 Sprint 前，都要重新筛选出高优先级需求进入本次 Sprint。
- Sprint 的需求分析过程，而非一次性分析清楚所有需求(只对近期 Sprint 要做的需求进行详细分析，其他需求停留在粗粒度)。

② Sprint 待办列表：Sprint 待办列表是团队在 Sprint 中的“任务”清单，是团队的详细 Sprint 开发计划。当团队接收从产品 Backlog 挑选出要在本次 Sprint 实现的需求时，召开团队 Sprint 计划会议，将需求转化为具体的“任务”，每项任务信息包括当前剩余工作量和责任人。

Sprint 待办列表的样表如表 1-3 所示。

表 1-3 Sprint 代办列表的样表

任务	责任人	估算的工作量(hour)	两周的 Sprint									
			1	2	3	4	5	6	7	8	9	10
编写用户界面	张三	20	20	16	12	8	4	0				
编写中间层	李四	42	42	34	26	18	20	4	0			
测试中间层	王五	59	59	51	43	35	37	19	11	3	0	
编写测试帮助	赵六	12	12	8	4	0						
编写 Foo 类	孙七	40	40	32	28	24	20	16	12	8	4	0
添加错误到日志记录	钱八	16		16	12	10	8	6	4	2	1	0

制订 Sprint 代办列表的好处如下：

- 将需求分解成更细小的任务，利于对 Sprint 内的进度进行精确控制。
- 剩余工作量可用来实时跟踪团队当前进展。

Sprint 代办列表的关键要点如下：

- “任务”由团队成员自己分解和定义，而不是上级指派，支撑需求完成的所有工作都可以列为任务。
- 任务要落实到具体的责任人。
- 任务粒度要小，工作量大于两天的任务要进一步分解。
- 用小时作为任务剩余工作量的估计单位，并每日重新估计和刷新。

③ 完成标准(definition of done)：完成标准是基于“随时可向客户发布”的目标制定衡量团队工作是否已完成的标准，由团队和产品负责人形成共识。

完成标准的好处如下：

- 共同协商的完成标准是团队的自我承诺，团队会更认真。
- 用于准确评估团队工作进展。
- 清晰和明确的完成标准保证了每次迭代是高质量的。

完成标准的关键要点如下：

- 团队自协商：团队根据项目实际情况定义完成标准，并严格遵守。
- 有层次：一般分为三个层次(Story 级别、Sprint 级和发布级)，每个级别都有各自的完成标准。

燃尽图是完成标准的一种，燃尽图(burn down chart)显示了 Sprint 中积累的剩余工作量，它是一个反应工作量完成状况的趋势图，*X* 轴代表的是 Sprint 的工作日，*Y* 轴代表的是剩余工作量。

燃尽图样例如图 1-18 所示。

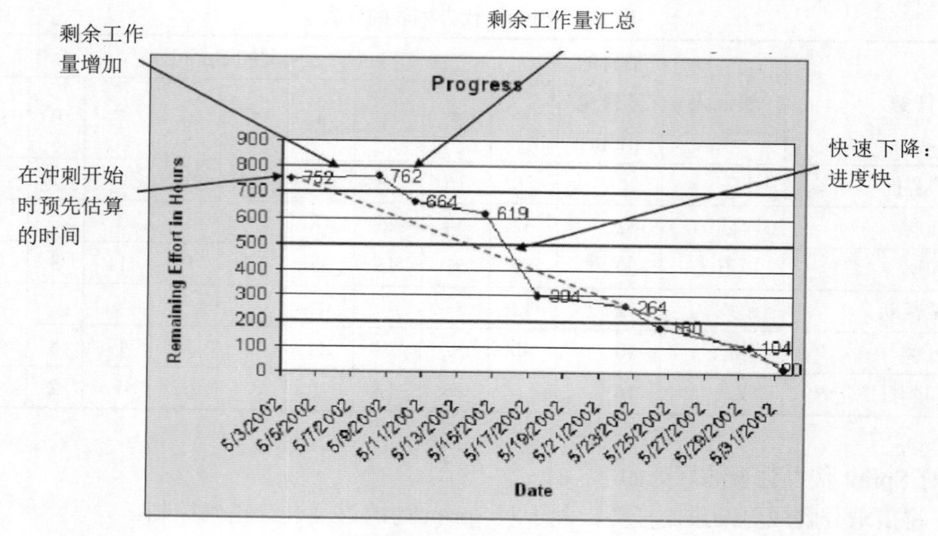

图 1-18　燃尽图样例

2. Scrum 过程模型

Scrum 过程模型如图 1-19 所示。

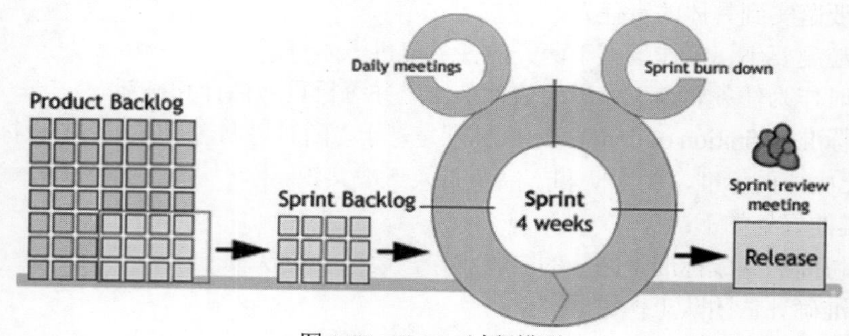

图 1-19　Scrum 过程模型

对该流程简要描述如下：

产品发布计划确定后，进入产品研发阶段，产品负责人收集各方信息，排定优先级，制订产品待办列表。产品负责人、Scrum 教练、团队成员在 Sprint 计划会议上澄清需求，根据团队的实际产能确定 Sprint 待办列表，分解任务，团队成员认领任务。进入为期 1~4 周的 Sprint 阶段，Scrum 教练指导整个团队在 Sprint 中分工协作完成任务。整个 Sprint 中，进行每日站会，明确 Sprint 任务完成情况、本日工作、遇到的障碍等。Sprint 待办列表完成后，通过 Sprint 评审会议，向相关人员演示软件产品(作为出口评审)，评审通过后，形成增量软件产品成果发布。Scrum 采用时间盒技术，如果在 Sprint 的时间周期内还有未完成的任务，则保留到下个 Sprint 计划。最后，通过回顾会议，团队分析讨论优缺点，制订改进计划，以便在下个 Sprint 中逐步优化研发过程。

1.7.4　极限编程

极限编程(extreme programming，XP)是一种软件工程方法学，是敏捷软件开发中应用最为广泛和最富有成效的几种方法学之一。如同其他敏捷方法学，极限编程和传统方法学的本质不同在于，它更强调可适应性而不是可预测性。极限编程的支持者认为软件需求的不断变化是很自然的现象，是软件项目开发中不可避免的，也应该欣然接受；他们相信，传统的方法是在项目起始阶段定义好所有需求再费尽心思去控制变化，极限编程则是在项目周期的任何阶段去适应变化，显然后者更加现实和有效。

极限编程的原则如下：

(1) 快速反馈。若反馈能做到及时、迅速，将发挥极大的作用。一个事件和对这一事件做出反馈之间的时间，一般用于掌握新情况以及做出修改。与传统开发方法不同，极限编程与客户的接触是不断反复出现的。客户能够清楚地洞察开发中的系统状况，能够在整个开发过程中及时给出反馈意见，并且在需要的时候掌控系统的开发方向。

(2) 假设简单。假设简单认为任何问题都可以“极度简单”地解决。传统的系统开发方法要考虑未来的变化，要考虑代码的可重用性，极限编程则不是这样。

(3) 增量变化。极限编程的提倡者总是说：一次就想进行一个大的改造是不可能的。极限编程采用增量变化的原则，例如，可能每三个星期发布一个包含小变化的新版本。这种小步前进的方式使得整个开发进度以及正在开发的系统对于用户来说更为可控。

(4) 拥抱变化。不确定因素总是存在的。“拥抱变化”这一原则就是强调不要对变化采取反抗的态度，而应该拥抱它们。比如，在一次阶段性会议中客户提出了一些看似不现实的需求变更。作为程序员，必须拥抱这些变化，并且拟定计划使得下一个阶段的软件产品能够满足新的需求。

(5) 高质量的工作。每个人都期望出色地完成工作。极限编程的提倡者认为在范围、时间、成本和质量这四个软件开发的变量中，只有质量不可妥协。

极限编程是高度定义的，通过相互依赖、相互支撑的 13 个核心实践，共同协作，完成软件系统开发。

1. 短交付周期

极限编程和 Scrum 一样采用迭代的交付方式，每个迭代约 1~4 周。在每个迭代结束的时候，团队交付可运行的、经过测试的功能，这些功能可以马上投入使用。

2. 及时调整计划

极限编程的计划过程主要针对软件开发中的两个问题：预测在交付日期前完成多少工作；现在和下一步该做什么。不断回答这两个问题，就是直接服务于实施方式及调整开发过程。与此相比，希望一开始就精确定义整个开发过程要做什么事情以及每件事情要花多少时间，则毫不实际。针对这两个问题，极限编程中有两个主要的相应过程。

(1) 软件发布计划：客户阐述需求，开发人员估算开发成本和风险。客户根据开发成本、风险和每个需求的重要性，制订一个大致的项目计划。最初的项目计划没有必要(也不可能)非常准确，因为每个需求的开发成本、风险及其重要性都不是一成不变的。而且，这个计划会在实施过程中被不断地调整以趋精确。

(2) 周期开发计划：开发过程中，应该有很多阶段计划(比如每三个星期一个计划)。开发人员可能在某个周期对系统进行内部的重整和优化(代码和设计)，而在某个周期增加新功能，或者会在一个周期内同时做两方面的工作。但是，经过每个开发周期，客户应该能得到一个已经实现了一些功能的系统。而且，每经过一个周期，客户就会再提出确定下一个周期要完成的需求。在每个开发周期中，开发人员会把需求分解成一个个很小的任务，然后估计每个任务的开发成本和风险。这些估算是基于实际开发经验的，项目做多了，估算自然更加准确和精确；在同一个项目中，每经过一个开发周期，下一次的估算都会有更好的经验、参照和依据，从而更加准确。这些简单步骤对客户提供了丰富的、足够的信息，使之能灵活有效地调控开发进程。每过两三个星期，客户总能够实实在在地看到开发人员已经完成的需求。在极限编程里，没有“快要完成了”“完成了 90%”之类的模糊说法，只有完成和未完成。这种做法看起来好像有利有弊：好处是客户可以马上知道完成了哪些、做出来的东西是否合用、还要做什么或改进什么等；坏处是客户看到做出来的东西，可能会很不满意甚至终止合同。实际上，XP 的这种做法是为了及早发现问题、解决问题，而不是等到过了几个月，客户终于看到开发完的系统，然后才被告知这个不行、那个变了、还要增加哪些内容等。

3. 结对编程

结对编程是两位程序员在一台电脑前工作，一人负责敲入代码，另外一人实时检查敲入的每行代码。操作键盘和鼠标的程序员被称为“驾驶员”，负责实时评审和协助的程序员被称为“领航员”。领航员检视的同时还要负责考虑下一步的工作方向，比如可能出现的问题以及改进方法等。

结对编程的关键要点如下：

(1) 程序员应经常在“驾驶员”和“领航员”间切换，保持成员间平等协商和相互理解，避免出现一个角色支配另一个角色的现象。

(2) 开始一个新 Story 开发的时候即可变换搭档，以增进知识传播。

(3) 培养团队成员积极、主动、开放、协作的心态能够增进结对编程效果。

(4) 实施初期需要精心辅导，帮助团队成员克服个性冲突和习惯差异。

结对编程的优点如下：

(1) 有助于提升代码设计的质量。

(2) 研究表明结对生产率比两个单人总和低 15%，但缺陷数少 15%，考虑修改缺陷工作量和时间都比初始编程大几倍，所以结对编程的总体效率更高。

(3) 结对编程能够大幅促进团队能力提升和知识传播。

4. 可持续的节奏

团队只有持久合作才会有获胜的希望。他们长期以能够维持的速度努力工作，保存精力，把项目看作是马拉松长跑，而不是全速短跑。

5. 代码集体所有

代码集体所有意味着每个人都对所有的代码负责，这一点反过来又意味着每个人都可以更改代码的任意部分。集体所有制的一个主要优势是提升了开发程序的速度，因为一旦代码中出现错误，任何程序员都能修正它。

在给予每个开发人员修改代码的权限的情况下，可能存在程序员引入错误的风险，他们知道自己在做什么，却无法预见某些依赖关系。完善的单元测试可以解决这个问题：如果未被预见的依赖产生了错误，那么当单元测试运行时，会发现这些依赖关系。

6. 编码规范

极限编程开发小组中的所有人都遵循一个统一的编程标准，因此，所有的代码看起来好像是一个人写的。因为有了统一的编程规范，每个程序员更加容易读懂其他人写的代码，这是实现代码集体所有的重要前提之一。

7. 简单设计

极限编程要求用最简单的办法实现每个小需求，前提是按照这些简单设计开发出来的软件必须通过测试。这些设计只要能满足系统和客户在当下的需求就可以，不需要任何多余的设计，而且所有这些设计都将在后续的开发过程中被不断地重整和优化。

8. 测试驱动开发

测试驱动开发是一种程序开发方法，包括测试先行开发和重构。测试驱动开发的基本思想就是在开发功能代码之前，先编写测试代码，然后只编写使测试通过的功能代码，从而以测试来驱动整个开发过程的进行。这有助于编写简洁可用和高质量的代码，且有很高的灵活性和健壮性，能快速响应变化，并加速开发过程。

9. 重构

极限编程强调简单的设计，但简单的设计并不是没有设计的流水账式的程序，也不是没有结构、缺乏重用性的程序设计。开发人员虽然对每个用户故事都进行简单设计，但同时也在不断地对设计进行改进，这个过程叫设计的重构。

重构主要是努力减少程序和设计中重复出现的部分，增强程序和设计的可重用性。重构的概念并不是极限编程首创的，它已经被提出了近 30 年，而且一直被认为是高质量的代码的特点之一。但极限编程强调，把重构做到极致，应该随时随地、尽可能地进行重构，只要有可能，程序员都不应该在意以前写的程序，而要毫不留情地改进程序。当然，每次改动后，程序员都应该运行测试程序，保证新系统仍然符合预定的要求。

10. 系统隐喻

为了帮助每个人一致清楚地理解要完成的客户需求、要开发的系统功能，极限编程开发小组用很多形象的比喻来描述系统或功能模块是怎样工作的。比如，对于一个搜索引擎，它的系统隐喻可能就是“一大群蜘蛛，在网上四处寻找要捕捉的东西，然后把东西带回巢穴”。

11. 持续集成

如果项目开发的规模比较小，比如一个人的项目，如果它对外部系统的依赖很小，那么软件集成不是问题，但是随着软件项目复杂度的增加(即使增加一个人)，就会对集成和确保软件组件能够在一起工作提出了更多的要求——早集成，常集成。早集成，频繁的集成帮助项目团队在早期发现项目风险和质量问题，如果到后期才发现这些问题，解决问题的代价很大，还可能导致项目延期或者项目失败。

持续集成是一种软件开发实践，即团队开发成员经常集成它们的工作，通常每个成员每天至少集成一次，也就意味着每天可能会发生多次集成。每次集成都通过自动化的构建(包括编译，发布，自动化测试)来验证，从而尽快发现集成错误。许多团队发现这个过程可以大大减少集成的问题，让团队能够更快地开发内聚的软件。

持续集成的优点如下。

(1) 大幅缩短反馈周期，实时反映软件产品的真实质量状态。

(2) 缺陷在引入的当天就被发现并解决，降低缺陷修改成本。

(3) 将集成工作分散在平时，通过每天生成可部署的软件，避免软件产品最终集成时爆发大量问题。

持续集成的关键要点如下。

(1) 持续集成强调“快速”和“反馈”，要求完成一次系统集成的时间要尽量短，并提供完备且有效的反馈信息。

(2) 自动化测试用例的完备性和有效性是持续集成质量的保障。

(3) 修复失败的构建是团队最高优先级的任务。

(4) 开发人员须先在本地构建成功，才可提交代码到配置库。

(5) 持续集成的状态必须实时可视化显示给所有人。

(6) 大系统持续集成需分层分级，建立各层次统一的测试策略。

12. 现场客户

在极限编程中，“客户”并不是购买系统的人，而是真正使用该系统的人。极限编程认为客户应该时刻在现场解决问题。例如：在团队开发一个财务管理系统时，开发小组内应包含一位财务管理人员。客户负责编写故事和验收测试，现场客户可以使团队和客户有更频繁的交流和讨论。

13. 完整团队

极限编程项目的所有参与者(开发人员、客户、测试人员等)一起在一个开放的场所中工作，他们是同一个团队的成员。这个场所的墙壁上一般会悬挂大幅的、显示项目进度的图表。

1.8 软件工程工具

1.8.1 CASE

计算机辅助软件工程(computer aided software engineering，CASE)原来是指用来支持 MIS 开发的、由各种计算机辅助软件和工具组成的一个大型综合性软件开发环境。随着各种工具及软件技术的发展、完善和不断集成，逐步由单纯的辅助开发工具环境转化为相对独立的方法。

由制造业、建筑业的发展经验可知，当采用有力的工具辅助人工劳动时，可以极大提高劳动生产率，并可有效改善工作质量。在需求的驱动下，并借鉴其他业界发展的经验，人们开始进行计算机辅助软件工程的研究。早在 20 世纪 80 年代初，就涌现出许多支持软件开发的软件系统。从此，术语 CASE 被软件工程界普遍接受，并作为软件开发自动化支持的代名词。

从狭义范围来说，CASE 是一组工具和方法的集合，可以辅助软件生存周期各个阶段的软件开发。广义地说，CASE 是辅助软件开发的计算机技术，其中主要包含两个含义：一是在软件开发和维护过程中提供计算机辅助支持；二是在软件开发和维护过程中引入工程化方法。

CASE 最简单的形式就是软件工具，它有助于软件产品的开发。目前，CASE 工具被用于软件生命周期的每一个工作流。例如，帮助进行需求、分析、设计建模的 UML 工具。在早期工作流(需求、分析、设计工作流)中帮助开发者的 CASE 工具有时被称为高端 CASE 或者前端工具，而那些有助于实现工作流或维护工作流的 CASE 工具被称为低端 CASE 或者后端工具。

CASE 的第二种形式就是工作平台。工作平台是一个工具的集合，集成了几个工作流工具的职能，它支持一个或多个活动，可以在工作平台上完成多个工作流的任务。现在的许多 UML 建模软件都是工作平台，如 Sybase 公司的 PowerDesigner。

CASE 的第三种形式就是 CASE 环境。环境支持整个软件开发过程。

一般情况下，CASE 工具应该具有以下几个功能：

(1) 用户通过 CASE 工具创建软件开发各阶段所需的图表。

(2) 收集有关图表上的对象以及对象之间关系的信息，以便建立一个完整的信息集合。

(3) 在一个中央资源库中，应将图表所表示的语义而不是图表本身存储起来。

(4) 根据准确性、一致性、完整性检查图表。

(5) 使用户能以图表来描述条件、循环、CASE 环境结构和其他结构化程序结构。

(6) 使用户能以多种图表类型表示一个分析或设计的不同方面。

(7) 实施结构化的模型和设计，尽可能达到准确和一致。

(8) 协调多个图表上的信息，检查信息的一致性，并集中检查信息的准确性、一致性和完整性。

CASE 技术的发展依赖于软件工程方法学的发展，同时 CASE 技术的发展又促进着软件工程方法学的进一步发展。今后的软件工程应该是“方法学+CASE 技术”。而且，随着 CASE 技术在软件工程中的作用不断扩大和深化，在今后的软件工程领域，CASE 技术将会具有越发重要的地位。

1.8.2 软件版本

软件版本包含两个不同含义。

(1) 为满足不同客户的不同使用要求，如适用于不同运行环境或不同平台的系列软件产品。

(2) 软件产品投入使用以后，经过一段时间运行，用户提出了变更的要求，需要做较大的修正或纠错，增强功能或提高性能。

无论何时维护一个软件产品，都至少有两个版本的软件产品：旧版本和新版本。因为软件产品由代码制品构成，每一个被修改过的组件产品也会有两个或更多的版本。

1. 版本号

即版本，通常用数字表示版本号。如：EVEREST Ultimate v4.20.1188 Beta。

(1) Build：用数字或日期标示版本号的一种方式。如：VeryCD eMule v0.48a Build 071112。

(2) SP：Service Pack，升级包。如：Windows XP SP2/Vista SP1。

2. 授权和功能划分

(1) Trial：试用版，通常都有时间限制，有些试用版软件还在功能上做了一定的限制，可注册或购买成为正式版。

(2) Unregistered：未注册版，通常没有时间限制，在功能上相对于正式版做了一定的限制，可注册或购买成为正式版。

(3) Demo：演示版，仅仅集成了正式版中的几个功能，不能升级成正式版。

(4) Lite：精简版。

(5) Full version：完整版，属于正式版。

1.9 软件工程师的职业道德

软件工程师的工作是进行软件的需求、分析、设计、实现、测试和维护，这是一个有益于社会和国家、令人尊敬的职业。职业道德是每一个行业的职业底线，作为一名软件工程师，必须要利用好自己的能力，不做违背职业道德的事情。软件工程师应该遵循的职业道德如下：

(1) 公众——软件工程师应始终如一，以公众利益为重。

(2) 顾客及雇主——软件工程师应在最大程度上使顾客及雇主利益与公众利益相一致。

(3) 产品——软件工程师应确保他们的产品和相关修正尽可能符合最高级别的专业标准。

(4) 评判——软件工程师应在专业评判中保持诚信和独立。

(5) 管理——软件工程的管理者和领导者应该赞成并提倡在软件开发和维护过程进行具有职业道德的管理。

(6) 专业——软件工程师应提升与公众利益相符的专业诚信和声誉。

(7) 同事——软件工程师应和同事公平相待并互相帮助。

(8) 自身——软件工程师应在专业实践中终身学习并提升专业实践的职业道德。

1.10 习题

1. 选择题

(1) 在软件演化的(　　)阶段，尼古拉斯 • 沃思提出了一个著名的公式：程序=数据结构+算法。

A. 第一　　B. 第二　　C. 第三　　D. 第四

(2) 软件演化的第五阶段又称为(　　)。

A. 现代软件工程　　B. 传统软件工程　　C. 软件定义　　D. 程序系统

(3) 下面(　　)属于摆脱软件危机的方法。

A. 提高计算机硬件的配置

B. 推广使用在实践中总结出来的开发软件的成功技术和方法

C. 招聘编程水平高的人员

D. 多安排软件技术人员进行编程

(4) 软件工程的出现主要是由于( )。

A. 计算机的发展　　B. 其他工程学的影响

C. 程序设计方法学的影响　　D. 软件危机的出现

(5) 软件生命周期一般被划分为若干个独立的阶段，其中占用精力和费用最多的阶段往往是( )。

A. 测试阶段　　B. 设计阶段

C. 运行和维护阶段　　D. 代码实现阶段

(6) 以下( )不是 Scrum 的活动。

A. Product 计划会议　　B. Sprint 评审会议

C. 每日站会　　D. Sprint 回顾会议

2．填空题

(1) 软件的含义：( )的集合，通过执行这些指令可以满足预期的特性、功能和性能需求；( )，使得程序可以合理利用信息；( )，以硬拷贝和虚拟形式存在，用来描述程序的操作和使用。

(2) 软件演化的第三阶段把( )的思想引入到软件开发中，采用结构化的方法，规模化开发软件。

(3) 软件危机包含两方面问题：( )，以满足不断增长、日趋复杂的需求；如何( )数量不断膨胀的软件系统。

(4) 1993 年 IEEE 给出了软件工程的定义，软件工程是：①把( )、( )、可度量的途径应用于软件开发、运行和维护的过程，也就是把工程化应用于软件中；②研究①中提到的途径。

(5) 概括地说，软件生命周期由( )、( )、软件运行维护 3 个时期组成，每个时期又可进一步划分为若干个阶段。

(6) 软件定义时期通常进一步划分为 3 个阶段：( )、( )和需求。

(7) 可行性研究阶段要回答的关键问题是：上一个阶段所确定的问题是否有行得通的( )。

(8) 需求阶段的任务仍然不是具体地解决客户的问题，而是准确地回答( )这个问题。这个阶段的一项重要任务是用正式文档准确地记录对目标系统的需求，该文档通常称为( )。

(9) 分析阶段的基本任务是分析并精化需求，以理解软件正确开发和易于维护所必需的需求细节，也就是回答( )这个问题。

(10) ( )阶段的基本任务是概括地回答“怎样实现目标系统”这个问题。

(11) ( )阶段的任务就是把解法具体化，也就是回答“应该怎样具体地实现这个系统”这一关键问题。

(12) RUP 的四个里程碑分别是( )、生命周期结构里程碑、初始操作能力里程碑和( )。

(13) Scrum 的三个物件分别是产品待办列表、( )和完成标准。

(14) CASE 有三种形式，分别是软件工具、( )和 CASE 环境。

(15) 无论何时维护一个软件产品，都至少有两个版本的软件产品：旧版本和( )。

3. 判断题

(1) 软件是一种无形的看不见的逻辑实体，而不是具体的物理实体。 (　　)

(2) 软件的生产与其他硬件的生产不同，它无明显的制造过程。 (　　)

(3) 支持软件工程的根基在于质量关注点。 (　　)

(4) 开发小组的人员应该多而杂。 (　　)

(5) 软件过程模型是一种软件过程的抽象表示法。 (　　)

(6) 迭代的目标是：较之前驱版本，每个版本都更为接近目标，并最终构造一个满足条件的版本。 (　　)

(7) 增量地发布软件系统是为了应对软件系统之外的不确定因素。 (　　)

(8) RUP 是一维过程模型。 (　　)

(9) 敏捷开发采用增量与迭代开发。 (　　)

(10) 燃尽图不是完成标准的一种。 (　　)

(11) 极限编程是测试驱动开发。 (　　)

4. 简答题

(1) 软件的形式化定义是什么？

(2) 除了软件本身的特点之外，软件危机发生的原因主要有哪几个方面？

(3) 消除软件危机的途径有哪些？

(4) 软件工程的基本原理有哪些？

(5) 软件工程的通用原则有哪些？

(6) 软件工程的基本原则有哪些？

(7) 软件工程的开发活动有哪些？

(8) 瀑布模型的优点和缺点各是什么？

(9) 螺旋模型的优点和缺点各是什么？

(10) 简述 RUP 的 6 个核心过程工作流。

(11) 简述敏捷宣言。

(12) 简述 Scrum 的基本流程。

(13) 极限编程的原则是什么？

5. 应用题

以下任务属于软件生命周期的哪个阶段？

(1) 分析员演示一个用于医生为病人开处方的 Windows 用户界面原型。

(2) 分析员观察银行职员为储户存款、取款的过程。

(3) 分析员正在测试一个计算机程序的最新版本，这个程序将根据使用该材料生产产品的计划更快地确定缺货的材料。

(4) 对于通用流程的固定业务，软件工程师为对账场景配置两个不同的数据源表和对账规则即完成对账。

(5) 对于税务的计税，由于不同的业务计税规则不一样，设计人员应用设计模式解决该问题。

(6) 打印日志的核心作用是记录关键有效的信息，帮助我们快速地排查、定位问题。

(7) 根据经验，希望打印日志中包含时间、类、方法、代码行的关键日志信息，有了这些信息就能方便地排查问题。

(8) 画出打印日志的概念模型，将日志信息存储到指定的地方，如存储到文件中，输出到控制台上，另外日志存储的格式可以有多种，比如普通的格式，XML、HTML 的格式等。

(9) 对于打印日志框架设计，将“存储目的地”抽象成“Appender”，“存储样式”抽象成“LayoutPattern”。用户在使用时需要一个接口类，将其抽象成“Logger”类，只是简单地调用日志打印接口即可。

(10) 购物 App 只是一个功能的载体，并不属于购买商品任务里的一个领域概念，所以移除。用户名称、地址只是用户的属性，并不是领域概念，因此可以删除用户名称、地址。

꧁ 第2章 ꧂
UML

2.1 UML 简介

面向对象分析与设计(object-oriented analysis and design，OOAD)方法的发展在20世纪80年代至20世纪90年代出现了一个高潮，UML(unified modeling language，统一建模语言)就是这个时期的产物。UML又称标准建模语言，是业界的标准，是业务分析师、软件架构师和开发人员之间沟通的官方语言，用于描述、指定、设计和记录现有或新的业务流程、软件系统工件的结构和行为。如同建筑的设计图，如果没有一个官方语言，不同人员之间的沟通就会如鸡同鸭讲，不知所云。

UML是一种建模语言而不是一种方法，UML本身是独立于过程的。UML 1.4.2规范解释了该过程：

(1) 对软件开发团队活动的顺序提供指导。

(2) 指定应该开发的工作。

(3) 指导单个开发人员和整个软件开发团队的任务。

(4) 提供监测、衡量软件产品和活动的标准。

UML建立在当今国际上最有代表性的三种面向对象方法的基础之上。

1. Booch 方法

Grady Booch因其在软件架构、软件工程和软件建模方面的杰出贡献而在国际上享有盛名。自Rational于1981年创建以来，他就一直担任IBM Rational的首席科学家。他于2003年3月荣获IBM名士(IBM fellow)的称号。

Booch方法主要描述对象集合和它们之间的关系，包括的概念主要有：类、对象、使用、实例化、继承、元类、类范畴、消息、域、操作、机制、模块、子系统、过程等。Booch方法通过四个活动进行面向对象分析与设计，如图2-1所示。

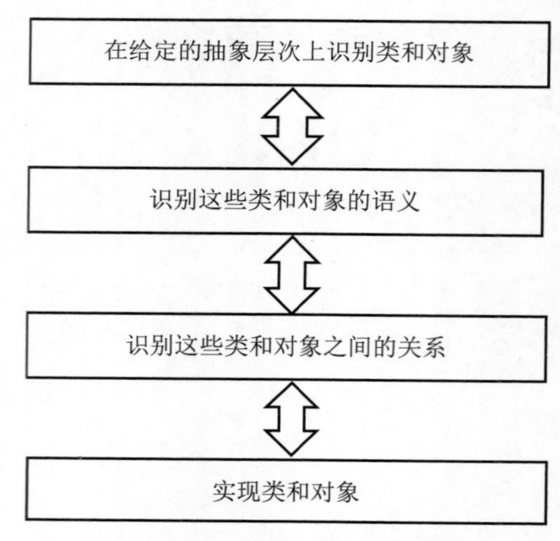

图 2-1　Booch 方法的四个活动

这四种活动不仅仅是一个简单的步骤序列，而是对系统的逻辑和物理视图不断细化的迭代和渐增的开发过程。

Booch 方法的优势在于其丰富的符号体系，包括：类图(类结构—静态视图)、对象图(对象结构—静态视图)、状态转移图(类结构—动态视图)、时态图(对象结构—动态视图)、模块图(模块体系结构)和进程图(进程体系结构)。

2. OMT

James Rumbaugh 博士是享誉全球的软件开发方法学家。他是引导 UML 未来开发技术的带头人，他提出了许多有关 UML 的概念。他与 Rational 的其他软件技术带头人一起工作在各个领域，比如 Rational 统一过程和实时开发方法学。自从 2003 年 IBM 收购了 Rational，他就一直致力于推动 IBM 建模工具的开发。

James Rumbaugh 的对象建模技术(object modeling technique，OMT)包括一组相互关联的概念：类、对象、一般化、继承、链、链属性、聚合、操作、事件、场景、属性、子系统、模块等。OMT 方法覆盖了需求分析、设计和实现三个阶段，从三个方面对系统进行建模，每个模型从一个侧面反映系统的特性，三个模型分别是：对象模型、动态模型和功能模型。

(1) 对象模型表示静态的、结构化的“数据”性质，是对模拟客观世界实体的对象及对象间的关系映射，描述了系统的静态结构，为动态模型和功能模型提供了基本的框架，通常用类图表示。

(2) 动态模型表示瞬间的、行为化的系统控制性质，规定了对象模型中的对象合法化变化序列，通常用状态图表示。

(3) 功能模型表示变化的系统的功能性质，指明了系统应该做什么，直接反映了客户对目标系统的需求，通常用数据流图表示。

OMT 方法将开发过程分为四个阶段：分析、系统设计、对象设计和实现。

3. OOSE

现代软件开发之父 Ivar Jacobson 博士被认为是深刻影响或改变了整个软件工业开发模式的

几位世界级大师之一。他是模块和模块架构、用例、现代业务工程、Rational 统一过程等业界主流方法和技术的创始人。Ivar Jacobson 的用例驱动方法对整个 OOAD 行业影响深远，他因此而成为业界的一面“旗帜”。

OOSE(object-oriented software engineering，面向对象软件工程)方法主要包括下列概念：类、对象、继承、相识、通信、激励、操作、属性、参与者、使用事例、子系统、服务包、块、对象模块。参与者是与系统交互的事物，它表示所有与系统有信息交换的系统之外的事物，因此不用关心它的细节。参与者与用户不同，参与者是用户所充当的角色，参与者的一个实例对系统做一组不同的操作。当参与者使用系统时，会执行一个行为相关的事务系列，这个系列是在与系统的会话中完成的，这个特殊的系列称为使用事例，每个使用事例都是使用系统的一条途径。使用事例的一个执行过程可以看作是使用事例的实例。当参与者发出一个激励之后，使用事例的实例开始执行，并按照使用事例开始执行事务。实例包括许多动作，实例在收到参与者结束激励后被终止。在这个意义上，使用事例可以被看作是对象类，而使用事例的实例可以被看作是对象。

Ivar Jacobson 的 OOSE 方法在开发过程中有以下五种模型，这些模型是自然过渡和紧密耦合的。

(1) 需求模型(requirements model)包括由领域对象模型和界面描述支持的参与者和使用事例。对象模型是系统的、概念化的、容易理解的描述，界面描述刻画了系统界面的细节。需求模型从用户的观点完整刻画了系统的功能需求，因此按这个模型与最终用户交流比较容易。

(2) 分析模型(analysis model)是在需求模型的基础上建立的，主要目的是建立在系统生命期中可维护、有逻辑性、健壮的结构。模型中有以下三种对象。

① 界面对象刻画系统界面；

② 实体对象刻画系统要长期管理的信息和信息上的行为；

③ 控制对象是按特定的使用事例作为面向事务的建模的对象。

这三种对象使得需求的改变总是局限于其中一种。

(3) 设计模型(design model)进一步精化分析模型并考虑了当前的实现环境。设计模型通常要根据现实作相应的变化，但分析模型中要尽可能保留基本结构。在设计模型中，使用事例模型来阐述界面和块间的通信。

(4) 实现模型(implementation model)主要包括实现块的代码，OOSE 并不要求用面向对象语言来完成实现。

(5) 测试模型(test model)包括不同程度的保证，这种保证从低层的单元测试延伸到高层的系统测试。

UML 不仅统一了 Booch 方法、OMT 方法和 OOSE 方法，而且对其作了进一步的发展，并最终统一为大众所接受的标准建模语言。

经过 Grady Booch、James Rumbaugh 和 Ivar Jacobson 三人的共同努力，UML 由 OMG(国际对象管理组织)于 1997 年 11 月批准为标准建模语言。

目前，UML 在各个行业都得到了广泛的应用，并迅速成为事实上的工业标准，它成为人们用来为各种系统建模、描述系统架构、商业架构和商业过程的统一工具。

UML 的特点如下：

(1) 统一的标准，已成为面向对象的标准化统一建模语言；

(2) 面向对象，支持面向对象方法；

(3) 可视化、表示能力强大；

(4) 独立于过程；

(5) 概念明确，简洁，结构清晰，容易掌握。

2.2 UML 的历史

随着 20 世纪 60 年代高级编程语言的兴起，软件开发急剧增长，规模越来越大，复杂度越来越高，软件的可靠性问题日渐突出，软件的设计已不能满足需求，有待提高软件生产率，这些因素导致软件危机爆发。

随着问题的暴露，软件工程学诞生了，并提出了软件生命周期的概念。软件工程学中包含了许多对软件进行分析和设计的方法，面向对象方法就是其中之一。早期的面向对象方法随着系统设计的延伸而出现 OOD(object-oriented design，面向对象设计)，随着发展又演变成 OOA(object-oriented analysis，面向对象分析)，后来两者结合形成 OOAD。在这种情况下 UML 统一建模语言诞生了，它汲取各家之所长，演变成了规范。

UML 主要经历了四个阶段：

(1) 第一个阶段：个人联合发起。

在该阶段，Grady Booch、James Rumbaugh 和 Ivar Jacobson 联合将其各自的方法结合形成 UML 0.9 版本。

(2) 第二个阶段：公司的联合推动。

由 Grady Booch、James Rumbaugh 和 Ivar Jacobson 三位方法学家所在的 Rational 公司发起，成立了 UML 伙伴组织，然后提出了新的版本。这个伙伴组织开始时共有 12 家公司加入，慢慢发展到 17 家公司。UML 伙伴组织将新的版本 UML 1.0 提交到 OMG，申请成为建模语言规范，OMG 进行了修改，形成 UML 1.1。

(3) 第三个阶段：对象管理组织(OMG)采纳。

在 OMG 的主持下进行修订，每产生一个新版本，都成立一个修订任务组，修订错误，先后产生了版本 1.2、1.3、1.4，一直到 1.5 版本。

(4) 第四个阶段：进行重大修订，推出 UML 2.0，并提交到 ISO 提案。

1999 年，修订组无法修改 UML 2 的某些问题，必须从根本上进行一些改动。OMG 先发布了针对 UML 的四个提案需求，世界各地的研究者们提出自己的提案。然后征集这些提案，从中择优采纳，形成了四个 UML 2.0 的规范：UML 基础结构，UML 上层结构，对象约束语言，UML 图交换。技术的修订产生了从 2.1 到 2.4 等一系列新版本。2015 年 6 月发布 UML 2.5，2017 年 12 月发布 UML 2.5.1。

2.3 UML 的结构

UML 用来描述模型的形式有 3 种，分别是事物(thing)、关系(relationship)和图(diagram)，而这 3 种形式又有具体的划分，如图 2-2 所示。

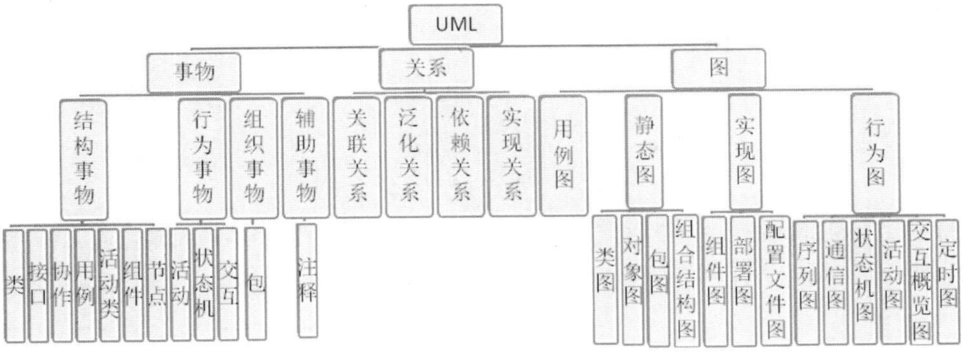

图 2-2　UML 的结构

说明：后面的内容涉及许多 UML 图，本教材使用 PowerDesigner 建模工具进行建模。

事物和关系构成图如图 2-3 所示，这是一个类图。

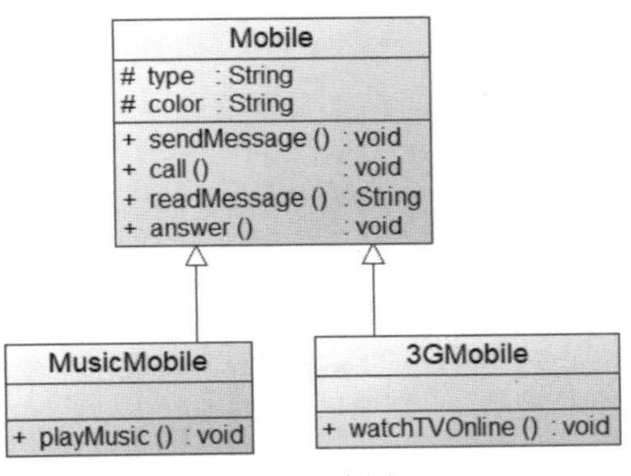

图 2-3　类图

该类图描述了三个类：Mobile 类、MusicMobile 类和 3GMobile 类。其中，MusicMobile 类和 3GMobile 类是 Mobile 类的子类。在图中，长方形表示一个类，包括类的属性和类的操作(方法)，它是事物的一种。空心三角形箭头表示了一种泛化关系，它用来表示子类对父类的继承。由于 MusicMobile 类和 3GMobile 类要继承 Mobile 类的属性 type 和 color，所以这两个属性的访问权限是 protected，使用“#”号表示。另外，private 访问权限的符号是“-”，public 访问权限的符号是“+”。还有一种访问权限是包可见的，意思是一个包中的类的对象可以访问其属性和方法，其符号是“~”。

2.4　UML 的事物

UML 的事物包括结构事物、行为事物、组织事物和辅助事物。

1. 结构事物(structural thing)

结构事物包括 7 种，分别如下。

(1) 类(class)：具有相同的属性、方法、语义和关系的一组对象的集合，如图2-3所示。

(2) 接口(interface)：指类或组件所提供的、可以完成特定功能的一组操作的集合，如图2-4所示。

图2-4　接口

(3) 协作(collaboration)：定义了交互的操作，表示一些角色和其他元素一起工作，提供一些合作的动作。这些协作代表构成系统的模式的实现，如图2-5所示。

图2-5　协作

(4) 用例(use case)：定义了系统执行的一组操作，对特定的用户产生可以观察的结果，如图2-6所示。

图2-6　用例

(5) 活动类(active class)：类对象有一个或多个线程或进程的类。活动类和类相似，只是它的对象代表的元素的行为和其他的元素同时存在。活动类的符号与类一样。

(6) 组件(component)：物理上可替换的系统部分，实现了一个或多个接口的系统元素，如图2-7所示。

图2-7　组件

(7) 节点(node)：一个物理元素，它在运行时存在，代表一个可计算的资源，比如一台数据库服务器，如图2-8所示。

图2-8　节点

2. 行为事物(behavioral thing)

行为事物用来代表时间和空间上的动作。主要分为三种：动作状态、状态机和交互。

(1) 动作状态(action)表示一个对象的行为，用于表达活动图中的非原子的运行，用圆角矩形表示，如图2-9所示。

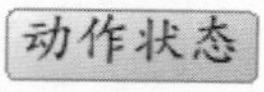

动作状态

图2-9　动作状态

(2) 状态机(state chart)表示对象的一个或者多个取值的迁移，用圆角矩形表示，分成上下两个部分，如图 2-10 所示。

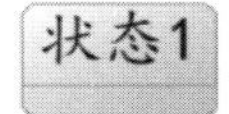

图 2-10　状态机

(3) 交互(interaction)的消息(message)通过带箭头的直线表示，如图 2-11 所示。

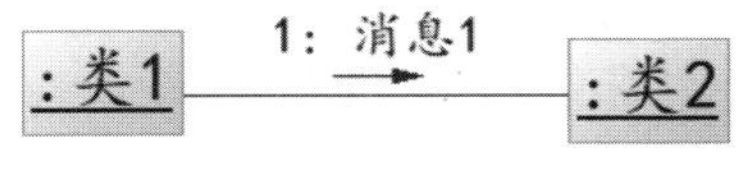

图 2-11　消息

3. 组织事物(organize thing)

组织事物也称分组事物，在 UML 中，组织事物只有一种，那就是包(package)。包的符号就像计算机中的文件夹，如图 2-12 所示。

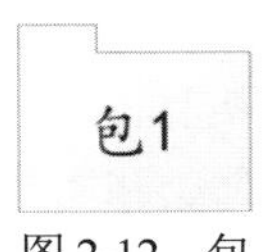

图 2-12　包

4. 辅助事物(annotation thing)

辅助事物即注释事物，这一类中只有注释(note)。注释的符号是一个折起一角的矩形(折了角的一页纸)，如图 2-13 所示。

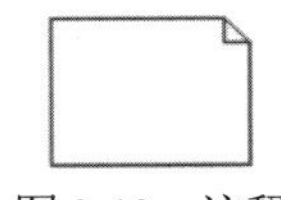

图 2-13　注释

事物以图标的形式显示在建模工具的工具条(palette)中，几乎所有的工具，只要光标在工具条的对应图标上停放一会，就会显示出名字来。

2.5　UML 的关系

2.5.1　一般-特殊

一般-特殊(generalization-specializaiton)关系是一种继承关系，它指定了子类如何特化父类的所有特征和行为。在不同的教材中使用不同的术语，如继承、泛化、一般-特殊以及分类等。一般而言，这些术语表达的意思是相同或相近的，但实际上它们之间还是存在着一些微妙的差异。

继承(inheritance)是最为传统和经典的术语，在许多面向对象编程语言中被大量使用，继承是面向对象的三大特征之一。继承是先有一般类或者父类，然后有特殊类或者子类，特殊类或者子类继承一般类或者父类的属性和操作。也就是说，在软件开发中，先定义一般类或者父类，然后根据业务发展的需要定义特殊类或者子类。比如，在为一个租赁公司开发的车辆租赁系统中，首先定义“车”类作为一般类或者父类，然后根据业务组织的具体租赁业务的发展定义不同的特殊类或者子类。最初，该公司只有租自行车的业务，定义“自行车”类作为一个特殊类或者子类，该类从“车”类这个一般类或者父类继承。后来，该公司有了新的业务——租摩托车，则定义一个“摩托车”类作为特殊类或者子类，该类从“车”类这个一般类或者父类继承。如果以后有更多的租车业务，则再定义不同的特殊类或者子类，从“车”类这个一般类或者父类继承。从这里可以看出，继承反映的是从顶到底的软件开发方法学的思想。

泛化(generalization)是 UML 中的说法，一般类或者父类对特殊类或者子类而言是泛化，反之就不是泛化而是特化(specification)。泛化先有特殊类或者子类，然后有一般类或者父类，从几个特殊类或者子类中抽取出共同的属性和操作作为一般类或者父类的属性和操作。也就是说，在软件开发中，先定义特殊类或者子类，然后根据业务发展的需要定义一般类或者父类。比如，在前面那个为租赁公司开发的车辆租赁系统中，租赁公司最先开展的是出租自行车的业务，所以定义了一个“自行车”类。后来，该公司增加了出租摩托车的业务，这时，又定义了一个“摩托车”类。发现“自行车”类和“摩托车”类有共同的属性和操作，因此，定义一个“车”类，把共同的属性和操作从“自行车”类和“摩托车”类中抽取出来，作为“车”类的属性和操作。“车”类就是一般类或者父类，“自行车”类和“摩托车”类就是特殊类或者子类。如果公司又增加了新的业务，则定义一个新的特殊类或者子类，从“车”类中继承即可。从这里可以看出，泛化反映的是从底到顶的软件开发方法学的思想，但同时又综合了从顶到底的思想。

一般-特殊是这组术语中定义最准确而且不容易产生误解的术语，它贴切地反映了一般类和它的特殊类之间的相对关系。它既可以作为关系的名称，即一般-特殊关系，也可作为由这种关系所形成的结构的名称，即一般-特殊结构。

分类(classification)这个术语比较接近人们日常生活中的语言习惯。特殊类是从一般类中分出来的子类。因此它们的关系可称为分类关系。由这种关系形成的结构也称为分类结构，与一般-特殊结构是同义词。

一般-特殊关系使用带三角箭头的实线，箭头由特殊类指向一般类。例如：老虎是动物的一种，动物是一般类或是父类，老虎是特殊类或是子类。老虎既有其自身的特性也有动物的共性。其关系如图 2-14 所示。

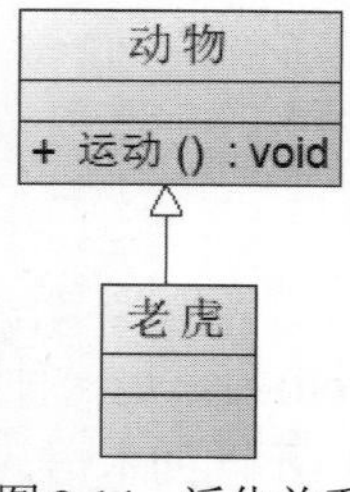

图 2-14　泛化关系

一般类之所以“一般”，是因为它的属性和操作具有一般性，这个类以及它的所有特殊类的对象都具有这些属性和操作，因此所有这些对象都属于一般类，从而使一般类成为一个较为一般的概念。特殊类之所以“特殊”，是因为它具有独特的属性与操作，一般类的某些对象不符合这些条件，使特殊类成为一个较为特殊的概念。

一般类与特殊类之间的关系称为一般-特殊关系。一般-特殊关系的语义是 is-a-kind-of，中文含义为“是一种”。例如，图 2-14 中老虎是一种动物。

在 UML 中，除了类之间具有一般-特殊关系，许多事物之间也具有一般-特殊关系。如参与者之间、用例之间、包之间和组件之间，如图 2-15 所示。

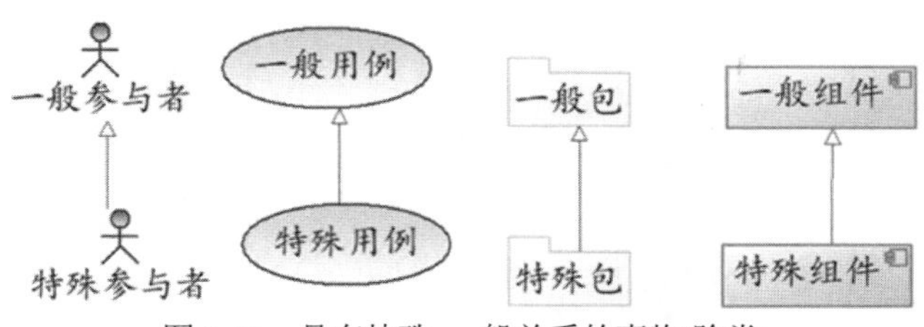

图 2-15　具有特殊-一般关系的事物(除类)

2.5.2　关联

关联(association)关系是两个或者多个事物间的关系，最常见的情况是两个类之间的关联，即二元关联(binary association)。多个类之间的关联为 *n* 元关联(n-ary association)，二元关联是 *n* 元关联的特殊情况。

关联关系是一种拥有的关系，它使一个类知道另一个类的属性和方法，如：老师与学生，丈夫与妻子。关联可以是双向的，也可以是单向的，双向的关联可以有两个箭头或者没有箭头，单向的关联有一个箭头。关联关系使用带普通箭头的实心线，由拥有者指向被拥有者，如图 2-16 所示。

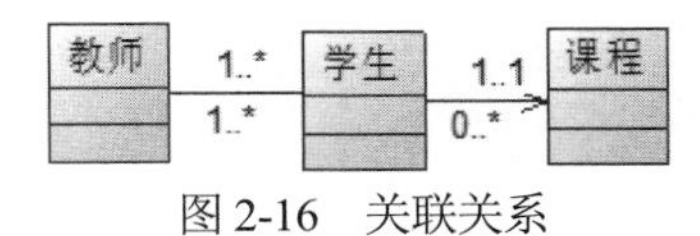

图 2-16　关联关系

在图 2-16 中，老师与学生是双向关联，老师给多名学生上课，学生也可能听多名老师的课。但学生与某课程间的关系为单向关联，一名学生可能要上多门课程，课程是个抽象的东西，它不拥有学生。

关联的每一个元素称为关联的一个实例，该实例又称为链(link)。“关联”和“链”这两个概念，如同“类”和“对象”，是抽象层次不同的概念。关联和类处在同一个抽象层次上，链和对象处在同一个抽象层次上，前者是后者的抽象描述，后者是前者的实例。

关联名通常是一个动词或动词词组，用来表示关联关系的类型或目的。所选择的关联名应有助于理解该模型。例如，“一个人为一个公司工作”的关联关系如图 2-17 所示。

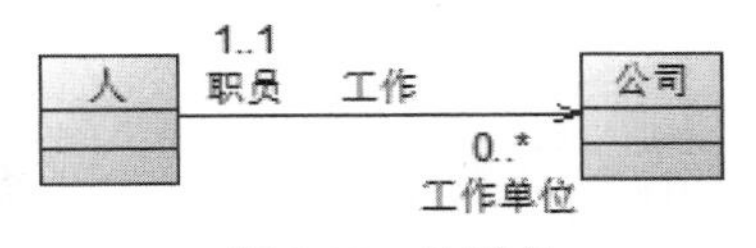

图 2-17　关联名

当类参加关联关系时，类在关联关系中扮演一个特定的角色(role)。关联两头的类都以某种角色参与关联。如果在关联中没有标出角色名，则隐式地表示用类的名称作为角色名。例如，在图 2-17 中，公司的角色是工作单位，而人的角色是职员。

在关联关系中要给出参与关联的对象实例的数量约束，即关联的多重性(multiplicity)。例如，在图 2-17 中，人的多重性为 1..1，表示在这个关联中人必须出现，且仅出现 1 次。公司的多重性为 0..*，表示公司可以不必出现，也可以出现多次。该关联关系的意思是一个人可以为多个公司工作，也可以不工作。

可以使用以下符号表示数量约束：

(1) 一个确定的整数，例如 1、2 等，表明参加关联的对象数量是确定的，恰好有这个数表示的那么多。

(2) 以两个由符号..隔开的整数作为下界和上界，例如 0..1、1..4 等，表明参加关联的对象数量限制在这两个整数所界定的范围内。

(3) 符号*表明参加关联的对象可以有多个，数量不确定。

(4) 由符号..隔开的一个整数和一个符号*，给出一个确定的下界和不确定的上界，例如 0..*、1..*等。表明参加关联的对象数量不确定，但是不小于其下界。

如果在两个类之间存在关联关系，一个类的对象就可以看见并导航到另一个类的对象，除非有所限制，如限制导航为单向导航。某些情况下，需要限制关联外部的对象对于该关联的可见性。在 UML 中，通过对角色名附加可见性符号，可以为关联端规定公共可见性和私有可见性。如果没有标出可见性，角色的默认可见性是公共的。公共可见性表示对象可以被关联外的对象访问，私有可见性表示对象不能被关联外的任何对象访问。

限定符(qualifier)是属性或属性列表，这些值用来划分与某个对象通过关联关系连接的对象集。限定符是这个关联的属性。限定符的 UML 符号用与关联一端的小矩形表示，将属性放在小矩形中。源对象连同限定符的值一起就可以确定一个目标对象(如果目标阶元是 1)或目标对象集(如果目标阶元大于 1)，如图 2-18 所示。

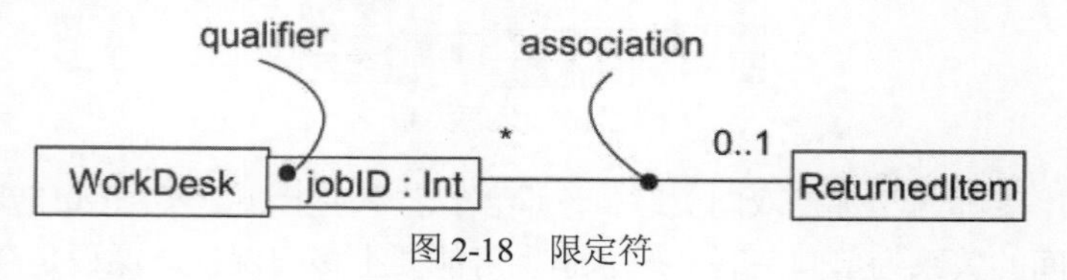

图 2-18　限定符

图中的 jobID 是关联的属性，给定一个 WorkDesk 对象，并赋给属性 jobID 一个对象值，就可以导航到 0 个或一个 ReturnedItem 对象。

自身关联如图 2-19 所示。

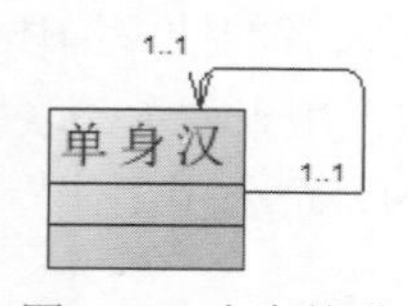

图 2-19　自身关联

自身关联在 UML 类图中用一个带有箭头且指向自身的直线表示。图 2-19 的意思就是单身汉类包含类型为单身汉的成员变量，也就是"自己包含自己"。

接下来介绍关联类。

在 UML 中，关联类是一个既具有关联属性又具有类属性的建模元素。关联类是具有类特征的关联，或具有关联特征的类。关联类的 UML 符号表示是用虚线连接到关联关系上的类符号。一个关联类只能连到一个关联上，因为关联类本身是一个关联。关联类如图 2-20 所示。

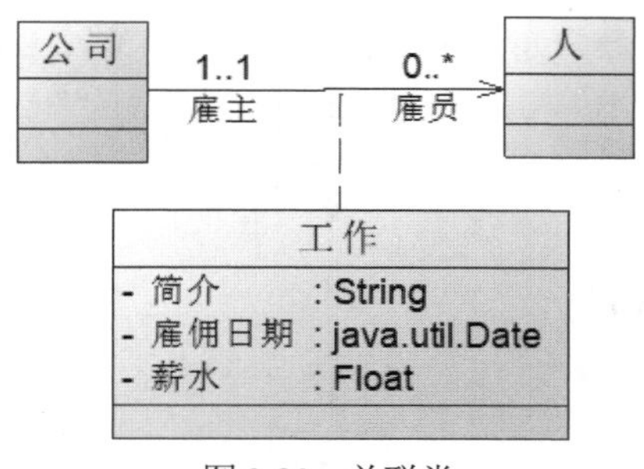

图 2-20　关联类

除了类之间具有关联关系外，参与者与用例之间也具有关联关系，如图 2-21 所示。

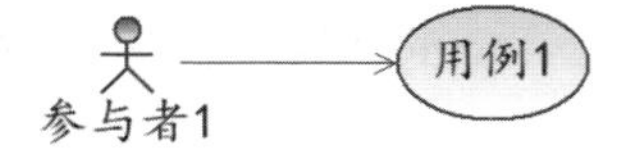

图 2-21　参与者与用例之间的关联

在图 2-21 中，与类之间关联不同的是：参与者与用例之间的关联关系没有多重性、角色和限定符。

2.5.3　整体-部分

聚合(aggregation)是整体-部分(whole-part)结构的一种，它描述的是对象实例之间的构成情况，即描述一个对象是由另外哪些对象构成的，然而它的定义却是在类的抽象层次上给出的。聚合是两个类之间的二元关系，其语义是 has-a 或者 is-a-part-of，即"有一个"或者"是……的一部分"。

在聚合关系中，部分可以离开整体而单独存在。如车和轮胎是整体与部分的关系，轮胎离开车仍然可以存在。聚合关系是关联关系的一种，是强的关联关系；关联和聚合在语法上无法区分，必须考察具体的逻辑关系。聚合关系使用带空心菱形的实心线表示，菱形指向整体，如图 2-22 所示。

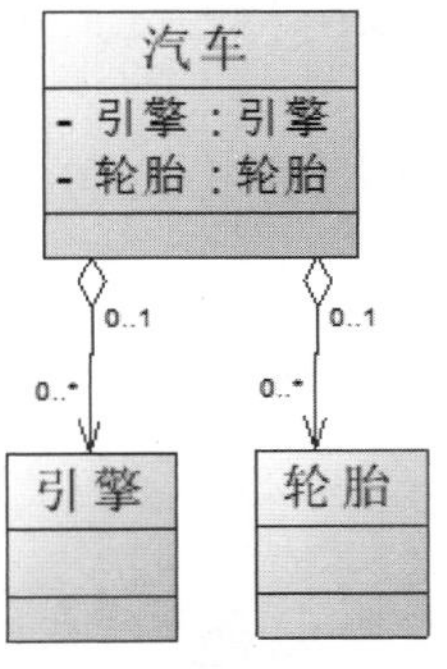

图 2-22　聚合关系

组合(composition)是另外一种整体-部分结构，也是聚合关系的一种特殊情况，它表示一个类的实例是另一个类的实例的紧密而固定的组成部分，部分不能离开整体而单独存在。如公司和部门是整体和部分的关系，没有公司就不存在部门。组合关系是关联关系的一种，是比聚合关系还要强的关系，它要求普通的聚合关系中代表整体的对象负责代表部分的对象的生命周期。

组合关系使用带实心菱形的实线表示，菱形指向整体，如图 2-23 所示。

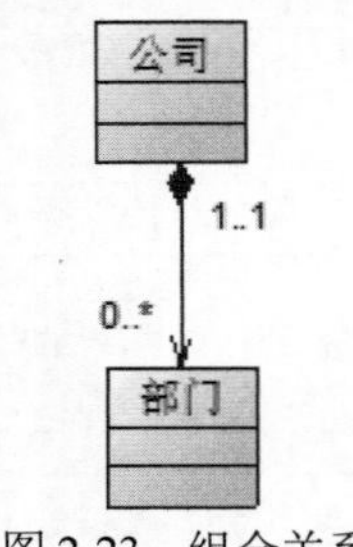

图 2-23　组合关系

“聚合”泛指所有的整体-部分关系，“组合”专指紧密、固定的整体-部分关系。“整体-部分”是对“聚合”和“组合”两个术语的通俗而准确的刻画，被用来陈述和解释这些概念，因此在 UML 中被继续使用。

2.5.4　依赖

依赖(dependency)关系是两个事物之间的使用关系，主要描述了类之间的使用关系，即一个类的实现需要另一个类的协助，所以要尽量不使用双向的互相依赖。如果一个模型元素发生变化会影响另一个模型元素(这种影响不必是可逆的)，那么就说在这两个模型元素之间存在依赖关系。例如：有两个元素 X、Y，如果修改元素 X 的定义会引起对元素 Y 的定义的修改，则称元素 Y 依赖于元素 X。

依赖关系使用带箭头的虚线表示，由使用者指向被使用者。

在现代社会中，计算机已经非常普及，各行各业的信息化水平已经非常高，人们的生活和工作都离不开计算机，所以现代人都依赖于计算机。

在类图中，依赖可以由许多原因引起，例如，一个类向另一个类发送消息(也即，一个类的操作调用另一个类的操作)，或者一个类是另一个类的数据成员，或者一个类是另一个类的某个操作参数，就可以说这两个类之间存在着依赖关系。语义上，所有的关系(包括关联关系、泛化关系、实现关系)都是各种各样的依赖关系，因为这 3 种关系具有很重要的语义，所以在 UML 中被分离出来成为独立的关系。

除了类之间具有依赖关系外，节点之间、包之间、组件之间都具有依赖关系，如图 2-24 所示。

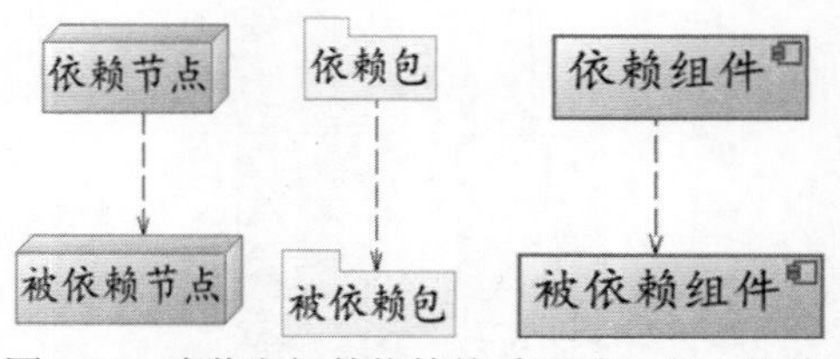

图 2-24　事物之间的依赖关系(节点、包、组件)

用例之间的依赖关系比较复杂，分为扩展(extend)和包含(include)。extend 关系是对基用例的扩展，在虚线上标注<<extend>>，箭头从扩展用例指向基用例。include 为包含关系，在虚线上标注<<include>>，箭头从基用例指向包含用例。用例之间的扩展和包含关系如图 2-25 所示。

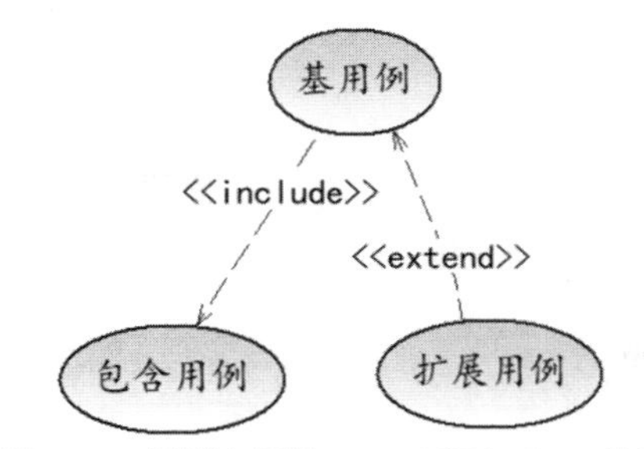

图 2-25　用例之间的 extend 和 include 关系

2.5.5　实现

实现(realization)关系将一种模型元素(如类)与另一种模型元素(如接口)连接起来，如图 2-26 所示。

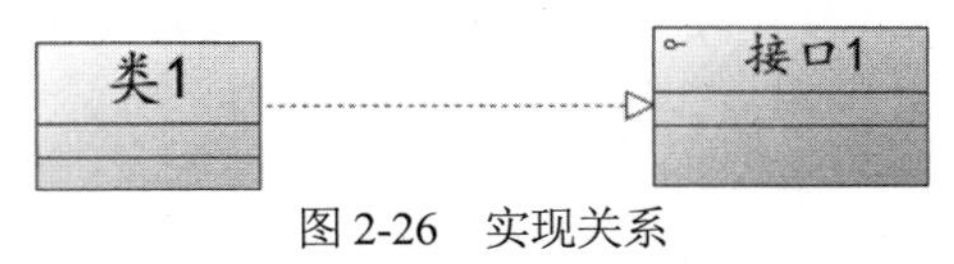

图 2-26　实现关系

如果类实现了一个接口，该类必须要实现接口的所有方法，如图 2-27 所示。

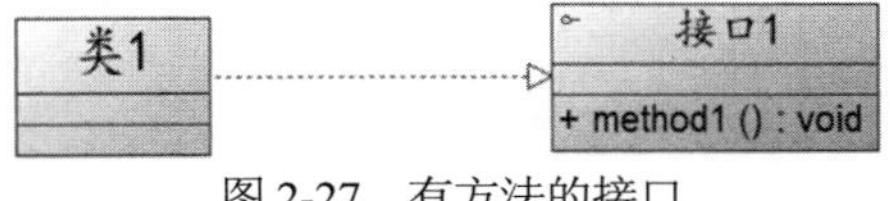

图 2-27　有方法的接口

在建模工具中如何使类实现该接口的方法呢？双击类 1，在界面上选择“Operations”，出现的界面如图 2-28 所示。

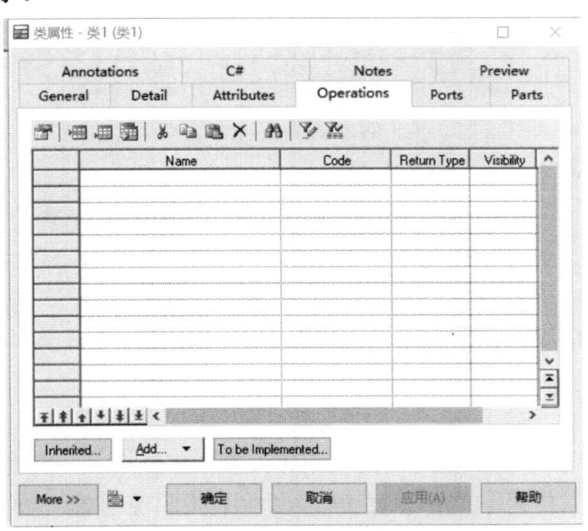

图 2-28　类 1 的方法界面

在图 2-28 所示的界面上点击 To be Implemented 按钮，被实现方法的界面如图 2-29 所示。

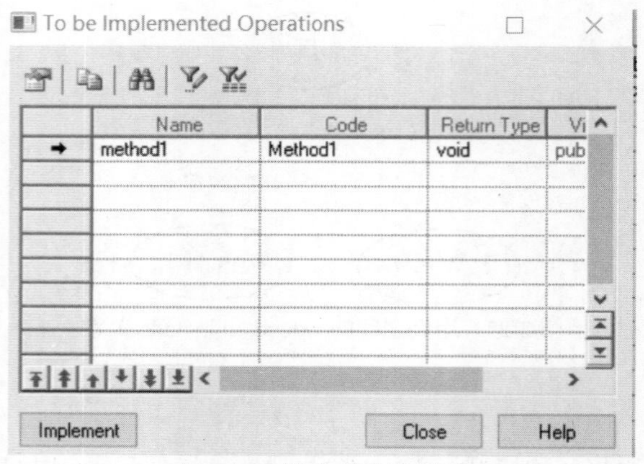

图 2-29　被实现方法界面

点击界面上的 Implement 按钮，再点击 Close 按钮，回到类 1 的方法界面，如图 2-30 所示。实现了接口方法的类如图 2-31 所示。

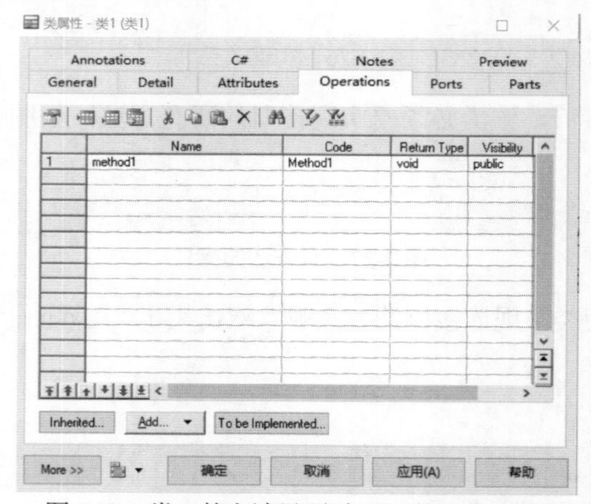

图 2-30　类 1 的方法界面(实现了接口的方法)

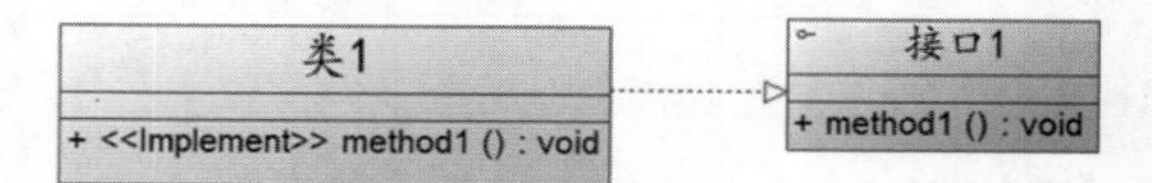

图 2-31　实现了接口方法的类

各种关系的强弱顺序是：泛化>组合>聚合>关联>实现>依赖。

2.5.6　案例

在图 2-32 中，人类由各种人组成，人类依赖大米和矿泉水。人由头脑组成，人分成男人、女人和小孩。男人必须去工作，当然，如果女人也去工作，那么在“女人”类和“工作”类之间也有关联关系。如果小孩也要工作，则是“人”类和“工作”类有关联关系，也就是说，“工作”类不与“男人”类、“女人”类和“小孩”类这些特殊类关联，而与它们的一般类“人”关联。

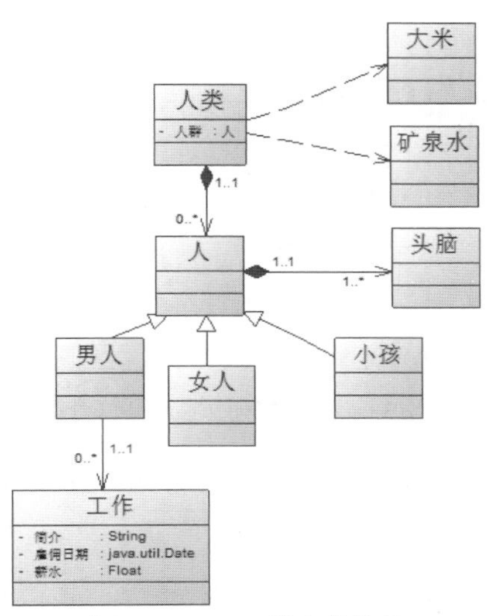

图 2-32　UML 类中的关系

2.6 UML 的图

UML 2.5 包含 14 种图，常见的图有用例图(use case diagram)、类图(class diagram)、对象图(object diagram)、组件图(component diagram)、部署图(deployment diagram)、包图(package diagram)、序列图(sequence diagram)、通信图(communication diagram)、状态机图(state chart diagram)和活动图(activity diagram)。

2.6.1　用例图

用例图展现了一组用例、参与者以及它们间的关系。小人形状表示参与者，椭圆形状表示用例。用例图用于业务建模和需求建模，用于业务建模的用例图称为业务用例图(business use case diagram)，用于需求建模的用例图称为系统用例图(system use case diagram)。

例如，对于“成都东软学院教务部”这个组织而言，系部可以到教务部进行排课，系部是参与者，排课是业务，可以使用用例图表示。

在创建业务用例图时，用例图的命名必然要体现出业务用例图的意思，如该业务用例图的命名为：排课 BusinessUCD，UCD 表示 use case diagram，Business 表示业务，排课是业务名称。当然，如果要表示该组织所有的业务，则以组织名称开头，如“成都东软学院教务部 BusinessUCD”。

如果是系统用例图，用例图名称则以系统名称或系统用例开头，以 systemUCD 结尾。

在画业务用例图时，首先画一个矩形代表组织，双击矩形，会出现一个文本输入框，在其中可输入组织的名称，如图 2-33 所示。

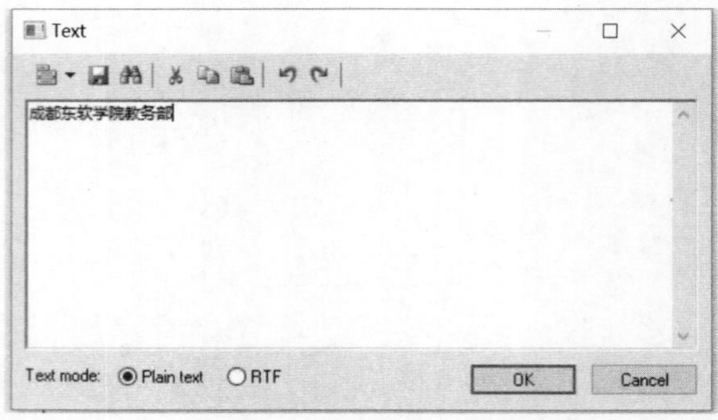

图 2-33　在文本框中输入组织名称

得到的矩形如图 2-34 所示，组织在矩形的中央，并且文字较小。

图 2-34　矩形表示的组织

此时，可右键单击矩形，选择“格式”，再选择 Text Alignment，在 Vertical 下选择 Top，如图 2-35 所示。

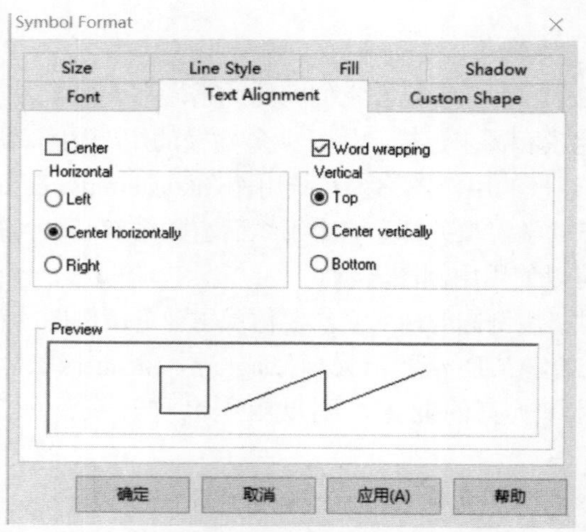

图 2-35　设置矩形中文字的对齐方式

再选择 Font，可设置文字大小，如图 2-36 所示。

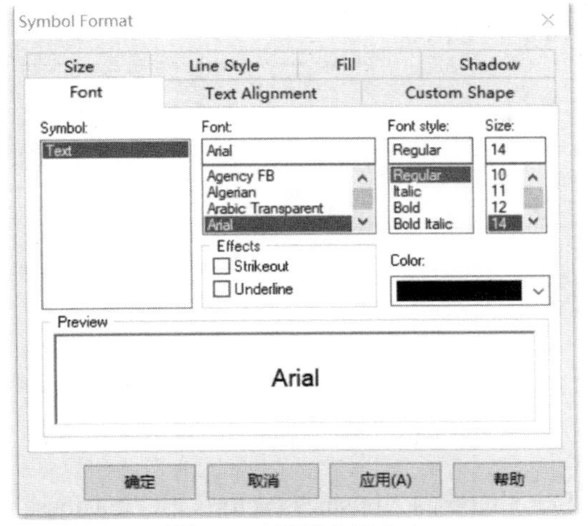

图 2-36　设置文字大小

此时，在图中拖入参与者、用例和关联，命名参与者和用例如图 2-37 所示。

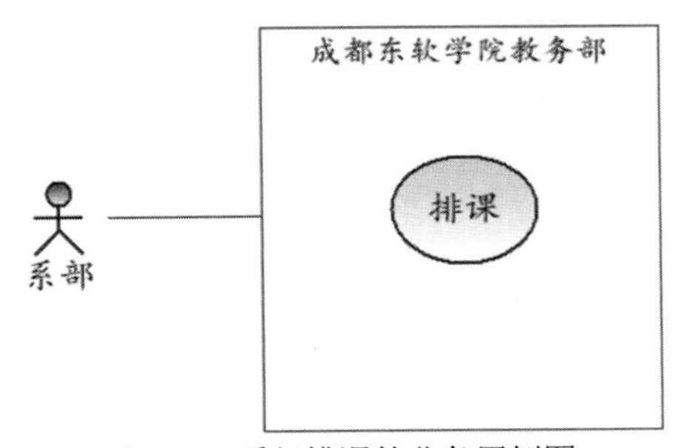

图 2-37　系部排课的业务用例图

此时，关联线的一部分被矩形挡住了。可右击关联线，选择“排序”，选择“设置为上面”或“设置为前面”，关联线会出现在矩形的上面或前面。然后设置关联线的 Corners 和 Arrow 的 End，如图 2-38 所示。

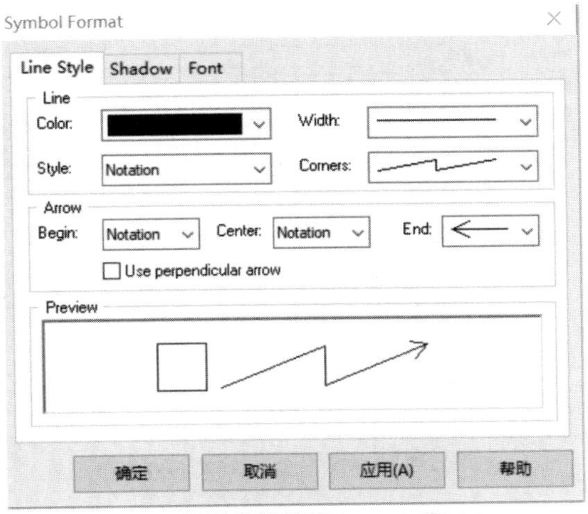

Symbol Format
Line Style　Shadow　Font
Line
Color:　Width:
Style: Notation　Corners:
Arrow
Begin: Notation　Center: Notation　End:
Use perpendicular arrow
Preview
确定　取消　应用(A)　帮助

图 2-38　设置关联线的 Corners 和 Arrow

得到的业务用例图如图 2-39 所示。

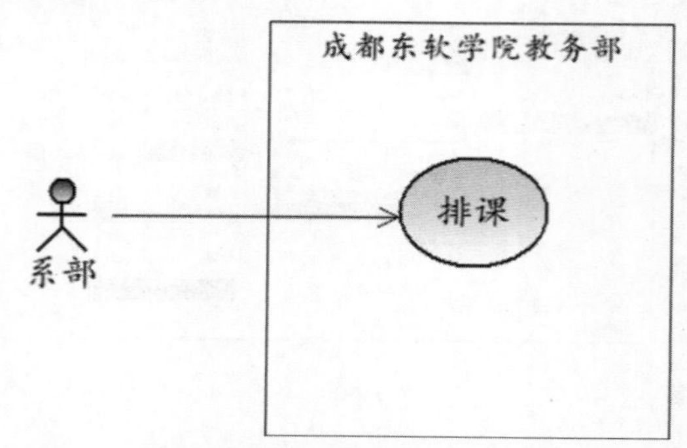

图 2-39　系部排课的业务用例图

设置参与者和用例的 Stereotype 为“business actor”和“business use case”，分别如图 2-40 和图 2-41 所示。

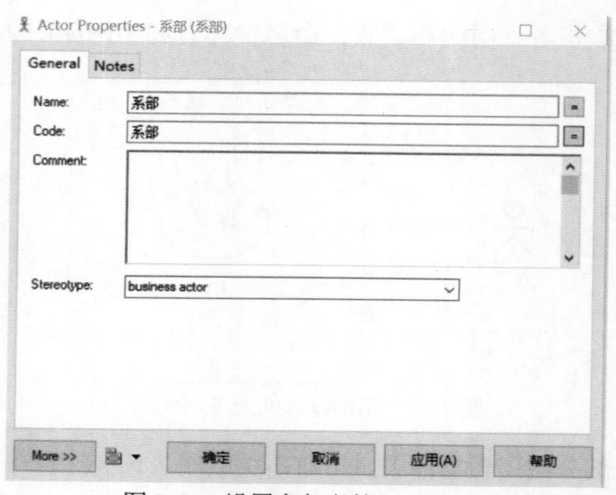

图 2-40　设置参与者的 Stereotype

图 2-41　设置用例的 Stereotype

最后得到的系部排课的业务用例图如图 2-42 所示。

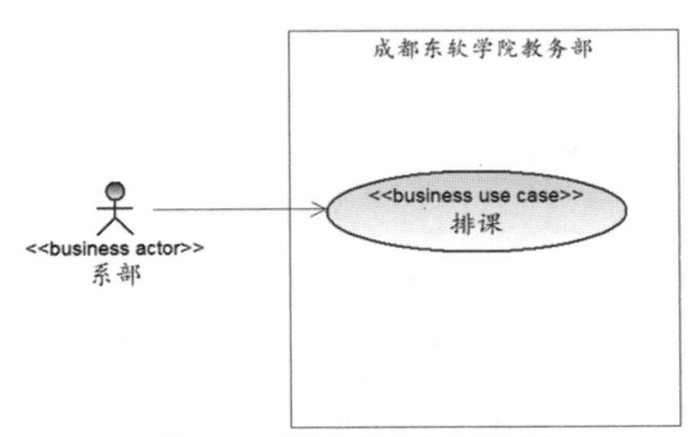

图 2-42 系部排课的业务用例图

系统用例图的画法与业务用例图的画法类似，不同的是矩形代表系统，参与者的 Stereotype 为“system actor”，用例的 Stereotype 为“system use case”。系部秘书提交排课计划到教务排课系统的系统用例图如图 2-43 所示。

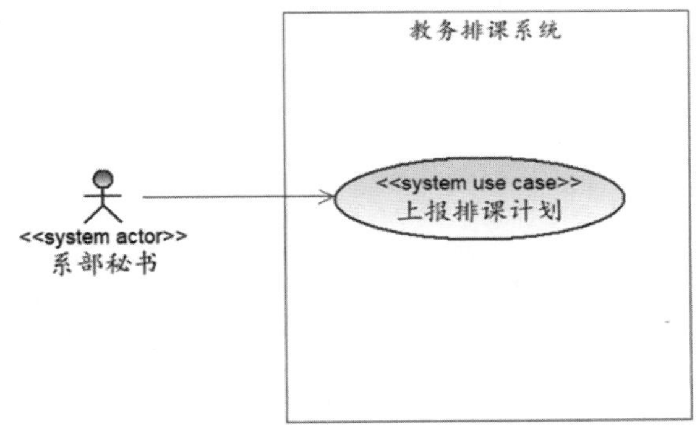

图 2-43 秘书提交排课计划到教务排课系统的系统用例图

2.6.2 类图

类图是一种 UML 结构图，显示了模型的静态结构，特别是模型中存在的类、类的内部结构以及它们与其他类的关系等。类图由许多静态说明性的模型元素(例如类、包和它们之间的关系，这些元素和它们的内容互相连接)组成。类图是面向对象建模的主要组成部分，它既用于应用程序的系统分类的一般概念建模，也用于详细建模，将模型转换成编程代码，类图也可用于数据建模。一些常见的类图类型是领域类图(domain class diagram)、分析类图(analysis class diagram)和实现类图(implementation class diagram)。领域类图用于领域分析，主要作用是描述业务实体的静态结构，包括业务实体、各个业务实体所具有的业务属性及业务实体之间具有的关系。在领域类图中，类只有属性而没有方法。领域类图示例如图 2-44 所示。

图 2-44 领域类图示例

分析类图用于系统分析，以用例为单位，用于分析一个用例中不同性质的类之间的静态结构。除了实体类之外，还有界面类或其他类，如控制类。在分析类图中，类既有属性又有方法。分析类图示例如图 2-45 所示。

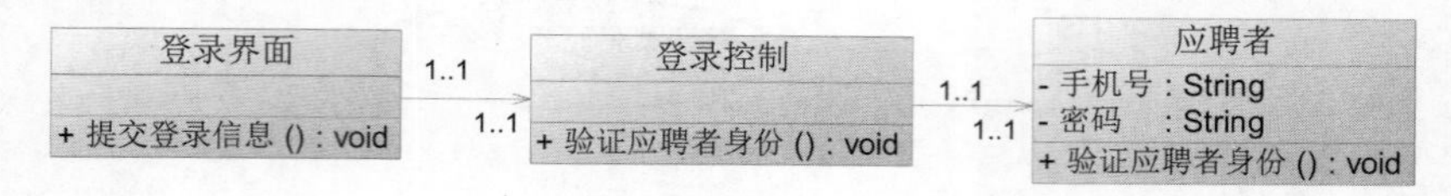

图 2-45　分析类图示例

在图 2-45 中，应聘者类是实体类，登录界面类是界面类，登录控制类是控制类。

领域类图和分析类图中的所有信息，包括类名、属性名、方法名、参数名等都使用中文表示。

实现类图用于设计，产生于设计阶段，其作用是描述系统的架构结构，指导程序员编码。它包括系统中所有的有必要指明的实体类、控制类、界面类及与具体平台有关的所有技术性信息。实现类图示例如图 2-46 所示。

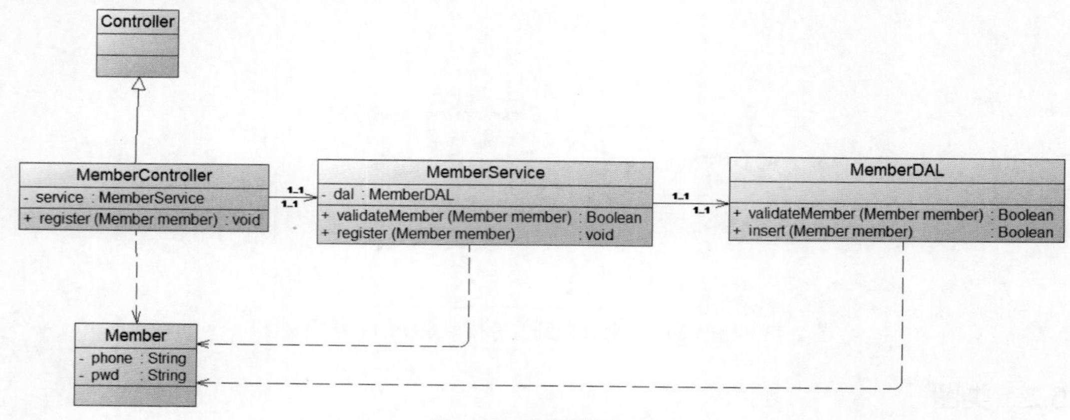

图 2-46　实现类图示例

实现类图中的所有信息，包括类名、属性名、方法名、参数名等都使用英文表示。

在创建类图时，类图的命名以 CD 结束，CD 是 class diagram 的缩写。

2.6.3　组件图

组件图又称构件图，显示了组件、提供的和所需的接口以及它们之间的关系。组件图描述代码组件的物理结构以及各种组件之间的依赖关系，由组件标记符和组件之间的关系构成。

组件图的命名以 CPD 结尾，CPD 是 component diagram 的缩写。组件图示例如图 2-47 所示。

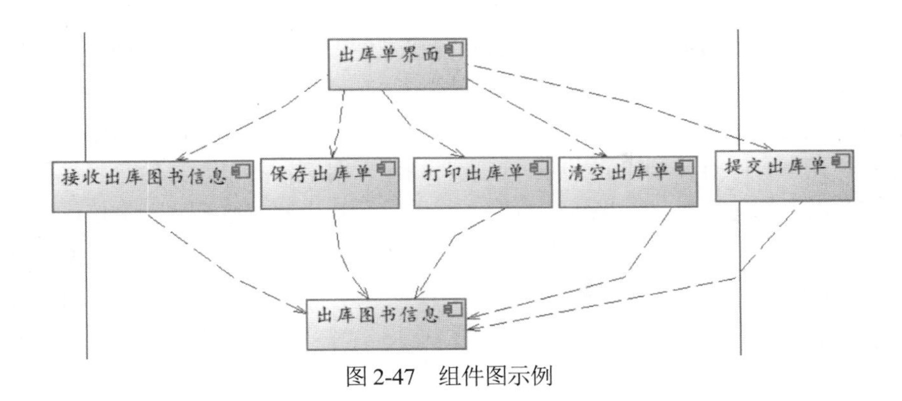

图 2-47 组件图示例

2.6.4 部署图

部署图又称为配置图，是一种结构图，属于环境视图。部署图用来建模系统的物理部署，显示了系统的体系结构，作为部署目标的软件工件的部署(分发)。

工件表示物理世界中的具体元素，是开发过程的结果。工件的例子有可执行文件、库、数据库模式、配置文件等。

部署目标通常由一个节点表示，该节点可以是硬件设备，也可以是一些软件执行环境。节点可以通过通信路径连接，也创建任意复杂的网络系统。

部署图展现了对运行时处理节点以及其中组件的配署。它描述系统硬件的物理拓扑结构，表示一组物理结点的集合及结点间的相互关系，比如：一部分组件部署于服务器，另一些组件部署于客户端，客户端具体部署于哪个街道等。部署图还表示了在结构上执行的软件执行情况。

常见的部署图有如下几种：

(1) 通过工件实现(展现)组件。

(2) 规范级别的部署图。

(3) 实例级别的部署图。

(4) 系统网络架构图。

部署图如图 2-48 所示。配置图的命名以 DD 结尾，DD 是 deployment diagram 的缩写。

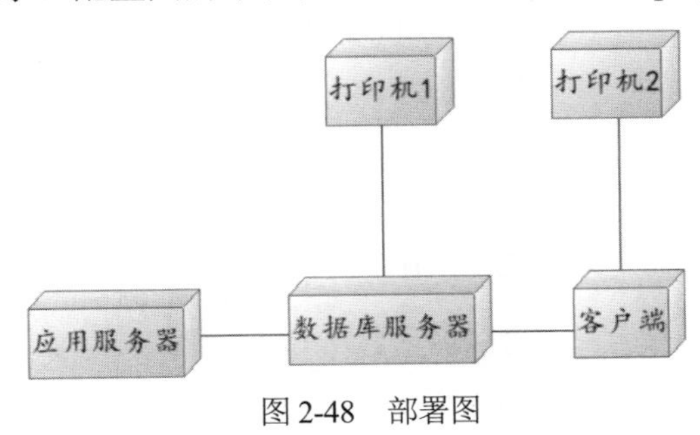

图 2-48 部署图

在图 2-48 中，有两个服务器、一个客户端和两台打印机备，它们相互之间是关联关系。

2.6.5 包图

包图是在包的层次上显示设计的系统结构的 UML 结构图，用于描述系统的分层结构。包是维护和控制系统总体结构的重要建模工具，能够方便理解和处理整个模型。设计良好的包是高内聚、低耦合的，并对其内容的访问具有严密的控制。包的内容拥有或引用其他的模型元素。包的实例没有任何语义。仅在建模时有意义，而不必转换到可执行的系统中。

包拥有的元素有：类、接口、组件、节点、协作、用例、图以及其他包。并且一个模型元素不能被一个以上的包拥有。如果包被撤销，其中的元素也要被撤销。一个包形成了一个命名空间。一个包的各个同类建模元素不能具有相同的名字。不同包的各个建模元素能具有相同的名字，因为它们代表不同的建模元素。同一个包内，不同种类的模型元素能够具有相同的名字。

1. 包之间的关系

(1) 依赖

两个包存在依赖关系通常是指这两个包所含的模型元素之间存在着一个或多个依赖。对于由类组成的包，如果两个包中的任意两个类之间存在依赖关系，则这两个包之间存在依赖关系。包的依赖是不传递的，包的依赖关系示例如图 2-49 所示。

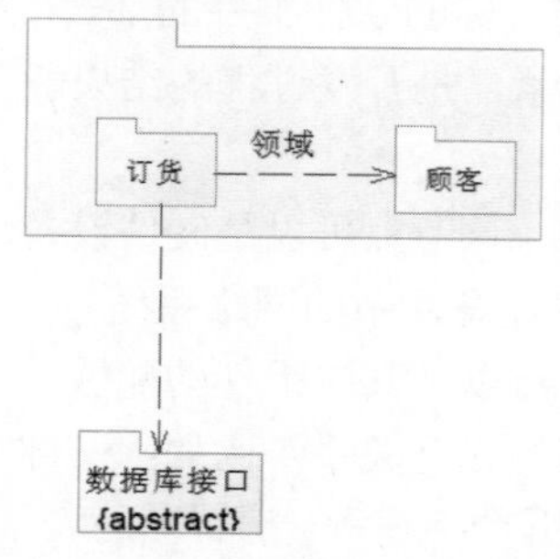

图 2-49　包的依赖关系示例

(2) 引入和访问依赖

引入和访问依赖(import dependency)是包与包之间的一种存取(access)依赖关系。引入和访问依赖关系示例如图 2-50 所示。

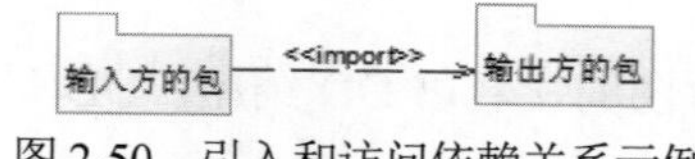

图 2-50　引入和访问依赖关系示例

(3) 泛化

特殊包必须遵循一般包的接口。对于一般性包可以标明{abstract}，定义为一个接口，该接口由多个特殊包实现。特殊包从一般包继承其所含的公共类，并且可以重载和添加自己的类。特殊包可以替代一般包，用在一般包使用的任何地方。泛化关系示例如图 2-51 所示。

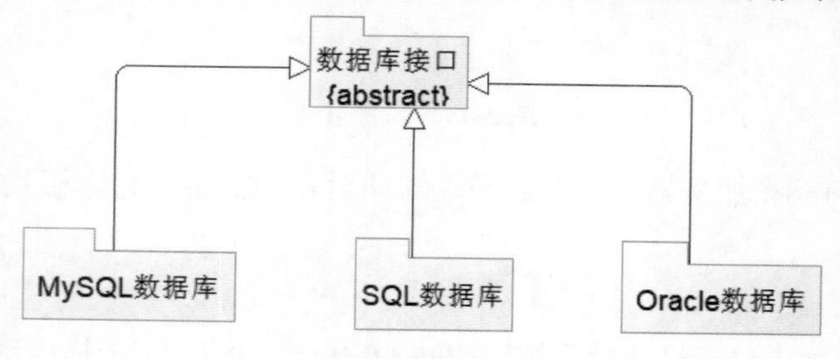

图 2-51　泛化关系示例

2. 对体系结构视图建模

对体系结构视图建模的具体做法如下：

(1) 找出问题语境中一组有意义的体系结构视图。

(2) 找出对于可视化、详述、构造和文档化每个视图的语义来说充分必要的元素(和图)，并将它们放到合适的包中。

(3) 如有必要，将这些元素进一步组合到它们自己的包中。

(4) 不同视图中的元素之间通常存在依赖关系。

在本教材中，使用包图描述系统的架构，具体的包图见第 6 章设计中的包图。包图的命名一般采用“系统名 PD”的形式，PD 是 package diagram 的缩写。

2.6.6　序列图

序列图(也叫顺序图)用来显示组织内部各系统如何协作完成一个用例，也可以用来展示对象之间如何进行交互。序列图显示多个对象之间的动态协作，重点是显示对象之间发送的消息的时间顺序。下面以“登录”用例为例说明序列图。“登录”用例序列图如图 2-52 所示。

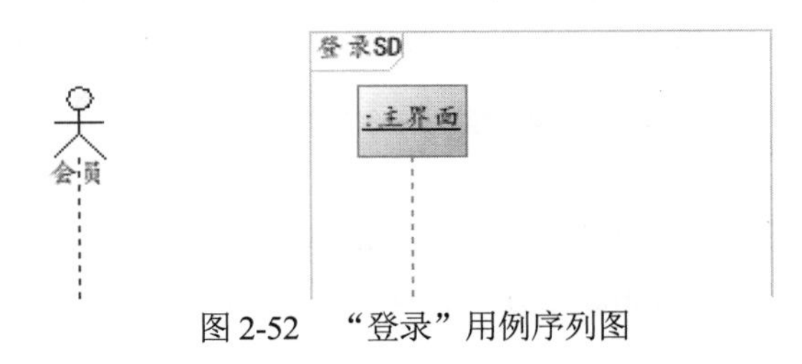

图 2-52　“登录”用例序列图

在图 2-52 中，序列图的命名为“登录 SD”，“登录”是用例名，SD 是 sequence diagram 的缩写，表示序列图。会员是用例的参与者，主界面是参与者与系统交互的第一个界面，对应于该用例规约的基本路径的第 1 步：会员请求登录。在第 1 步中，参与者向主界面发送一条消息。会员和主界面下面的虚线是生命线(lifeline)。由于使用序列图的目的之一是为类分配职责，从而设计方法，所以应该使用过程调用消息(procedure call message)，如图 2-53 所示。

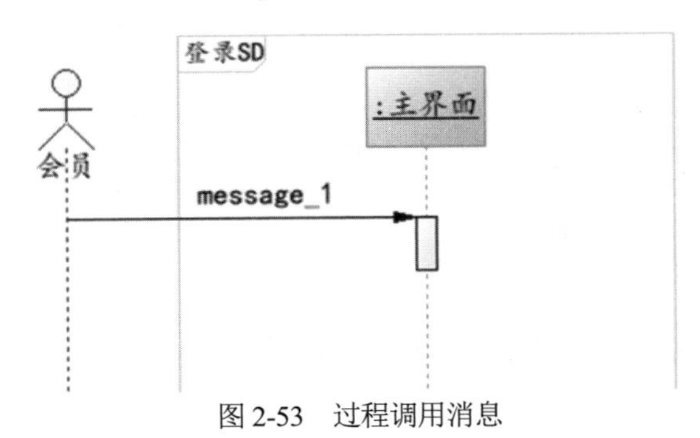

图 2-53　过程调用消息

在图 2-53 中，带箭头的线表示消息，垂直的矩形条表示该消息处于激活状态。

下面设置消息，双击消息的线，出现消息界面，如图 2-54 所示。

消息名“登录”来自基本路径第一步的“登录”，由于消息是由参与者指向主界面，所以省略了“请求”二字，箭头的方向表示了请求的意思。由于是第 1 条消息，所以“Sequence number”为 1。

下面将消息设计为方法。在消息界面点击 Detail，出现如图 2-55 所示的界面。

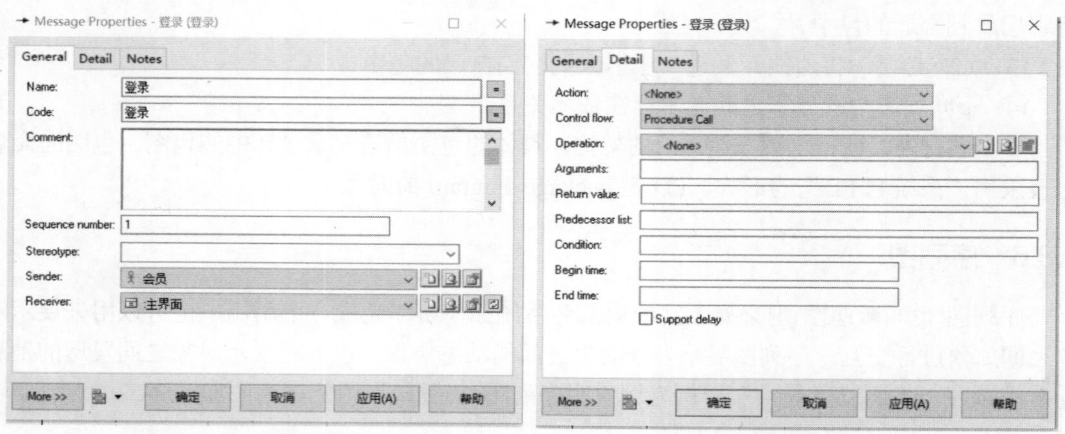

图 2-54　设置消息界面　　　　图 2-55　消息细节界面

如果 Action 为 Create，则是构造器方法。否则，点击 Operation 右边的 Create 按钮，如图 2-56 所示。

在图 2-56 所示的界面中，可以编辑方法名、返回值，还可以设置方法为 Static、Abstract、Read-only、Generic 等。点击 Parameters 选项，如图 2-57 所示。

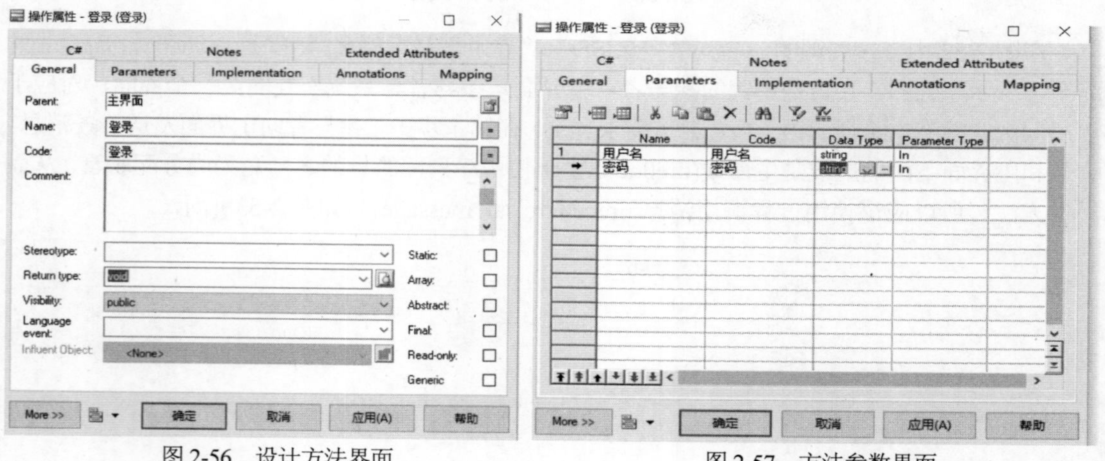

图 2-56　设计方法界面　　　　图 2-57　方法参数界面

在图 2-57 所示的界面中，可以设置方法的参数，包括方法名、类型、参数类型。设计好参数的方法界面如图 2-58 所示。

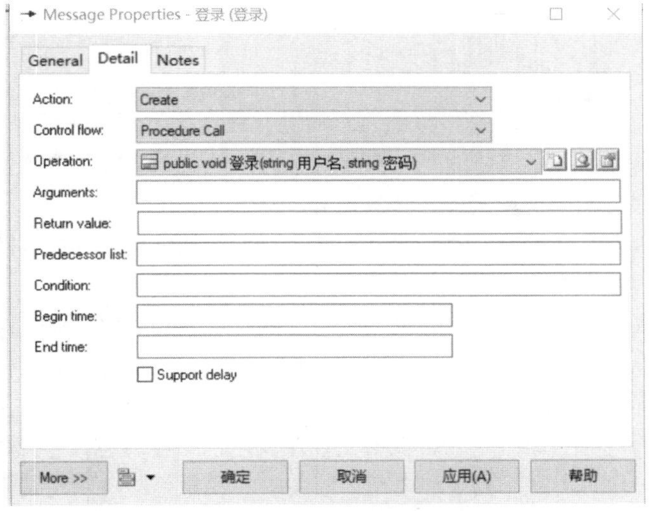

图 2-58　设计好参数的方法

在序列图中，消息后面有一对圆括号，表示已经将消息设计为方法，如图 2-59 所示。

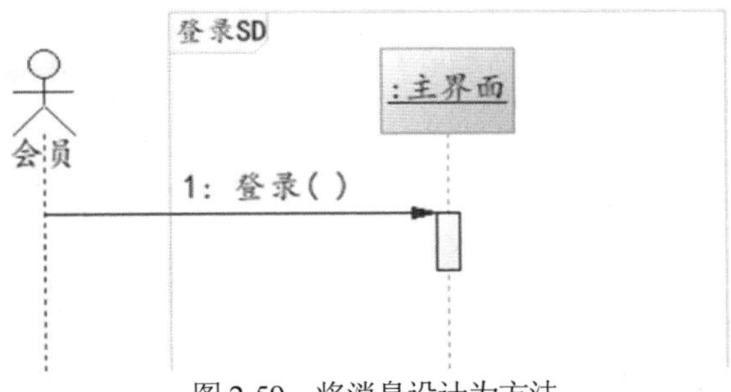

图 2-59　将消息设计为方法

此时主界面类中有一个方法：登录，如图 2-60 所示。

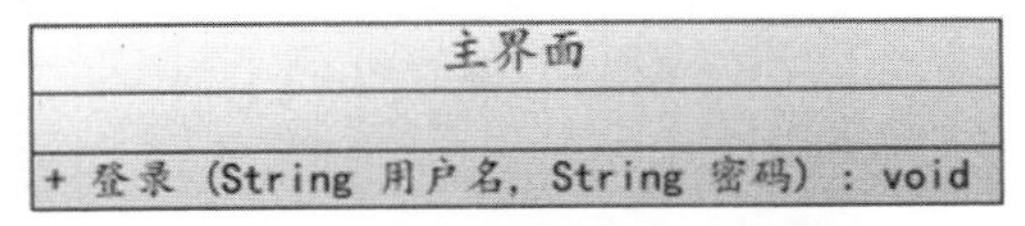

图 2-60　有登录方法的主界面类

在序列图中，可以使用消息产生一个对象，如登录用例规约基本路径的第 2 步：系统反馈登录界面。过程调用消息从主界面指向登录界面的头部，双击该消息，输入消息名为“反馈”，消息序号为 2，如图 2-61 所示。

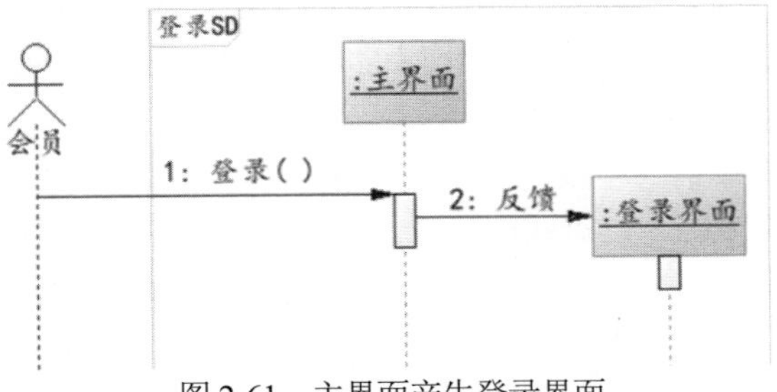

图 2-61　主界面产生登录界面

2.6.7　通信图

通信图(协作图)是表现对象交互关系的图，它展现了多个对象在协同工作达成共同目标的过程中互相通信的情况，通过对象和对象之间的链、发送的消息来显示参与交互的对象。

通信图是一种交互图，它描述的是对象和对象之间的关系，即一个类操作的实现。简而言之就是，对象和对象之间的调用关系，体现的是一种组织关系。

通信图中的元素主要有对象、消息和链三种。对象和链分别作为通信图中的类元角色和关联角色出现，链上可以有消息在对象间传递。

通信图中的对象与序列图中对象的概念相同，都表示类的实例。通信图只关注相互有交互作用的对象和对象关系，而忽略其他对象。由于通信图中不表示对象的创建与销毁，因此，对象在通信图中的位置没有限制。与序列图中对象的表示法不同的是，通信图中无法显示对象的生命线。通信图中的链与对象图中的链在语义以及表示法上都相同，都是两个(或多个)对象之间的独立连接，是关联的实例。链同时也是通信图中关联角色的实例，其生命受限于协作的生命。链连接的两个对象之间允许在交互执行过程中进行消息传递和交互。UML 也允许对象自身与自身之间建立一条链。链可以通过对自己命名来进行区分和说明，也可以仅仅做连接而不进行命名。

通信图如图 2-62 所示。通信图的命名以 CMD 结尾，CMD 是 communication diagram 的缩写，因为 CD 已经表示类图了。

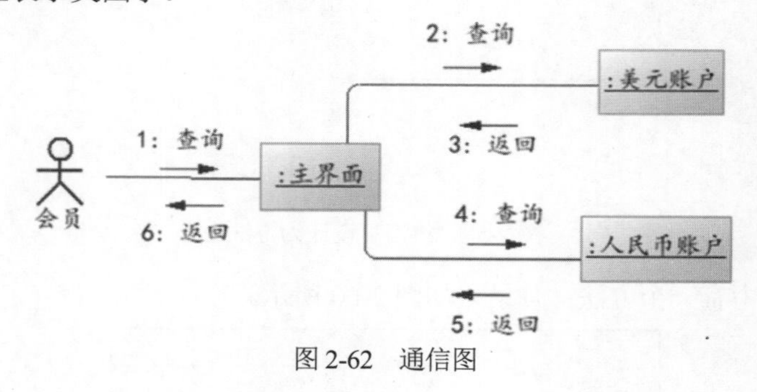

图 2-62　通信图

2.6.8　状态机图

状态机图展示了一个特定对象的所有可能状态以及由于各种事件的发生而引起的状态间的转移。状态机图用于说明系统的动态视图。

状态是指在对象生命周期中满足某些条件、执行某些活动或等待某些事件的一个条件和状况。状态通常包括名称、进入(entry)/退出(exit)活动、内部转换、子状态和延迟事件等五个部分。状态机是计算机科学理论的一部分，但 UML 中的状态机模型主要是基于 David Harel 所做的扩展，是用来展示状态与状态之间转换的图。

最为核心的元素有两个：一个是用圆角矩形表示的状态(初态和终态例外)；另一个则是在状态之间的、包含一些文字描述的有向箭头线，这些箭头线称为转换(transition)，如图 2-63 所示。状态机图的命名以 SCD 结尾，SCD 是 state chart diagram 的缩写。

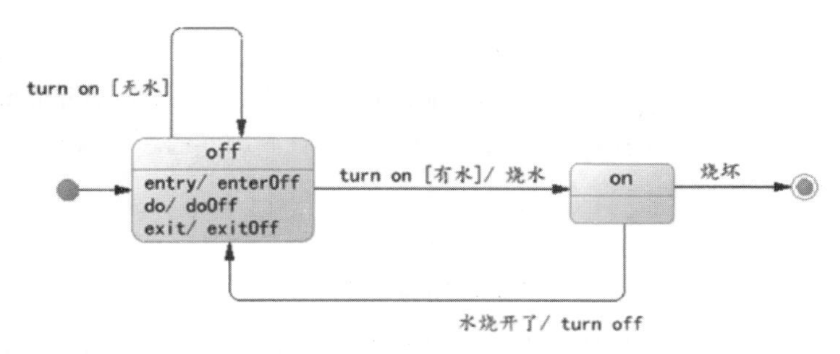

图 2-63　状态机图

源状态到目标状态的转换有三个要素：触发事件(trigger event)、监护条件(guard condition)和动作(action)。触发事件用来为转换定义一个事件，包括调用(call)、改变(change)、信号(signal)、时间(time)四类事件。监护条件是布尔表达式，决定是否激活转换。动作是转换激活时的操作。

2.6.9　活动图

活动图是状态图的一个变体，显示了系统中从一个活动到另一个活动的流程。活动图是 UML 用于对系统的动态行为建模的另一种常用工具，它描述活动的顺序，展现从一个活动到另一个活动的控制流。活动图在本质上是一种流程图。活动图着重表现从一个活动到另一个活动的控制流，是内部处理驱动的流程。

活动图中除了动作状态外，还有以下基本元素：

1. 活动状态

活动状态(activity)用于表示状态机中的非原子的运行。活动状态的特点如下：

(1) 活动状态可以分解成其他子活动或者动作状态。

(2) 活动状态的内部活动可以用另一个活动图表示。

(3) 和动作状态不同，活动状态可以有入口动作和出口动作，也可以有内部转移。

(4) 动作状态是活动状态的一个特例，如果某个活动状态只包括一个动作，那么它就是一个动作状态。

UML 中活动状态和动作状态的图标相同，但是活动状态可以在图标中给出入口动作和出口动作等信息。

2. 动作流

动作之间的转换称为动作流(control flow)，用带箭头的直线表示，箭头的方向指向转入的方向。动作流图如图 2-64 所示。

下订单　生成订单

图 2-64　动作流

3. 开始节点

活动开始节点(initial node)用实心黑色圆点表示。开始节点图如图 2-65 所示。

State

图 2-65　开始节点

4. 终止节点

终止节点分为活动终止节点(activity final node)和流程终止节点(flow final node)。

(1) 活动终止节点表示整个活动的结束，使用“圆圈+内部实心黑色圆点”表示。活动终止节点图如图 2-66 所示。

关闭订单

图 2-66　活动终止节点

(2) 流程终止节点表示子流程的结束，使用“圆圈+内部十字叉”表示。流程终止节点图如图 2-67 所示。

关闭订单

图 2-67　流程终止节点

5. 对象

使用矩形方框表示。对象图如图 2-68 所示。

对象

图 2-68　对象

6. 判定

判定(decision)用菱形表示，它有一个进入转换(箭头从外指向判定符号)、一个或多个离开转换(箭头从判定符号指向外)。而每个离开转换上都有一个监护条件，用来表示满足什么条件的时候执行该转换。判定图如图 2-69 所示。

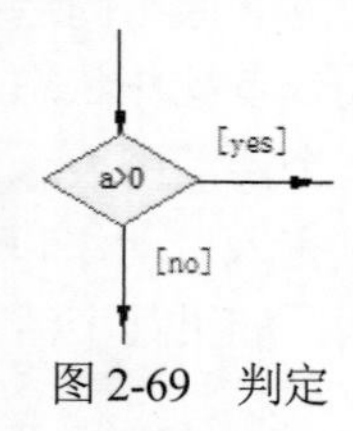

图 2-69　判定

判定只有一个进入转换，至多有三个离开转换，如果监护条件多于三个，则需要在一个离开转换上再增加一个判定，如图 2-70 所示。

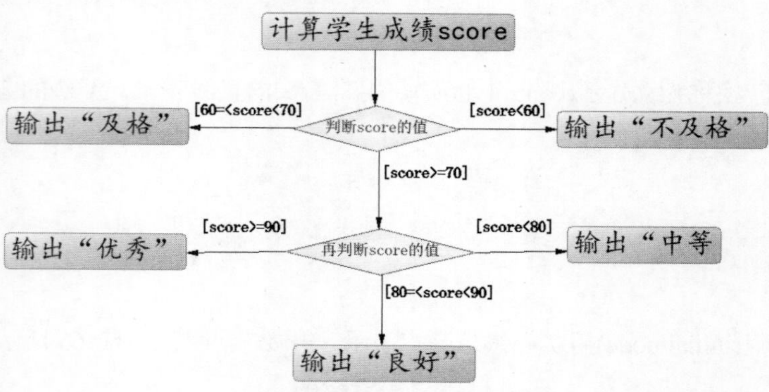

图 2-70　监护条件多于三个的判定

在图 2-70 中，如果 score 小于 60，输出“不及格”，这是一个离开转换。如果 score 大于等于 60 且小于 70，输出“及格”，这是第二个离开转换。而 score 大于等于 70 又分为小于 80、大于 90 和大于等于 80 并且小于 90 三种情况，则在“score 大于等于 70”离开转换上加一个判定。

7. 同步

同步(synchronization)包含分叉与汇合，分叉(fork)用于将动作流分为两个或多个并发运行的分支，而汇合(join)则用于同步这些并发分支，以达到共同完成一项事务的目的。

对象在运行时可能会存在两个或多个并发运行的控制流，为了对并发的控制流建模，UML 中引入了分叉与汇合的概念。同步图如图 2-71 所示。

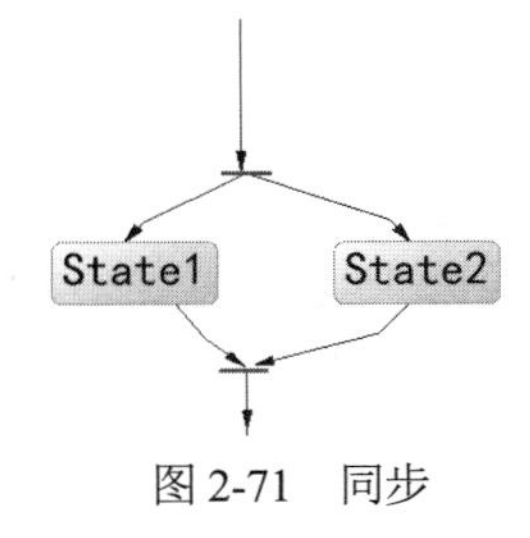

图 2-71　同步

8. 泳道

泳道(swimlane)将活动图中的活动划分为若干组，并把每一组指定给负责这组活动的业务组织，即对象。在活动图中，泳道区分了负责活动的对象，它明确表示了哪些活动由哪些对象进行。在包含泳道的活动图中，每个活动只能明确地属于一个泳道。泳道是用垂直实线绘出，垂直线分隔的区域就是泳道。在泳道的上方可以给出泳道的名字或对象的名字，该对象负责泳道内的全部活动。泳道没有顺序，不同泳道中的活动既可以顺序进行，也可以并发进行。动作流和对象流允许穿越分隔线。泳道图如图 2-72 所示。

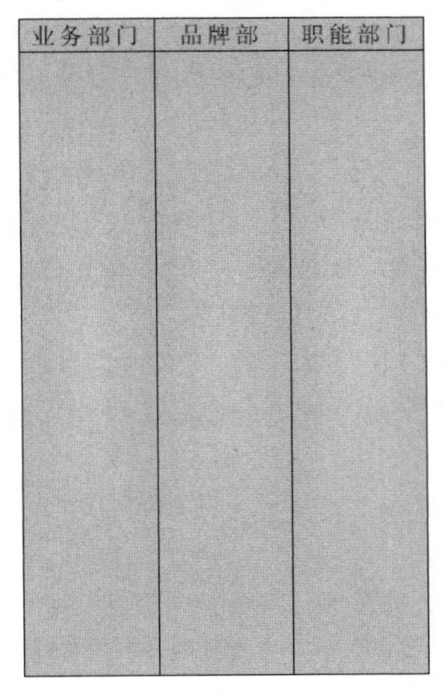

图 2-72　泳道

活动图如图 2-73 所示。活动图的命名以 AD 结尾，AD 是 activity diagram 的缩写。

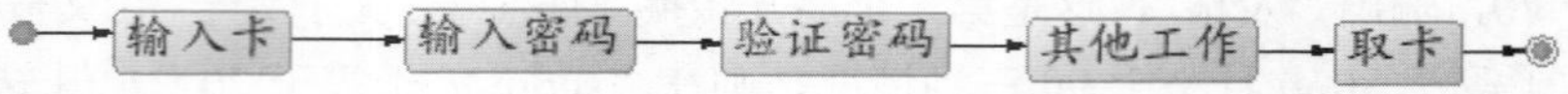

输入卡 → 输入密码 → 验证密码 → 其他工作 → 取卡

图 2-73　活动图

2.7 UML 建模工具

当前市场上基于 UML 可视化建模的工具很多，例如 IBM 的 Rational Rose、Microsoft 的 Visio、Sybase 的 PowerDesigner，还有 Enterprise Architecture(EA)、PlayCase、CA BPWin、CA ERWin 等。各工具有不同的定位、能力和市场策略，每一种工具都不同程度地实现了标准的不同子集。市面上的工具基本上都能提供规范所定义的主要功能，但不同软件产品甚至同一软件产品的不同版本，在具体的功能实现上总存在一些差异，表现出各自的特性而具有不同的适用面。

Rose 是直接为 UML 发展而研发的设计工具，它的出现就是为了对 UML 建模的支持。Rose 一开始没有对数据库端建模的支持，但是在现在的版本中已经加入了数据库建模的功能。Rose 对开发过程中的各种语义、模块、对象以及流程、状态等描述得比较好，能够从各个视角来分析和设计，使软件的开发蓝图更清晰，内部结构更明朗，对系统的代码框架生成有很好的支持。但对数据库的开发管理和数据库端的迭代不是很好。

PowerDesigner 刚开始是一种数据库建模工具。直到 7.0 版才开始支持面向对象的开发，后来又引入了对 UML 的支持。由于 PowerDesigner 最初侧重于数据库建模，所以它对数据库建模的支持很好，支持市面上 90%左右的数据库，对 UML 的建模用到的各种图的支持比较滞后，但是在最近已得到加强。

从以上描述可以看出，Rose 和 PowerDesigner 所走的路线不同，Rose 出道时，走的是 UML 面向对象建模，而后再向数据库建模发展，而 PowerDesigner 则反其道而行之，它先是一个纯粹的数据库建模工具，后来才向面向对象建模、业务逻辑建模及需求分析建模发展。现在的 Rose 和 PowerDesigner 既可以进行数据库建模，也可以面向对象建模，只是在这两方面的支持上偏重不同。

Visio 是一种画图工具，能够用来描述各种图形(从电路图到房屋结构图)，UML 支持的仅是其中很少的一部分。它跟微软的 Office 软件产品能够很好地兼容，能够把图形直接复制或者内嵌到 Word 文档中。更多的是支持如 VB、VC++、MS SQL Server 等的代码生成。它对图形语义的描述比较方便，对软件的迭代开发支持较弱。

Enterprise Architect 基于 UML 2.0 规范，覆盖了开发周期的所有方面，提供了从初始设计阶段到系统部署、维护、测试以及修改控制的全程可跟踪性，是一款不断进步和完善的可视化平台。

对初学者来说，学会 UML 建模非常重要，不同工具在各种细节上会有所区别，甚至不需要软件工具，而用一支笔直接在纸上建模即可。画图很简单，只需要知道怎么画就可以，但建模直接面对现实问题，知道画什么非常难，需要用非常严谨的态度去面对，正如不会因为用树枝在地上推导公式而随意使用数学符号，也不会因为纸张不好就可以乱画乐谱。对数学来说，符号后面展示的是共识，对乐谱来说是基本乐理，专业建模，需要严格的训练才能做到。

本教材采用 PowerDesigner 进行建模，下面对建模工具的使用方法进行简单介绍，方便读者在实践中使用。

为了组织与管理所有的模型，需要创建一个文件夹，文件夹的名称可以是一个业务组织的名字，也可以是一个系统的名字。由于本教材是从系统的开发愿景开始研究组织，以及要进行组织的业务建模，所以以组织的名字来命名文件夹更合适。如果是以系统的需求开始研究系统，则以系统的名字命名文件夹更合适。右键单击 PowerDesigner 左边的“工作空间”，选择“新增”，然后选择“文件夹”，输入文件夹名称，如本教材的“成都东软学院教务部”，点击“确定”，文件夹就建好了，如图 2-74 所示。

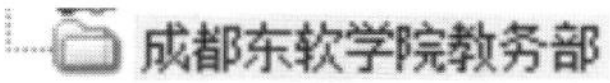

成都东软学院教务部

图 2-74　在 PowerDesigner 中创建文件夹

此时，可以在文件夹中依次创建业务模型、需求模型、分析模型和设计模型。其中，业务模型以“组织名称+业务模型”命名，而需求模型、分析模型和设计模型则分别以“系统名称+需求模型”“系统名称+分析模型”和“系统名称+设计模型”来命名。例如，本教材中的业务模型为“成都东软学院教务部业务模型”“教务考勤系统需求模型”“教务考勤系统分析模型”和“教务考勤系统设计模型”。在文件夹上右键单击，选择“新增”，然后选择“Object-Oriented Model”，再选择模型中需要的图。例如，第一个模型是业务模型，该模型的第一个图是用例图，因为是使用用例图建模该组织的业务的。选择好图后，输入模型名称，选择编程语言，如图 2-75 所示。

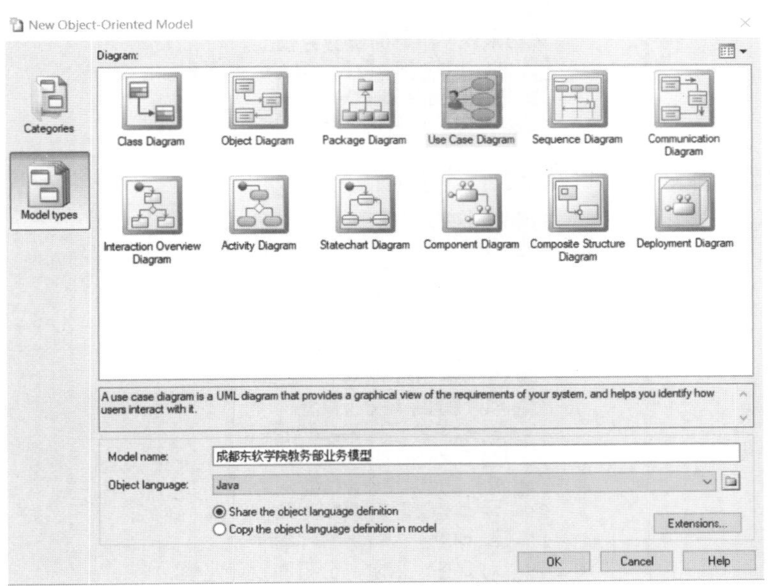

图 2-75　创建模型

点击右下方的“Extensions”，在打开的界面中选择“Methodology”，勾选“Robustness Analysis”，如图 2-76 所示。

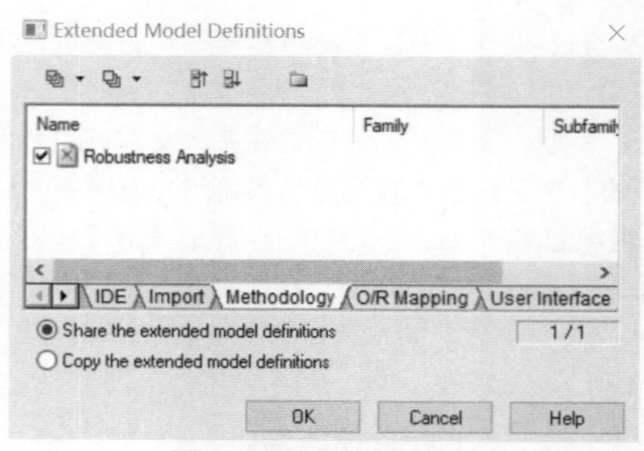

图 2-76　选择健壮性分析

回到创建模型的界面，点击“OK”按钮，结果如图 2-77 所示。

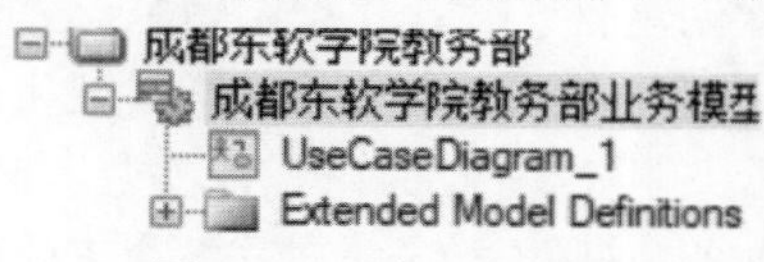

图 2-77　业务对象模型

对用例图进行重命名时，如果是对组织的业务进行建模，则以“组织名称 BusinessUCD”的方式进行命名；如果是对某个业务进行建模，则以“业务名称 BusinessUCD”的方式进行命名。这里以对组织的业务建模为例说明命名方式，如图 2-78 所示。

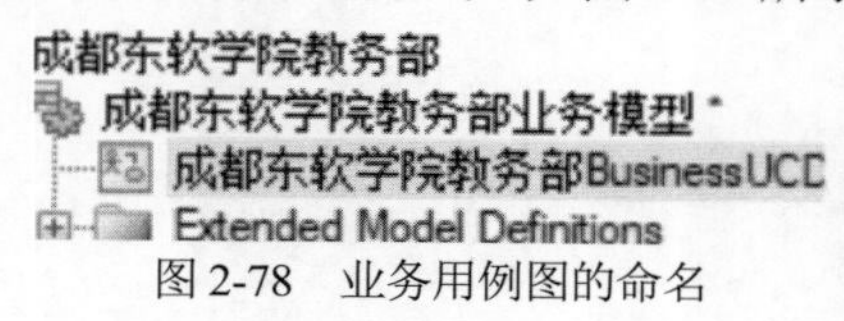

图 2-78　业务用例图的命名

图 2-79 是对需求、分析和设计进行建模的情况。

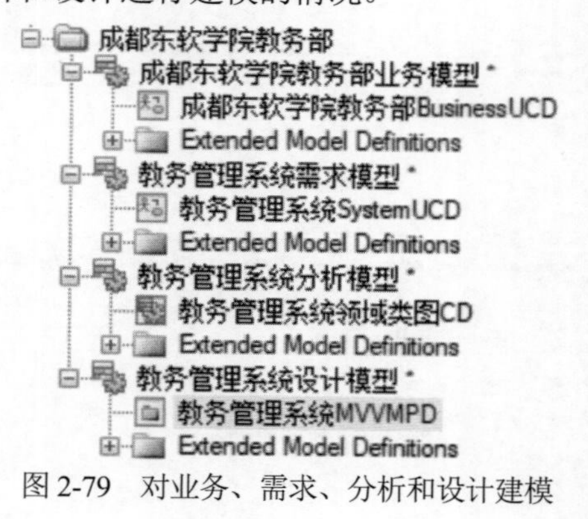

图 2-79　对业务、需求、分析和设计建模

2.8 案例

某高校的品牌部负责学校的品牌建设，其业务涵盖品牌文化建设、品牌视觉设计和品牌推

广。其中一个核心业务是为学校的业务部门和职能部门等其他部门发布新闻，如教学部门的教师获奖、教师指导学生获奖等。其他部门有人负责本部门新闻的撰写，撰写好的新闻通过邮件发送给品牌部的管理员进行发布，管理员只有一个。该高校的师生浏览新闻后可以对新闻发表评论，师生将对新闻的评论通过邮件发送给品牌部的管理员进行发表。随着学校的发展，品牌部的李部长决定引进一个新闻管理系统(news management system，NMS)来减轻该部门管理员的工作。其他部门的新闻由品牌部的管理员使用工号和密码登录该系统后发布，高校师生使用手机号和密码注册成为会员，会员可以使用手机号和密码登录系统后可以浏览新闻，对新闻发表评论，并可以修改已发表的评论。会员还可以更新自己的会员信息，如手机号和密码。管理员除了发布新闻外，还可以对会员、新闻和评论进行管理，如删除违规会员、修改新闻、删除新闻、删除违规评论等。

2.8.1　业务建模

1. 问题定义与可行性研究

某高校的品牌部是要研究的目标组织，简称客户(customer)。新闻管理系统是为该高校的品牌部服务的，改进的是该组织管理员的工作，具体原因可能是品牌部的李部长觉得管理员处理师生评论的邮件的工作量太大，使用系统可以减轻管理员的工作量。也可能是李部长觉得管理员在发布新闻的时候经常出现错误，使用系统可以减少管理员出错的概率。还可能是该校师生向李部长抱怨评论发表的时间太长，不及时。这些都是品牌部的李部长要引进新闻管理系统的原因，是愿景(vision)，也是问题所在。这里要注意，是否引进新闻管理系统由李部长决定，而不是由做具体工作的管理员决定。这里把李部长称为客户的老大(boss)。而管理员是品牌部的业务工人(business worker)，是直接使用新闻管理系统的用户(user)。新闻管理系统不是人，是品牌部的业务实体(business entity)。管理员和李部长都是新闻管理系统的涉众(stakeholders)。

新闻管理系统能够改进品牌部的新闻管理工作，为该高校的品牌建设做出贡献，并能够扩大该高校的社会影响，因为学生家长、同行、社会也可以使用该系统来关注该高校的发展。应该说，新闻管理系统的社会效益远远大于经济效益。至于新闻管理系统的最后期限、可靠性，以及成本等主要约束都是可控的。

2. 业务用例

业务用例(business use case)指业务参与者希望通过和组织交互达到的，而且组织能够提供的价值。业务用例是仅从组织的业务角度关注的用例，而不是具体系统的用例，它描述的是“该实现什么业务”，而不是“系统该提供什么操作”。例如，“登录”作为一个用例，是软件系统中的功能，而客户所关注的业务不包含“登录”。业务用例仅仅包含客户“感兴趣”的内容，业务用例所有的用例名应该让客户能看懂，如果某个用例的名字客户看不懂是什么意思，它也许就不适合作为业务用例。

(1) 核心业务

从前面的描述可知，就新闻而言，该高校品牌部的核心业务(core business)有两个，第一个业务是为该高校的其他部门发布新闻，第二个业务是该高校的师生对新闻发表评论。以某组织为研究对象，在组织之外和组织交互的其他组织(人群或机构)就是该组织的业务参与者(business actor)，业务参与者也被称为业务执行者。对于上述两个业务，业务参与者分别是其他部门和师生。

品牌部的核心业务用例图如图 2-80 所示。

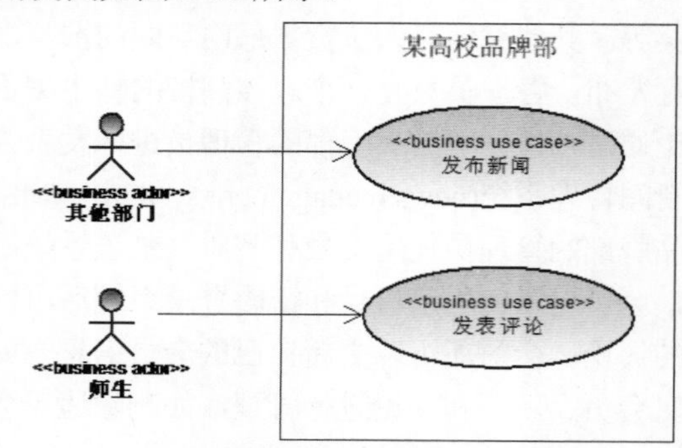

图 2-80　品牌部的核心业务用例图

(2) 支持型业务

除了核心业务之外，品牌部还提供了支持型业务。支持型业务(supporting business)是支持核心业务的业务，目的是保证核心业务的正常运转。品牌部的支持型业务有师生的注册和更新账号的业务，以及管理员的会员管理、新闻管理和评论管理等。更新账号包括更新手机号和修改密码。如果没有管理员对会员、新闻和评论的管理，品牌部则无法正常为其他部门、师生提供核心业务。按照业务参与者和业务用例的定义，管理员并不是品牌部的业务参与者，而是业务工人，会员管理、新闻管理和评论管理也不是业务用例。但为了表示组织内部的支持型业务，这里把管理员视作品牌部的内部的支持型业务参与者，使用衍型“supporting actor”。把会员管理、新闻管理和评论管理视为品牌部的内部的支持型业务用例，使用衍型“supporting use case”。而师生是组织外部的业务参与者，其衍型与核心业务用例的参与者一样，仍然是“business actor”，注册用例和更新账户用例的衍型与核心业务用例的衍型一样，仍然是“business use case”。

包含支持型业务的品牌部的业务用例图如图 2-81 所示。

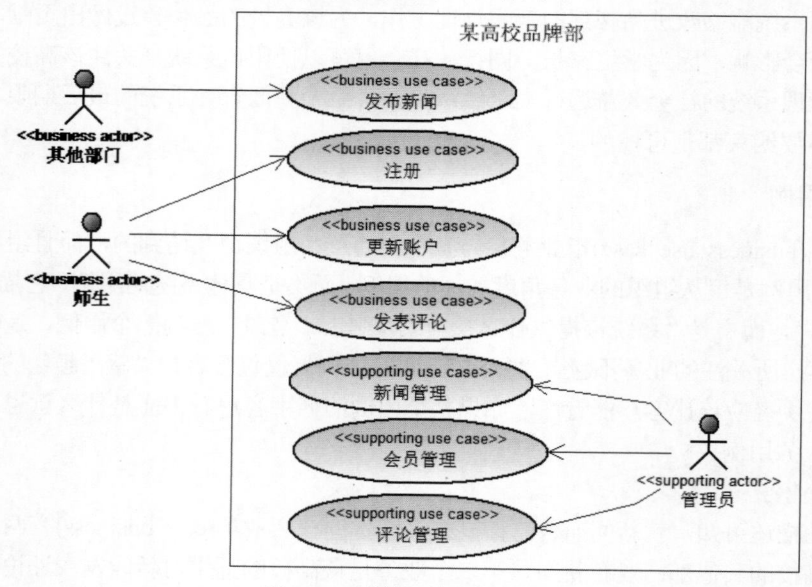

图 2-81　品牌部的业务用例图

在图 2-81 中，把管理员画在矩形框中，表示管理员是品牌部的业务工人，这里担任支持型业务参与者的角色，以区别其他部门和师生等组织外部的业务参与者。

3. 业务流程

下面的业务流程都是引进新闻管理系统后的业务流程，引进系统前的业务流程暂时不研究，感兴趣的读者可以自行研究。这里使用活动图表示业务流程。

(1) 发布新闻

发布新闻的业务流程如图 2-82 所示。

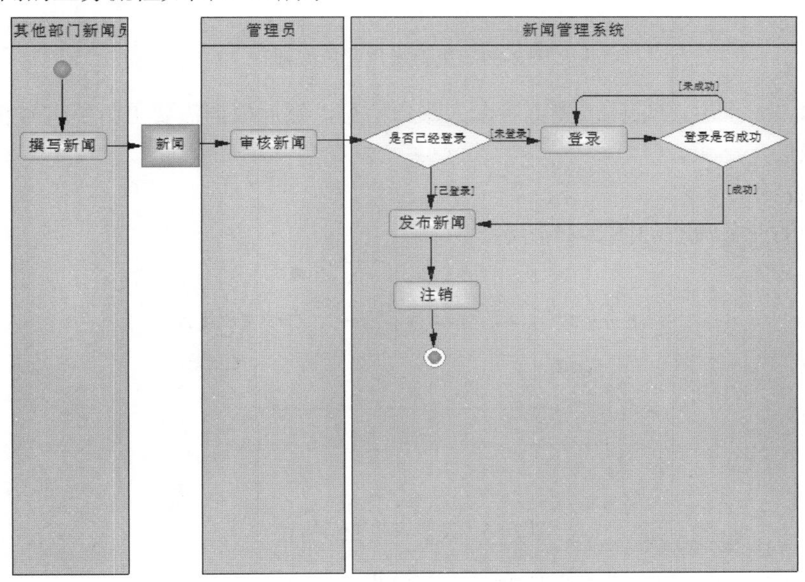

图 2-82　发布新闻业务流程

如图 2-82 所示，其他部门的新闻员撰写新闻，将撰写的新闻通过邮件发送给品牌部的管理员审核后，管理员登录新闻管理系统并发布新闻。发布新闻结束后，管理员注销系统。

(2) 注册

高校师生注册的业务流程如图 2-83 所示。

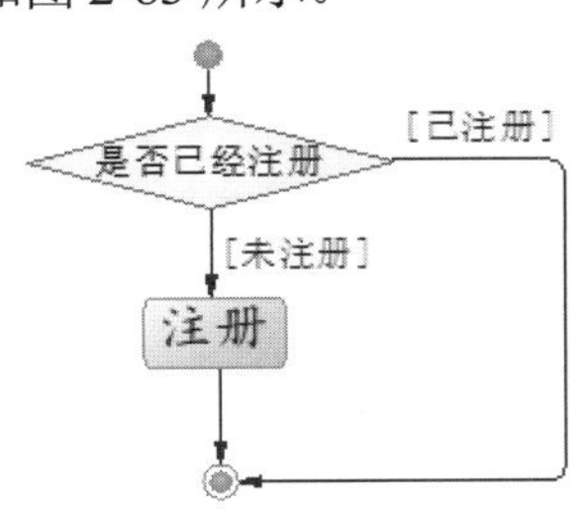

图 2-83　注册业务流程

在图 2-83 中，如果高校师生没有注册新闻管理系统就进行注册。

(3) 更新账户

更新账户的业务流程如图 2-84 所示。

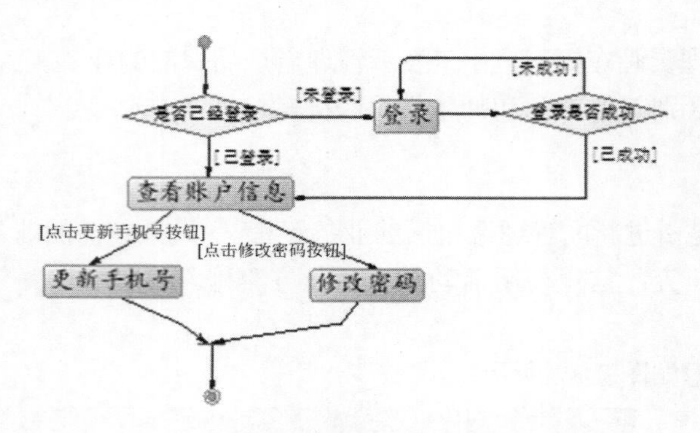

图 2-84　更新账户业务流程

在图 2-84 中，师生登录后，先查看个人账户信息，然后根据需要更新手机号和修改密码。账户更新完成后，结束。

(4) 发表评论

发表评论的业务流程如图 2-85 所示。

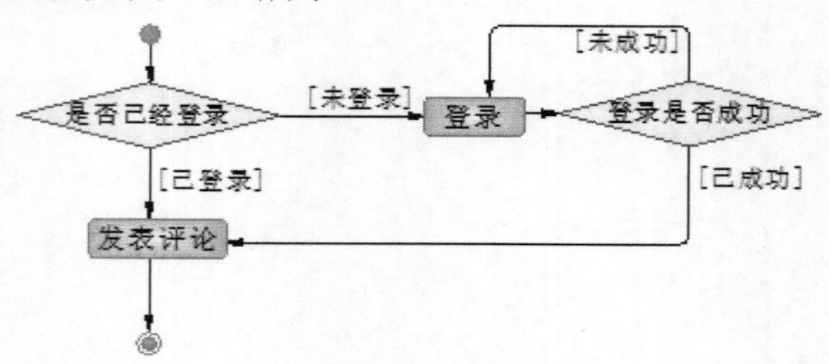

图 2-85　发表评论业务流程

在图 2-85 中，高校师生登录之后对某个新闻发表评论。

(5) 会员管理

会员管理的业务流程如图 2-86 所示。

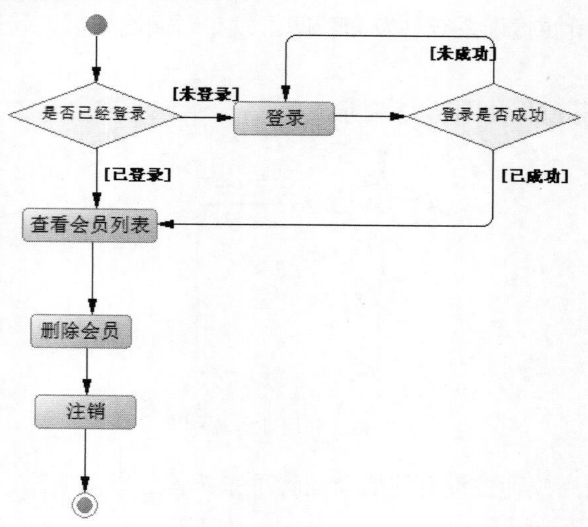

图 2-86　会员管理的业务流程

在图 2-86 中，管理员登录后，查看会员列表，删除违规的会员。会员管理结束后，管理员注销系统。

(6) 新闻管理

新闻管理业务流程如图 2-87 所示。

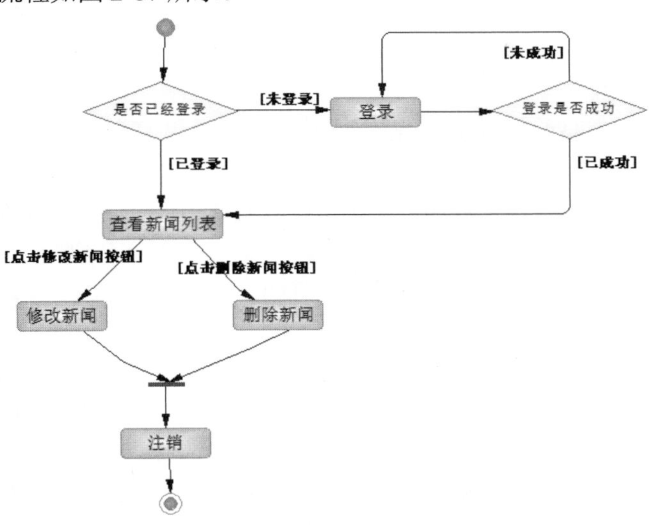

图 2-87　新闻管理业务流程

在图 2-87 中，管理员登录后，查看新闻列表，选择新闻进行修改或删除。新闻管理结束后，管理员注销系统。

(7) 评论管理

评论管理业务流程如图 2-88 所示。

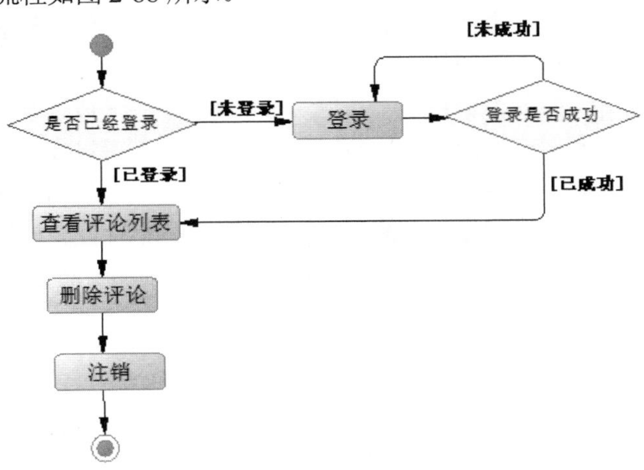

图 2-88　评论管理业务流程

在图 2-88 中，管理员登录后，查看评论列表，删除违规评论。评论管理结束后，管理员注销系统。

在管理员负责的几个业务中，对单个的业务，当管理员完成业务活动后，一般都注销系统。而实际上，管理员必须把所有业务活动都完成后才会注销系统，而不是进行一项业务，注销系统，然后再次登录，进行下一项业务。

2.8.2 需求

1. 从业务流程中提取系统用例

可以从业务流程中提取系统需求，得到系统用例。下面以“新闻管理”业务为例，说明如何从业务流程中提取系统用例。

在“新闻管理”业务的业务流程中，有多个业务活动，每个业务活动都是一个备选的系统用例。备选系统用例如下：登录、注销、查看新闻列表修改新闻和删除新闻。

对备选系统用例进行合并和筛选。合并就是将相同的用例合并成一个，筛选就是将不符合系统用例条件的备选用例去掉。

系统用例(system use case)是实际使用系统的用户进行的一个功能。例如，“查看新闻列表”就不能算一个系统用例，因为它只是某个系统用例的一个序列项。从“新闻管理”业务的业务流程中提取的系统用例为：登录、注销、修改新闻和删除新闻。

从“发布新闻”业务的业务流程中提取的系统用例如下：登录、注销和发布新闻。从“注册”业务的业务流程中提取的系统用例为“注册”。从“更新账户”业务的业务流程中提取的系统用例为：登录、更新手机号和修改密码。从“发表评论”业务的业务流程中提取的系统用例为：登录和发表评论。从“会员管理”业务的业务流程中提取的系统用例为：登录、注销和删除会员。从“评论管理”业务的业务流程中提取的系统用例为：登录、注销和删除评论。

2. 系统参与者

系统参与者(system actor)，也称为系统执行者，是在所研究系统外与该系统发生功能性交互的其他系统。从业务流程中可知，管理员登录新闻管理系统后发布新闻、修改新闻、删除新闻、删除会员、删除评论，以及注销系统。师生注册新闻管理系统成为会员。会员登录系统后对新闻发表评论、更新手机号和修改密码。当然，师生和会员都可以使用系统浏览新闻，而无论是否登录。所以，管理员、师生和会员都是系统参与者。而发布新闻业务流程中的其他部门新闻员目前不是系统参与者，因为他与系统之间没有发生功能性交互。如果系统参与者主动向系统发送请求，如管理员、会员、师生，一般称为主参与者(primary actor)，在用例图中位于系统边界的左边。

3. 同名用例的处理

登录用例有两个，一个是管理员在后台登录，一个是会员在前台登录，所以这两个登录用例的实现并不一样。如果这两个登录用例组织在同一个用例图中，应该在命名上进行区分，如后台登录、前台登录。如果不在命名上进行区分，会出现两个系统参与者指向同一个用例的情况，这是不符合用例图的规范的。管理员和会员指向登录用例的情况如图 2-89 所示。

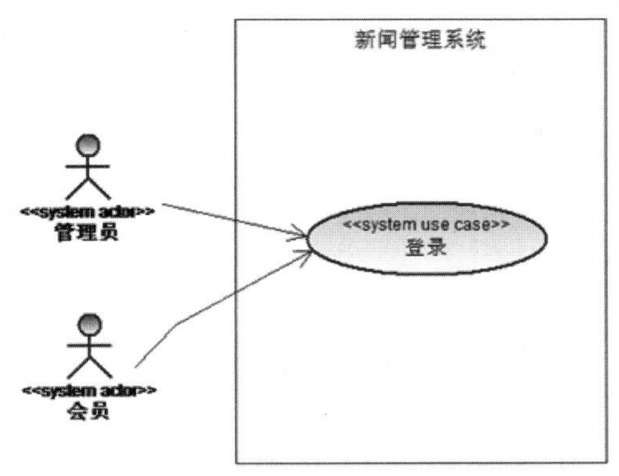

图 2-89 管理员和会员指向登录用例

如果确实出现两个参与者使用同一个用例的情况，必须将两个参与者泛化出一个一般参与者(general actor)，由一般参与者指向用例。例如，师生和会员都可以浏览新闻，其用例图如图 2-90 所示。

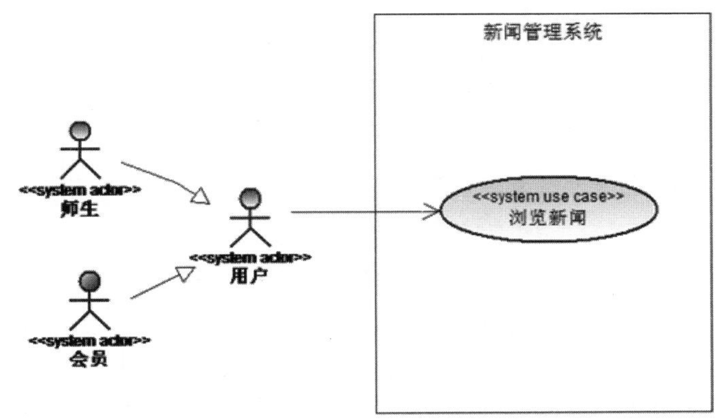

图 2-90 两个参与者泛化情况

在图 2-90 中，用户是一般参与者，师生和会员是特殊参与者(special actor)。

而管理员与会员应该使用不同的登录用例，一个是前台登录(简称为登录)，一个是后台登录，如图 2-91 所示。

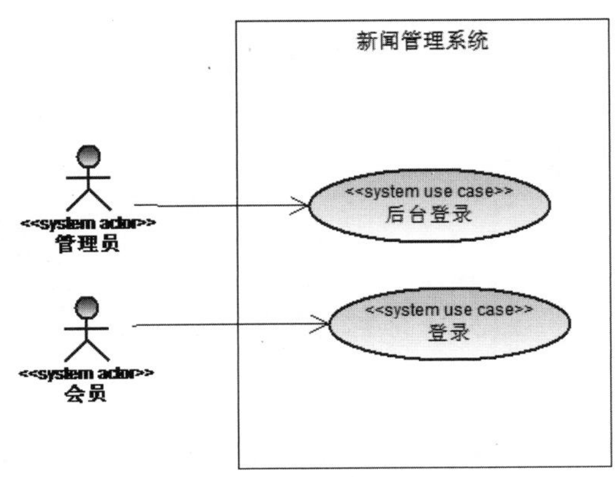

图 2-91 两个不同的登录用例

当然，如果不把这两个登录用例组织在一起，都可以以“登录”来命名用例。

4. 系统用例图

下面将与管理员有关的用例单独组织在一起，如图 2-92 所示。

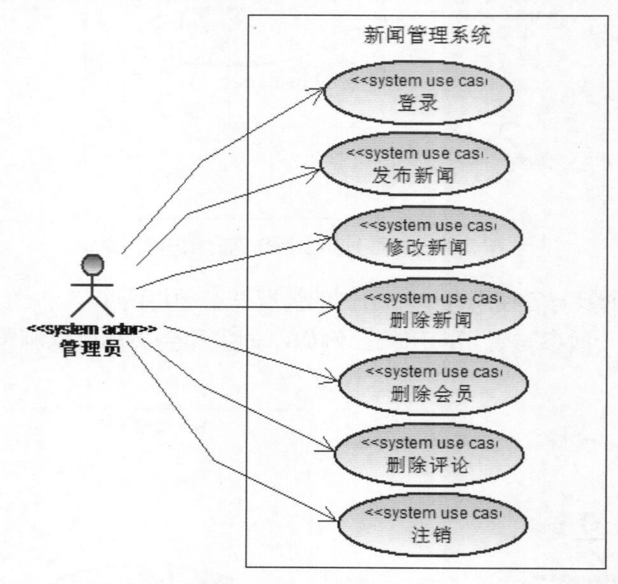

图 2-92　管理员有关用例

将师生、会员等相关的用例组织在一起，如图 2-93 所示。

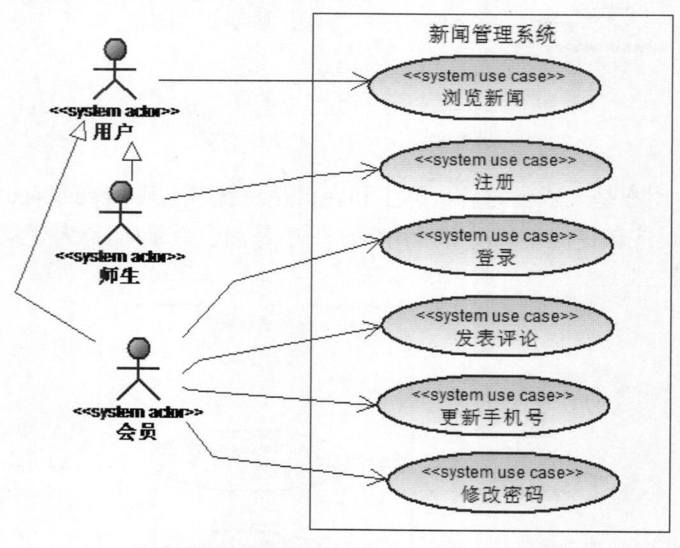

图 2-93　师生、会员等相关的用例

5. 系统用例规约

系统用例图只是表达了系统用例的目标，这是远远不够的。系统用例的背后封装了不同级别的相关需求，需要通过书写系统用例规约(system use case specification)把这些需求表达出来。

系统用例规约就是以用例方式组织的需求规约。

对每一个系统用例给出用例规约。关于用例规约，没有一个通用的格式，可以按照习惯的格式进行编写。对用例规约唯一的要求就是“清晰易懂”。

(1) “师生→注册”用例

“师生→注册”用例的用例规约如下所示。

用例编号：UC09。

用例简述：师生使用系统进行注册，注册成功之后成为会员。

用例图：如图2-94所示。

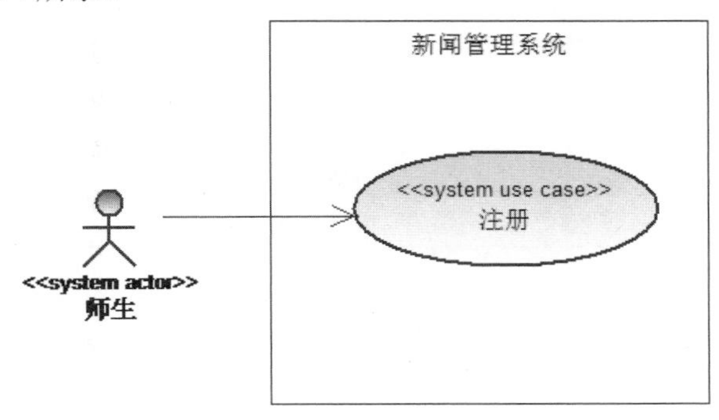

图2-94 师生→注册用例图

基本路径：

1. 师生请求注册。
2. 系统反馈注册界面。
3. 师生提交注册信息。
4. 系统验证注册信息。
5. 系统生成会员信息。
6. 系统反馈注册成功界面。

扩展路径：

3a. 如果手机号为空，系统显示“手机号不能为空”。

3b. 如果手机号格式不对，系统显示“手机号格式不对”。

3c. 如果密码为空，系统显示“密码不能为空”。

3d. 如果密码格式不对，系统显示“格式不对”。

6a. 系统反馈注册失败界面。

字段列表：

3. 会员=手机号+密码

① 用例编号

用例编号中的UC是use case的首字母。如果系统的用例个数在10个之内，第1个用例编号为UC1；如果系统的用例个数为10~100，第1个用例编号为UC01；系统的用例个数为100~1000，第1个用例编号为UC001，以此类推。按照用例发生的时间顺序，管理员登录之后发布新闻、修改新闻、删除新闻、删除会员和删除评论后注销。然后师生浏览新闻，注册系统之后，登录系统可以对新闻发表评论、更新手机号、修改密码。新闻管理系统用例的编号如表 2-1 所示。

表 2-1 新闻管理系统用例的编号

用例名称	用例编号
后台登录	UC01
发布新闻	UC02
修改新闻	UC03
删除新闻	UC04
删除会员	UC05
删除评论	UC06
注销	UC07
浏览新闻	UC08
注册	UC09
登录	UC10
发表评论	UC11
更新手机号	UC12
修改密码	UC13

表 2-1 中的用例编号是按照先管理员再会员的顺序排列的。也可以把“发表评论”用例排在“删除评论”用例前面，把“更新手机号”和“修改密码”用例排在“删除会员”用例前面。

② 基本路径

基本路径(basic path)又称成功场景(success scenario)、主要流程(main process)、基本事件流(basic event flow)、基本流程(basic flow)，是系统参与者使用系统成功的场景(scenario)。基本路径按照交互四部曲书写，参与者和系统一个个回合交互，直到达成目的。每个回合的步骤分为四类：请求、验证、改变、回应。基本路径中的第 1 步的描述规范是：参与者名+请求+用例名称，表示“参与者启动该用例”。在“师生->注册”用例的用例规约的基本路径中，第 1 步是“师生请求注册”表示“师生向系统发送请求，要求使用系统进行注册”。设计时可以使用按钮、菜单或超链接等界面元素实现请求。第 2 步“系统反馈注册界面”是系统对第 1 步“请求”的回应。第 3 步“师生提交注册信息”表示“师生在注册界面中输入注册信息(包括手机号和密码)，点击注册按钮提交注册信息”。“提交注册信息”包括“输入注册信息”和“点击注册按钮”两个操作，缺一不可，只“输入注册信息”并不表示“提交注册信息”。“师生请求注册”和“师生提交注册信息”都是参与者向系统输入信息。第 4 步“系统验证注册信息”属于“验证”，当师生提交了注册信息之后，系统必须验证这些注册信息，包括信息的格式等。第 5 步“系统生成会员信息”属于“改变”，当系统生成会员信息的时候，系统将会员信息保存到持久化介质(persistent media)中，例如关系数据库(relational database)中。第 6 步“系统反馈注册成功界面”是“回应”，系统向参与者师生反馈注册已经成功，师生成为了会员，可以登录系统了。

在基本路径中，不能够出现连续两步都是参与者“请求”或“提交信息”，当参与者“请求”或“提交信息”时，系统必须“验证”和/或“生成”(或“更新”或“删除”)和/或“反馈”来响应参与者。参与者一次“请求”或“提交信息”，系统要么“生成”，要么“更新”，要么“删除”，不能同时进行。“和/或”表示验证、改变、回应可以同时进行，如例子中的情况。“验证”包括验证信息的格式、向持久化介质读取信息。

③ 扩展路径

扩展路径(extended path)又称失败场景(failure scenario)、备选流程(alternative process)、备选事件流(alternative event flow)、分支流程(branch flow)，是系统参与者使用系统失败或扩展的场景(scenario)。3a 表示是基本路径第 3 步的第 1 种扩展的情况，3b 表示基本路径第 3 步的第 2 种扩展的情况，以此类推。3a~3d 表示基本路径的第 3 步有四种扩展情况。所有用例都有两种结果，要么成功，通过基本路径的最后一步系统“反馈成功界面”；要么失败，通过扩展路径的最后一步系统“反馈失败界面”，例如：6a.系统反馈注册失败界面。

④ 字段列表

字段列表(field set)是用例中需要保存到系统中的信息。因为关系数据库中表(table)由字段(field)组成，所以，字段列表中“=”左边的是表的名称，也是实体(entity)名。表名前面的数字代表基本路径的第几步，表示实体信息在第几步提交或反馈。“=”右边是表的字段名，包括字段的顺序。如：会员=手机号+密码，会员是表名，也是实体名，手机号和密码是会员表的字段，手机号在密码的前面。当然，信息除了可以保存到数据库之外，还可以保存到文件(file)、云(clouds)等持久化介质中。

书写用例规约时，每一步的主语只能是主参与者或者是系统。

下面给出几个典型系统用例的用例规约。

(2) “用户-浏览新闻”用例

用例编号：UC08。

用例简述：师生或会员等用户使用系统浏览新闻。

用例图：如图 2-95 所示。

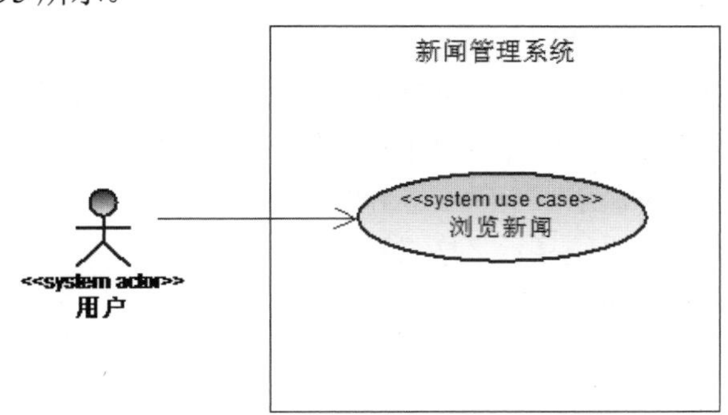

图 2-95　“用户-浏览新闻”用例图

基本路径：

1. 用户请求浏览新闻。
2. 系统验证浏览新闻请求。
3. 系统反馈浏览新闻成功界面。

扩展路径：

3a. 系统反馈浏览新闻失败界面。

字段列表：

3. 新闻=标题+编号+内容+日期

浏览新闻用例是系统从持久性介质读信息。

(3) “会员→登录”用例

用例编号：UC10。

用例简述：会员使用系统进行登录，登录成功之后会员可以发表评论、更新手机号和修改密码。

用例图：如图 2-96 所示。

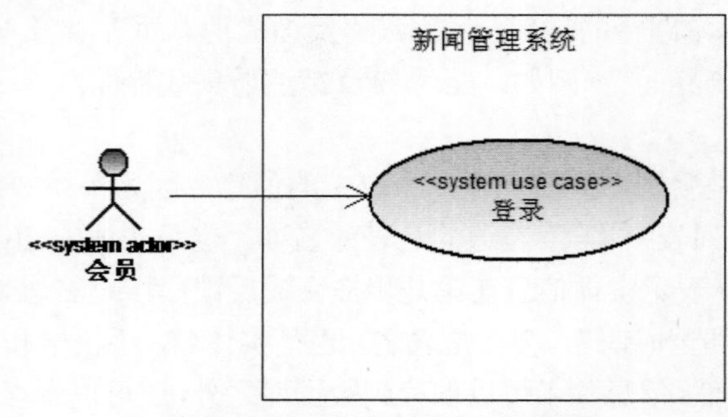

图 2-96 “会员→登录”用例图

基本路径：

1. 会员请求登录。
2. 系统反馈登录界面。
3. 会员提交登录信息。
4. 系统验证登录信息。
5. 系统反馈登录成功界面。

扩展路径：

3a. 如果手机号为空，系统显示“手机号不能为空”。

3b. 如果手机号格式不对，系统显示“手机号格式不对”。

3c. 如果密码为空，系统显示“密码不能为空”。

3d. 如果密码格式不对，系统显示“格式不对”。

5a. 系统反馈登录失败界面。

字段列表：

3. 会员=手机号+密码

登录用例是系统从持久性介质读信息。

(4) “会员→发表评论”用例

用例编号：UC11。

用例简述：会员使用系统选择新闻发表评论。

用例图：如图 2-97 所示。

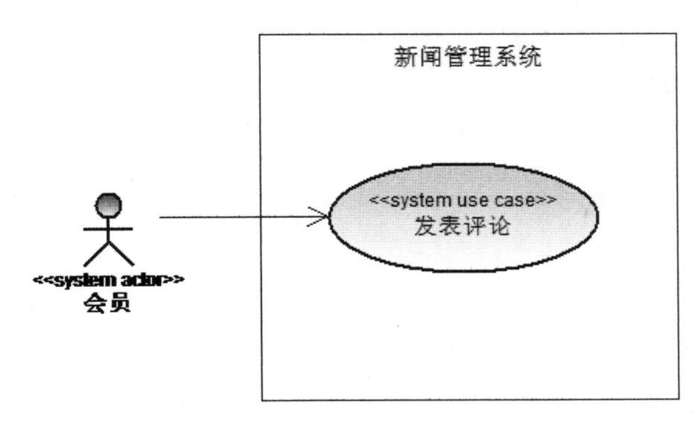

图 2-97　“会员→发表评论”用例图

基本路径：

1. 会员请求发表评论。
2. 系统反馈发表评论界面。
3. 会员提交评论信息。
4. 系统验证评论信息。
5. 系统生成评论。
6. 系统反馈发表评论成功界面。

扩展路径：

3a. 如果内容为空，系统显示“内容为空”。

6a. 系统反馈发表评论失败界面。

字段列表：

3. 评论=内容+日期

发表评论用例是系统向持久性介质中写信息。

(5) “会员→修改密码”用例

用例编号：UC13。

用例简述：会员使用系统修改密码。

用例图：如图 2-98 所示。

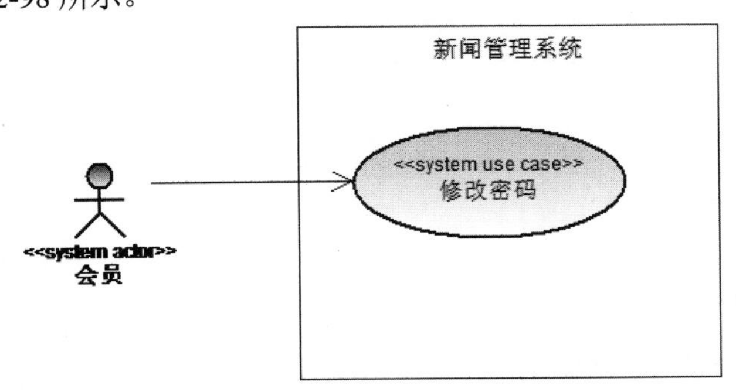

图 2-98　“会员→修改密码”用例图

基本路径：

1. 会员请求修改密码。
2. 系统反馈修改密码界面。

3. 会员提交新旧密码信息。
4. 系统验证新旧密码信息。
5. 系统修改密码。
6. 系统反馈修改密码成功界面。

扩展路径：

3a. 如果原密码为空，系统显示“原密码不能为空”。
3b. 如果原密码格式不对，系统显示“原密码格式不对”。
3c. 如果新密码为空，系统显示“新密码不能为空”。
3d. 如果新密码格式不对，系统显示“新密码格式不对”。
3e. 如果新、旧密码不一致，系统显示“新、旧密码应该一致”。
6a. 系统反馈修改密码失败界面。

字段列表：

3. 会员=密码

修改密码用例是系统修改持久性介质中的信息。

(6) “管理员→登录”用例

用例编号：UC01。

用例简述：管理员使用系统进行登录，登录成功之后会员可以发布新闻、修改新闻和删除新闻。

用例图：如图 2-99 所示。

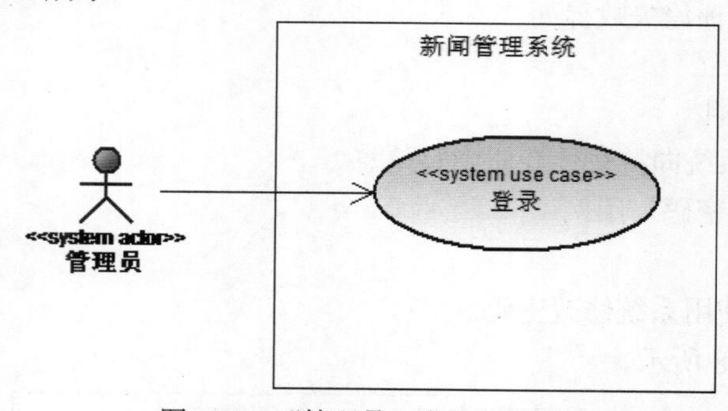

图 2-99 “管理员→登录”用例图

基本路径：

1. 管理员请求登录。
2. 系统反馈登录界面。
3. 管理员提交登录信息。
4. 系统验证登录信息。
5. 系统反馈登录成功界面。

扩展路径：

3a. 如果账号为空，系统显示“账号不能为空”。
3b. 如果账号格式不对，系统显示“账号格式不对”。
3c. 如果密码为空，系统显示“密码不能为空”。

3d. 如果密码格式不对，系统显示“格式不对”。
5a. 系统反馈登录失败界面。
字段列表：
3. 管理员=账号+密码
登录用例是系统从持久性介质读信息。
(7) “管理员→删除会员”用例
用例编号：UC05。
用例简述：管理员使用系统删除违规会员。
用例图：如图 2-100 所示。

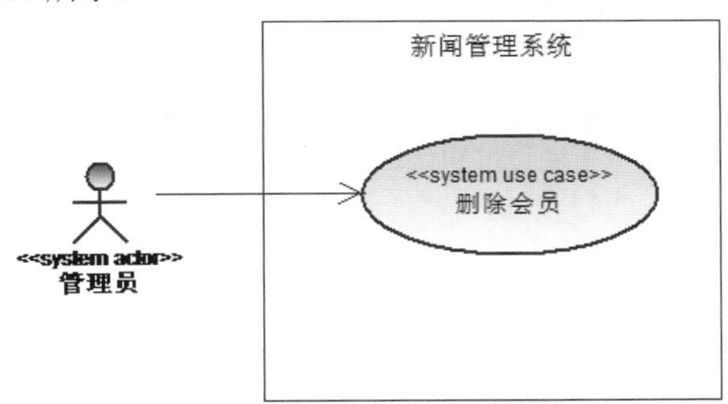

图 2-100　“管理员→删除会员”用例图

基本路径：
1. 管理员请求删除会员。
2. 系统反馈删除会员界面。
3. 管理员提交删除会员信息。
4. 系统验证删除会员信息。
5. 系统删除会员。
6. 系统反馈删除会员成功界面。
扩展路径：
3a. 如果管理员取消删除会员，系统反馈原界面。
6a. 系统反馈删除会员失败界面。
字段列表：
无。
删除会员用例是系统从持久性介质中删除信息。

2.8.3　分析

分析工作流的任务之一就是分析业务实体，即系统用例规约中字段列表里面的实体信息，建模领域类图(domain class diagram)。所谓领域类图要描述以下三点：
(1) 系统中有哪些实体。
(2) 实体的属性。
(3) 实体间的关系。

根据对用例规约的分析，可知有以下实体：会员、管理员、新闻、评论。其中会员包含手机号和密码等属性，管理员包含账号和密码等属性，新闻包含标题、编号、内容和日期等属性，评论包含内容和日期等属性。领域类图如图 2-101 所示。

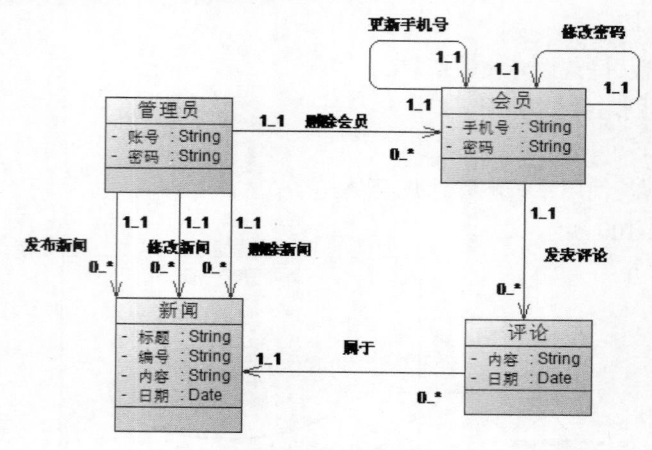

图 2-101　领域类图

对于该案例，没有对每个用例的类进行分析，建立分析类图，也没有对每个用例进行动态分析。无论是分析用例的类还是进行动态分析，都需要采用 BCE 模式分析边界对象(boundary object)、控制对象(control object)和实体对象(entity object)，然后通过顺序图分析每个类的方法。

2.8.4　设计

1. 系统架构设计

在该案例中，采用分层架构(layer architecture)。常见的三层架构(3-tier architecture)的目的体现了“高内聚低耦合”的思想，从下至上分别为：数据访问层(data access layer)、业务逻辑层(business logic layer)(又称为领域层)、界面层(user interface layer)，如图 2-102 所示。在三层架构中，系统的主要功能和业务逻辑都在业务逻辑层进行处理。

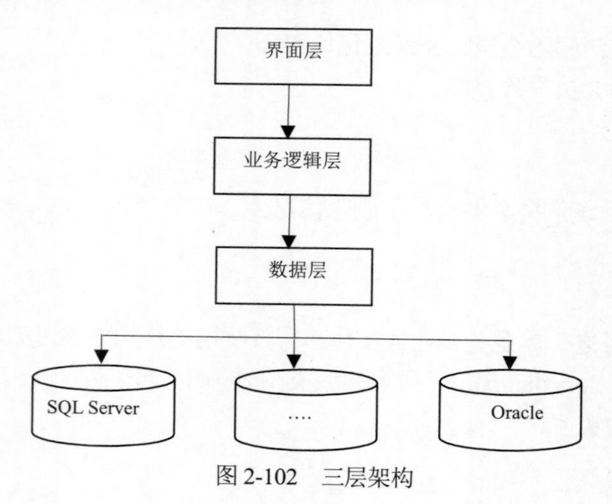

图 2-102　三层架构

本案例采用五层架构(5-tier architecture)，将业务逻辑层分为控制层和服务层，增加一层实体层用于数据交换时的对象/关系映射(O/R mapping)，而界面层只包含纯的页面文件和客户端代码，如 HTML 页面和 JavaScript 代码，不包含类的代码。也就是说，从面向对象设计的角度来看，界面层没有类。五层架构如图 2-103 所示。

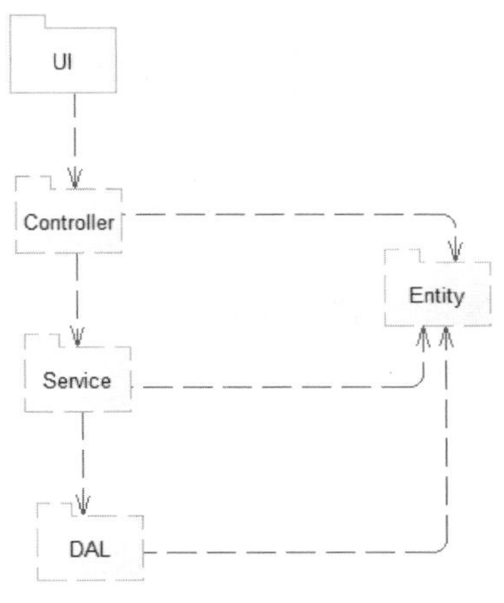

图 2-103　五层架构

在图 2-103 中，UI 是界面层，进行页面的显示。Controller 是控制层，用于应用逻辑控制。Service 是业务层，处理核心业务逻辑。DAL 是数据访问层，处理数据 CRUD 操作。Entity 是实体层，对象关系映射。

2. 类设计

设计时的类图称为实现类图(implementation class diagram)，因为设计出来的类可以使用编程语言实现。因此，在设计时，首先要选择编程语言。实现类图和领域类图不一样，它描述的是真正系统的静态结构，和最后的代码完全一致。因此，它和平台关系密切，必须准确给出系统中的实体类、控制类、界面类、接口等元素以及其中的关系。实现类图是很复杂的，而且与平台技术有关。

类设计是以用例为单位，按模块(module)进行设计。例如，把师生注册、会员登录、更新手机号和修改密码以及管理员删除会员这五个用例作为一个模块，称为会员模块，这些用例都是处理会员信息。把管理员的发布新闻、修改新闻和删除新闻以及师生浏览新闻这四个用例作为一个模块，称为新闻模块，这些用例都是处理新闻信息。把会员发表评论、管理员删除评论用例作为一个模块，称为评论模块，这些用例都是处理评论信息。

下面以会员模块为例介绍类设计的过程。

会员模块的类图如图 2-104 所示。

在图 2-104 中，没有 UI 层的类，因为假设 UI 层都是页面，是 HTML 文件，不是类。MemberController 类属于控制层，类名以后缀 Controller 结束。MemberService 类属于业务层，类名以后缀 Service 结束。MemberDAL 类属于数据访问层，类名以后缀 DAL 结束。Member 类属于实体层，类中的属性来自分析时领域实体类会员中的属性手机号和密码，在实现类图中使用英文命名。MemberController 类与 MemberService 类之间以及 MemberService 类与 MemberDAL 类之间是关联关系，multiplicity 都是 1..1。这三个类都依赖实体类 Member。

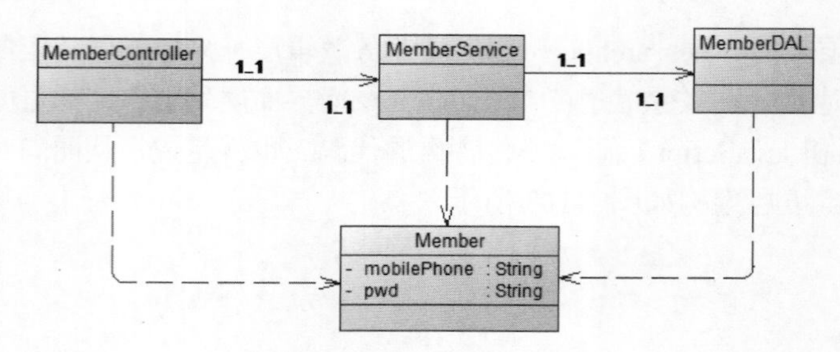

图 2-104　会员模块类图

3. 设计方法

采用序列图设计方法必须根据系统用例规约的基本路径，接下来以注册用例为例进行说明。注册用例规约的基本路径如下：

1. 师生请求注册。
2. 系统反馈注册界面。
3. 师生提交注册信息。
4. 系统验证注册信息。
5. 系统生成会员信息。
6. 系统反馈注册成功界面。

注册用例的序列图如图 2-105 所示。

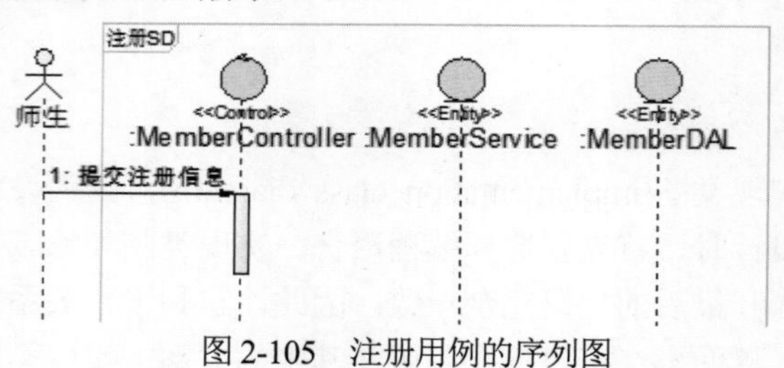

图 2-105　注册用例的序列图

在图 2-105 中，第 1 条消息"提交注册信息"来自于基本路径的第 3 步"师生提交注册信息"。下面将第 1 条消息设计为方法，如图 2-106 所示。

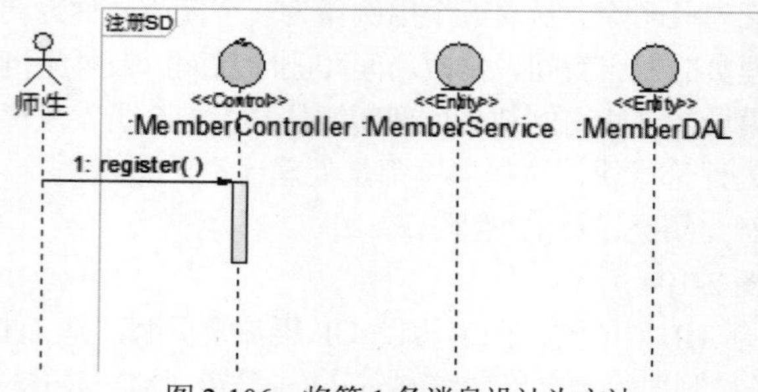

图 2-106　将第 1 条消息设计为方法

有方法的会员模块类图如图 2-107 所示。

在图 2-107 中，MemberController 类有方法 register，该方法有 1 个参数 member，member 中包含手机号和密码。

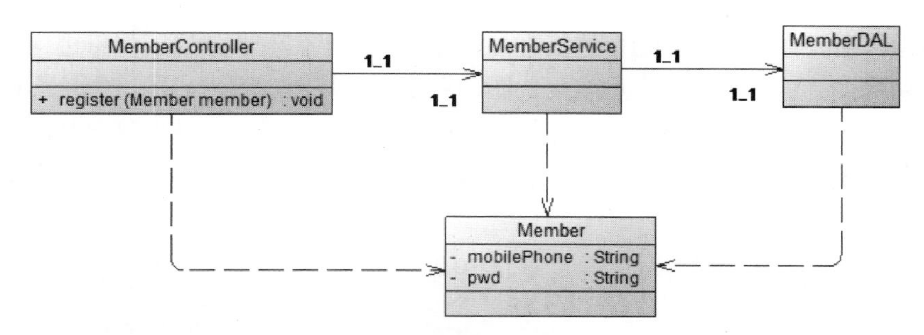

图 2-107　有方法的会员模块类图

第 2 条消息“验证注册信息”来自第 4 步“系统验证注册信息”，第 3 条消息“生成会员信息”来自第 4 步“系统生成会员信息”。将第 2、第 3 条消息设计为相应的方法，如图 2-108 所示。

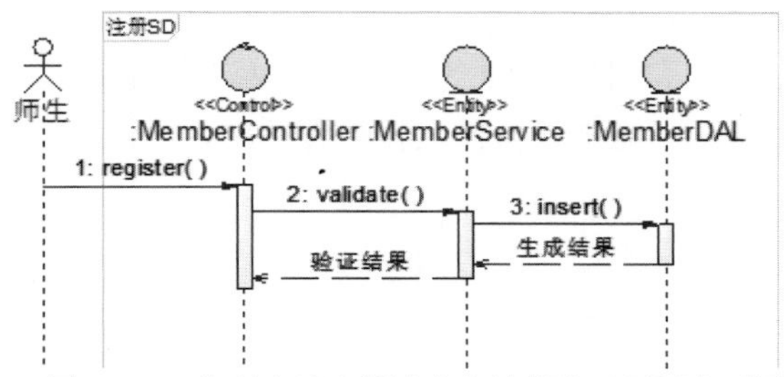

图 2-108　将所有消息设计为方法的注册用例序列图

类图如图 2-109 所示。

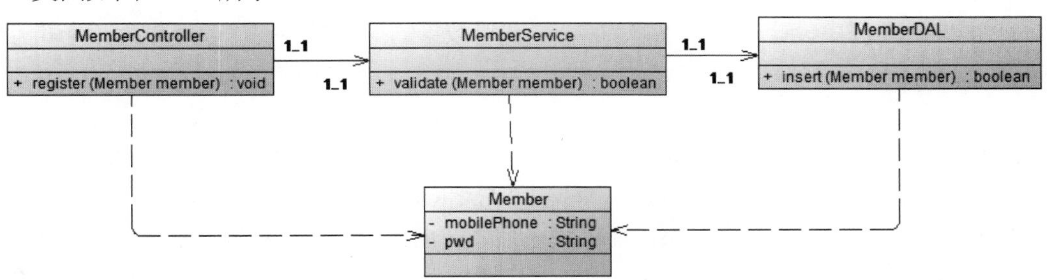

图 2-109　带方法的会员模块类图

2.8.5　小结

本案例涉及软件开发活动和一些软件过程管理活动。本案例对业务建模、需求、分析和设计四个工作流进行了 UML 建模，每个工作流的建模内容如表 2-2 所示。

表 2-2　工作流建模内容

工作流	建模内容
业务建模	业务用例图、业务活动图
需求	系统用例图、系统用例规约
分析	领域类图、分析类图、用例分析动态图(后两者本案例缺)
设计	架构设计包图、模块实现类图、用例设计序列图

本案例除了对工作流进行 UML 建模之外，还对每个工作流的建模工作量进行了估算，主要是对业务用例图、业务活动图、系统用例图、系统用例规约、领域类图、模块实现类图和用例设计序列图的工作量进行了估算。估算每个建模内容的工作量时，首先认定基础元素的工作量，然后计算主要元素的工作量，最后计算建模内容的工作量。估算工作量的步骤如图 2-110 所示。

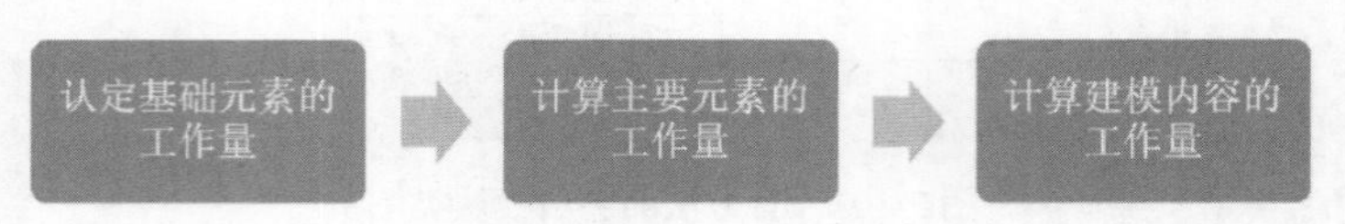

图 2-110　估算建模内容工作量的步骤

本案例还对每个工作流的建模内容进行了分工，主程序员团队和民主团队的分工原则，以及每个团队成员的分工不同。

由于本案例并未涉及实现、支持和确认等软件开发活动，所以，没有涉及软件项目计划、软件配置管理、软件项目跟踪和监督等软件过程管理活动，当然，也没有涉及软件过程改进活动。

2.9 习题

1. 选择题

(1) 面向对象程序设计将描述事物的(　　)与对数据的操作封装在一起，作为一个相互依存、不可分割的整体来处理。

A. 信息　　B. 数据隐藏　　C. 数据抽象　　D. 数据

(2) 以下关系(　　)是一种整体-部分关系，这种关系的语义为“有一个”关系。

A. 继承　　B. 聚合　　C. 依赖　　D. 关联

(3) 两个类之间存在着关联关系，而关联关系之间也存在一定的数量关系。每一个教师可以讲授多门课程，且至少讲授一门课程；而一门课程也可以被多个教师讲授，且至少被 1 个教师讲授。以下选项(　　)表示了教师与课程之间的带数量级的关联关系。

A. 教师 1..*————————1..*课程　　B. 教师 1..*————————1 课程

C. 教师 1————————1..*课程　　D. 教师 0..*————————0..*课程

(4) 以下关系(　　)之间不是用例之间的关系。

A. association　　B. include　　C. extend　　D. aggregation

(5) 以下类图(　　)用于设计。

A. 分析类图　　B. 领域类图　　C. 实现类图　　D. 业务类图

2. 填空题

(1) UML 建立在当今国际上最有代表性的三种面向对象方法的基础之上：Booch 方法、(　　)和(　　)。

(2) 对象模型表示(　　)、结构化的“数据”性质，是对模拟客观世界实体的对象及对象间的关系映射，描述了系统的静态结构，通常用(　　)表示。

(3) 动态模型表示瞬间的、(　　)的系统控制性质，规定了对象模型中的对象合法化变化序列，通常用(　　)表示。

(4) 功能模型表示变化的系统的功能性质，指明了系统应该做什么，直接反映了(　　)，通常用数据流图表示。

(5) UML 用来描述模型的内容有 3 种，分别是事物、(　　)和(　　)。

(6) UML 的事物包括结构事物、(　　)、(　　)和辅助事物。

(7) UML 的行为事物包括(　　)、(　　)和交互。

(8) 继承反映的是(　　)的软件开发方法学的思想。

(9) 泛化反映的是(　　)的软件开发方法学的思想，但同时又综合了从顶到底的思想。

(10) (　　)关联在 UML 类图中用一个带有箭头且指向自身的直线表示。

(11) 车和轮胎是(　　)关系，轮胎离开车仍然可以存在。

(12) 一个状态通常包括名称、进入/(　　)、内部转换、(　　)和延迟事件等五个部分。

(13) 活动图中的(　　)将活动图中的活动划分为若干组，并把每一组指定给负责这组活动的业务组织，即对象。

(14) (　　)指业务参与者希望通过和组织交互达到的，而且组织能够提供的价值。

3. 判断题

(1) UML 是一种建模语言，也是一种方法，UML 本身是独立于过程的。(　　)

(2) 包是组织事物。(　　)

(3) 一般-特殊关系不是一种继承关系。(　　)

(4) 在某类图中，公司的多重性为 1..1，表示在这个关联中公司可以不出现，且仅出现 1 次。(　　)

(5) 应经常使用双向的互相依赖。(　　)

(6) 在领域类图中，类既有属性又有方法。(　　)

(7) 一个包的各个同类建模元素可以具有相同的名字。(　　)

(8) 通信图是一种交互图。(　　)

(9) 判定有多个进入转换。(　　)

(10) 业务用例是仅从组织的业务角度关注的用例，而不是具体系统的用例。(　　)

4. 简答题

(1) 简述 OMT 方法的三个模型。

(2) 请简述 OOSE 方法的五个模型。

(3) 试写出 UML 的结构事物。

(4) 组件图的作用有哪些？

(5) 常见的部署图有哪几种？

(6) 包的标准元素有哪些？

(7) 使用包图对体系结构视图建模的具体做法是什么？

第3章
软件项目管理

软件项目管理(software project management)是为了使软件项目能够按照预定的成本、进度、质量顺利完成并且符合客户需要，而对成本、人员、进度、质量、风险等进行分析和管理的活动。软件项目管理先于任何技术活动之前，并且贯穿于软件的整个生命周期之中。

3.1 项目管理知识体系

项目管理知识体系(project management body of knowledge，PMBOK)是美国项目管理协会(Project Management Institute，PMI)对项目管理所需的知识、技能和工具进行的概括性描述。

在 PMBOK 中，通用项目生命周期(common project life cycle，CPLC)分为四个阶段：启动项目、组织与准备、执行项目工作和完成项目，每个阶段结束有一个阶段关口，进行阶段评审。每个阶段包含五个管理过程组：启动、规划、执行、监控和收尾。软件项目管理包含 10 大知识领域：相关方管理、采购管理、风险管理、沟通管理、资源管理、质量管理、成本管理、进度管理、范围管理和整合管理。PMBOK 指南的组成部分如图 3-1 所示。

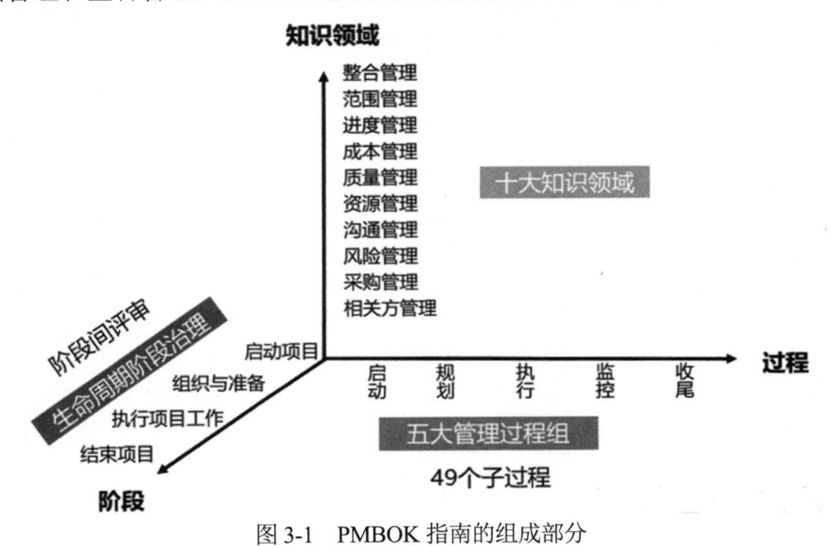

图 3-1 PMBOK 指南的组成部分

3.1.1 项目生命周期

项目生命周期是一个项目从概念到完成所经过的所有阶段。所有项目都可分成若干阶段，都有一个类似的生命周期结构，主要由四个主要阶段构成：启动项目、组织与准备、执行项目工作和完成项目。

1. 启动项目阶段

在启动项目阶段会组建管理团队，确定项目所需要的专业技术与行为，并且找到拥有这些技能的合适人员。一切工作以人员为中心展开，团队中不仅需要优秀的管理人才，而且需要专业的技术人才，特别是在大型项目中位于项目管理梯队上层、具有领导才能的人才。

项目组织中的领导者应该阐明项目的理念或方向，这种理念可能包含在项目经济性目标之外更高的目标，真正的领导者在实施所提出的理念时也会认真思考并采取关键的行动。在项目中可能存在不同的管理风格，惟一的关键相同点是领导者的行为都真正符合他们所倡导的理念。

项目的关键风险承担者是客户，项目启动阶段的一项关键工作是和客户就项目概念、战略、全面资源计划和项目期限进行谈判，以达成一致意见。这项谈判非常重要，不仅关系到项目的执行，而且直接影响项目管理层与客户之间能否建立良好、清晰的工作关系。

项目的成功依赖于项目管理团队，项目管理团队不仅要完成管理整个项目的任务，激励并指导其他各方完成相应的工作，还要为项目管理结构提供最根本的支持。

2. 组织与准备阶段

在项目的组织与准备阶段，项目的规划将逐步成为现实，其中包括一些为了实现项目目标而采取的实际措施与行动。在项目的组织与准备阶段，确定项目目标、前景评估，以及规划的各种专业团队，都必须与领导项目的团队进行全面合作。所有团队都必须和项目团队成员以及加入项目的或者与项目联系在一起的合作方进行合作与沟通。

在项目的组织与准备阶段，最有可能在各个方面产生矛盾与冲突，会产生许多管理上的挑战，特别是在大型复杂的项目中。所以，有必要把许多新的人员和合作方结合成一个整体，在新的人员和合作方之间建立强有力的工作关系；有必要将项目的经济因素与各方的工作联结起来，对项目参与各方反复灌输一些非正式的制度和行为规则；有必要确立清晰的、各方共同接受的工作与资源计划；将另外一些可能拥有的新的、重要的信息，特别是那些负责项目实施的人员考虑进来。最后，以上的所有工作都必须由项目管理团队来完成。

3. 执行项目阶段

在执行项目工作阶段，项目的主角是项目团队或者个人以及此阶段的合作方，项目管理的重点如下。

(1) 工作流程。在项目执行阶段，管理层的关键工作是持续保持项目的动力，以及管理正在执行的项目。大多数项目的主要问题不再是管理项目成员的个人工作，而是着重处理项目执行过程中能够产生影响的特殊事件和互动关系。例如，一项工作中关键资源欠缺，或者某一项工作拖延，都会迅速影响到项目其他工作的正常进展。因此，在项目执行阶段，管理工作的重点应该放在工作流程上，而不是项目团队中其他成员的实际工作上。

当然，也会存在例外情况。例如当一项工作明显出现错误，或者负责完成工作的人员不能胜任该项工作时，管理层应该认真解决这些问题。

(2) 关键路径。项目中的一些关键工作组成了项目管理的关键路径，某个关键工作上的一些微小延误都会改变关键路径。因此，项目管理层应该随时确认最新的关键路径，并且及时通知项目组织中的每一位成员。

应该让负责关键工作的小组成员明白他们正处在关键路径上，也必须让所有组织成员都能及时知道关键路径在哪里。此时，其他拥有“备用”资源的小组，也会尽力帮助正在进行关键工作的小组完成工作。

(3) 互相合作。每一位项目成员都必须理解合作的价值，而不能“狭隘地维护自己的利益”。另一方面，项目组织中往往存在着一种适度的竞争气氛，健康的竞争气氛非常有利于项目组织的发展。

(4) 关键节点评估。在项目中有许多相互依赖、相互影响的工作，一些工作的结果往往直接影响到下一步的工作。项目管理层必须时刻审查相互依赖工作之间的变化，以及这些变化对项目其他工作所产生的影响。许多项目失败的原因是由于一项工作的延误产生的“多米诺骨牌”效应，该项工作与其他两项或者三项工作紧密相连，这项工作的延误，导致其他工作也相应延误。为了使项目重回正轨，需要动用关键资源去完成该项工作，从而更进一步加剧“多米诺骨牌”效应。

对项目工作进行经常评估，标明相应的日期，可以为项目成员提供清晰的项目工作坐标图。这也确立了一项清晰的标准，即项目的每项工作都很重要，只有项目的所有工作都顺利完成，整个项目才算真正成功。最后，工作评估也确实使项目成员真正了解工作绩效的重要性。

4. 完成项目阶段

即使对于成功的项目而言，完成项目阶段也都是最危险的时期。如果项目中的每件工作都进展顺利，项目人员就会很容易地认为，项目将很快完成，态度就会变得松懈。

在完成项目阶段，项目管理层产生大量的焦虑，而项目的客户却抱着过高的期望。在完成项目阶段，需要大量认真的工作，项目管理层应该在项目日常工作中发挥重要的积极作用，即使是参与管理的项目经理在这个阶段都要更加直接地管理项目的各项工作。

对于项目管理层的一项最重要的管理建议就是：在完成项目阶段投入大量精力，并且密切关注工作中的细节。只有将成功的项目管理看作是在变化的环境中对人的管理，而不是一种按照预先计划的任务实施的过程，项目管理才会既富有挑战性又有趣味性。项目管理是以理解项目的目标而开始的，但是每个项目都需要那些深刻理解学习重要性的项目经理投入真正、持续的精力，并且随时进行调整，才能成功完成。

项目是一项有计划的任务，项目管理涉及人力、资源、时间、技术目标，关系到项目实施的结果，因此项目管理中需要注意的几个方面包括：项目的相同点、项目管理与普通管理的差别、项目管理中常见的错误观点、过分强调项目计划的重要性的原因、项目管理方式、成功项目管理的基础条件。

3.1.2　项目管理过程组

1. 启动过程组

启动过程组就是识别和开始一个新项目或新项目阶段的过程。启动过程组的目的是确保以合适的理由开始合适的项目。启动IT项目的最重要理由是支持明确的业务目标。

启动过程组包括以下内容：项目相关人分析、可行性研究和初步需求分析。

启动过程组的输出有：项目章程、项目经理的任命、制定初步的项目范围说明书、约束条件和假设条件。

2. 规划过程组

规划过程组的主要目的是指导项目的具体实施，其具体工作如下：界定项目范围(需求分析)和进度，完成项目估算(时间、成本、工作量、资源)，制定项目管理计划和项目进度计划，编制人力资源和沟通计划，编制质量计划、风险计划和采购计划。

3. 执行过程组

执行过程组的具体工作为：团队建设，开发核心团队，核实项目范围，质量保证，收集，产生和发送信息，采购必要资源和完成计划中的各项任务。

4. 监控过程组

监控过程组衡量朝向项目目标方向的进展，监控偏离计划的偏差，采取纠正措施使进度与计划相匹配。监控过程组的具体工作为：变更管理、进度控制、范围变化控制、成本及质量控制、绩效评价和状态报告。

5. 收尾过程组

收尾过程组涉及使项目相关方和客户对最终产品进行验收，使项目或项目阶段有序地结束。它包括验证所有可交付成果是否完成以及项目审计。

3.1.3 知识领域

10大知识领域如图3-2所示。

图3-2 10大知识领域

项目管理十大知识领域都是为了最终实现项目的整合管理。在整合管理思想的指导下，这十大知识领域之间的关系可以描述为：

(1) 清楚项目的工作内容(范围)；

(2) 清楚这些工作什么时间完成(时间)，以多大代价完成(成本)，做到什么要求(质量)；

(3) 清楚需要什么人力资源来完成项目，以及组织内部有没有这些人力资源(包括相应的知识与技能)；

(4) 如果没有足够的人力资源，就需要外包一些工作给其他公司或个人，从而就需要对采购及相应的合同进行管理；

(5) 项目所涉及的内外部人力资源之间都需要进行有效沟通，才能较好地相互协调；

(6) 清楚哪些风险会促进或妨碍项目的成功，并积极加以管理；

(7) 自始至终都要进行项目相关方管理，以便了解项目相关方，引导项目相关方积极参与项目工作，并满足项目相关方在项目上的利益追求。

3.2 风险管理

1. 软件风险

软件风险是指在软件开发过程中遇到的预算和进度等方面的问题以及这些问题对软件项目的影响。首先，风险涉及的是未来将要发生的事情。其次，风险涉及改变，如思想、观念、行为、地点的改变。第三，风险涉及选择，而选择本身就具有不确定性。软件风险会影响项目计划的实现，如果软件风险变成现实，就有可能影响项目的进度，增加项目的成本，甚至使软件项目不能实现。

软件风险包含两个特性：不确定性和损失。不确定性(uncertainty)指风险可能发生也可能不发生，即没有 100%会发生的风险。损失(loss)指如果风险发生，就会产生恶性后果或损失。进行风险分析时，重要的是量化每个风险的不确定程度和损失程度。

软件项目开发过程中的风险类别包括项目风险、技术风险和商业风险。其中，项目风险(project risk)威胁到项目计划。也就是说，如果项目风险发生，就有可能拖延项目的进度和增加项目的成本。项目风险是指预算、进度、人员、资源、利益相关者、需求等方面的潜在问题以及它们对软件项目的影响。技术风险(technical risk)威胁到要开发软件的质量及交付时间。如果技术风险发生，开发工作就可能变得很困难或根本不可能。技术风险是指设计、实现、接口、验证和维护等方面的潜在问题。此外，需求规格说明的歧义性、技术的不确定性、技术陈旧以及“前沿”技术也是技术风险因素。技术风险的发生是因为问题比我们所设想的更加难以解决。商业风险(business risk)威胁到要开发软件的生存能力，且常常会危害到项目或产品。

2. 风险管理

风险管理是指为了最好地达到项目的目标，识别、分配、应对项目生命周期内风险的科学与艺术。风险管理的目标是使潜在机会或回报最大化，使潜在风险最小化，最大限度地减少风险的发生。

软件项目管理从某种意义上讲就是风险管理。尽量去定义明确不变的需求，以便进行计划并高效管理，但商业环境总是快速变化的，甚至是无序的变化。所以，软件企业在进行项目管理的过程中，必须采用适合自己的风险管理方法进行风险管理，削弱负面风险，增强正面风险，将风险敞口保持在可接受的范围，扩大项目实现的概率，以确保软件项目在规定的预算和期限内完成项目。

项目风险由单个风险和整体风险组成，单个风险是指每个项目都有会影响项目达成目标的单个风险，单个项目风险是一旦发生，会对一个或多个项目目标产生正面或负面影响的不确定事件或条件。整体风险是由单个项目风险和不确定性的其他来源联合导致的整体项目风险，是相关方面临的项目结果正面和负面变异区间。它源于包括单个风险在内的所有不确定性。开展项目，不仅要面对各种制约因素和假设条件，而且还要应对可能相互冲突和不断变化的相关方期望。

组织应该有目的地以可控方式去冒项目风险，以便平衡风险和回报，并创造价值。项目风险管理旨在利用或强化正面风险(机会)，规避或减轻负面风险(威胁)。项目风险管理的目标在于提高正面风险的概率和(或)影响，降低负面风险的概率和(或)影响，从而提高项目成功的可能性。项目风险管理旨在识别和管理未被其他项目管理过程所管理的风险。

美国卡内基•梅隆大学软件工程研究所定义了实施有效风险管理的 7 条原则。

(1) 保持全面观点。在软件所处的系统中考虑软件风险以及该软件所要解决的业务问题。

(2) 采用长远观点。考虑将来可能发生的风险，并制定应急计划使将来发生的事件成为可管理的。

(3) 鼓励广泛交流。如果有人提出一个潜在的风险，要重视该风险；如果以非正式的方式提出一个风险，要考虑该风险。任何时候都要鼓励利益相关者和用户提出风险。

(4) 结合。考虑风险时必须与软件过程相结合。

(5) 强调持续的过程。在整个软件过程中，团队必须保持警惕。随着信息量的增加，要修改已识别的风险；随着知识的积累，要加入新的风险。

(6) 开发共享的产品。如果所有利益相关者共享相同版本的软件产品，将更容易进行风险识别和评估。

(7) 鼓励协同工作。在风险管理活动中，要汇聚所有利益相关者的智慧、技能和知识。

风险管理涉及的主要活动包括：风险管理计划制定、风险识别、定性风险分析、定量风险分析、风险应对规划、风险应对计划制定、风险应对实施和风险监督。

(1) 风险管理计划制定。

风险管理计划制定在项目构思阶段就应开始，并在项目早期完成。在项目生命周期的后期，可能有必要重新制定风险管理计划。在发生重大阶段变更时或在项目范围显著变化时或是后续对风险管理有效性进行审查且确定需要调整项目风险管理过程时，要重新制定风险管理计划。如果没有风险管理计划中的内容，则可以在实施定性风险分析过程中制定，并经项目发起人批准之后进行。

风险管理计划的内容如表 3-1 所示。

表 3-1　风险管理计划的内容

序号	内容	说明
1	风险管理战略	描述用于管理风险的一般方法
2	方案论	确定用于开展风险管理的具体方法、工具及数据来源
3	角色职责	确定每项风险管理活动的领导者、支持者和团队成员，并明确他们的职责
4	资金(预算)	确定开展风险管理活动所需的资金，并制定应急储备和管理储备的使用方案
5	时间安排	确定在项目生命周期中实施风险管理过程的时间和频率，确定风险管理活动并将其纳入项目进度计划

(续表)

序号	内容	说明
6	风险类别(风险分类方法)	(1) 适用于所有项目的通用风险分解结构； (2) 如果未使用风险分解结构，组织则可能采用某种常见的风险分类框架，既可以是简单的类别清单，也可以是基于项目目标的某种类别结构； (3) 针对不同类型项目使用几种不同的风险分解结构框架； (4) 允许项目量身定制专用的风险分解结构
7	相关方风险偏好	针对每个项目目标，把相关方的风险偏好表述成可测量的风险临界值。 (1) 追随者(年轻)； (2) 中立者(有一定风险意识)； (3) 回避者(承受过失败或害怕失败)
8	报告格式	确定将如何记录、分析和沟通风险管理过程的结果。 (1) 风险登记册； (2) 风险报告； (3) 项目风险管理过程
9	跟踪	(1) 如何记录风险活动； (2) 如何审计风险

制定风险管理计划的工具和技术如表 3-2 所示。

表 3-2　制定风险管理计划的工具和技术

序号	工具和技术	说明
1	专家判断	(1) 熟悉组织所采取的管理风险的方法，包括该方法所在的企业风险管理体系； (2) 调整风险管理以适应项目的具体需求； (3) 在相同领域的项目上可能遇到的风险类型
2	数据分析	可通过相关方分析确定项目相关方的风险偏好。
3	会议	风险管理计划的制定可以是项目开工会议上的一项工作，也可以举办专门的规划会议来制定险管理计划。 (1) 会议时间：项目开工会议； (2) 参会者可能包括项目经理、指定项目团队成员、关键相关方、负责管理项目风险管理过程的团队成员、客户、卖方、监管机构

使用风险分解结构(risk breakdown structure，RBS)将项目风险分解并分类。风险分解结构是潜在风险来源的层级展现，确定对单个项目风险进行分类的方式。风险分解结构有助于项目团队考虑单个项目风险的全部可能来源，对识别风险或归类已识别风险特别有用。风险分解结构示例如表 3-3 所示。

表 3-3　风险分解结构示例

RBS 0 级	RBS 1 级	RBS 2 级
0.项目风险所有来源	1.需求风险	1.1 需求已经成为项目基准，但需求还在继续变化
		1.2 需求定义欠佳，而进一步的定义会扩展项目范畴
		1.3 添加额外的需求
		1.4 产品定义含混的部分比预期需要更多的时间
		1.5 做需求时客户参与不够
		1.6 缺少有效的需求变化管理过程

(2) 风险识别。

风险识别包括确定风险的来源、风险产生的条件，描述其风险特征和确定哪些风险事件有可能影响本项目。风险识别在项目开始时进行，并在项目执行中不断进行。就是说，在项目的整个生命周期内，风险识别是一个连续的过程。

识别风险的工具和技术包括专家判断、数据收集、数据分析、提示清单、人际关系与团队技能和会议。数据收集包括头脑风暴、核对单和专家访谈，数据分析包括根本原因分析、假设条件和制约因素分析、SWOT 分析和文件分析。其中，SWOT 就是优势(strength)、劣势(weakness)、机会(opportunity)和威胁(threat)的一个象限，因为不是定性、定量分析，内容很粗略，汇报时可以使用，但实际项目中，作用比较低。在识别风险时，SWOT 分析将内部产生的风险包含在内，从而拓宽识别风险的范围。

SWOT 分析的步骤如图 3-3 所示。

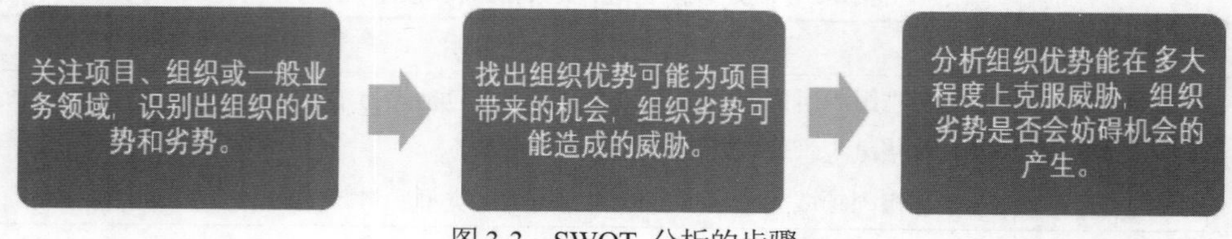

图 3-3　SWOT 分析的步骤

(3) 定性风险分析。

实施定性风险分析是通过评估单个项目风险发生的概率和影响以及其他特征，对风险进行优先排序，确定单个项目风险的相对优先级，重点关注高优先级的风险。实施定性风险分析为每个风险识别出责任人，以便由他们负责规划风险应对措施。如果需要开展实施定量风险分析过程，那么实施定性风险分析也能为其奠定基础。

根据风险管理计划的规定，在整个项目生命周期中要定期开展实施定性风险分析过程。在敏捷开发环境中，实施定性风险分析过程通常要在每次迭代开始前进行。

定性风险分析的工具和技术有专家判断、数据收集、数据分析、数据表现。其中，数据分析包括风险数据质量评估、风险概率和影响评估；数据表现包括二维矩阵、气泡图和会议。在数据表现中，除了召开专门会议进行定性风险分析外(通常称为风险研讨会)，还可以使用二维矩阵进行风险分析。风险矩阵法常用二维的表格对风险进行半定性的分析，其优点是操作简便快捷，因此被较为广泛地应用。二维矩阵示例如图 3-4 所示。

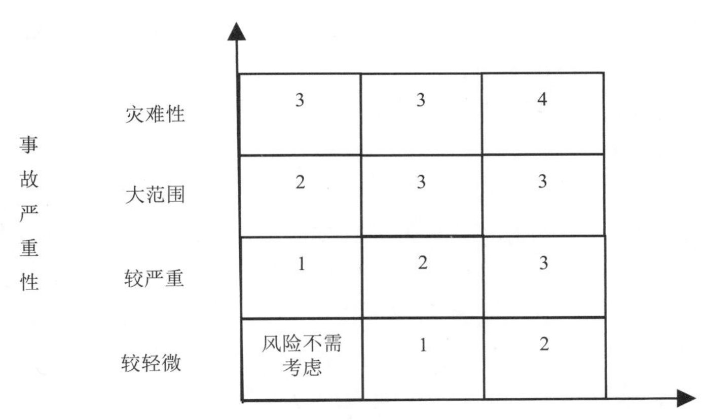

图 3-4　二维矩阵示例

首先，进行危害识别，列出需要评估的危险状态。其次，进行危害判定，根据规定的定义为每个危险状态选择一个危险等级。然后，进行伤害估计，对应每个识别的危险状态，估计其发生的可能性。最后，进行风险评估，根据步骤 2 和步骤 3 的结果，在矩阵图上找到对应的交点，得出风险结论。风险等级表如表 3-4 所示。

表 3-4　风险等级表

序号	等级	说明
1	灾难性	导致灾难性的后果。该类风险可导致项目终止或失败
2	大范围	导致不可逆转的后果，该类风险会大范围影响项目
3	较严重	该类风险对项目造成的影响一般
4	较轻微	该类风险对项目的影响较轻

(4) 定量风险分析。

定量风险分析是项目经理或项目工作人员通过一些数学方法和统计工具所进行的项目风险分析，是对单个项目风险和不确定性的其他来源风险对于整体项目目标的影响进行分析，量化项目整体的风险敞口，即定义应急和管理储备。

定量风险分析一般应当在确定风险应对计划时再次进行，以确定项目总风险是否已经减少到满意。重复进行定量风险分析反映出来的趋势可以指出需要增加还是减少风险管理措施，它是风险应对计划的一项依据，并作为风险监测和控制的组成部分。

常用的定量风险分析工具和技术有专家判断、决策树分析、净现值统计、项目评审技术、模拟和敏感性分析。下面简单介绍模拟和敏感性分析。

① 模拟。有了数据，可以进行定量的分析和输出。可以用计算机模拟计算单个项目风险和其他不确定来源的综合影响，评估对项目目标的潜在影响。在项目管理中应用比较广泛的是蒙特卡洛模拟方法，该方法非常简单。比如可以用蒙特卡洛方法计算出活动时间最大值、最小值、最有可能值，从而计算出对应的期望值。还可以根据求出的结果处理数据，让计算机自动生成概率分布曲线和累积概率曲线。

② 敏感性分析。有了模拟数据，或者其他数据来源，可以进一步计算排列统计，比如对于进度，可以统计出活动对进度的影响，然后按降序排列，分析哪些活动或者风险对项目目标有大的潜在影响。也就是说，项目结果对哪个风险最敏感。

(5) 风险应对规划。

风险应对规划是处理整体项目风险敞口以及应对单个项目风险，制定可选方案，选择应对策略并商定应对行动的过程。规划风险应对不仅要减低单个项目风险威胁和整体的风险敞口，同时也要最大化单个项目的机会。风险应对方案要和风险重要性匹配，要经济有效，不能为解决风险而去制造更大的风险。风险管理和应对要整合管理，考虑对成本、范围和进度的影响。

如果规划的风险应对措施不管用，就需要制定弹回计划。弹回计划就是当措施无效的时候，还要有应对方案，要将项目状态回到实施风险规划应对前的状态，这个应对方案就叫弹回计划。

风险应对措施可能会产生新的风险，称为次生风险，就是常说的负作用。如果次生风险影响过大，影响了项目目标，需要评估原来的风险应对措施。

风险应对规划的工具和技术包括数据访谈、威胁应对策略、机会应对策略、应急应对策略、整体项目风险应对策略、数据分析和决策。威胁应对的备选策略如表 3-5 所示。

表 3-5 威胁应对的备选策略

序号	备选策略	说明
1	上报	威胁超出权利范围或不在项目范围内；明确责任人；上报项目集、项目组织或组织相关部门；需要组织中相关方愿意承担应对风险；一经上报项目团队不再处理，仅在风险登记册中参考
2	规避	适用高概率、严重性高的高优先级威胁。措施包含消除威胁原因、延长进度计划、改变项目策略、缩小范围等；彻底消除威胁，风险概率降至 0；未发生的风险，延期
3	转移	转嫁给第三方，由第三方管理风险并承担发生的影响
4	减轻	通过不同的选择降低威胁的概率和影响；通过额外的流程进行把控，即威胁仍存在，并没有降至 0
5	接受	适用低优先级的威胁或者无法以经济有效地应对的威胁(主动通过应急储备应对，被动确认其影响面)

机会应对的备选策略包括上报、开拓、分享、提高和接受。应急应对策略是可以设计一些仅在特定事件发生时才采用的应对措施，通常称为应急计划或弹回计划，其中包括已识别的、用于启动计划的触发事件。而整体项目风险应对策略包括规避、开拓、转移或分享、减轻或提高和接受。数据分析技术包括(但不限于)、备选方案分析和成本收益分析。决策适用于风险应对策略选择的决策技术包括(但不限于)多标准决策分析，列入考虑范围的风险应对策略可能是一种或多种。

(6) 风险应对实施。

风险应对实施就是确保按风险登记册和风险报告中风险应对措施来管理整体项目风险敞口、最小化单个项目威胁，以及最大化单个项目机会。

项目风险管理的一个常见问题是：项目团队努力识别和分析风险并制定应对措施，然后把经商定的应对措施记录在风险登记册和风险报告中。只有风险责任人以必要的努力去实施商定的应对措施，项目的整体风险敞口和单个威胁及机会才能得到主动管理。

实施风险应对的工具和技术包括专家判断和项目管理系统。

(7) 风险监督。

风险监督是在整个项目期间，监督商定的风险应对计划的实施、跟踪已识别风险、识别和分析新风险，以及评估风险管理有效性的过程。监督风险的主要作用是使项目决策都基于关于整体项目风险敞口和单个项目风险的当前信息。

风险监督主要做三件事情：比较与评估、监督和预测。对应风险管理就是：风险登记册和风险报告里面应对措施是否有效，如果有效，有没有次生风险，新的风险有没有发生；如果有，是否需要更改风险策略。

风险监督的工具和技术如下：

① 技术绩效分析。对项目的可交付成果进行监控，比较现实技术成果和计划技术成果，根据偏离的程度，如果发现进行到现在，重要可交付成果能交付，就知道是项目成功机会，应急储备不用启动；如果都交付不了，或者问题太多，处理不及时，那就是威胁。

② 储备分析。为应对应急计划、威胁或者机会，可能需要动用应急储备。储备分析检查剩余的应急储备能否覆盖剩余的风险量，比如结合技术绩效分析，检查剩余可交付成果对应的风险量能否被剩余储备分析覆盖。

③ 审计。评估风险管理过程的有效性，比如，有没有采用应对措施、措施是否有效、潜在的风险有没有被识别。审计就是回头看目的，采取纠正和预防措施。

④ 会议。风险审查会议应该定期安排风险审查，检查和记录风险应对在处理整体项目风险和已识别单个项目风险方面的有效性，识别新风险，评估当前风险，关闭已过时风险，记录风险的衍生风险，总结经验教训。

3.3 团队管理

3.3.1 团队组织方式

软件项目成功的关键是有高素质的软件开发人员，然而大多数软件的规模都很大，单个软件开发人员无法在给定期限内完成开发工作。因此，必须把多名软件开发人员合理地组织起来，使他们有效地分工协作共同完成开发工作。

为了成功地完成软件开发工作，项目组成员必须以一种有意义且有效的方式彼此交互和通信。如何组织项目组是一个重要的管理问题，管理者应该合理地组织项目组，使项目组有较高的生产率，能够按预定的进度计划完成所承担的工作。经验表明，项目组组织得越好，其生产率越高，而且产品质量也越好。

除了追求更好的组织方式之外，每个管理者的目标都是建立有凝聚力的项目组。一个有高度凝聚力的小组，由一批团结得非常紧密的人组成，他们的整体力量大于个体力量的总和。一旦项目组具有了凝聚力，成功的可能性就大大增加了。

现有的软件项目组的组织方式很多，通常，组织软件开发人员的方法，取决于所承担的项目的特点、以往的组织经验以及管理者的看法和喜好。下面介绍 3 种典型的组织方式。

1. 民主团队

民主团队的一个重要特点是：小组成员完全平等，享有充分民主，通过协商做出技术决策。因此，团队成员之间的通信是平行的，如果团队内有 n 个成员，则可能的通信信道共有 $n(n-1)/2$ 条。

团队的人数不能太多，否则成员间彼此通信的时间将多于程序设计时间。此外，通常不能把一个软件系统划分成大量独立的单元，因此，如果团队人数太多，则每个成员所负责开发的程序单元与系统其他部分的界面将很复杂，不仅出现接口错误的可能性增加，而且软件测试将既困难又费时间。

一般说来，团队的规模应该比较小，以 2～8 名成员为宜。如果项目规模很大，用一个团队不能在预定时间内完成开发任务，则应该使用多个团队，每个团队承担工程项目的一部分任务，在一定程度上独立自主地完成各自的任务。系统的总体设计应该能够保证由各个团队负责开发的各部分之间的接口是良好定义的，并且是尽可能简单的。

民主团队的优点如下：

(1) 成员们对发现程序错误持积极的态度，这种态度有助于更快速地发现错误，从而导致编写出高质量的代码。

(2) 成员们享有充分民主，团队有高度凝聚力，队内学术气氛浓厚，有利于攻克技术难关。因此，当有难题需要解决时，也就是说，当所要开发的软件的技术难度较高时，采用民主团队较为适宜。

如果队内多数成员是经验丰富、技术熟练的程序员，那么上述组织方式可能会非常成功。在这样的团队内组员享有充分民主，通过协商，在自愿的基础上作出决定，因此能够增强团结，提高工作效率。但是，如果队内多数成员技术水平不高，或是缺乏经验的新手，这种组织方式则有严重的缺点：由于没有明确的权威指导开发工程的进行，成员间将缺乏必要的协调，最终可能导致工程失败。

为了使少数经验丰富、技术高超的程序员在软件开发过程中能够发挥更大作用，软件开发团队也可以采用另外的组织形式。

2. 主程序员团队

主程序员团队用经验多、技术好、能力强的程序员作为主程序员，同时，利用人和计算机在事务性工作方面给主程序员提供充分支持，而且所有通信都通过一两个人进行。这种组织方式类似于外科手术小组的组织： 主刀大夫对手术全面负责，并且完成制订手术方案、开刀等关键工作，同时又有麻醉师、护士长等技术熟练的专业人员协助和配合他的工作。此外，必要时手术组还要请其他领域的专家(例如，心脏科医生或妇产科医生)协助。

上述比喻突出了主程序员团队的两个重要特性：

(1) 专业化。该团队每名成员仅完成他们受过专业训练的那些工作。

(2) 层次性。主刀大夫指挥每名成员工作，并对手术全面负责。

典型的主程序员团队由主程序员、后备程序员、编程秘书以及 1~3 名程序员组成。在必要的时候，该团队还有其他领域的专家协助。

主程序员团队核心人员的分工如下：

(1) 主程序员既是成功的管理人员，又是经验丰富、技术好、能力强的高级程序员，负责体系结构设计和关键部分(或复杂部分)的详细设计，并且负责指导其他程序员完成详细设计和编码工作。程序员之间没有通信渠道，所有接口问题都由主程序员处理。主程序员对每行代码的质量负责，因此，他还要对组内其他成员的工作成果进行复查。

(2) 后备程序员也应该技术熟练而且富于经验，他协助主程序员工作并且在必要时(例如，主程序员生病、出差或“跳槽”)接替主程序员的工作。因此，后备程序员必须在各方面都和主程序员一样优秀，并且对该项目的了解也应该和主程序员一样深入。平时，后备程序员的工作主要是，设计测试方案、分析测试结果及独立于设计过程的其他工作。

(3) 编程秘书负责完成与项目有关的全部事务性工作，例如，维护项目资料库和项目文档，编译、链接、执行源程序和测试用例。

虽然主程序员团队的组织方式说起来有不少优点，但是，它在许多方面却是不切实际的。

(1) 主程序员应该是高级程序员和优秀管理者的结合体，承担主程序员工作需要同时具备这两方面的才能。但是，在现实社会中这样的人才并不多见。通常，既缺乏成功的管理者也缺乏技术熟练的程序员。

(2) 后备程序员更难找。人们期望后备程序员像主程序员一样优秀，但是，他们必须坐在“替补席”上，拿着较低的工资等待随时接替主程序员的工作。几乎没有一个高级程序员或高级管理人员愿意接受这样的工作。

(3) 编程秘书也很难找到。专业的软件技术人员一般都厌烦日常的事务性工作，但是，人们却期望编程秘书整天只干这类工作。

需要一种更合理、更现实的组织程序员团队的方法，这种方法应该能充分结合民主制团队和主程序员团队的优点，并且能用于实现更大规模的软件产品。

3. 现代程序员团队

民主团队的一个主要优点是，团队成员都对发现程序错误持积极、主动的态度。但是，使用主程序员团队的组织方式时，主程序员对每行代码的质量负责，因此，他必须参与所有代码审查工作。由于主程序员同时又是负责对团队成员进行评价的管理员，他参与代码审查工作就会把所发现的程序错误与团队成员的工作业绩联系起来，从而造成团队成员出现不愿意被发现错误的心理。

解决上述问题的方法是，取消主程序员的大部分行政管理工作。前面已经指出，很难找到既是高度熟练的程序员又是成功的管理员的人，取消主程序员的行政管理工作，不仅解决了团队成员不愿意发现程序错误的心理问题，也使得寻找主程序员的人选不再那么困难。于是，实际的“主程序员”应该由两个人共同担任：一个技术负责人，负责小组的技术活动；一个行政负责人，负责所有非技术性事务的管理决策。这样的组织结构如图 3-5 所示。技术组长自然要参与全部代码审查工作，因为他要对代码的各方面质量负责；相反，行政组长不可以参与代码审查工作，因为他的职责是对程序员的业绩进行评价。行政组长应该在常规调度会议上了解每名组员的技术能力和工作业绩。

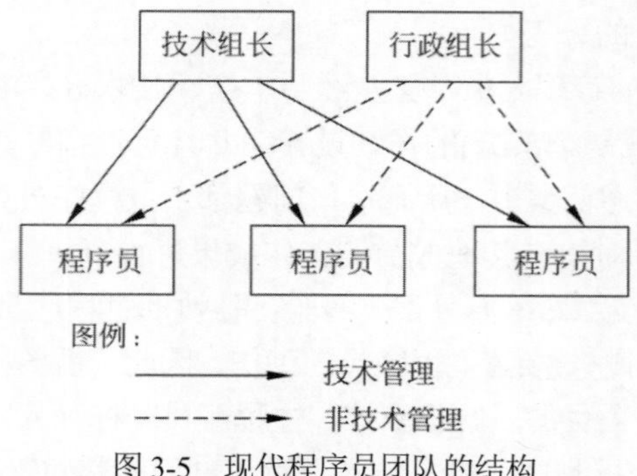

图 3-5 现代程序员团队的结构

在开始工作之前明确划分技术组长和行政组长的管理权限是很重要的。但是，即使已经做了明确分工，有时也会出现职责不清的矛盾。例如，考虑年度休假问题，行政组长有权批准某个程序员休年假的申请，因为这是一个非技术性问题，但是技术组长可能马上否决了这个申请，因为已经接近预定的项目结束日期，目前人手非常紧张。解决这类问题的办法是求助于更高层的管理人员，对行政组长和技术组长都认为是属于自己职责范围内的事务，制定一个处理方案。

由于程序员组成员人数不宜过多，当软件项目规模较大时，应该把程序员分成若干个小组，采用图 3-6 所示的组织结构。该图描绘的是技术管理组织结构，非技术管理组织结构与此类似。由图 3-6 可以看出，产品开发作为一个整体是在项目经理的指导下进行的，程序员向他们的组长汇报工作，而组长则向项目经理汇报工作。当产品规模更大时，可以适当增加中间管理层次。

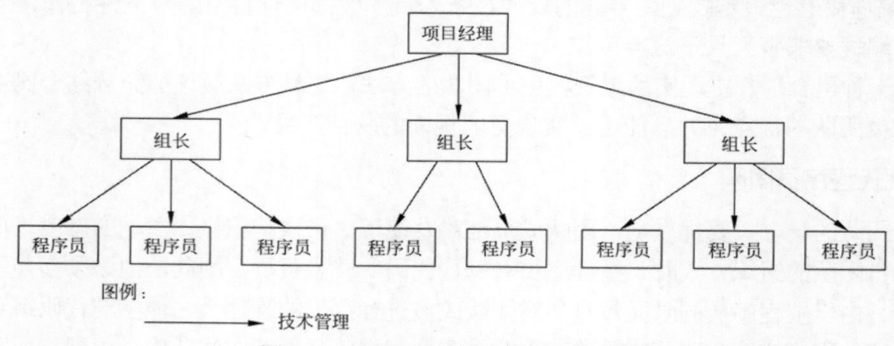

图 3-6 大型项目的技术管理组织结构

把民主团队和主程序员团队的优点结合起来的另一种方法，是在合适的地方采用分散做决定的方法，如图 3-7 所示。这样做有利于形成畅通的通信渠道，以便充分发挥每个程序员的积极性和主动性，集思广益攻克技术难关。这种组织方式对于适合采用民主方法的那类问题(例如，研究性项目或遇到技术难题需要用集体智慧攻关)非常有效。尽管这种组织方式适当地发扬了民主，但是上下级之间的箭头(即管理关系)仍然是向下的，也就是说，是在集中指导下发扬民主。显然，如果程序员可以指挥项目经理，则只会引起混乱。

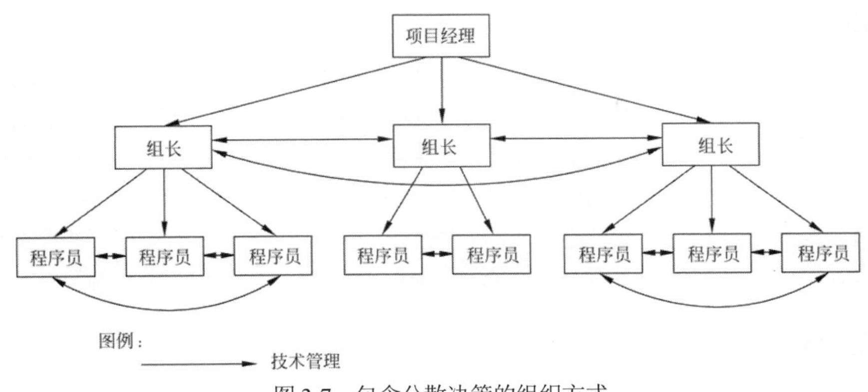

图 3-7　包含分散决策的组织方式

3.3.2　建设团队

建设团队是提高工作能力，促进团队成员互动，改善团队整体氛围，以提高项目绩效的过程。本过程的主要作用是：改进团队协作，增强人际关系技能，激励员工，减少摩擦以及提升整体项目绩效。

有一种关于团队发展的模型叫塔克曼阶梯理论，其中包括团队建设通常要经过的五个阶段。尽管这些阶段通常按顺序进行，然而，团队停滞在某个阶段或退回到较早阶段的情况也并非罕见；而如果团队成员曾经共事过，项目团队建设也可跳过某个阶段。团队建设五阶段如图 3-8 所示。

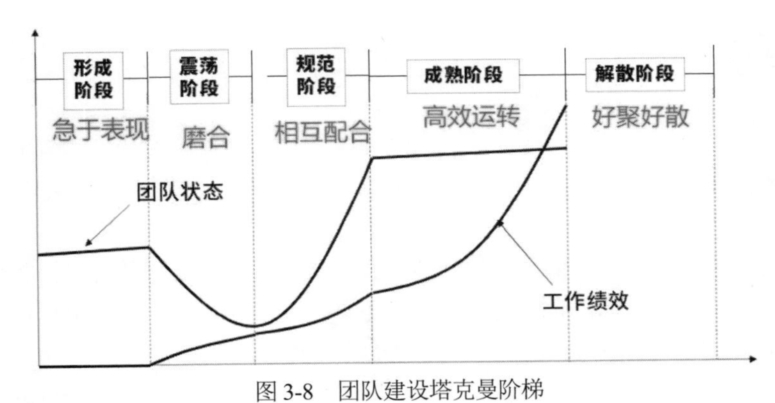

图 3-8　团队建设塔克曼阶梯

某个阶段持续时间的长短，取决于团队活力、团队规模和团队领导力。项目经理应该对团队活力有较好的理解，以便有效地带领团队经历所有阶段。

建设团队的工具与技术如下：

1．集中办公

集中办公是指把许多或全部最活跃的项目团队成员安排在同一个物理地点工作，以增强团队工作能力。集中办公既可以是临时的(如仅在项目特别重要的时期)，也可以贯穿整个项目。实施集中办公策略，可借助团队会议室、张贴进度计划的场所，以及其他能增进沟通和集体感的设施。

2．虚拟团队

虚拟团队的使用能带来很多好处，例如，使用更多技术熟练的资源、降低成本、减少出差及搬迁费用，以及拉近团队成员与供应商、客户或其他重要相关方的距离。虚拟团队可以利用技术来营造在线团队环境，以供团队存储文件、使用在线对话来讨论问题，以及保存团队日历。

在解决集中办公或虚拟团队的团队建设问题方面，沟通技术至关重要。它有助于为集中办公团队营造一个融洽的环境，促进虚拟团队(尤其是团队成员分散在不同时区的团队)更好地相互理解。可采用的沟通技术有共享门户、视频会议、音频会议和电子邮件/聊天软件。

3.3.3　管理团队

管理团队是跟踪团队成员工作表现，监控团队绩效，提供反馈，解决问题并管理团队变更，以优化项目绩效的过程。管理项目团队需要借助多方面的管理和领导力技能，来促进团队协作，整合团队成员的工作，从而创建高效团队。进行团队管理，需要综合运用各种技能，特别是沟通、冲突管理、谈判和领导技能。项目经理应该向团队成员分配富有挑战性的任务，并对优秀绩效进行表彰。

项目经理应留意团队成员是否有意愿和能力完成工作，然后相应地调整管理和领导力方式。与那些已展现出能力和有经验的团队成员相比，技术能力较低的团队成员更需要强化监督。

一般采用问题日志来管理项目团队，适用的人际关系与团队技能包括(但不限于)冲突管理、制定决策、情商、影响力和领导力。

3.4　估算成本

软件项目成本是完成软件项目工作量相应付出的代价，即待开发软件项目所需要的资金。人的劳动消耗所需要的代价是软件开发的主要成本。成本一般采用货币单位来计算，如人民币、美元等。

软件项目工作量是指为了提供软件的功能而必须完成的软件工程任务量。其度量单位为：人月、人天、人年，即人在单位时间内完成的任务量。为了确定工作量度量单位，可设定一个“标准程序员”，例如具有15~18个月开发经验的程序员。

工作量是项目成本的主要考虑因素，完成项目工作量所消耗的成本是项目成本最主要的部分。因此，项目的工作量估算和成本估算常常同时进行。

软件的规模是影响软件项目成本和工作量的主要因素。最常用的度量软件规模的方法是代码行(lines of code，loc)和功能点(function point，FP)，分别利用代码行数和功能点数来表示软件系统的规模。

1．代码行(line of code，LOC)

从软件程序量的角度定义项目规模。要求功能分解足够详细，一般是根据经验数据估计实现每个功能模块所需的源程序行数，然后把源程序行数累加起来，得到软件的整体规模。有一定的经验数据(类比和经验方法)，与具体的编程语言有关。

代码行的优点是直观、准确(在有代码的情况下)、易于计算(可使用代码行统计工具)，而缺点是对代码行度量没有公认的标准定义，代码行数量依赖于所用的编程语言和个人的编程风格。在项目早期，需求不稳定、设计不成熟、实现不确定的情况下很难准确地估算代码量。

2. 功能点(function point，FP)

功能点是用系统的功能数量来测量其规模，与实现产品所使用的语言没有关系，对系统的外部功能和内部功能进行计数。根据技术复杂度因子(权)对它们进行调整，产生产品规模的度量结果。

(1) 功能点计算公式

FP=UFC*TCF

其中：

UFC(unadjusted function point count)是未调整功能点计数。

TCF(technical complexity factor)是技术复杂度因子。

(2) UFC 的计算方法

① 首先计算功能计数项，对以下五类元素计数：

- 用户输入：由用户输入的面向应用的数据项。
- 用户输出：向用户提供的输出数据项。
- 用户查询：要求系统回答的交互式输入。
- 外部接口文件：与其他系统的接口数据文件。
- 内部文件：系统使用的内部固定文件。

② 然后对各功能计数项加权并求和，得到 UFC。

各功能计数项复杂度权重如表 3-6 所示。

表 3-6 各功能计数项复杂度权重

功能计数项	复杂度权重		
	简单	中等	复杂
外部输入	3	4	6
外部输出	4	5	7
外部查询	3	4	6
外部接口文件	5	7	10
内部文件	7	10	15

案例分析

某学院安装了一个工资系统，人事处要求创建一个子系统来分析每门课程的人力资源成本。要求该子系统提供查询每门课程人力资源成本的功能。每名教师所得工资的细节可以通过工资系统中的文件得到，教师花在教每门课上的小时数可通过一个基于计算机的计时表系统中的文件得到。该子系统将计算结果存放到由总会计系统读取的一个文件中，并产生一个报告，来显示每名教师每门课的课时数及这些课时数相应的成本。

问题：计算该子系统的 UFC。(子系统产生的报告复杂度为高，其他所有元素的复杂度均为中等)

UFC=1×7+1×4+3×7=32

③ TCF 的计算方法。

- 技术复杂度影响因素，如表 3-7 所示。

表 3-7 技术复杂度影响因素

F1	可靠的备份和恢复	F2	数据通信
F3	分布式函数	F4	性能
F5	大量使用的配置	F6	联机数据输入
F7	简单操作性	F8	在线升级
F9	复杂界面	F10	复杂数据处理
F11	重复使用性	F12	安装简易性
F13	多重站点	F14	易于修改

- 每个技术复杂度影响因素的取值范围，如表 3-8 所示。

表 3-8 每个技术复杂度影响因素的取值范围

取值	对系统的影响
0	不存在或者没有影响
1	不显著的影响
2	相当的影响
3	平均的影响
4	显著的影响
5	强大的影响

- TCF=0.65+0.01(sum(Fi))。案例中技术复杂度影响因素 Fi 的取值如表 3-9 所示。

表 3-9 案例中技术复杂度影响因素 Fi 的取值

F1	可靠的备份和恢复	1	F2	数据通信	5
F3	分布式函数	0	F4	性能	3
F5	大量使用的配置	1	F6	联机数据输入	0
F7	简单操作性	1	F8	在线升级	0
F9	复杂界面	1	F10	复杂数据处理	4
F11	重复使用性	0	F12	安装简易性	3
F13	多重站点	0	F14	易于修改	3

SUM(Fi)=22

TCF=0.65+0.01×22=0.87

- 该子系统的功能点为 FP=UFC×TCF=32×0.87=27.8

3. 估算成本

估算成本是对完成项目所需费用的估计，它是项目成本管理的核心。估算成本可以有一些误差。估算结果可用一个范围表示，例如$10 000±$1000。由于影响软件成本的因素太多(人、技术、环境等)，估算成本仍然是很不成熟的技术，大多数时候需要经验。目前没有一个估算方法或者成本估算模型可以适用于所有软件类型和开发环境。

估算成本方法如下。

(1) 类比估算法

也称为基于案例的推理，估算人员根据以往完成的类似项目(源案例)所消耗的成本(或工作量)，来推算将要开发的软件(目标案例)的成本(或工作量)。需提取项目的一些特性作为比较因子，如项目类型(MIS 系统、实时系统等)、编程语言、项目规模、开发人员数量、软件开发方法等。利用这些比较因子来确定源案例与目标案例之间的匹配程度。在新项目与以往项目只有局部相似时，可行的方法是“分而治之”，即对新项目适当地进行分解，以得到更小的任务、工作包或单元作为类比估算的对象。通过这些项目单元与已有项目的类似单元对比后进行类比估算。最后，将各单元的估算结果汇总得出总的估计值。

在项目初期信息不足时(例如市场招标和签订合同)，且有以往类似项目的数据时，适于采用类比估算法。该方法简单易行，花费少，但具有一定的局限性，准确性差。

(2) 自下而上估算法

首先对单个工作包或活动的成本进行最具体、细致的估算，然后把这些细节性成本向上汇总到更高的层次。该方法通常在项目开始以后的详细规划阶段，或者 WBS 已经确定的阶段，需要进行准确估算的时候采用。

(3) 参数估算法

使用项目特性参数建立经验估算模型来估算成本。经验估算模型是通过对大量的项目历史数据进行统计分析(如回归分析)而导出的。经验估算模型提供对项目工作量的直接估计。该方法简单，而且比较准确，但如果模型选择不当或提供的参数不准确，也会产生较大的偏差。

(4) COCOMO(constructive cost model，构造性成本模型)

构造性成本模型，是世界上应用最广泛的参数型软件成本估计模型，是由 Barry Boehm 利用加利福尼亚的一个咨询公司的大量项目数据推导出的一个成本模型。该模型于 1981 年首次发表，于 1994 年又推出了 COCOMO II。

① COCOMO 基本原理。

将开发所需要的工作量表示为软件规模和一系列成本因子的函数，基本估算公式为：

$$PM = \mathrm{A} \times S^{E} \times \prod_{i=1}^{n} EM_{i}$$

A 为可以校准的常量。

S 为软件规模。

E 为规模的指数，说明不同规模软件具有的相对规模经济和不经济性。

EM 为成本驱动因子，反映某个项目特征对完成项目开发所需工作量的影响程度。

n 为描述软件项目特征的成本驱动因子的个数。

COCOMO 项目类型如下：

- 有机(organic)。各类应用程序，例如数据处理、科学计算等。受硬件的约束比较小，接口环境灵活；软件的规模不是很大。
- 嵌入式(embeded)。系统程序，例如实时处理、控制程序等。在硬件和软件的严格约束条件下运行，对系统进行变更的代价很高；软件的规模任意。
- 半相连(semidetached)。介于上述两种系统之间。

COCOMO 模型类别如下：

- 基本 COCOMO，静态单变量模型。

$E=a\times(KLOC)$^b

E 是项目的工作量(以人月计)。

$KLOC$ 是软件产品的代码行数(以千行计)。

a、b 是依赖于项目自然属性的参数。

基本 COCOMO 系数表如表 3-10 所示。

表 3-10　基本 COCOMO 系数表

系统类型	*a*	*b*
有机	2.4	1.05
嵌入式	3.0	1.12
半相连	3.6	1.20

案例分析

一个 33.3 *KLOC* 的软件开发项目，属于半相连型的项目，采用基本 COCOMO 进行工作量的估算：

a=3.0，b=1.12

E = 3.0×L ^1.12 = 3.0×33.3 ^1.12 = 152 PM

② 中等 COCOMO，在基本模型基础上考虑各种影响因素(工作量驱动因子)，调整模型。

$E=a\times(KLOC)b\times$工作量系数

工作量系数是根据成本驱动因子的打分计算得出，是对公式的校正系数。

中等 COCOMO 系数表如表 3-11 所示。

表 3-11　中等 COCOMO 系数表

系统类型	*a*	*b*
有机	3.2	1.05
嵌入式	3.0	1.12
半相连	2.8	1.20

③ 高级 COCOMO。在中等 COCOMO 模型基础上考虑软件工程中各个步骤的影响。

工作量计算公式与中等 COCOMO 模型一样，区别主要在于：

把待估算的软件项目分解为模块、子系统、系统 3 个级别，从而可以在更细的粒度上估算工作量。考虑了在项目各开发阶段中，成本驱动因子所产生的影响，如表 3-12 所示。

表 3-12 高级 COCOMO 成本驱动因子所产生的影响

成本因素	开发阶段	级别					
		甚低	低	标准	高	甚高	特高
人员应用经验	需求、分析和系统架构设计	1.4	1.2	1.0	0.87	0.45	..
	详细设计	1.3	1.15	1.0	0.9	0.8	..
	编码和单元测试	1.25	1.1	1.0	0.92	0.85	..
	集成测试	1.25	1.1	1.0	0.92	0.85	..

(5) COCOMO II

COCOMO II 给出了三个层次的工作量估算模型，这三个层次的模型在估算工作量时，对软件细节考虑的详尽程度逐级增加。COCOMO II 三个层次的工作量估算模型如表 3-13 所示。

表 3-13 COCOMO II 三个层次的工作量估算模型

序号	工作量估算模型	说明
1	应用组成模型	该模型主要用于估算构建原型的工作量，用于项目规划阶段
2	早期设计模型	适用于体系结构设计阶段
3	后体系结构模型	适用于完成体系结构设计之后的软件开发阶段

后体系结构模型的计算公式如下：

$$E = a \times KLOC^{b} \times \prod_{i=1}^{17} f_i$$

其中，

E 是工作量(以人月为单位)。

a 是模型系数。

$KLOC$ 是估计的源代码行数(以千行为单位)。

b 是模型指数。

f_i(i=1~17)是成本驱动因子。

有了工作量估算值后，就可以计算项目的人力成本了，计算公式如下：

项目人力成本=项目工作量×平均人力资源单价×成本系数

平均人力资源单价可由人员的工资确定。之所以要乘以成本系数，是因为人力资源的成本要高于工资，企业除了要为人员支付工资外，还要支付各种保险金、福利、资源消耗等。对软件企业来说，成本系数大约是 1.5~2.0。

3.5 范围管理

1. 制订范围管理计划

制订范围管理计划就是规定如何对项目范围进行定义、确认、控制，以及如何制定工作分解结构(WBS)。每个项目都需要在工具、数据来源、方法论、过程和流程以及一些其他因素间进行平衡，以此确保在项目范围管理活动上所做的努力与项目的规模、复杂性和重要性吻合。

范围管理计划的组成部分如下：

(1) 如何基于初步项目范围说明书准备一个详细的项目范围说明书。

(2) 如何从详细的范围说明书创建 WBS。

(3) 如何对已完成项目的可交付物进行正式的确认和接受。

(4) 如何对详细的项目范围说明书申请变更，这个过程直接与整体变更控制过程相关联。

2. 收集需求

需求是指根据特定协议或其他强制性规范，产品、服务或成果必须具备的条件或能力。它包括发起人、客户和其他相关方的已量化且书面记录的需要和期望。应该足够详细地探明、分析和记录这些需求，将其包含在范围基准中，并在项目执行开始后对其进行测量。需求将成为工作分解结构(WBS)的基础，也将成为成本、进度、质量和采购规划的基础。

收集需求是为实现目标而确定，记录并管理相关方的需求和需求的过程。主要作用是为定义产品范围和项目范围奠定基础。

3. 定义范围

本过程是从需求文件中选取最终的项目需求，然后制定出关于项目及产品、服务或成果的详细描述。定义范围的作用是描述产品、服务或成果的边界和验收标准。应根据项目启动过程中记载的主要可交付成果、假设条件和制约因素来编制项目范围说明书，还需要分析现有风险、假设条件和制约因素的完整性，并做必要的增补或更新。需要多次反复开展定义范围过程(涉及多个迭代)。

4. 创建 WBS

创建 WBS(工作分解结构)是把项目可交付成果和项目工作分解成较小的、更易于管理的组件的过程。本过程的作用是对所要交付的内容提供架构。WBS 组织并定义了项目的总范围(项目范围说明书只是定义范围，没有组织范围)。WBS 最底层的组成部分成为工作包，其中包括计划的工作。在“工作分解结构”这个词语中，“工作”是指作为活动结果的工作产品或可交付成果，而不是活动本身。

WBS 是最底层的组件，可对其成本和持续时间进行估算和管理。创建 WBS，就是要将整个项目工作分解为工作包。WBS 的结构示例如图 3-9 所示。

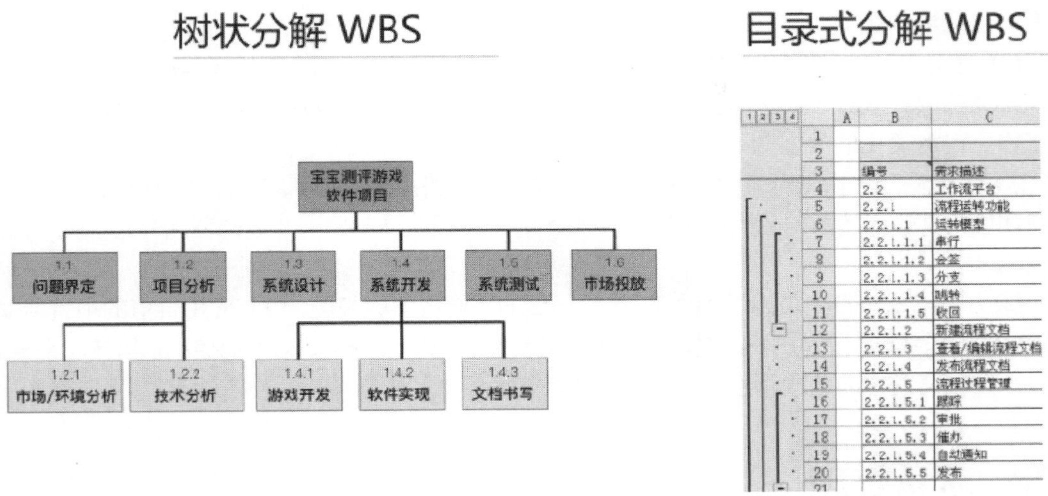

图 3-9　WBS 的结构示例

5. 确认范围

确认范围是客户或发起人正式验收完成的项目可交付成果的过程。本过程的作用是通过验收每个可交付成果，提高最终产品、服务或成果验收的可能性。

产品范围是指产品或服务应该包含的功能。项目范围是指为了能够交付产品，项目必须做的工作。产品范围是项目范围的基础。产品范围是产品要求的描述、项目范围是产生项目管理计划的基础，两种范围在应用上有区别。产品范围变化项目范围不一定变化。例如，设计阶段，某一字体由宋体改为黑体，产品范围变了但是项目范围没变。但是在开发阶段或是以后阶段同样的需求变更，就不只是产品范围改变了，项目范围也改变了。

范围基准是经过批准的项目范围说明书、WBS 和 WBS 词典，以范围基准来衡量项目是否完成。

确认范围的工具和技术是检查(审查、产品审查、巡检)，即开展测量、审查与确认等活动，来判断工作和可交付成果是否符合需求和产品验收标准。检查包括如下 6 个方面：

(1) 可交付成果是否确定。

(2) 每个可交付成果里程碑是否明确。

(3) 是否有明确的质量标准。

(4) 审核和承诺是否有清晰的表达。

(5) 项目范围是否覆盖所需的所有活动。

(6) 检查项目范围风险是否太高。

6. 控制范围

控制范围是监督项目和产品的范围状态，管理范围基准变更的过程。本过程的作用是在整个项目期间保持对范围基准的维护，确保所有变更请求、纠正措施、预防措施都通过实施整体变更控制过程进行处理。

控制范围的工具和技术如下：

(1) 偏差分析：用于将基准与实际结果进行比较，以确定偏差是否处于临界值区间内或是否有必要采取纠正或预防措施。

(2) 趋势分析：旨在审查项目绩效随时间的变化情况，以判断绩效是在改善还是在恶化。确定偏离范围基准的原因和程度，并决定是否需要采取纠正或预防措施，是项目范围控制的重要工作。趋势变化的类型如下：

① 范围蔓延。指未对时间、成本和资源做相应调整，未经控制的产品或项目范围的扩大。来自团队内部原因造成的范围蔓延成为“镀金”，来自团队外部原因造成的范围蔓延称为“范围潜变”。

② 镀金。指项目人员为了“讨好”客户而做的不解决实际问题，没有应用价值的项目活动。

③ 范围潜变。指客户不断提出小的、不易察觉的范围改变，如果不加控制，累计起来导致项目严重偏离既定的范围基准，导致项目失控和败诉。

3.6 质量管理

软件质量就是软件与客户需求相一致的程度。具体地说，软件质量是软件符合明确叙述的功能和性能需求以及所有专业开发的软件都应具有的隐含特征的程度，客户需求是衡量软件质量的基础。

质量与等级是两个不同的概念，没必然的联系。一个低等级(功能有限)、高质量(无明显缺陷，用户手册易读)的软件产品，该产品适合一般使用，可以被认可。而一个高等级(功能繁多)、低质量(有许多缺陷，用户手册杂乱无章)的软件产品，该产品的功能会因质量低劣而无效或低效，不会被使用者接受。

软件的质量形成于软件的整个开发过程中，而不是事后的检查(如测试)。要真正提高软件质量，必须有一个成熟和稳定的软件过程。特殊原因造成过程性能不稳定，应根除特殊原因，使过程性能稳定，防止出现质量问题。

1. 制订质量管理计划

质量管理计划是指对于质量管理工作的计划安排和描述，以及对于质量控制方法的具体说明。

制订项目质量计划一般采用效益/成本分析、基准比较、流程图、实验设计、质量成本分析等方法和技术。此外，制订项目质量计划还可采用质量功能展开、过程决策程序图法等工具。

2. 管理质量

把组织的质量政策用于项目，并将质量管理计划转化为可执行的质量活动。管理质量能够提高实现质量目标的可能性，以及识别无效过程和导致质量低劣的原因(审计)。管理质量有时被称为“质量保证”，但“管理质量”的定义比“质量保证”更广，因其可用于非项目工作。管理质量包括所有质量保证活动，还与产品设计和过程改进有关。管理质量的工作属于质量成本框架中的一致性工作。

管理质量是所有人的共同职责，包括项目经理、项目团队、项目发起人、执行组织的管理层，甚至是客户。在敏捷项目中，整个项目期间的质量管理由所有团队成员执行；在传统项目中，质量管理通常是特定团队成员的职责。

3. 控制质量

控制质量是为了评估绩效，确保项目输出完整、正确且满足客户期望，而监督和记录质量管理活动执行结果。控制质量的作用是核实项目可交付成果和工作已经达到主要相关方的质量要求，可供最终验收。控制质量过程确定项目输出是否达到预期目的，这些输出需要满足所有适用标准、要求、法规和规范。控制质量过程的目的是在用户验收和最终交付之前测量产品和服务的完整性、合规性和适用性。控制质量的努力程度和执行程度可能会因所在行业和项目管理风格而不同。

对项目管理计划和工作绩效数据进行数据分析得出工作绩效信息。由测试与评估文件进行测试/产品评估，看质量控制测量结果。根据可交付成果进行检查，并核实可交付的成果。

3.7 习题

1. 选择题

(1) 项目生命周期的阶段(　　)的一切工作以人员为中心展开。

A. 完成项目阶段　　B. 执行项目工作阶段　　C. 组织与准备阶段　　D. 启动项目阶段

(2) (　　)的工作是制定项目管理计划。

A. 启动过程组　　B. 规划过程组　　C. 监控过程组　　D. 执行过程组

(3) (　　)的工作是控制变更。

A. 启动过程组　　B. 规划过程组　　C. 监控过程组　　D. 执行过程组

(4) (　　)的工作是进行团队建设。

A. 启动过程组　　B. 规划过程组　　C. 监控过程组　　D. 执行过程组

(5) (　　)的工作是进行项目审计。

A. 收尾过程组　　B. 规划过程组　　C. 监控过程组　　D. 执行过程组

(6) (　　)的工作是进行可行性分析。

A. 启动过程组　　B. 规划过程组　　C. 监控过程组　　D. 执行过程组

(7) (　　)不是负面风险。

A. 工期延误　　B. 成本超支　　C.绩效改善　　D. 声誉受损

(8) (　　)不是正面风险。

A. 工期缩短　　B. 成本节约　　C.绩效不佳　　D. 声誉提升

2. 填空题

(1) 软件项目管理是为了使软件项目能够按照预定的成本、进度、(　　)顺利完成并且符合客户需要，而对成本、人员、进度、质量、风险等进行分析和管理的活动。

(2) 在 PMBOK 中，通用项目生命周期分为四个阶段：(　　)、组织与准备、(　　)和完成项目。

(3) 所有项目都可分成若干阶段，都有一个类似的生命周期结构，主要由四个主要阶段构成：启动项目、(　　)、执行项目工作和(　　)等阶段。

(4) 启动 IT 项目的最重要的理由是支持明确的(　　)。

(5) 启动过程组包括项目相关人分析、(　　)和初步需求分析。

(6) 规划过程组的主要目的是(　　)。

(7) 监控过程组衡量朝向项目目标方向的进展，监控偏离计划的偏差，采取纠正措施使(　　)与计划相匹配。

(8) 收尾过程组验证所有可交付成果(　　)。

(9) 项目管理十大知识领域都是为了最终实现项目的(　　)。

(10) 软件风险是指在软件开发过程中遇到的预算和(　　)等方面的问题以及这些问题对软件项目的影响。

(11) 软件风险包含两个特性：不确定性和(　　)。

(12) 风险管理的目标是使潜在机会或回报最大化，使潜在风险(　　)，最大限度地减少风险的发生。

(13) 使用(　　)将项目风险分解并分类。

(14) SWOT 就是优势、(　　)、机会和(　　)的象限表格。

(15) 风险等级包括灾难性、(　　)、较严重和较轻微。

(16) 常用的定量风险分析工具和技术有专家判断、决策树分析、净现值统计、项目评审技术、(　　)和(　　)。

(17) 风险监督主要做三件事情：比较与评估、监督和(　　)。

(18) 风险监督的工具和技术有(　　)、(　　)、审查和会议。

(19) (　　)是把项目可交付成果和项目工作分解成较小的、更易于管理的组件的过程。

(20) (　　)是衡量软件质量的基础。

(21) 确认范围的工具和技术是(　　)。

(22) 控制范围的工具和技术包括偏差分析和(　　)。

(23) 控制范围的工具和技术趋势分析中的趋势变化的类型有范围蔓延、(　　)和范围潜变。

3. 判断题

(1) 软件项目管理先于任何技术活动之前，并且贯穿于软件的整个生命周期之中。(　　)

(2) 启动过程组的目的是确保以合适的理由开始合适的项目。(　　)

(3) 风险涉及的是过去发生的事情。(　　)

(4) 风险涉及选择，而选择本身就具有不确定性。(　　)

(5) 软件项目管理从某种意义上讲就是风险管理。(　　)

(6) 人员的工资属于间接成本。(　　)

(7) 产品范围是指为了能够交付产品，项目必须做的工作。(　　)

(8) 客户需求是衡量软件质量的基础。(　　)

(9) 质量与等级是两个不同的概念，没必然的联系。(　　)

(10) 软件的质量是事后的检查(如测试)。(　　)

4．简答题

(1) 在整合管理思想的指导下，如何描述项目管理十大知识领域之间的关系？
(2) 写出实施有效风险管理的 7 条原则。
(3) 写出 SWOT 分析的步骤。
(4) 写出使用二维矩阵进行风险定性分析的步骤。
(5) 威胁应对的备选策略有哪些？
(6) 主程序员团队核心人员的分工如何？
(7) 主程序员团队与民主团队的区别是什么？
(8) 确认范围的工具和技术检查包括哪些方面？

꧁ 第4章 ꧂

需 求 调 研

需求开发要解决两个问题：一是如何获取正确的需求；二是如何表达需求。在计算机发展的初期，软件规模不大，软件开发所关注的是代码编写，需求并未受到重视。自从软件工程出现后，在软件开发过程中引入软件生命周期的概念，需求成为其重要的阶段。随着软件系统规模的扩大，需求在整个软件开发与维护过程中越来越重要，直接关系到软件的成功与否。有数据表明，70%~80%的软件返工是由需求错误引起的，返工的成本占开发成本的30%~50%。可见，完整地掌握软件需求是软件工程师要面对的一项重要任务。人们逐渐认识到需求分析活动不再仅限于软件开发的最初阶段，还贯穿软件开发的整个生命周期，在20世纪80年代中期，形成了软件工程的子领域——需求工程(requirements engineering)。需求工程是应用已证实有效的技术与方法开展需求分析，确定客户需求，帮助分析人员理解问题、评估可行性、协商合理的解决方案，无歧义地规约方案，确认规约以及将规约转换到可运行系统的需求管理。需求工程通过合适的工具和符号系统地描述待开发系统及其行为特征和相关约束，形成需求文档，并对客户不断变化的需求演进给予支持。20世纪90年代后，需求工程逐渐成为软件界研究的重点之一。

4.1 理解需求

4.1.1 软件需求

软件需求(software requirements)有以下三方面的含义：

(1) 客户解决问题或达到目标所需条件或权能。

(2) 系统或系统部件要满足合同、标准、规范或其他正式规定文档所需具有的条件或权能。

(3) 反映(1)或(2)所述条件或权能的文档说明。

实际上，获取软件需求要涉及多种人员，而不仅仅是上述定义中所表露出来的客户。每种人员对需求的描述不同。例如，客户对需求的描述在软件工程师看来只是产品级别的概念，而工程师所说的需求在最终用户看来可能只有用户界面设计部分是有用的。这就存在一个什么样的人员关心什么样的软件需求问题。

从不同的抽象层次或角度列举的需求往往被不同种类的人员关注。

1. 业务需求

(1) 什么是业务需求

业务需求(business requirements)是自顶向下的需求，表示组织或客户高层次的目标。业务需求通常来自项目投资人、中高层管理人员、购买产品的客户、实际用户的管理者、市场营销部门或产品策划部门，基于业务运营管理的直接诉求和要求，例如业务规则、管理制度、业务流程、组织机构，这些都属于业务需求。业务需求描述了组织为什么要开发一个系统，即组织希望达到的目标，也就是软件系统的开发愿景(vision)。例如，使用软件系统可以提高工作效率多少倍，节省多少人工成本等。使用愿景和范围文档来记录业务需求，这份文档有时也被称作项目轮廓图或市场需求文档。

业务需求的分析过程往往采用经典传统的软件需求分析思路，重点通过业务诊断分析、抽象建模、流程再造的方式，进行业务需求分析工作。

业务需求是设计功能的最根本动机和阶段性成果，也就是业务目的和业务目标。业务目的是指做事的内在终极动机，而业务目标则是做这个事情想要达成的结果。业务目的偏抽象，强调行为的原因和意图；业务目标偏具体，强调行为的结果。例如，设计朋友圈就是一个业务需求(当然也是解决方案)，这个需求的业务目的就是“通过发布的动态链接用户”，业务目标就是“查看朋友圈的次数增多、发布朋友圈动态的次数增加”等。所以，业务需求、业务目的和业务目标的关系如公式所示：

业务需求=业务目的+业务目标　　(公式 4-1)

常见的业务目标如表 4-1 所示。

表 4-1　常见的业务目标

类型	指标
产品类	UV、PV、用户数、转化率、留存率、日活、月活
市场类	传播量、市场份额、各种排行等
品牌类	服务认知、品牌认知、品牌忠诚度等
营收类	销售量、客单价、销售额、利润率、ROI(投资回报率)等

制定业务目标需要符合的原则是 SMART 原则，如表 4-2 所示。

表 4-2　制定业务目标的 SMART 原则

序号	原则	中文解释	示例
1	specific(S)	具体的	到达某旅游地
2	measurable(M)	可衡量	出发点到达某旅游地大概多远
3	attainable(A)	可实现	能否坐飞机
4	relevant(R)	有关联	和业务目的“去某旅游地体验美景”有关联
5	time-based(T)	有时限	在年底之前

(2) 如何分析业务需求

① 分析业务目的和业务目标

例如，某个业务需求是“制作一个招商页”，经过分析，其业务目的是“获得更多的产品”，业务目标是“更多的商户提交产品”。

② 让业务目标与设计建立关联

使用 GSM 方法让业务目标与设计关联。其中，G 是业务目标(goal)，S 是信号(signal)，M 是衡量指标(metric)。对于业务目标“更多的商户提交产品”，其信号和衡量指标如表 4-3 所示。

表 4-3 GSM 方法

目标(goal)	信号(signal)	衡量指标(metric)
更多的商户提交产品	用户点击申请按钮	申请按钮的点击率提高

③ 综合

综合的结果如表 4-4 所示。

表 4-4 综合的结果

业务需求	业务目的	业务目标	衡量指标	用户行为
制作一个招商页	获得更多的产品	更多的商户提交产品	申请按钮的点击率提高	点击申请按钮

2. 用户需求

(1) 什么是用户需求

用户需求(user requirements)描述的是用户的目标，用户要求系统必须能完成的任务，或者说描述用户能使用系统做什么。通常做产品的时候都讲以用户为中心，以需求为导向。这里的需求都有一个前提，就是关联了用户，所以平时更多的都是在讲用户需求，也就是与“人”相关。人的世界里真真假假、虚虚实实，表达反馈出来的信息不一定是真实的，产品经理需要掌握需求辨别和定义的方法。

描述用户的某个需求看似是一件简单易做的事情，感觉上只需要指出用户想要干什么，产品能够提供什么就可以了，实则不然。比如，用户在商品管理时有如下需求：“用户可以临时调整商品的价格，其规则是：用户申请对某个商品临时调价，并设定临时价格有效的起止日期。临时调价审批通过后，在该临时价格有效期内系统按临时价格销售该商品，有效期结束后，系统恢复临时调价前的销售价格”。

这个需求看上去没有任何问题，描述的比较清晰，事实上仍可能有如下问题不清楚：用户申请对某个商品进行临时调价的目的是什么？调价前后对商品的销售会有什么样的影响？有没有不通过调价来实现的方式？用户申请对某个商品进行临时调价，这里的“商品”是尚未报价的还是已经报价的？是已上架的还是已下架的？

设定临时价格启用的起止日期，起止日期可能会产生歧义，是否包含“止”的那一天，系统从“起”天 0:00:00 还是 9:00:00 AM 开始，到“止”天 23:59:59 还是 17:59:59 结束，不同行业、不用用户都可能有不同的答案。

如果临时调价审批不通过，系统是删除这个申请还是保留该申请允许用户继续编辑，要看用户的实际使用场景，有时可能删除比保留更合理。

可能还有其他不明确的问题，每个人分析问题的角度和解决问题的方式都不尽相同，产品经理要尽可能降低这种需求理解上的成本，比如不完整和二义性是需求定义和表达需要避免的。

(2) 直接需求和间接需求

直接需求(direct requirements)就是用户直接可以告知的“我要什么”。例如，和朋友之间可以相互发文字、图片、语音、视频，通过这些方式能很清晰地描述出来。直接需求也称为显性需求。

间接需求(indirect requirements)分两种，一种是隐性需求，即用户在头脑中有想法但没有直接提出、不能清楚描述的需求，这种需求是需要引导的。产品经理要深入了解用户才能更好地满足其隐性需求。现在市面上很多生活改善型的产品都是满足这类需求，比如外卖类的产品，没出现之前用户也能去餐馆吃饭，出现之后用户也可以足不出户吃到餐馆的饭。

另外一种是外力导致的需求，就是用户本来没有需求，因为受外力的作用，从而变成有需求，比如受政策的影响或者周围环境的影响。特别像考证这种行为，如果企业没有证件门槛的要求，用户自己是不会去考证的，进而就会衍生出考证培训这样的产品。

(3) 用户需求的挖掘

需求是在一定时期内人们的某种需要或者欲望，在经济学上还有购买欲望的含义。用户描述需求的时候，往往会停留在表面层次，说的往往不是真实需求，产品经理需要尽最大的努力去挖掘用户的真实需求。

例如，有人问张三现在的需求是什么，张三回答要宝马车，且是原装进口的。那么张三的需求是否真的就是进口宝马车呢？其实不一定，或许进口奥迪车也能满足张三的需求。

作进一步的分析，要宝马车干嘛？或许是为了代步以图方便，节省时间；或许是爱慕虚荣，以方便社交。一旦找到背后隐藏的需求，就可以设计一个替代品，以满足用户的真实需求，并节省进口宝马车高昂的成本。做产品也一样，不能只关注用户表面的需求，而要挖掘出真实需求，才能设计出正确的产品。

还可以分析一些社会化产品的案例，比如QQ的隐身功能，SNS社区的真实头像和非真实头像的区别等，看起来这些功能都不是产品的主要功能，是一些附属的功能，那么为什么要做这些功能？

原因就在于用户在社交群体里有个体心理表达这样深层次的真实需求，这些功能可以让用户在社交过程中既有存在感又有安全感，满足用户倾诉表达的欲望。不过用户不会明确表示其真实需求，必须去挖掘。

3. 系统需求

系统需求(system requirements)是为了满足用户需求而系统或系统成分必须满足或具有的条件或能力。该项需求中通常包括软件和硬件需求，且对需求的描述层次是顶级的。

把用户需求进一步扩展到涉众需求，包括系统运维、技术支持、销售、市场等相关人员的需求。软件作为一种服务，这些涉众的需求更为显著，也可以看成是软件系统的广义用户。所构建的软件系统最终是为用户所用，所以所构建的系统需要更好地满足最终用户不同角色的需求，即系统的功能是为了支持用户的需求，而业务需求要分解成用户角色需求，在敏捷中就是将业务需求分解为用户故事，而用户故事又需要具体的系统功能来实现。为了保证业务服务能正常开展，还需要软件系统具有良好的性能、兼容性、安全性和可靠性等支撑。

4. 功能需求

功能需求(functional requirements)规定软件系统必须实现的功能性需求，有时也被称为能力。该项需求规定软件工程师必须要实现的软件系统功能，用户利用这些功能来完成任务，满足业务需求。该项需求基于系统需求得到。功能需求有时也被称作行为需求，因为习惯上总是用“应该”对其进行描述，如“系统应该发送电子邮件来通知用户已接受其预定”。功能需求描述的是开发人员需要实现什么。注意：用户需求不总是被转变为功能需求。

所谓特性(feature)，是指一组逻辑上相关的功能需求，它们为用户提供某项功能，使业务目标得以满足。对商业软件而言，特性则是一组能被客户识别，并帮助客户决定是否购买的需求，也就是产品说明书中用着重号标明的部分。客户希望得到的产品特性和用户的任务相关的需求不完全是一回事，一项特性可以包括多个用例，每个用例又要求实现多项功能需求，以便用户能够执行某项任务。

5. 非功能需求

非功能需求(non functional requirements)是指在满足功能需求的基础上，软件系统还必须为满足用户业务需求而必须具有除功能需求以外的特性。非功能需求包括产品必须遵从的标准、规范和合约，外部界面的具体细节，性能要求，设计或实现的约束条件及质量属性。所谓约束是指对开发人员在软件产品设计和构造上的限制。质量属性通过多种角度对产品的特点进行描述，从而反映产品功能。值得注意的是，需求并未包括设计细节、实现细节、项目计划信息或测试信息。需求与这些没有关系，它关注的是究竟想开发什么。

在统一过程(UP，unified process)中，需求按照“FURPS+”模型进行分类。

- 功能性(function)：即功能需求；
- 可用性(usability)：即人性化因素、帮助、文档；
- 可靠性(reliability)：即故障频率、可恢复性、可预测性；
- 性能(performance)：即响应时间、吞吐量、准确性、有效性、资源利用率；
- 可支持性(supportability)：即适应性、可维护性、国际化、可配置性。

“FURPS+”中的“+”指一些辅助性的和次要的因素，比如：

- 实现(implementation)：资源限制、语言和工具、硬件等；
- 接口(interface)；强加于外部系统接口之上的约束；
- 操作(operation)：对其操作设置的系统管理；
- 包装(packaging)：例如物理的包装盒；
- 授权(legal)：许可证或其他方式。

对软件需求的深入理解是软件开发工作获得成功的前提条件，不论把设计和编码做得如何出色，不能真正满足用户需求的程序只会令用户失望，给开发带来烦恼。

4.1.2 需求开发过程

需求开发是一个复杂的过程，有一组交叉、反复的活动。需求工程师与有关人员(如客户和用户)进行交流，把理解后的需求加以整理和归类，并就一些问题与有关人员反复协商，直至达成共识。对确定下来的需求按照一定的规范描述出来，作为需求规格说明，向客户代表确认所编写文档是否正确、完整和一致，若有问题需要加以改正。

图 4-1 所示为一个需求开发的活动框架。

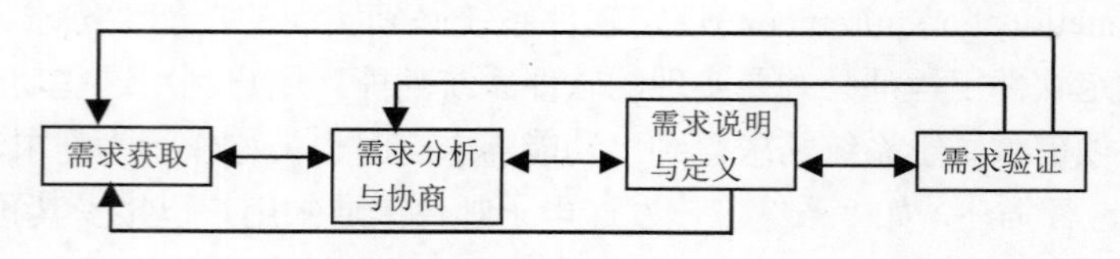

图 4-1　需求调研的活动框架

上述活动间的执行路径与实际的开发需要有关，直到经过最终的确认为止。

1. 获取需求

在获取需求时，首先要确定与所开发的软件系统直接或间接的涉众，如客户、用户、软件开发人员、软件销售人员等。通过与涉众交流等手段，从不同的角度理解涉众的任务和目标并加以分析与整理。典型的交流手段有听取业务讲座、阅读资料、座谈、请教问题、观察工作步骤、相关产品分析等。对得到的信息分类整理，以便编写文档和使用。

在需求获取的过程中，需求工程师要标识出大家的共识和尚有争议之处，对争议要组织涉众进行协商。

2. 分析与协商需求

对于得到的需求，需求工程师需要与涉众进行讨论，分析各项需求的可行性，对某些争议进行协商，直至达成共识。其中要考虑成本和开发时间的限制，对外界因素的依赖以及技术上的障碍，相互冲突的需求之间的协调、平衡。最终确定软件系统的功能需求和非功能需求，并赋予需求的优先级。

3. 说明与定义需求

对需求进行说明与定义，建立需求模型，说明与定义的结果是需求规格说明(requirements specification)，即规定软件系统的需求文档。文档的编写要遵循一定的规范，也可根据需要对规范进行局部调整。通常需求规格说明中要包括引言、总体描述、功能需求、非功能需求等。

4. 验证需求

正式评审是最主要的需求验证机制，评审人员包括软件开发者、客户、用户等。评审人员检查需求模型的正确性、一致性、完整性等。通过验证，保证需求模型与涉众的需求相一致。

4.2 需求调研方法

4.2.1 文档研究

文档研究是通过对已有系统的文档进行学习研究并找到相关信息来获取需求的一种方法。它一般用在分析现状，例如现在的业务规则、领域模型等。文档研究包括商业计划、市场研究、合同、建议、工作声明、已有指南、流程、帮助指导、竞争产品资料、问题报告、客户建议、已有产品功能规范等。工作中的表格、文件、便函、工作报告、规章制度、业务规程、程序文件、质量、手册、旧系统的设计文档(如果有)以及旧系统都可作为现有文档进行研究。

(1) 收集和分析现有文档的要点：一般作为访谈之前的准备，若有价值内容的比例少，则随时做笔记，有助于得到组织结构图、业务对象模型、岗位责任分工、标准业务流程。

(2) 文档研究的优点：从现有资料着手，可以发现或确认需求，与获取需求的其他技术相互校验，例如访谈、问卷调查等。

(3) 文档研究的缺点：现有的文档可能已经过时或者不正确了，找出相关信息可能是一件费时并枯燥的流程。

4.2.2 问卷调查

问卷调查也被称为问卷法，是以书面提出问题的方式搜集资料的一种研究方法，是较多人通过实名或匿名的方式在短时间内完成的获取信息技术。问卷调查研究者将所要研究的问题编制成问题表格，以邮寄方式、当面作答或者追踪访问方式填答，从而了解被调查者对某一现象或问题的看法和意见。问卷调查法的关键在于编制问卷，选择被调查者和结果分析。一份问卷调查可以用来收集客户、产品、态度等。

1. 问卷调查的类型

问卷调查有三种基本类型，即开放型回答、封闭型回答和混合型回答。

(1) 开放型回答

开放型回答是对问题的回答不提供任何具体答案，而由被调查者自由填写。开放型回答的最大优点是灵活性大、适应性强，特别适合回答那些答案类型很多、答案比较复杂、事先无法确定各种可能答案的问题。同时，它有利于发挥被调查者的主动性和创造性，使他们能够自由表达意见。一般地说，开放型回答比封闭型回答能提供更多的信息，有时还会发现一些超出预料的、具有启发性的回答。开放型回答的缺点是：回答的标准化程度低，整理和分析比较困难，会出现许多一般化的、不准确的、无价值的信息。同时，它要求被调查者有较强的文字表达能力，而且要花费较多的填写时间。这样，就有可能降低问卷的回复率和有效率。

(2) 封闭型回答

封闭型回答是将问题的几种主要答案，甚至一切可能的答案全部列出，由被调查者从中选取一种或几种答案作为回答，而不能作这些答案之外的回答。封闭性回答一般都要对回答方式作某些指导或说明，这些指导或说明大都用括号括起来附在有关问题的后面。

封闭型回答的具体方式多种多样，其中常用的方式如表4-5所示。

表4-5 封闭型回答的常用方式

序号	方式	说明
1	填空式	即在问题后面的横线上或括号内填写答案的回答方式
2	两项式	即只有两种答案可供选择的回答方式
3	列举式	即在问题后面设计若干条填写答案的横线，由被调查者自己列举答案的回答方式
4	选择式	即列出多种答案，由被调查者自由选择一项或多项的回答方式
5	顺序式	即列出若干种答案，由被调查者给各种答案排列先后顺序的回答方式
6	等级式	即列出不同等级的答案，由被调查者根据自己的意见或感受选择答案的回答方式

(续表)

序号	方式	说明
7	矩阵式	即将同类的几个问题和答案排列成一个矩阵，由被调查者对比着进行回答的方式
8	表格式	即将同类的几个问题和答案列成一个表格，由被调查者回答的方式

(3) 混合型回答

混合型回答是封闭型回答与开放型回答的结合，实质上是半封闭、半开放的回答类型。这种回答方式综合了开放型回答和封闭型回答的优点，同时避免了两者的缺点，具有非常广泛的用途。

2. 问卷调查的要点

(1) 设计调查问卷的要点如下。

① 明确调研目的。

② 选择调查对象，根据用户群的不同特征分组设计问题。

③ 关注需求。

④ 调查尽量短，最好少于十项。

⑤ 确保问题清晰准确。

⑥ 避免重复问题。

⑦ 避免让人觉得不舒服的问题。

⑧ 内部测试一下调查问卷。

(2) 分发问卷，通过 Web、Email 还是电话。

(3) 文档化调查结果。

① 收集反馈，对于开放型问题进行详细评估，找到是否有新的主题。

② 分析和汇总结果。

4.2.3 面谈

面谈是理解商业功能和商业规则最有效的方法。面谈的类别包括：结构化面谈、半结构化面谈和非结构化面谈，不包括封闭式面谈。

1. 面谈前准备

面谈之前应该弄清楚以下问题：

(1) 确立面谈的目的。

(2) 确定要包括的相关用户。

(3) 确定参加会议的项目小组成员。

(4) 建立要讨论的问题和要点列表。

(5) 复查有关的文档和资料。

(6) 确立时间和地点。

(7) 通知所有的参加者有关会议的目的、时间和地点。

2. 进行面谈

面谈中获取信息，注意面谈中的控制和记录。进行面谈时，应该注意以下问题：

(1) 衣着得体，准时到达。

(2) 寻找异常和错误情况。

(3) 深入调查细节。

(4) 详细记录。

(5) 指出和记录中未回答和未解决的问题。

3. 面谈之后

包括谈后分析、进行需求整理、复查整理、总结面谈信息、完成面谈报告、会议记录等。

对于面谈总结，要注意以下问题：

(1) 复查笔记的准确性、完整性和可理解性。

(2) 把所收集的信息转化为适当的模型和文档。

(3) 确定需要进一步澄清的问题域。

(4) 适当的时候向参加会议的每一个人发一封感谢信。

面谈报告格式样表包括以下内容。

(1) 面谈 ID。

(2) 会见者。

(3) 被会见者。

(4) 会见日期。

(5) 会见主题。

(6) 会见目标。

(7) 谈话要点。

(8) 被会见者的观点。

(9) 下次会见的目标。

不是所有项目都适合用面谈法，如客户过多，适合用用卷调查法。会谈见面也不是一次就好，是一个递进的过程。随着会面次数的增加，面谈报告格式样表将逐渐完善需求和细节。

面谈法的优点如下：

(1) 简单，经济成本低。

(2) 内容广泛。

(3) 和会见者建立友好关系。

面谈法的缺点如下：

(1) 面谈耗时。

(2) 很多情况难以实现面谈。

(3) 对需求工程师人际交往能力要求高。

(4) 很多问题影响面谈结果。

4.2.4 观察

观察是通过查看专业人员的工作环境来获取需求的一种方法。当需要当前流程的详细信息或者项目需要加强或者更改当前流程时可以采用此方法。观察依赖于学习他人(师傅)是如何做事的，也就是需要跟在他人身边看。观察者(学徒)需要通过查看来了解工作流程，在一些项目中，这是一种重要的了解当前流程的方法。作为师傅经验丰富(系统就是为了分担他的经验)，作为学徒应该诚心求教，专心体会。

1. 基本观察技术

(1) 被动/不可见

观察者观察业务专家做事，但并不提问。观察者只是写下他所看到的，直到所有流程都完成后才开始问问题。观察者可能会观看多次，以确保自己明白了流程是如何工作的，以及它为什么要按照这种方式来做。

(2) 主动/可见

观察者在观察过程中会与工作者直接对话。观察者有问题时会立刻提出问题，即使这会打断正在观察的流程。观察者可能会参与工作来获得更直接的了解。

除了上面两种技术之外，还存在以多种演化技术：

① 在一些情况下，观察者会参与到实际工作中来获得第一手资料。

② 观察者成为临时学徒。

③ 观察者观看如何工作的演示。

2. 要点

(1) 准备

确定观察的用户级别(例如：专家、熟练工还是初学者等)，以及要观察的活动。准备好需要提出的问题。

(2) 观察

观察的主要问题如下：

① 下一项目工作是什么？

② 这样做的原因是什么？

③ 这种情况出现得频繁吗？

重点关心：

① 完成哪些工作。

② 完成一项工作所需的时间。

③ 操作次数。

④ 可能出现的错误和混乱。

(3) 提交观察分析并确认

得到问题的答案或者在观察期间新出现的问题，把观察到的内容汇总后反馈给被观察者，如果有可能最好再确认检查一遍。当观察多个用户时，需要分清楚哪些是共性问题，哪些是差异问题。回顾这些总结，确保覆盖的内容代表的是整个小组，而不只是个体。

观察法的优点如下：

① 提供第一手业务知识，知道现实的、实际的工作流程是怎样的。

② 通过非正式的沟通可以获得一些没有记载下来的详细信息。

观察法的缺点如下：

① 只能观察现在的流程。

② 可能需要花费较多时间。

③ 可能会打断被观察者的工作。

④ 在观察期间，可能有些不经常出现的异常和重要的情况并未发生，以至于遗留了一些重点。

⑤ 如果当前的工作是高智力工作，只通过观察不能起到很好的作用。

4.2.5 需求专题研讨会

通过让所有的相关人员一起参加某个单一的会议来定义需求或设计系统，也称联合应用开发会议(joint application development，JAD)。联合应用开发是一个方法论，它通过一连串的合作研讨会，也叫JAD会议，将一个应用程序的设计和开发中的客户或最终用户聚集在一起。对于有不同观点的利益相关者来说，这是一个可以聚集在一起，了解业务需求，集体讨论可能满足客户需求的最佳技术方法。

比起更传统的方法，联合应用开发(JAD)观念被认为其成倍地加快了开发的速度，并且增大了客户的满足感，因为客户参与了开发的全过程。相比之下，在系统开发的传统观念中，开发者利用通过一系列面对面的交谈而得到的客户输入信息来调研系统需求并且开发应用程序。JAD角色有项目经理、与会者、协调员、记录员，参与人应该对特定会议中指定产品的内容有决定权。选择参与人是成功的关键因素，很难让不恰当的参与人生产出正确的产品。

JAD会议过程如下：

1. 准备

准备活动中最重要的部分包括：决定会议目标、研究背景材料，指导与会人员，跟踪假定、思维模型和政策，通知与确认与会人员，安排日程和场所。

拥有坚实的会议目标和由此得出的议程是满足可发布产品要求的关键。拥有妥善描述的目标可以让与会者做会议准备，允许领导和协调员策划会议策略和长度，并且保证讨论切题。虽然会议目标通常由协调员和领导共同开发，目标仍需在会议早期在更大范围内进行核实。

每个会议的第二个目标应该是建立联络关系，协调也需要敏锐的嗅觉。在JAD会议前，尤其对首次参加的团队和新加入成员，协调员需要明白某人可能对集体带来什么影响。

2. 引导会议进程

决定让什么人在什么时候发言，并且不跑题。在可能出现行政间的责备和冲突时，应掌握讨论气氛并控制会场；最重要的部分是自由讨论阶段，这种技术非常符合专题讨论会的气氛，并且应营造出一种创造性、积极的氛围，同时还可以获取尽可能多的意见；最后分配会议时间，记录所有的言论。

3. 生成文档

会后形成会议纪要和遗留问题列表，保留最终文档和中间讨论要点都很重要。第一时间确认，协商进一步获取需求的方式、时间和对象。

4.2.6 观察业务流程和操作

掌握用户如何实际使用系统以及用户需要哪些信息，最好的办法是亲自观察用户是如何完成实际工作的。对办公室进行快速浏览，了解布局、设备要求和使用、工作流总体情况。安排几个小时观察用户是如何实际完成工作的，理解用户实际使用计算机系统和处理事务的细节。像用户一样接受训练和做实际工作，发现关键问题和瓶颈。当然，观察可能使用户紧张，所以应该注意观察的位置，不能够影响用户操作，影响业务流程。

如果实际观察用户如何使用系统有困难，调研人员可以模拟用户使用软件。由于市场上同类型的软件比较多，调研人员可以选择一款比较流行的软件，模拟用户进行操作，记录每个功能的使用步骤、界面和功能所涉及的数据，并在使用过程中思考每个功能所涉及的业务流程、业务规则、设计约束等因素。

除了以上常见的需求调研方法之外，还有许多方法，如：原型开发、研究类似组织、自由讨论、情节串联板、应用用例和角色扮演等。由于篇幅所限，这里就不一一赘述，感兴趣的读者可以自行研究。

4.3 案例分析

下面以模拟用户使用一款软件为例，说明如何进行需求调研。

一、制定需求调研文档模板

模拟用户使用一款软件的目的是调研功能需求和非功能需求，功能需求主要包括每个功能的使用步骤、涉及的界面和数据；而非功能需求主要包括正确性、健壮性、性能、安全性和兼容性等。需求调研文档模板如图 4-2 所示。

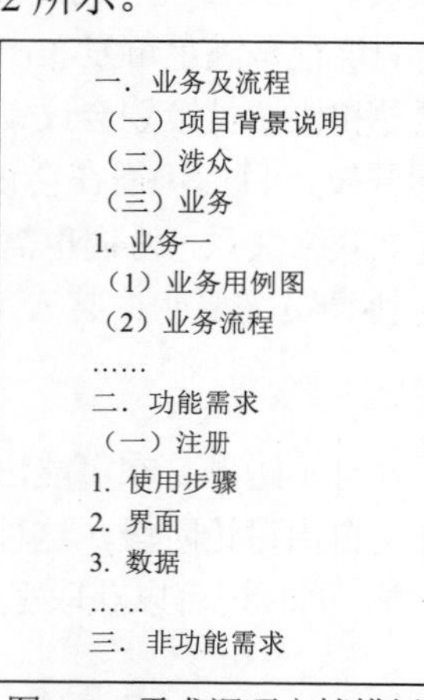
一．业务及流程
（一）项目背景说明
（二）涉众
（三）业务
1. 业务一
（1）业务用例图
（2）业务流程
……
二．功能需求
（一）注册
1. 使用步骤
2. 界面
3. 数据
……
三．非功能需求

图 4-2　需求调研文档模板

下面以一款蜜蜂飞行游戏(BusyBee)为例说明项目的背景、涉众和业务。

二、业务及流程

1. 项目背景说明

随着移动互联网的飞速发展、智能手机的逐渐普及，手机游戏成为了越来越多年轻人的娱乐方式。手游的蓬勃发展之余，也存在很多问题，因为手游公司门槛偏低，手游公司扎堆涌现的现象非常严重，其带来的后果是产品同质化，版权因素、开发过程中的借鉴因素、缺乏创新意识等造成的手游同质化问题已经成为了中国手游市场发展的一大瓶颈。解决这些问题的关键在于产品自身品质和产品的推广，根据游戏市场的特有性质，一款好的游戏必须具有玩法创新性、操作简易性、画面美观性、音效特效高品质性等特点。

BusyBee 手游目前主要的功能有重置游戏、设置音乐和音效、选择关卡、开始游戏、暂停游戏、重新开始游戏、判断游戏胜利和失败、腾讯微博分享、游戏评级。BusyBee 手游存在的问题主要有以下几个方面：

(1) 碰撞检测问题。BusyBee 手游系统中的碰撞检测采用的是矩形碰撞检测，当蜜蜂在上一个草地下侧面飞行时，会与下一个草地上侧面的得分道具、障碍物道具等碰撞误测。

(2) 关卡问题。因为时间限制，BusyBee 手游系统目前只有一个关卡，该关卡主要包括主角蜜蜂、得分道具和静态障碍物。

(3) 社交功能问题。BusyBee 手游系统目前已实现腾讯微博分享功能，但是形式比较单调，社交性质弱，只是系统设定好文字，玩家选择分享发送固定文字的形式。

(4) 音效问题。BusyBee 手游系统目前只有部分按钮增加了音效功能，并且蜜蜂得分和与障碍物碰撞没有设置音效，不能从音效方面很好地让玩家全感官感受游戏。

为解决 BusyBee 手游系统的现存问题，在现有关卡基础上设计更丰富多样的关卡，比如增加动态障碍物、追击障碍物、限时功能、排行功能等。除此之外，对按钮音效和蜜蜂与道具碰撞的音效重新统一处理，让玩家全方位感受到游戏的乐趣。

2. 涉众

BusyBee 手游的涉众主要有玩家、游戏公司老板、游戏公司营运相关人员、游戏开发人员等。

3. 业务

(1) 业务用例图

玩家使用 BusyBee 手游玩游戏，由于该软件只针对 BusyBee 开发，所以，业务名称是“玩 BusyBee 游戏”。该游戏是某游戏公司提供的，只有该公司提供 BusyBee 游戏，所以，业务组织是某游戏公司。业务用例图如图 4-3 所示。

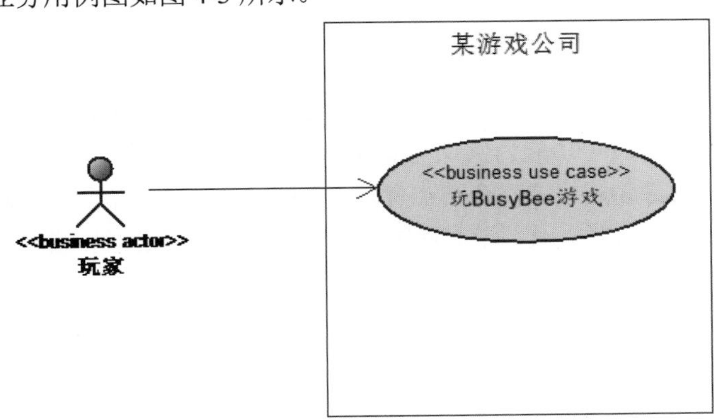

图 4-3 某游戏公司 BusyBee 游戏的业务用例图

(2) 业务流程

该业务的业务活动图如图 4-4 所示。

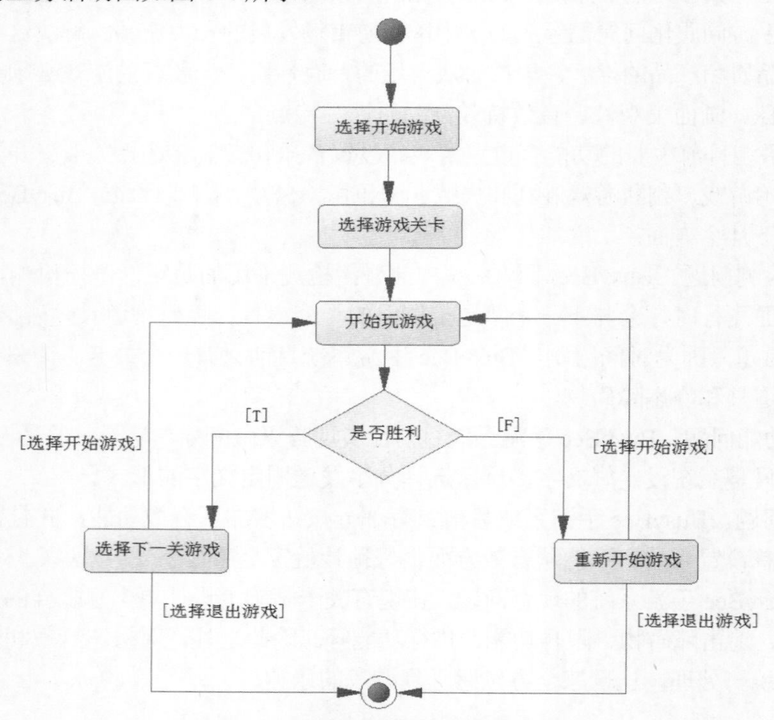

图 4-4　玩 BusyBee 游戏的业务活动图

在图 4-4 中，玩家在游戏首页选择开始游戏，游戏进入开始游戏界面，此时，玩家选择游戏关卡，游戏进入特定关卡的界面后，玩家开始玩游戏，直到玩家打通该关，或者游戏失败结束。如果玩家打通了该关卡，可以选择下一关游戏，进入新一关的游戏；如果玩家选择退出游戏，则游戏结束。如果玩家没有打通该关卡，可以选择重新开始游戏；如果玩家选择退出游戏，则游戏结束。

在业务活动图中，没有加入玩家设置音乐、设置音效、游戏评级、社交分享等业务活动，感兴趣的读者可以自行添加。

三、记录软件功能

在使用软件过程中，可以一边操作一边记录使用步骤、涉及界面和数据，以及非功能需求。下面以使用“蜜蜂飞行游戏”功能为例说明应该如何使用记录功能，如图 4-5 所示。

通过使用原 BusyBee 游戏可知，该游戏有以下功能：选择关卡、开始游戏、暂停游戏、重新开始游戏、游戏胜利、游戏失败、游戏评级、社交分享、重置游戏、设置音乐、设置音效和介绍音乐背景等。

功能需求

一. 开始游戏功能

（一）使用步骤

1.玩家点击游戏界面的开始按钮（图1右下角）。

2.蜜蜂从静止状态变为飞行状态，开始按钮变为跳转按钮（图2右下角）。

（二）界面

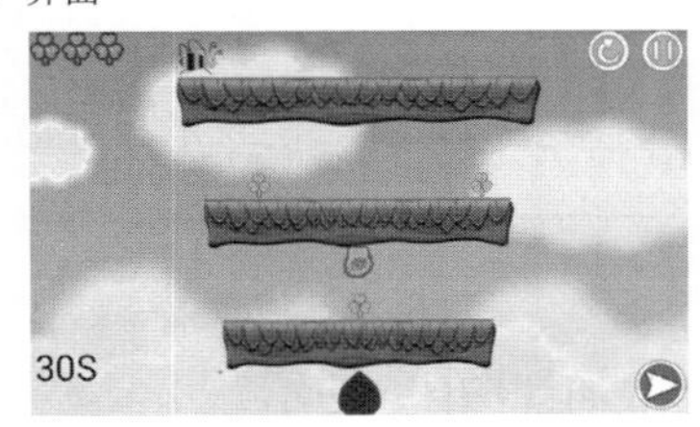

图1 游戏开始界面

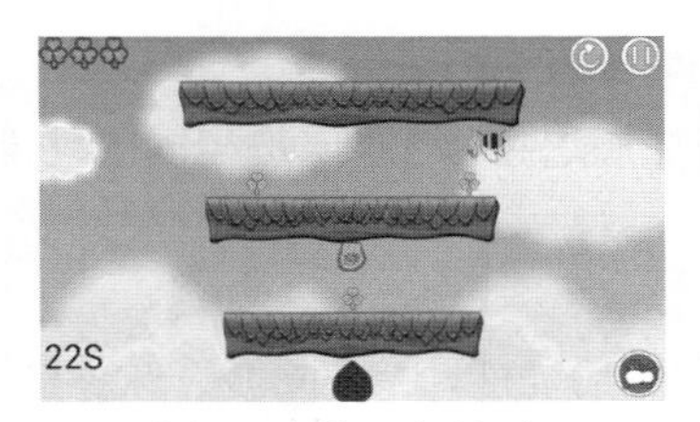

图2 蜜蜂飞行界面

（三）数据

蜜蜂=蜜蜂图片文件+蜜蜂初始坐标+蜜蜂飞行速度+蜜蜂飞行方向

非功能需求

蜜蜂从静止状态变为飞行状态的时间在2秒之内。

图4-5 蜜蜂飞行功能调研

初学者有时容易对业务和系统功能产生混淆。以BusyBee游戏为例，“玩BusyBee游戏”是一个业务，是某个游戏公司为玩家提供的业务，玩家是业务参与者。而BusyBee手游是一个游戏软件，是游戏公司为了改进“玩BusyBee游戏”业务而引进的。当然，游戏公司可以自己开发这个手游软件，也可以请专业的软件开发公司为其开发。BusyBee手游为玩家提供了一系列的功能来帮助玩家玩游戏，如设置关卡、开始游戏、暂停游戏、重新开始游戏、设置音乐、设置音效、游戏评级、社交分享等功能。一个业务需要多个功能支撑，实际上，系统功能是业务活动，在调研的时候，可以从业务活动中提取系统功能。所以，请读者注意，业务是游戏公司这个组织为玩家提供的，而功能是游戏软件为玩家提供的。对游戏公司而言，玩家是业务参与者，是一群人，也是一个组织，是组织对组织，抽象级别一致。对BusyBee手游而言，玩家是系统参与者，是一个人肉系统，是系统对系统，抽象级别一致。

四、界面信息分析

1. 从软件名字分析组织意图

从软件的名字可以揣摩业务组织开发该软件的意图。如“58 同城”软件，“58”的中文谐音是“吾发”，“同城”意味着为同一个城市的人或组织提供服务。“58 同城”软件是为同一个城市的人提供租/买房、找工作、养宠物、买/租车等业务，从“58”可以看出，该软件改进的是房主、房产中介、招聘者、卖车或对外租车的人或公司、卖宠物或对外出租宠物的人或公司等组织的业务。而租客、买房者、应聘者、买车或租车的人、买宠物或租宠物的人等是业务参与者。

从“淘宝网”软件的名字可以看出，该软件是为买商品的顾客提供购物服务的，顾客是业务参与者。而“淘”的意思是有非常多的商品，所以商家不止一家，顾客可以在“淘宝网”上对多家商家的同款商品进行挑选。从这一点来说，商家也是业务参与者。综上所述，业务组织应该是阿里巴巴，阿里巴巴作为第三方组织，为顾客和商家提供服务，相当于实际的商场，“淘宝网”改进的是阿里巴巴的业务。

从“携程旅行”软件的名字可以看出，该软件是为了方便游客或旅客旅行的，例如，提供订酒店、订机票或火车票或汽车票、预订景点门票等业务。改进的是酒店、机场、火车站、汽车站、景区等组织的业务，游客或旅客是业务参与者。

2. 不同软件的相同功能分析

在使用不同的软件时，即使是相同的功能，其使用步骤、涉及的界面和数据也有较大的不同。

(1) 注册功能

例如，对于注册功能，“58 同城”软件的注册界面如图 4-6 所示。

图 4-6 “58 同城”注册界面

在图 4-6 中，用户需要输入手机号、动态码、用户名、密码和确认密码等信息，选择“已阅并同意《58 同城使用协议》&《隐私政策》”，进行注册。

而对于“淘宝网”这样的电商系统，其注册界面如图 4-7 所示。

图 4-7 “淘宝网”注册界面

用户只需要输入手机号和验证码即可，不用输入用户名和密码。并且，在输入手机号码的时候，要求选择国家的国际电话代码，如中国大陆是“+86”。而“58 同城”的注册界面中，手机号不需要选择国家的国际电话代码。这说明“淘宝网”已经有国外用户，而“58 同城”的用户仅限于中国大陆地区。因此，在使用软件的时候，要根据界面中的信息去分析背后所隐含的信息。

当然，“淘宝网”的注册用户登录之后，可以通过“账号管理”中的“修改登录密码”功能来设置登录密码，“账号管理”界面如图 4-8 所示。

图 4-8　“淘宝网”的“账户管理”界面

在图 4-8 中，点击“账号设置”，选择“修改登录密码”，其界面如图 4-9 所示。

图 4-9　“淘宝网”的“修改登录密码”界面

从图 4-9 可知，“淘宝网”的设置登录密码还是比较复杂的，先后经过“验证身份”“修改密码”等步骤，才能完成登录密码的设置。

又比如，对于“携程旅行”软件，其注册的第一个界面是用户注册协议和隐私政策界面，如图 4-10 所示。

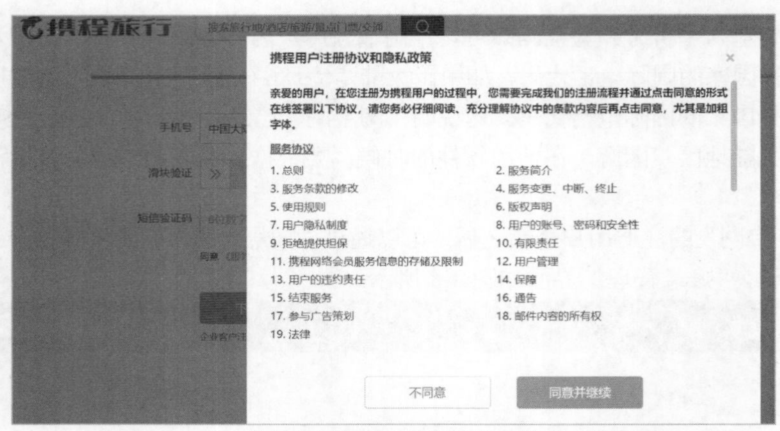

图 4-10 “携程旅行”用户注册协议和隐私政策界面

用户需要先同意用户注册协议和隐私政策才能够注册，即先单击“同意并继续”按钮。其注册界面如图 4-11 所示。

图 4-11 “携程旅行”注册界面

“携程旅行”的注册界面是一个传统界面，分为验证手机号和设置密码两个环节，即使用手机号和密码进行注册。

(2) 登录功能

当然，在登录的时候，“58 同城”的登录界面如图 4-12 所示。

图 4-12 “58 同城”登录界面

用户可以选择“账号密码登录”，即需要输入账号和密码。也可以选择“手机动态码登录”，即输入手机号，获取验证码，再输入验证码进行登录。当然，“58 同城”在登录界面上还提供了“QQ 登录”“微信登录”“微博登录”“下次自动登录”“记住密码”和“忘记密码”等功能。

而对于“淘宝网”，其登录界面如图 4-13 所示。

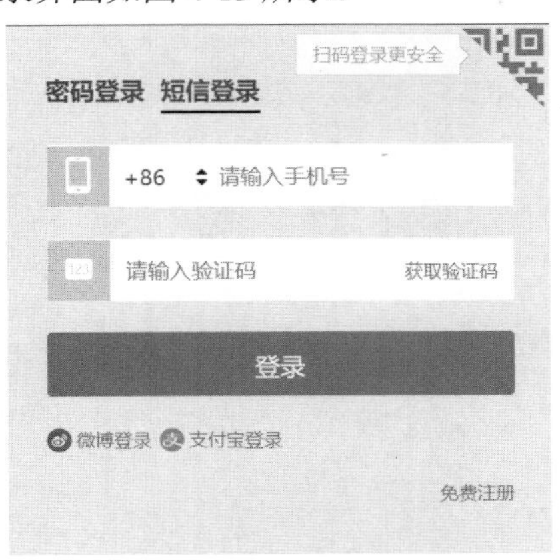

图 4-13 “淘宝网”登录界面

用户可以选择“密码登录”，即输入账号和密码进行登录。也可以选择“短信登录”，即输入手机号，从短信中获取验证码，再输入验证码登录。“淘宝网”在登录界面上还提供了“QQ 登录”和“支付宝登录”等功能。

“携程旅行”的登录界面如图 4-14 所示。

图 4-14 “携程旅行”登录界面

用户使用手机号和密码进行登录。“携程旅行”在登录界面上还提供了“验证码登录”“支付宝登录”“QQ 登录”“微信登录”“微博登录”和“百度登录”等功能。

五、业务流程分析

对于“淘宝网”和“携程旅行”而言，用户如果没有注册，可以在登录界面上选择“免费注册”进行注册，而“58 同城”没有提供登录界面上的“免费注册”功能，说明“58 同城”必须先注册然后再登录，而“淘宝网”和“携程旅行”可以先登录，如果没有注册再进行注册，“58 同城”与“淘宝网”和“携程旅行”的业务流程是不一样的。

六、主页分析

“58 同城”“淘宝网”和“携程旅行”在主页上的“注册”和“登录”选项的文字描述也不相同。“58 同城”的首页如图 4-15 所示。

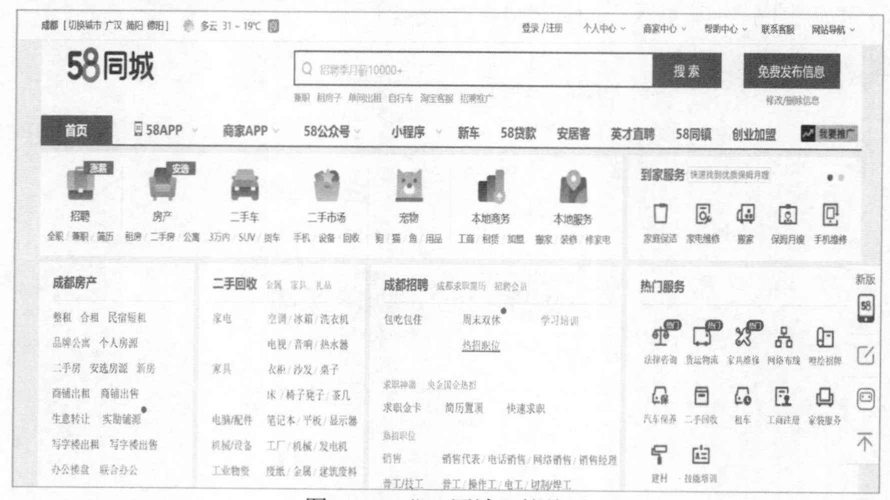

图 4-15　“58 同城”的首页

在图 4-15 中，“注册”和“登录”选项在主页的右上部，文字描述分别是“登录”“注册”。

在图 4-15 中，除了登录与注册功能，“58 同城”的首页还提供了搜索商品(这里的商品指的是房产、二手车、宠物等)、分类浏览商品、浏览商品详情、个人中心相关功能(如查看账户、更新密码、查看收藏、浏览求职信息等)、商家中心相关功能(如发布招聘信息、发布二手房信息等)。

“淘宝网”的首页如图 4-16 所示。

图 4-16　“淘宝网”的首页

在图 4-16 中，“注册”和“登录”选项在主页的左上部，文字描述分别是“亲，请登录”“免费注册”。

在图 4-16 中，除了登录与注册功能，“淘宝网”的首页还提供了搜索商品(这里的商品指的是服装、鞋子、家电等)、分类浏览商品、浏览商品详情、“购物车”相关功能(如添加商品到购物车、查看购物车、更新购物车、删除购物车中商品、清空购物车等)、“我的淘宝”相关功能(如查看我的宝贝等)、商品分类、免费开店。

“携程旅行”的首页如图 4-17 所示。

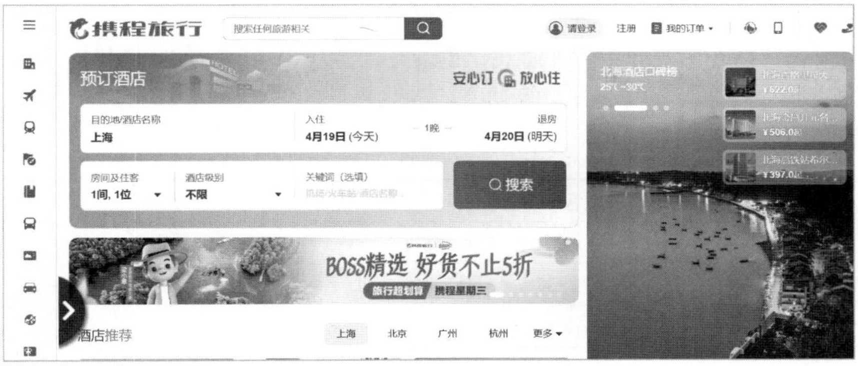

图 4-17 “携程旅行”的首页

在图 4-17 中，“注册”和“登录”选项在主页的右上部，文字描述分别是“请登录”“注册”。

在图 4-17 中，除了登录与注册功能，“携程旅行”的首页还提供了搜索商品(这里的商品指的是酒店等)、分类浏览商品、浏览商品详情、“我的订单”相关功能(如查看订单、更新订单、取消订单等)。

从“登录”功能的文字描述可知，“淘宝网”对用户黏度指标的要求最高，其次是“携程旅行”，最后是“58 同城”。

七、软件功能整理

一般而言，一个电商软件(包括电商网站、电商 app 和电商微信小程序)提供了如下功能：注册、登录、更新密码、完善账户信息、搜索商品、分类浏览商品、浏览商品详情、添加商品到购物车、查看购物车、更新购物车中商品、删除购物车中商品、清空购物车、下单、查看订单、更新订单、取消订单、支付。

八、团队分工

由于软件功能很多，在调研的时候应该进行分工。对于一个电商软件而言，以团队成员 4 人例，可以按照顾客需求包、商品需求包、购物车需求包、订单需求包进行分工。其中，顾客需求包包括注册、登录、更新密码、完善账户信息等功能。商品需求包包括搜索商品、分类浏览商品、浏览商品详情等功能。购物车需求包包括添加商品到购物车、查看购物车、更新购物车中商品、删除购物车中商品、清空购物车等功能。订单需求包包括下单、查看订单、更新订单、取消订单、支付等功能。电商软件的调研分工如表 4-6 所示。

表 4-6 电商软件的调研分工

序号	团队成员	需求包	功能
1	成员一	顾客需求包	注册、登录、更新密码、完善账户信息
2	成员二	商品需求包	搜索商品、分类浏览商品、浏览商品详情
3	成员三	购物车需求包	添加商品到购物车、查看购物车、更新购物车中商品、删除购物车中商品、清空购物车
4	成员四	订单需求包	下单、查看订单、更新订单、取消订单、支付

而对于游戏软件，以团队成员 3 人为例，可以按照游戏设置需求包、游戏运行需求包和游戏结果需求包进行分工。其中，游戏设置需求包包括设置关卡、设置音乐、设置音效等功能，游戏运行需求包包括开始游戏、暂停游戏、重新开始游戏等功能，游戏结果需求包包括游戏胜利、游戏失败、游戏评级、社交分享等功能。游戏软件的调研分工如表 4-7 所示。

表 4-7　游戏软件的调研分工

序号	团队成员	需求包	功能
1	成员一	游戏设置需求包	设置关卡、设置音乐、设置音效
2	成员二	游戏运行需求包	开始游戏、暂停游戏、重新开始游戏
3	成员三	游戏结果需求包	游戏胜利、游戏失败、游戏评级、社交分享

九、“58 同城”注册功能示例

1. 使用步骤

(1) 顾客在图 4-15 所示的主页上点击“注册”选项，系统显示注册界面，如图 4-11 所示。

(2) 顾客在注册界面上输入手机号码，点击右边的“获取动态码”，再将手机短信中的动态码输入界面，然后输入用户名、密码和确认密码，勾选“已阅并同意《58 同城使用协议》&《隐私政策》”。如果输入的用户名的格式不对、密码格式不符合要求，或者密码和确认密码不一致，界面上会出现红色的提示文字。因此调研人员应该将相关的红色文字记录下来。这里由于篇幅限制，省略了相关文字。输入了注册信息的界面如图 4-18 所示。

(3) 点击“确定”按钮，如果注册成功，系统返回主页。

2. 界面

此时“58 同城”界面如图 4-18 所示。

图 4-18　输入了注册信息的界面

3. 数据

顾客的重要数据包括手机号、用户名、密码等。

4.4 习题

1. 填空题

(1) 软件需求是客户解决问题或达到目标所需条件或( )；系统或系统部件要满足合同、标准、规范或其他正式规定文档所需具有( )或权能；一种反映上面所述条件或权能的文档说明。

(2) 业务需求描述了组织为什么要开发一个系统，即组织希望达到的目标，也就是软件系统的( )。

(3) 用户需求描述的是用户的( )，即用户要求系统必须能完成的任务，或者说描述用户能使用系统做什么。

(4) 系统需求是为了满足需求而系统或系统成分必须满足或具有的( )或能力。

(5) 问卷调查有三种基本类型，即开放型回答、( )和混合型回答。

(6) 面谈包括结构化面谈、半结构化面谈和( )。

(7) 观察是通过查看专业人员的( )来获取需求的一种方法。

2. 判断题

(1) 业务目标偏抽象，强调行为的原因和意图。 ( )

(2) 业务目的偏具体，强调行为的结果。 ( )

(3) 面谈的类别包括封闭式面谈。 ( )

3. 简答题

(1) 制定业务目标需要符合的原则有哪些？

(2) 需求开发过程包括哪些活动？

(3) 试简要说明“FURPS+”需求模型。

4. 应用题

选择一个软件，如电商软件、租房或租车软件、游戏软件、餐饮软件、音乐软件、银行等行业软件，小组分工协作，调研其主要功能，记录每个功能的使用步骤、涉及的界面和数据。

ꕥ 第5章 ꕥ

需 求 建 模

需求建模是软件需求分析的一项重要工作，是在需求调研的基础上，在需求分析过程中采用软件建模工具建立需求模型的过程。

需求模型是通过建模语言描述软件需求的模型，描述软件的外部特性，包括软件能够给用户提供的功能和性能，分析模型、设计模型和测试模型均建立在需求模型的基础上。

5.1 系统用例图

5.1.1 系统边界

在系统尚未存在时，如何描绘客户需要什么样的系统？如何规范地定义系统需求？

可以把系统看作是一个黑箱，看它对外部的现实世界发挥什么作用，描述它的外部可见的行为。系统边界是系统的所有内部成分与系统以外各种事物的分界线，这个边界不是物理的边界，而是责任的边界，因为目前并不存在一个真实的软件系统，或者说，软件系统还没有被开发出来。如图5-1所示，系统只通过边界上的有限个接口与外部的系统参与者进行交互。

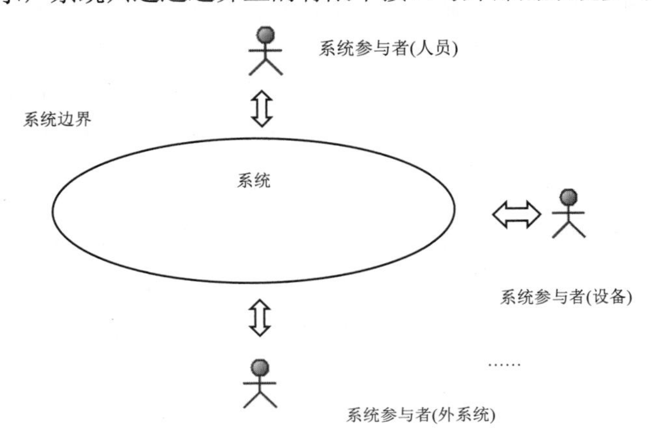

图5-1 系统的参与者、系统边界和系统

把系统内外的交互情况描述清楚了，就确切地定义了系统的功能需求。

现实世界中的事物与系统的关系包括如下几种情况：

(1) 某些事物位于系统边界之内，作为系统成分。例如，把商店中的商品抽象为商店销售管理系统内的类“商品”。

(2) 某些事物是与系统进行交互的参与者，系统中没有相应的成分作为它们的抽象表示，它们位于系统边界之外。例如，若在某超市收银系统中设置了“收款机”对象，该对象与超市中的收银员(位于系统边界外的参与者)交互，而不是在系统中设立相应的“收银员”对象，这意味着系统并不关注收银员本身的信息和功能，而只关注销售与收银。

(3) 有些事物可能既在系统内部有一个对象作为其抽象描述，而事物本身又在系统边界之外与系统进行交互。例如，超市中的收银员本身是现实中的人，作为系统参与者；在系统边界内又可能有一个“收银员”对象来模拟其行为或管理信息，作为系统成分。

(4) 某些事物属于问题域，但与系统责任没有关系，如超市中的保洁员，在现实中与超市有关系，但与所开发的系统“某超市收银系统”没有关系。这样的事物既不位于系统边界内，也与系统无关。

认识清楚了上述事物之间的关系，也就确定了系统边界。

5.1.2 系统参与者

系统参与者是在系统之外与系统交互的人、外部系统、设备或时间，系统边界之内的所有人和系统都不是系统参与者。一个系统参与者定义了一组在功能上密切相关的角色，当一个事物与系统交互时，该事物可以扮演这样的角色。

例如，超市里的每个具体的收银员要负责收银，可能还要负责检验购物车中商品的质量以及验证顾客的会员卡以给与优惠。这样，每个收银员可能要扮演 3 种在功能上紧密相关的角色。我们把这组角色定义为一个系统参与者，命名为“收银员”。所以，系统参与者的命名都是根据其角色来命名的。该系统参与者的一个实例就是扮演上述角色的一个具体的人。这个具体的人还可以扮演其他系统参与者(如商品供货员)的角色，这说明系统的用户可以扮演不同的系统参与者中的角色。

系统主参与者(primary actor)可以发出请求，要求系统提供服务，系统以某种方式对请求做出响应，把响应的结果返回给该系统参与者或者其他的系统参与者。系统也可以向系统参与者发出请求，系统参与者对此做出响应，这样的参与者被称为辅助参与者(secondary actor)。为了完成某个功能，系统参与者与系统之间的一组请求与响应可能是复杂的。

1. 人员

系统参与者一般是人员，人员会直接使用系统。这里强调的是直接使用，而不是间接使用。人员可能要启动、维护和关闭系统，更多的是人员要从系统中获得信息或向系统提供信息。特定的人员在系统中可以扮演不同参与者的角色，如对于使用银行系统的一个具体的人而言，他可能要扮演前台职员、经理或者顾客的角色。

2. 外部系统

所有与本系统交互的外部系统都是系统参与者。相对于当前正在开发的系统，外部系统可以是其他子系统、下级系统或上级系统，也可以是任何与它进行协作的系统。例如，顾客在超市购物的时候，可以采用第三方支付方式，如微信支付、支付宝支付或银行卡支付。对于超市的收银系统而言，在支付过程中，收银系统会向第三方支付系统(如微信、支付宝、银行系统等)发送消息，因此，第三方支付系统是系统参与者，如图 5-2 所示。

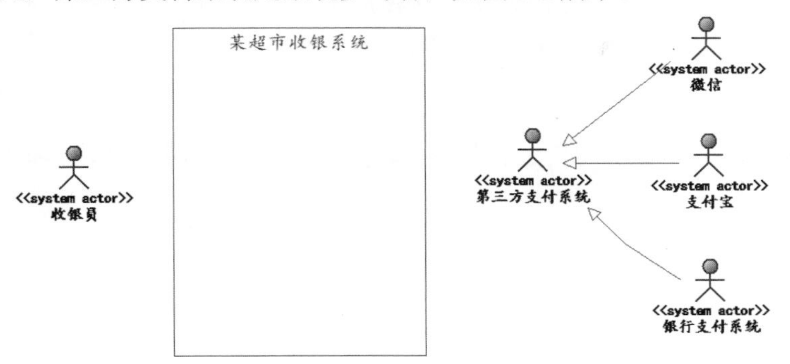

图 5-2 第三方支付系统是系统参与者

在图 5-2 中，收银员是主参与者，微信、支付宝和银行支付系统都是负责处理支付的不属于超市的第三方支付系统，是辅助参与者。这时，可以引入包含这些共同支付的一般参与者——第三方支付系统，并对微信、支付宝和银行支付系统进行特殊化处理，特殊参与者从一般参与者中继承执行这些支付的能力。

系统边界不同，系统参与者会随之变化。例如，机票购买者可以通过几种方式购买机票。如果机票购买者通过登录网站预订机票，则系统参与者是机票购买者，如图 5-3(a)所示。如果机票购买者通过呼叫中心，由人工坐席操作机票预定系统预订机票，则人工坐席是机票预定系统的参与者，而机票购买者是呼叫中心的参与者，如图 5-3(b)所示。如果机票购买者通过呼叫中心的自动语音提示预订机票，则呼叫中心是机票预定系统的参与者，如图 5-3(c)所示。如果扩大系统边界，呼叫中心成为机票预订系统的业务实体，则上述三种情况的参与者都是机票购买者，人工坐席则变成了业务工人，如图 5-3(d)所示。

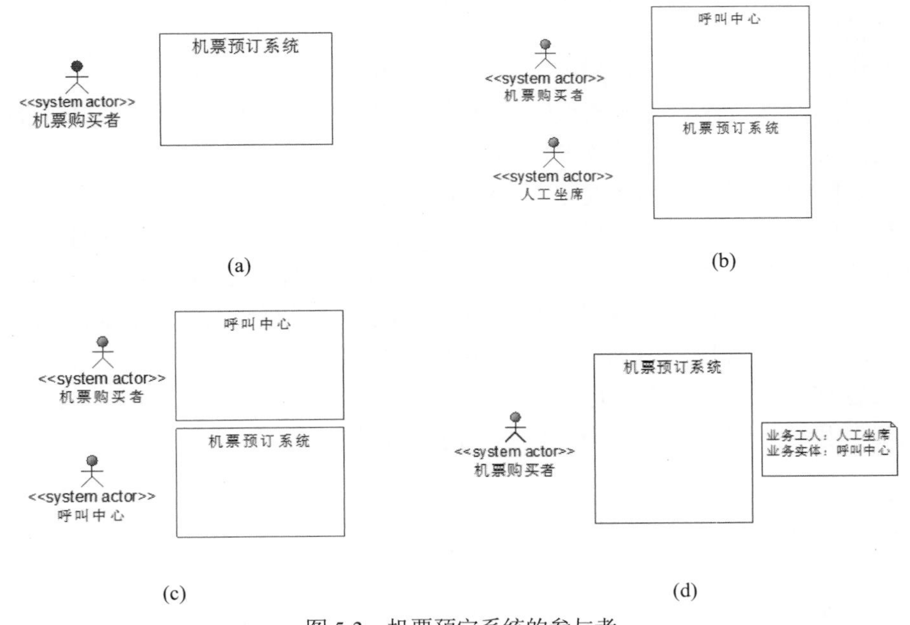

图 5-3 机票预定系统的参与者

3. 设备

设备可以成为系统参与者。这样的设备与系统相连并向系统提供外界信息，也可能是系统要向这样的设备提供信息，设备在系统的控制下运行。

4. 时间

时间可以成为系统参与者，如某公司每月按时发工资，这个用例的参与者就是时间，如图5-4所示。

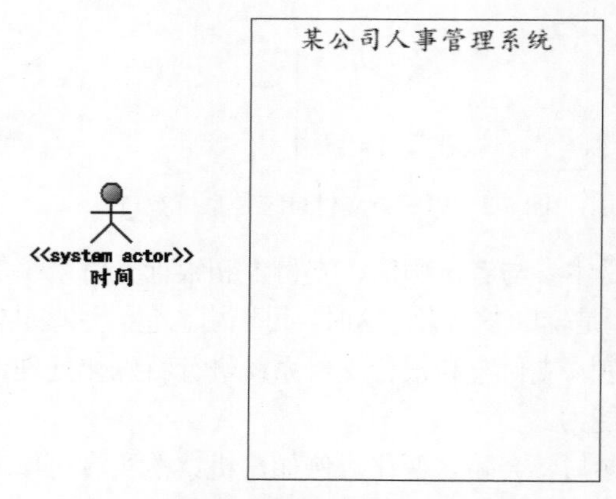

图5-4　时间是系统参与者

5.1.3　系统用例

1. 概念

系统用例描述系统的一个功能的一组动作序列，这样的动作序列表示系统参与者与系统间的交互，系统执行该动作序列为系统参与者产生结果。

从上述的定义可知：

(1) 使用系统用例来可视化、详述、构造和文档化所希望的系统行为。

(2) 系统用例与行为相关意味着系统用例所包含的交互在整体上组成一个自包含的单元，它以自身为结果，而无须有业务规定时间延迟。

(3) 系统用例必须由主参与者发起，由系统参与者监控，直至用例完成。

(4) 系统所产生的结果是指系统对系统参与者的动作要做出响应。可观察的返回值意味着系统用例必须完成一个特定的业务目标。如果系统用例找不到与业务相关的目标，则应该重新考虑该系统用例。系统用例是面向目标的，它们表示系统需要做什么，而不是怎么做。用例与技术无关，因此，它可以应用于任何应用程序体系结构或过程中。

(5) 系统用例的命名规则应该是“动词+名词”。

某超市收银系统中收银员“收款”的系统用例如图5-5所示。

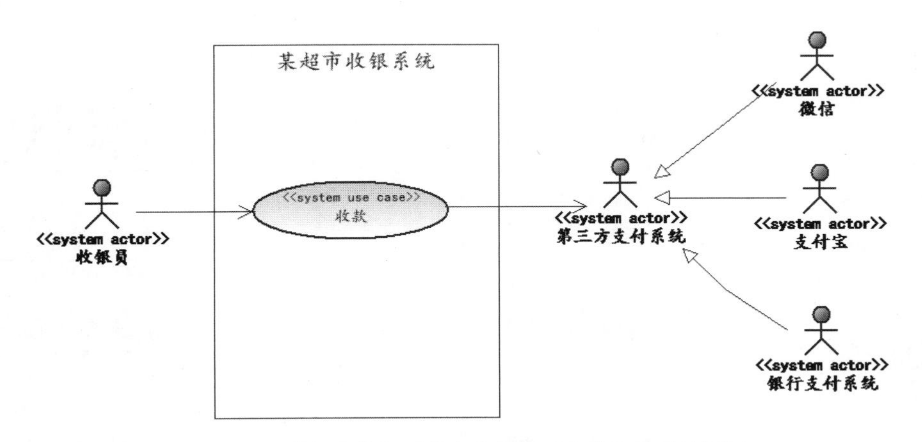

图5-5 某超市收银系统中收银员“收款”的系统用例

“收款”是收银员这个系统参与者使用某超市收银系统的一个功能，某超市收银系统在收款过程中会根据顾客的支付需求与微信、支付宝或者银行支付系统等第三方支付系统进行交互，完成收款功能。

某公司每月按时发工资的系统用例如图5-6所示。

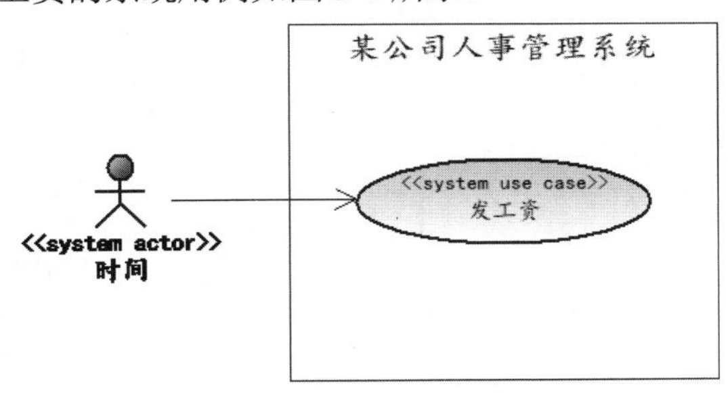

图5-6 某公司每月按时发工资的系统用例

在图5-6中，时间作为系统参与者，每月的固定时间一到，就会向系统发送请求，启动发工资的动作序列，执行“发工资”用例。

2. 系统用例与系统边界

系统边界不同，不仅系统参与者会随之变化，而且系统用例名也会不同。在机票预定系统中，如果机票购买者通过登录网站预订机票，则系统用例名是“网上预订机票”，如图5-7(a)所示。如果机票购买者通过呼叫中心，由人工坐席操作机票预订系统预订机票，则人工坐席的系统用例名是“预售机票”，而机票购买者的系统用例名是“人工呼叫预订机票”，如图5-7(b)所示。如果机票购买者通过呼叫中心的自动语音提示预订机票，则机票购买者的系统用例名是“自动语音预订机票”，呼叫中心的系统用例名仍然是“预售机票”，如图5-7(c)所示。如果扩大系统边界，呼叫中心成为机票预定系统的业务实体，则上述三种情况的参与者都是机票购买者，系统用例名分别是“网上预订机票”“人工呼叫预订机票”和“自动语音预订机票”，如图5-7(d)所示。

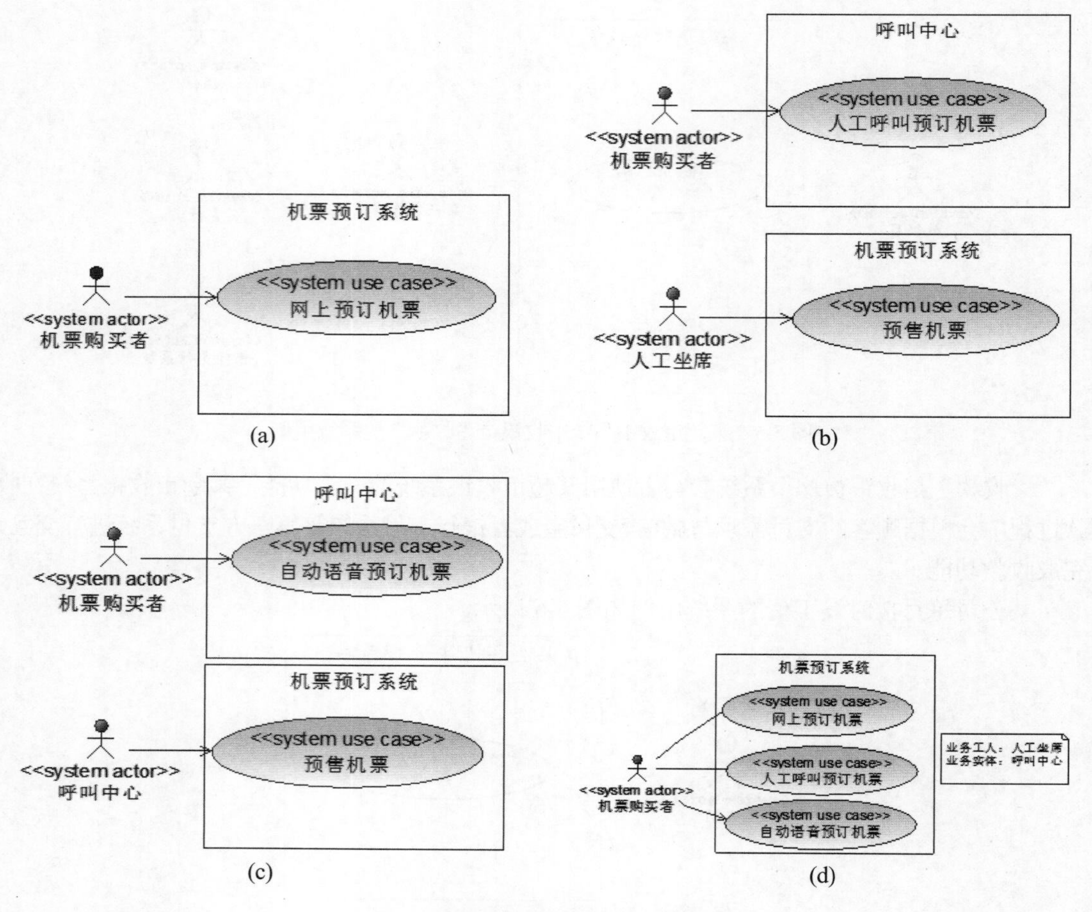

图 5-7　机票预订系统的系统用例图

系统参与者不同，系统用例的命名不同。在图 5-7 中，对机票购买者而言，系统用例名是“网上预订机票”“人工呼叫预订机票”“自动语音预订机票”，而对于人工座席或呼叫中心而言，系统用例名则是“预售机票”，因为人工座席和呼叫中心是销售机票的组织中的业务工人或业务实体。

3. 用例之间的关系

用例之间存在着 3 种关系：泛化、包含和扩展。这里没有使用系统用例，是因为无论是系统用例还是业务用例，都存在着这 3 种关系。

(1) 泛化

用例之间的泛化关系是从几个特殊用例中泛化出重复的行为，作为一般用例的行为。而特殊用例可以增加或覆盖一般用例的行为，特殊用例可以出现在一般用例出现的任何位置。在泛化关系中，一般用例和特殊用例都可以单独存在。用例之间的泛化关系如图 5-8 所示。

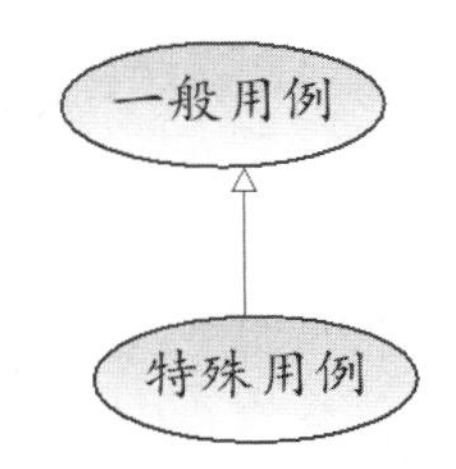

图 5-8 用例之间的泛化关系

(2) 包含

在两个或多个用例中经常存在重复的行为。为了避免重复，把重复的行为放在一个用例中，原有的用例(基用例)再引入该用例(包含用例)。这样就在用例间建立了包含关系。基用例中剩下的部分通常是不完整的，所以，基用例不能够单独存在，基用例依赖于包含用例，即包含用例是包含它的基用例的功能的一部分。具体地讲，从基用例到包含用例的包含关系表明：基用例在它的用例规约的某一位置显示地使用包含用例的行为的结果，而包含用例可以单独存在。用例间的包含关系如图 5-9 所示。

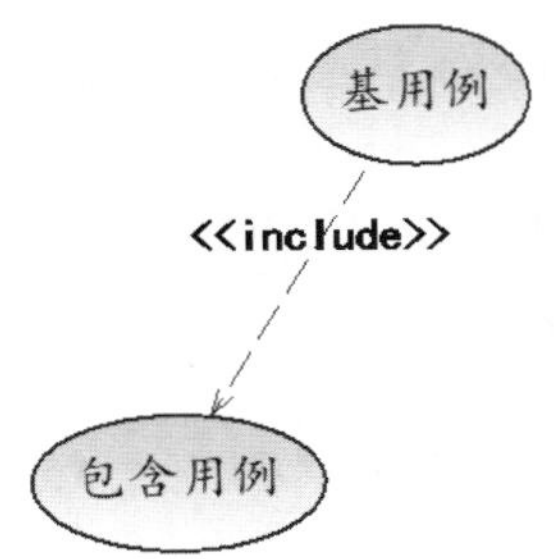

图 5-9 用例间的包含关系

建立包含关系的方法非常简单，即从具有共同活动序列的几个用例中抽取出公共动作序列，或在一个用例中抽取重复出现的公共动作序列，形成一个在几处都要使用的附加用例。这样，可以避免多次描述同一动作序列。当这个共同的序列发生变化时，这样做就显现出优势，即只需要在一个地方改动即可。一个用例可以包含多个用例，一个用例也可以被多个用例包含。

包含关系与泛化关系不同。在包含关系中，包含用例中的动作序列一定会在基用例中出现，并且不会有改变。如果改变了包含用例中的动作序列，几个基用例的动作序列都要改变。但在泛化关系中，特殊用例可以改变一般用例中的动作序列，并且不同的特殊用例对一般用例中的动作序列的改变会不同。

(3) 扩展

在一个或几个用例的用例规约中，有时存在着可选的系统行为的片段。若存在这种情况，可以从用例中把可选的行为描述部分抽取出来，放在另外一个用例(扩展用例)中，原来的用例(基用例)再用它扩展自己，解决候选路径的复杂性。在描述基本动作序列的基用例和描述可选动作序列的扩展用例之间就建立了扩展关系。具体地讲，从基用例到扩展用例的扩展关系表明：按基用例中指定的扩展条件，把扩展用例的动作序列插入到由基用例中的扩展点定义的位置。

基用例是可单独存在的，在一定条件下，它的行为还可以被另一个用例的行为扩展。扩展用例定义一组行为增量，扩展用例定义的行为离开基用例可能是没有意义的，即扩展用例不能单独存在。扩展用例中定义的各行为增量可以单独插入到基用例中，这与包含关系中包含用例要作为一个整体被包含是不同的。

一个扩展用例可以扩展多个基用例，一个基用例也可以被多个扩展用例扩展，甚至一个扩展用例也可以被其他扩展用例扩展。用例间的扩展关系如图 5-10 所示。

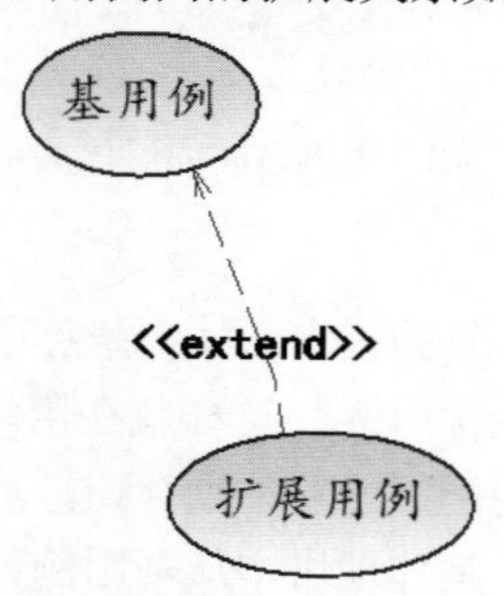

图 5-10　用例间的扩展关系

扩展点在用例扩展中起着判断的作用。具体地讲，一个扩展点是用例的一个位置，在这样的位置上，如果其上的扩展条件为真，就要插入扩展用例中描述的动作序列或其中的一部分，并予以执行。执行完后，其用例继续执行扩展点下面的行为。如果扩展条件为假，扩展不会发生。

可以把扩展点列在用例的题头为“扩展点”的分栏中，并以一种适当的方式(通常采用普通文本)，给出扩展点的描述(作为基用例规约中的标号)。扩展点表示法的示例如图 5-11 所示。

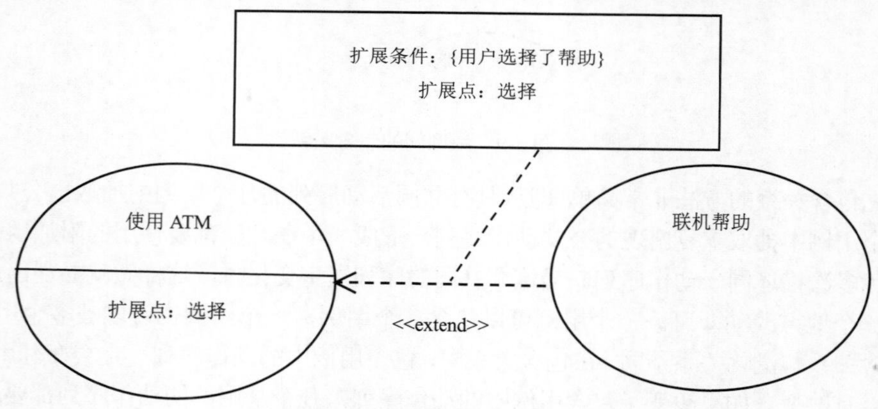

图 5-11　扩展点表示法的示例

在图 5-11 中，用例“使用 ATM”有一个扩展点“选择”。当用例“使用 ATM”的实例执行到扩展点“选择”所标识的位置时，若用户选择了“帮助”，该用例就借助这个扩展点以用例“联机帮助”来扩展自己。

若要在基用例中表述可选的交互行为，就可以使用扩展关系。用这种方式将可选行为分离出来，通过扩展关系在扩展点使用它们。在对例外处理建模时或对系统的可配置功能建模时，也可使用扩展关系。

(4) 案例分析

某房产中介的工作人员使用公司的管理系统处理售房和租房订单，这两个处理订单功能都需要处理支付。买房者和租客除了使用现金支付之外，还可以使用微信支付、支付宝支付或银行卡支付。在需求建模的时候，“处理售房订单”用例和“处理租房订单”用例包含“处理支付”用例，“处理支付”用例又扩展了“处理第三方支付”用例，而第三方支付又分为微信支付、支付宝支付和银行卡支付，所以“处理微信支付”“处理支付宝支付”和“处理银行卡支付”这三个用例与“处理第三方支付”用例之间是泛化关系。用例之间的关系示例如图 5-12 所示。

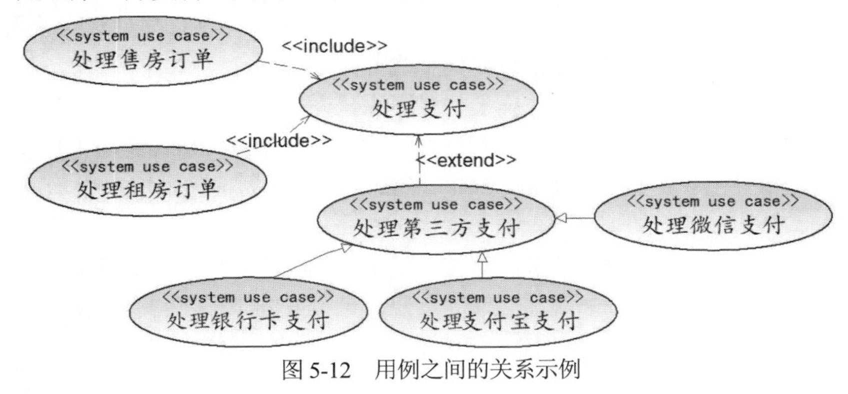

图 5-12　用例之间的关系示例

4. 获取系统用例

可以从以下几个方面获取系统用例。

(1) 从系统参与者的角度获取系统用例

系统用例用于描述系统参与者与系统之间的交互。作为交互的发起者，识别系统参与者的责任是寻找系统参与者与系统交互理由的良好基础。对所有的系统参与者提出下列问题：

① 每个系统参与者的任务是什么？

② 该系统参与者是否要获取或改变系统的什么信息？例如，系统参与者要把系统外部的变化通知给系统，或系统参与者希望系统把内部的变化或把预料之外的变化通知给自己。

③ 在交互过程中，系统参与者是怎样使用系统的服务来完成它们的任务以达到目标的？

④ 系统参与者参加了哪些在本质上不同的过程？

⑤ 哪些事件引起了系统参与者与系统的交互？

能完成特定功能的每一项活动明确是一个用例。

(2) 从系统功能的角度获取用例

完成一些功能的一组动作序列要描述在一个用例中。通常，以用例中的动作为线索能发现其他用例，下面是一些建议：

① 以穷举的方式考虑每个系统参与者要求系统提供什么功能，以及系统参与者的每一项输入信息要求系统做出什么反应，进行什么处理。

② 以穷举的方式检测用户对系统的功能需求是否已落实到了用例中。

③ 一个用例描述一项功能，但这项功能不能过大。例如，把一个企业管理信息系统粗略分为生产管理、供销管理、财务管理和人事管理等几大方面的功能，并分别把它们作为一个用例，粒度就太大了。实际上，凡是以“管理”来命名的都不是一个系统用例，而是几个用例的需求包。

④ 一个用例应该完成一个完整的任务，通常应该在一个相对短的时间内完成。如果一个用例的各部分被分配在不同的时间段，尤其是被不同的系统参与者执行，最好还是将各部分作为

单独的用例对待。

(3) 从业务流程中获取系统用例

需求建模人员以业务流程为基础，捕获由此产生的事件，记录事件清单。在对事件清单中的事件补充相应的细节后，分析表中的每个事件，以决定系统支持这个事件的方式，初始化这个事件的参与者，以及由于这个事件而可能触发的其他用例，并整理概括成系统用例。

实际上，所有的系统开发方法都是以时间概念开始建模的。事件发生在某一特定的时间和地点，可描述并且软件系统可以参与，需要记录下来。系统的所有处理过程都是由事件驱动或触发的。因此，当定义系统需求时，把所有事件罗列出来并加以分析，是需求建模人员获取需求的很好方法。事件清单的构成就是将与系统获得的相关行为描述抽取出来形成一个列表的过程。

当定义系统需求时，应先调查清楚能对该系统产生影响的事件。更准确地说，要明确什么事件发生时需要协调参与并做出响应。事件的发现，可以借助于项目背景中系统特性的描述，将重点集中在对用户具有核心价值的核心目标上，在此基础上询问对系统产生影响的事件。

通过询问对系统产生影响的事件，需求建模人员可以将注意力集中在外部环境上，遵循需求分析的目的是“做什么”，避免陷入“怎么做”的细节之中，应该把整个系统看作是一个黑盒。

需求建模人员在记录和抽取事件的过程中，分清事件的类别有助于更好地理解系统需要做出的响应和系统的职责。事件分为外部事件和内部事件两类。

① 外部事件：外部事件是系统之外发生的事件，通常由外部实体或动作参与者触发。为了识别外部事件，需求建模人员首先要确定所有可能需要从系统获取信息的参与者。例如，在BusyBee手游中，玩家就是一个典型的系统参与者，他通过手游设置关卡、音乐背景和音效，而系统必须响应玩家的设置请求，处理关卡、音乐背景和音效的设置。

当描述外部事件时，需要给事件命名，这样系统参与者才能明确触发的任务，同时将系统参与者需要进行的处理工作也包括进来。例如，“玩家设置关卡”描述了一个系统参与者(玩家)以及这个参与者想做的事情(设置关卡)，这一事件将直接影响系统需要完成的任务。

下面的描述有助于需求建模人员把握事件抽取的情形。当这些情景发生时，就产生了外部事件，需求建模人员就需要对这些情景进行记录。

- 系统参与者需要触发一个事务处理(过程)。
- 系统参与者想获取某些信息。
- 数据发生改变后，需要更新这些数据，以备相关人员使用。
- 管理部门想获取某些信息。

② 内部事件：内部事件是达到某一时刻时所发生的事件。许多信息需要系统预设在特定时间间隔内产生一些输出结果。例如，工资系统每月生成工资单，每个月的月底话费管理系统自动产生话费清单。有时输出结果是管理部门需要定期获得的报表，例如业绩报表、销售统计报表。这些是系统自动产生所需要的输出结果，而不需要用户进行操作和干预，也没有外部的系统参与者下达指令，系统会在需要的时候(用户指定的时间点上)自动产生所需的信息或其他输出。

下面的描述有助于需求建模人员提取要记录的内部事件：

- 所需的内部输出结果包括以下几点：管理部门报表(汇总或异常报表)、操作报表(详细的业务处理)、综述、状况报表。

- 所需的外部输出结果包括结算单、状况报表、账单、备忘录。

一般来说，在业务活动图中，一个业务活动就是一个事件。例如，从图 4-4 玩 BusyBee 游戏的业务活动图得到的事件如表 5-1 所示。

表 5-1　从玩 BusyBee 游戏的业务活动图得到的事件

序号	业务活动	事件
1	选择开始游戏	玩家选择开始游戏
2	选择游戏关卡	玩家选择游戏关卡
3	开始玩游戏	玩家开始玩游戏
4	选择下一关游戏	玩家选择下一关游戏
5	选择重新开始游戏	玩家选择重新开始游戏

第 1 个业务活动是玩家点击游戏图标，系统启动该游戏，应该不是系统用例。所以，不能够从第 1 个事件中得到系统用例。第 2 个业务活动是玩家选择游戏的关卡，是一个系统功能，所以，可以从第 2 个事件中得到一个系统用例，其系统参与者是玩家，而用例是“选择关卡”。第 3 个业务活动是玩家开始玩游戏，是一个系统功能，所以，可以从第 3 个事件中得到一个系统用例，其系统参与者是玩家，而用例是“开始游戏”。第 4 个业务活动是玩家选择下一关游戏，是一个系统功能，所以，可以从第 4 个事件中得到一个系统用例，其系统参与者是玩家，而用例是“选择关卡”。第 5 个业务活动是玩家重新开始玩游戏，是一个系统功能，所以，可以从第 5 个事件中得到一个系统用例，其系统参与者是玩家，而用例是“重新开始游戏”。

从图 4-4 玩 BusyBee 游戏的业务活动图中得到的系统用例如下：选择关卡、开始游戏和重新开始游戏。

5.2 系统用例规约

除了使用图形符号表示系统用例外，还应该对系统用例进行描述，写出系统用例规约，把不同级别的相关需求表达出来。书写系统用例规约可以使用自然语言、活动图和伪码，也可以使用用户自己定义的语言。无论使用什么形式，所描述的动作序列应该足够清晰，使得其他人员易于理解。书写动作序列时，应该反映出用例何时开始何时结束，系统参与者何时与用例交互，交换什么信息，以及该用例中的基本动作序列和可选动作序列等。

对于系统用例规约，应该注意以下几点：

(1) 尽管系统用例规约中描述的行为是系统级的，但所描述的交互中的动作应该是详细的，准则是对系统用例的理解不产生歧义即可。若描述过于概括，则不易认识清楚系统的功能。

(2) 系统用例规约中的一个动作应该描述系统参与者或系统要完成的交互中的一个步骤。

(3) 在系统规约中只描述系统参与者和系统彼此为对方直接做了什么事，不描述怎么做，也不描述间接做了什么。

(4) 系统用例描述的是系统参与者所使用的一个系统功能，该功能应该相对完整，也即应该保证系统用例是某一个功能的完整的规格说明，也不能只是其中一个片段。这就要求一个系统用例描述的功能既不能过大以至于包含太多的内容，也不能过小以至于仅包含完成一个功能的若干步骤。

(5) 在系统用例规约中，由系统参与者首先发起交互的可能性较大，但有些交互也可能是由系统首先发起的。例如，系统在发现某些异常情况时主动要求操作员干预，或者系统主动向设备发出操作指令。

(6) 针对用例规约的基本路径，要详尽地考虑其他的各种情况。

如果不能顺利地确定系统规约，可使用“观察业务流程和操作”的需求调研方法。该方法要求建模人员深入到现场去观察业务人员的工作，深入理解并记录具体的工作流程，形成用来说明完成特定功能的动作序列的场景(scenario)。场景应该关注具体的业务活动，要尽量详细。要确定出：谁是扮演者，它们做了什么事，它们做这些事的用意是什么，或者是什么原因要求它们做这些事。在描述场景时，还要指出其前驱和后继场景，并考虑可能发生的错误以及对错误的处理措施。通过建模人员的角色扮演活动，找出各个具体的场景，然后再把本质上相同的场景抽象为一个用例，如图 5-13 所示。

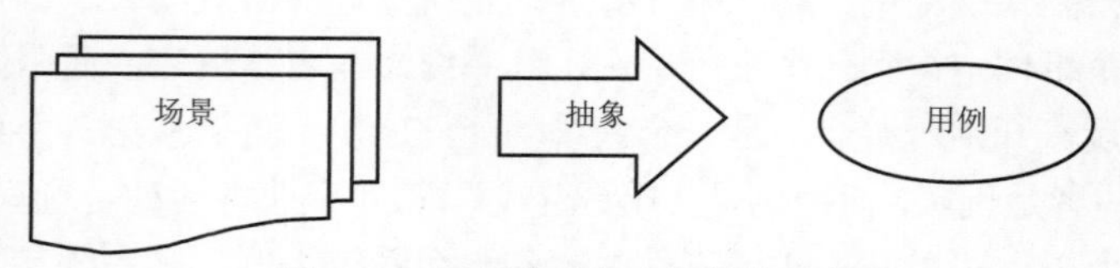

图 5-13　用例是对多个场景的抽象

从其他方面看，用例的一次执行也形成了一个场景。用例一次执行所经历的动作序列往往只是用例规约中的一部分。例如，在前面“收款”系统用例中，若某顾客在一次购物中购买的商品只有一件，就不执行“输入商品数量”这个动作。

5.2.1　系统用例规约形式

本书使用自然语言描述系统用例规约。系统用例规约有以下 3 种形式，它能够以不同的形式化程度或格式编写。

1. 摘要

即简洁的一段式概要描述，通常用于成功场景。在早期的需求分析过程中，为了快速了解主题和范围，经常使用摘要式用例规约，一般只要几分钟即可编写完成。玩 BusyBee 游戏的业务活动图中得到的系统用例的用例规约的摘要描述如表 5-2 所示。

表 5-2　从玩 BusyBee 游戏的业务活动图得到的系统用例的用例规约的摘要描述

序号	系统用例	摘要描述
1	选择关卡	玩家选择游戏的关卡
2	开始游戏	玩家开始玩游戏
3	重新开始游戏	玩家重新开始玩游戏

2. 非正式

非正式的段落形式，用几个段落覆盖不同的场景。一般也是在需求分析的早期使用。一般来说，非正式的用例规约包括用例编号、用例名称、简述、基本路径、扩展路径和字段列表。

3. 详述

详细编写所有步骤及各种变化，同时补充部分，如前置条件、后置条件、字段列表等。系统用例规约详述的模板如表5-3所示。

表5-3 系统用例的规约详述模板

序号	用例规约项	说明
1	用例编号	按照时间或优先级对用例进行编号
2	用例名称	以动词开始
3	参与者	主参与者和辅助参与者
4	简述	简要描述用例功能
5	前置条件	用例开始前系统满足的约束
6	后置条件	用例结束后系统满足的约束
7	基本路径	成功场景
8	扩展路径	成功或失败的替代场景
9	字段列表	用例中提交或输出的数据信息
10	非功能需求及设计约束	特殊需求以及数据库等设计约束

5.2.2 用例编号

用例编号是对系统用例进行组织的一种形式。一般来说，根据用例执行的时间先后顺序对用例进行编号。先执行的系统用例的编号在前，后执行的系统用例的编号在后。通过用例编号，可以了解哪些系统用例执行的时间在前，哪些系统用例执行的时间在后，也可以知道某个系统用例的前驱用例和后继用例。所谓的前驱用例就是在该系统用例之前执行的系统用例，所谓的后继用例就是在该系统用例之后执行的系统用例。

也可以按照系统用例的优先级进行编号，优先级高的系统用例的用例编号在前，优先级低的系统用例的用例编号在后。这样，在迭代-增量开发模型中，可以根据用例编号顺序选取每次增量开发的系统用例数量。

5.2.3 前置条件和后置条件

前置条件是系统用例开始前系统需要满足的约束，而后置条件是系统用例接受后系统需要满足的约束。前置条件和后置条件必须是系统能检测的。在“收银员→收款”用例中，系统无法检测顾客是否将商品交给收银员，系统也无法检测顾客是否带着零钱和商品离开收银台。前置条件必须是系统用例开始前系统能检测到的。在“收银员→收款”系统用例中，收银员开始收款的交互前，系统只知道收银员已经登录，所以“收银员已经登录”这个条件是系统能够检测到的。在“储户→取款”系统用例中，储户开始取款的交互前，系统不知道储户是谁，要取多少钱，所以“储户账户里有足够的金额”这个条件是无法检测的。

前置和后置条件都必须是约束，不是动作。“系统生成收银记录”是一个动作，不是条件，条件应该是“系统已生成收银记录”。

前置和后置条件一般使用完成语态或被动语态进行描述，如收银员已登录、收银结果被记录等。

前置后置条件要有系统的味道。“系统正常进行”“网络连接正常”等放之四海皆准的约束，和所研究的系统没有特定关系，不能作为前置后置条件，否则又将是一大堆正确而无用的废话。

5.2.4 书写路径步骤的注意事项

按照“交互四部曲”来书写用例规约。参与者和系统进行一个个回合的交互，直到达成目的。每个回合的步骤分为四类：请求、验证、改变、回应。

下面是“收银员→收款”的用例规约的基本路径：

1. 收银员请求收款。
2. 系统反馈收款界面。
3. 收银员提交商品信息。
4. 系统验证商品信息。
5. 系统反馈商品总价信息。
6. 收银员提交收银信息。
7. 系统验证收银信息。
8. 系统生成收银信息。
9. 系统反馈收款成功界面。

第 1 步系统参与者“收银员”向系统“请求收款”，启动该用例。第 2 步系统对参与者的请求进行响应，反馈“收款界面”。第 3 步收银员在收款界面上“提交商品信息”。这里应该注意，在第 3 步上并没有出现“在收款界面上”的文字，但读者可以从基本路径的上下文中知道，收银员是在收款界面上提交的商品信息。在用例规约中，不需要写出收银员是如何提交商品信息的，是手动输入一个个的商品信息，还是通过扫描商品的条形码提交商品信息。并且，也不需要写出具体提交了商品的哪些信息。具体提交的商品信息在字段列表中列出。收银员提交商品信息后，第 4 步系统“验证商品信息”，第 5 步系统“反馈商品总价信息”。下一步是顾客根据收银员给出的总价信息进行支付，支付的方式有多种，基本路径是顾客支付现金。当收银员收到现金后，第 6 步“收银信息”，第 7 步“验证收银信息”、第 8 步“生成收银信息”、第 9 步“反馈收款成功界面”，包括要找付顾客的零钱。顾客收到零钱和支付凭据后，带着商品离开，收款结束。

在第 6 步，由于支付方式的不同，会出现扩展路径，如下所示：

6a. 顾客选择微信支付，收银员扫描顾客微信二维码，或顾客使用微信二维码扫描系统支付接口。

6b. 顾客选择支付宝支付，收银员扫描顾客支付宝二维码，或顾客使用支付宝二维码扫描系统支付接口。

6c. 顾客选择银行卡支付，收银员扫描顾客银行卡。

在最后 1 步，即第 9 步有一个扩展路径，是“收款”用例失败的情况：

9a. 系统反馈收款失败界面。

在用例规约中，应该使用主动语句描述系统或参与者的责任。例如，“系统从顾客处获取微信二维码”的描述是错误的，正确的描述方法应该是“顾客提交微信二维码”。不应该使用被动语句描述责任，如“账户名和密码被验证”。正确的写法是“系统验证账户名和密码”。

在基本路径和扩展路径中，主语只能是主参与者或者是系统。书写系统用例规约，就是把系统看作一个黑箱，描述它对外提供的功能和约束。例如，参与者请求前端系统做某事，前端系统请求后端系统做某事，或者参与者请求客户端做某事，客户端请求服务器做某事。无论是前端或后端，还是客户端或服务器，都是系统架构设计的概念，把系统分为前端和后端或者客户端和服务器。在需求的时候只需要把系统看作是一个黑箱，不需要知道系统内部是如何工作的。

另外，在描述基本路径和扩展路径时，应该使用核心域概念来描述，不要涉及技术术语，或者是交互设计的细节。例如，“系统建立连接，打开连接，执行 SQL，查询商品”的描述是错误的，因为涉及技术。正确的描述是“系统根据查询条件搜索商品”。又例如，收银员从下拉框中选择商品类型、顾客在文本框中输入查询条件、收银员单击“确定”按钮等，都是错误的。这些界面细节很可能不是需求，只是开发人员选择的解决方案——设计，应该把它们删掉，然后问“为什么”。需求是问“不这样行吗”，而不是问“这样行吗”。

5.2.5 字段列表

字段列表主要用来描述系统参与者提交的具体信息，或者系统界面上输出的具体信息。例如，在“收银员→收款”用例规约基本路径的第 3 步“收银员提交商品信息”，系统界面上会显示出具体的商品信息，如下所示：

3. 商品=商品名称+商品价格+商品数量

前面的数字 3 表示是在基本路径的第 3 步，“商品”表示信息的名字，以后是类的名字。这里要注意，信息的名字应该简洁、有意义。在命名方面，“商品”比“商品信息”好，“订单”比“订单信息”好。有些技术人员以用例名字来命名信息名，如登录信息、注册信息，这是不对的。实际上，注册用例和登录用例都是处理同一个信息，只不过登录用例是读该信息，而注册用例是要生成该信息。没有注册用例生成一个信息，登录用例就不能使用该信息进行登录。因此，登录用例的前置条件是系统参与者已经在系统中注册了。注册用例的结果是登录用例的前置条件。

5.2.6 非功能需求及设计约束

如果有与系统用例相关的非功能性需求和设计约束，以及质量属性，那么，应该写入用例规约，如：可用性、可靠性、性能、安全性、兼容性、可维护性、运营需求和设计约束。下面是一些例子：

(1) 在 95%的故障中，系统最多需要 20 秒重启。(可用性)

(2) 支持离线录入。(可靠性)

(3) 在网络畅通时，电子地图的刷新时间不超过 10 秒。(性能)

(4) 用户经过身份认证和授权。(安全性)

(5) 系统应支持多种浏览器。(兼容性)

(6) 普通修改一天内完成。(可维护性)

(7) 支持多重外部接口。(运营需求)

(8) 用 SQL Server 2008 数据库保存数据，因为客户已经采购了许多 SQL Server 2008 数据库，如果不用，成本就会增加。(设计约束)

5.3 跟踪与变更需求

5.3.1 需求跟踪

需求跟踪的目的是建立和维护从客户需求开始到测试之间的一致性与完整性，确保所有的实现是以客户需求为基础，对于需求实现全部覆盖。同时确保所有的输出与用户需求的符合性。

需求跟踪有两种方式：

1. 正向跟踪

以客户需求为切入点，检查需求规格说明中的每个需求是否都能在后继工作产品中找到对应点。

2. 逆向跟踪

检查设计文档、代码、测试用例等工作产品是否都能在需求规格说明中找到出处。

正向跟踪和逆向跟踪合称为“双向跟踪”。不论采用何种跟踪方式，都要建立与维护“需求跟踪矩阵”。需求跟踪矩阵保存了需求与后续开发过程输出的对应关系。矩阵单元之间可能存在“一对一”“一对多”或“多对多”的关系。

5.3.2 需求变更

需求变更通常会对项目的进度、人力资源产生很大的影响，这是开发商非常畏惧的问题，也是需要面临与处理的问题。作为软件项目，特别在外地实施的工程软件项目而言，需求发生若干次变更似乎是不可避免的。

1. 需求发生变更的原因

需求发生变更的原因主要有：

(1) 随着项目生命周期的不断往前推进，开发方和客户方对需求的了解越来越深入。原先提出的需求可能存在一定的缺陷，因此要变更需求。

(2) 业务需求发生了变化，原先的需求可能跟不上当前的业务发展，因此要变更需求。如果在项目开发的初始阶段，开发方和客户方没有搞清楚需求或者搞错了需求，到了项目开发后期才纠正需求，导致需要重新开发产品的部分内容。因此，双方应当好好反省，认真学习需求开发和管理的方法，避免再犯相似的错误。

开发方和客户方提出需求变更，都是为了让使产品更加符合市场或客户需求，出发点本身是好的。但对于开发方而言，需求的变更则意味着要重新估计，调整资源、重新分配任务、修改前期工作产品等；而作为开发方，则需要增预算与投资，并为此付出较重的代价。假定每次需求变更请求都被接受的话，这个项目将会成为一个连环式的工程。

2. 需求变更控制的动机

需求变更控制的动机是：如果需求变更带来的好处大于坏处，那么允许变更，但必须按照已定义的变更规程执行，以免变更失去控制；如果需求变更带来的坏处大于好处，那么拒绝变更。

当然，好处与坏处并不是主观的，而是通过客观的分析与评价得出的。对于需求的变更，从某一个程度上说，也就是项目的范围进行了变化。而需求同时又是项目进行的基础，是非常重要的基石。通常对于需求的变更需要客户与开发方共同参与，包括负责人及市场人员。当然，需要根据变更的内容来灵活运用。

需求变更控制过程中最难的事情是“拒绝客户提出的需求变更请求”。客户会想当然地以为变更需求是他的权利，因为他付钱给开发方。通常情况下开发方是不敢得罪客户的，但是无原则地退让将使开发小组陷入困境。开发方的负责人需要一些社交技巧来减缓矛盾。例如，首先承认客户提出的需求变更请求是合理的，再阐述己方的难处，最后建议在开发该产品新版本时修改需求。这种方式比直接拒绝有效得多，既不得罪客户，又为自己争取了余地。另外还有一种方法，可以将变更需求先进行记录下来，并通知给客户，当其需求变化在开发组不能接受的范围时，可以进行相关的协调。

需求变更本是正常的，并不可怕，可怕的是需求的变更得不到控制。

5.4　案例分析

5.4.1　从需求调研中提取系统用例

进行需求建模的第1步是从需求调研中提取系统用例。一是从业务流程图中提取系统用例，例如，在图4-6的“玩BusyBee游戏”的业务活动图中，可以得到如下的系统用例：选择关卡、开始游戏和重新开始游戏。二是从软件的调研文档中提取系统用例。例如，从使用原BusyBee游戏可知，有如下的系统用例：选择关卡、开始游戏、暂停游戏、重新开始游戏、游戏胜利、游戏失败、游戏评级、社交分享、重置游戏、设置音乐、设置音效和介绍音乐背景等。

一般来说，可以分别从以上两个途径提取系统用例，然后进行分析、筛选，得到系统用例。分析、综合从BusyBee游戏的业务活动图中得到的系统用例和从使用原BusyBee游戏得到的系统用例，可知BusyBee手游的系统用例为：选择关卡、开始游戏、暂停游戏、重新开始游戏、游戏胜利、游戏失败、游戏评级、社交分享、重置游戏、设置音乐、设置音效和介绍音乐背景等。

得到系统用例之后，应该分析每个系统用例的系统参与者。例如，对于BusyBee游戏而言，系统参与者只有一个，是业务参与者玩家。

最后，使用系统用例图建模系统需求。BusyBee手游的系统用例图如图5-14所示。

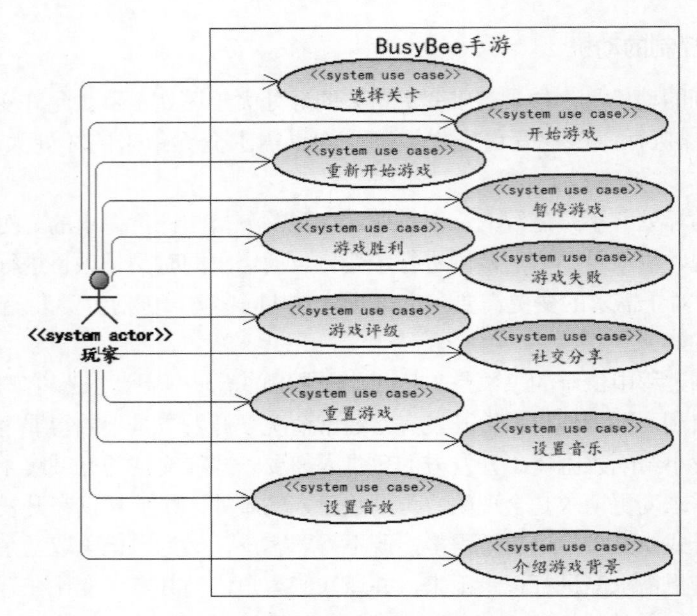

图 5-14　BusyBee 手游的系统用例图

5.4.2　书写系统用例规约

在书写系统用例规约的时候，基本路径和扩展路径可以以功能调研中的使用步骤为基础，进行规范化，如图 4-5 关于 BusyBee 手游中开始游戏功能的使用步骤如下：

(1) 玩家点击游戏界面的开始按钮(位于图 1 界面右下角)。

(2) 蜜蜂从静止状态变为飞行状态，开始按钮变为跳转按钮(位于图 2 界面的右下角)。

从使用步骤的第 1 步得到基本路径的第 1 步：1.玩家请求开始游戏。其中，“玩家点击游戏界面的开始按钮”就是“玩家请求开始游戏”。而使用步骤的第 2 步应该是该功能的结果，即基本路径的第 4 步：4.系统反馈开始游戏成功界面。而第 2 步应该是系统要响应第 1 步的请求，对请求进行验证。第 3 步应该要改变蜜蜂的状态信息，所以“开始游戏”功能系统用例规约的基本路径如下：

1. 玩家请求开始游戏。
2. 系统验证开始游戏请求。
3. 系统改变蜜蜂的状态。
4. 系统反馈开始游戏成功界面。

而该用例是系统的第 2 个用例，所以用例编号为 UC02(因为系统用例数是 12)。前置条件是：玩家已经选择了关卡，后置条件是：蜜蜂已处于飞行状态。

扩展路径是：4a. 系统反馈开始游戏失败界面。

从调研的数据项可知，字段列表如下：

4. 蜜蜂=蜜蜂图片文件+蜜蜂初始坐标+蜜蜂飞行速度+蜜蜂飞行方向

其中，“4”表示该数据出现在基本路径的第 4 步。

由非功能需求可知，性能是：4.蜜蜂从静止状态变为飞行状态的时间在 2 秒之内。其中，“4”表示基本路径的第 4 步。

1. 用例规约的非正式形式

“开始游戏”系统用例规约的非正式形式如下所示：

用例编号：UC02。

用例名称：开始游戏。

简述：玩家开始玩游戏，蜜蜂处于飞行状态。

基本路径：

1. 玩家请求开始游戏。
2. 系统验证开始游戏请求。
3. 系统改变蜜蜂的状态。
4. 系统反馈开始游戏成功界面。

扩展路径：

4a. 系统反馈开始游戏失败界面。

字段列表：

4. 蜜蜂=蜜蜂图片文件+蜜蜂初始坐标+蜜蜂飞行速度+蜜蜂飞行方向

2. 用例规约的详述形式

“开始游戏”系统用例规约的详述形式如下所示：

用例编号：UC02。

用例名称：开始游戏。

参与者：玩家。

简述：玩家开始玩游戏，蜜蜂处于飞行状态。

前置条件：玩家已经选择了关卡。

后置条件：蜜蜂已处于飞行状态。

基本路径：

1. 玩家请求开始游戏。
2. 系统验证开始游戏请求。
3. 系统改变蜜蜂的状态。
4. 系统反馈开始游戏成功界面。

扩展路径：

4a. 系统反馈开始游戏失败界面。

字段列表：

4. 蜜蜂=蜜蜂图片文件+蜜蜂初始坐标+蜜蜂飞行速度+蜜蜂飞行方向

非功能需求及设计约束：

4. 蜜蜂从静止状态变为飞行状态的时间在2秒之内。

5.4.3 “58同城”注册系统用例规约

1. 非正式形式

用例编号：UC04。

用例名称：注册。

简述：顾客注册成为“58 同城”的会员。

基本路径：

1. 顾客请求注册
2. 系统反馈注册界面
3. 顾客提交注册信息
4. 系统验证注册信息
5. 系统生成顾客信息
6. 系统反馈注册成功界面

扩展路径：

3a. 如果顾客输入动态码后没有及时提交注册信息，系统显示“动态码超时，请重新获取动态码”。

3b. 如果顾客已经注册过，系统显示“已经注册过了，请进行登录”。

3c. 如果顾客想重新获取输入动态码，可以重新获取验证码。

3d. 如果顾客输入的用户名格式不对，系统显示“用户名格式错误”。

3e. 如果顾客输入的密码格式不对，系统显示“密码格式错误”。

3f. 如果密码和确认密码不一致，系统显示“密码不一致”。

3g. 如果顾客没有选择用户使用协议及隐私政策，系统显示“请选择用户使用协议及隐私政策”。

6a. 系统反馈注册成功界面。

字段列表：

3. 顾客=手机号+用户名+密码

2. 详述形式

用例编号：UC04。

用例名称：注册。

参与者：顾客。

简述：顾客注册成为“58 同城”的会员。

前置条件：无。

后置条件：顾客注册成功。

基本路径：

1. 顾客请求注册
2. 系统反馈注册界面
3. 顾客提交注册信息
4. 系统验证注册信息
5. 系统生成顾客信息
6. 系统反馈注册成功界面

扩展路径：

3a. 如果顾客输入动态码后没有及时提交注册信息，系统显示“动态码超时，请重新获取动态码”。

3b. 如果顾客已经注册过，系统显示“已经注册过了，请进行登录”。

3c. 如果顾客想重新获取输入动态码，可以重新获取验证码。

3d. 如果顾客输入的用户名格式不对，系统显示“用户名格式错误”。

3e. 如果顾客输入的密码格式不对，系统显示“密码格式错误”。

3f. 如果密码和确认密码不一致，系统显示“密码不一致”。

3g. 如果顾客没有选择用户使用协议及隐私政策，系统显示“请选择用户使用协议及隐私政策”。

6a. 系统反馈注册失败界面。

字段列表：

3. 顾客=手机号+用户名+密码

非功能需求及设计约束：

3. 用户名为4~20个字符，支持汉字、字母、数字及以上组合。

3. 密码为8~16个非连续或重复的字符。

注册用例的编号是 UC04，因为在注册之前，顾客可以分类浏览商品、浏览商品详情和搜索商品。“58 同城”本质上是一个电商网站，不会强制要求顾客必须注册之后才能够浏览、搜索商品，而应该给顾客更多的选择和自由，增加顾客的黏度。

5.5 习题

1. 选择题

(1) 以下属于系统参与者的是(　　)。

A. 人员　　B. 时间　　C. 设备　　D. 外部系统

(2) (　　)是可用性的非功能需求。

A. 在95%的故障中，系统最多需要20秒重启

B. 离线录入支持

C. 系统支持多种浏览器

D. 普通修改一天内完成

2. 填空题

(1) 可以从以下几个方面获取系统用例：从系统参与者的角度获取系统用例、从系统功能的角度获取用例、(　　)。

(2) 系统用例规约有以下3种形式：摘要、非正式和(　　)。

(3) 前置条件是系统用例(　　)系统需要满足的约束，而后置条件是系统用例(　　)系统需要满足的约束。

(4) 需求跟踪的目的是建立和维护从客户需求开始到测试之间的一致性与(　　)。

(5) 需求跟踪有两种方式：正向跟踪和(　　)。

(6) 需求变更控制的动机是：如果需求变更带来的好处大于坏处，那么允许变更，但必须按照(　　)执行，以免变更失去控制；如果需求变更带来的坏处大于好处，那么拒绝变更。

3. 判断题

(1) 系统参与者和系统之间存在明确的边界，这个边界是物理的边界。(　　)

(2) 向系统发出请求的系统参与者是辅助参与者。(　　)

(3) 对系统请求做出响应的参与者是主参与者。(　　)

(4) 系统用例必须由主系统参与者发起。(　　)

(5) 一个系统参与者可以和多个系统用例交互。(　　)

(6) 多个系统参与者可以与一个系统用例交互。(　　)

(7) 在泛化关系中一般用例不可以单独存在。(　　)

(8) 在泛化关系中特殊用例可以单独存在。(　　)

(9) 在包含关系中基用例能够单独存在。(　　)

(10) 在包含关系中包含用例能够单独存在。(　　)

(11) 在扩展关系中扩展用例不可以单独存在。(　　)

(12) 前置条件和后置条件必须是系统能检测的。(　　)

(13) 前置和后置条件都必须是约束，不是动作。(　　)

(14) 用户经过身份认证和授权是可靠性非功能需求。(　　)

4. 简答题

(1) 现实世界中的事物与软件系统的关系有哪几种情况？

(2) 需求发生变更的原因主要有哪些？

5. 应用题

整理需求调研，小组分工协作，画出电商软件、租房或租车软件、游戏软件、餐饮软件、音乐软件或银行等行业软件中某个软件的系统用例图，写出主要系统用例非正式形式和详述形式的用例规约。

第6章 分 析

面向对象分析(objected-oriented analysis，OOA)就是使用对象、类、关联、泛化、聚合、组合、消息通信、行为分析等概念和原则进行建模。面向对象分析模型分为静态模型和动态模型。静态模型一般使用类图表示，分为领域类图和分析类图。动态模型一般使用活动图、状态图或者序列图来建模。动态模型是系统化地分析系统用例的场景的结果。

面向对象分析的过程如图 6-1 所示。

图 6-1 面向对象分析的过程

(1) 发现对象。这是面向对象分析的起点，可以从系统用例规约中发现对象。发现对象是对事物进行抽象的过程，只抽象出当前开发软件系统所需要的对象和对象的信息。

(2) 对象分类。有了对象之后，将对象分类，这是降低复杂性，提高复用的方法，也是为了更好地认识问题、解决问题。

(3) 定义类的属性。即确定类的属性。对象的属性大部分成为类的属性。

(4) 确定类之间的关系。使用 UML 中的关系，如泛化、关联、聚合、组合、依赖和实现确定类之间的关系。

(5) 定义类的方法。定义类的方法属于动态建模，主要通过系统用例规约使用活动图或序列图等建模对象间的交互，从而为类设计方法。建立系统用例的动态图和分析类图是动态建模的两个主要任务。

6.1 发现对象

6.1.1 从系统用例规约中发现对象

下面介绍如何从系统用例规约中发现对象。一般来说，可以从以下方面去发现对象。

1. 考虑系统边界

考虑系统边界，可发现一些通过接口与系统参与者进行交互的对象。计算机系统建立之后，人员和设备是在系统边界之外与系统进行交互的参与者，系统中需要设立相应的对象处理系统与这些实际的人和设备进行交互。例如，在一个超市收银系统中，收款机可作为系统的一个类，作为参与者的收银员与之交互。

2. 考虑系统责任

考虑系统责任，侧重于系统责任范围内的每一项职责都应落实到某个(些)对象来完成，即对照系统责任所要求的每一项功能，查看是否可以由现有的对象完成这些功能。如果发现某些功能在现有的任何对象中都不能提供，则可启发人们发现某些遗漏的对象。

3. 利用名词、代词和名词短语

可利用用例规约中的名词、代词和名词短语来发现对象。例如，用单个的专有名词(他、她、我的工作站、我的家)以及直接引用的名词(第六个参赛者、第一百万次购买)发现对象，用复数名词(人们、顾客、开发商、用户职员)以及普通名词(参赛者、顾客、职员、计算机)发现对象。

除了从基本路径中利用名词、代词和名词短语去发现对象，还可以从扩展路径、前置条件、后置条件、字段列表等方面利用名词、代词和名词短语去发现对象。

6.1.2 对象的筛选

发现对象之后，应该对对象进行筛选。

1. 冗余

如果两个对象表达了同样的信息，则应保留最富有描述力的名词。例如，“课程”和“课程的详细信息”，选择简洁的“课程”作为对象。再如，用户能够被学生、教师完全涵盖，故删除用户。

2. 无关

现实世界中存在许多对象，不能把它们都纳入到系统中去，仅需把与本问题密切相关的对象放进目标系统中。有些问题可能很重要，但与当前要解决的问题无关，同样也应该把它们删掉。例如，在教学管理系统中，并不处理学生成绩分析的问题，所以，应该删除“成绩分析”这个对象。

3. 笼统

在用例规约中常常使用一些笼统的、泛指的名词，虽然在初步分析时把它们作为候选的对象列出来，但是，要么系统无须记忆有关它们的信息，要么在需求规约中有更明确更具体的名词对应它们所暗示的事务，因此，通常把这些笼统的或模糊的对象去掉。例如，在 ATM 系统中，“银行”实际指总行或分行，“访问”实际指事务，“信息”的具体内容会在后面的规约中指明。因此，这些对象应被删掉。

4. 属性

在需求规约中有些名词实际上是其他对象的属性，应该把这些名词从候选对象中去掉。当然，如果某个性质具有很强的独立性，则应把它作为对象而不是属性。例如，在教学管理系统中，“课程学分”应该作为属性来对待。

5. 操作

在需求规约中有时可能使用一些既可以作为名词，又可以作为动词的词，应该慎重考虑它们在本问题中的含义，以便正确地决定把它们作为对象还是作为对象的操作，例如，在POS机系统中，在储户付款时，把“支付”当作动词，作为“储户”对象的操作。在储户查阅自己的支付记录时，把“支付”作为一个对象。

6.1.3 案例分析一：BusyBee手游的“开始游戏”系统用例

1. 发现对象

“开始游戏”系统用例规约的详述形式如下所示：

用例编号：UC02。

用例名称：开始游戏。

参与者：玩家。

简述：玩家开始玩游戏，蜜蜂处于飞行状态。

前置条件：玩家已经选择了关卡。

后置条件：蜜蜂已处于飞行状态。

基本路径：

1. 玩家请求开始游戏
2. 系统验证开始游戏请求
3. 系统改变蜜蜂的状态
4. 系统反馈开始游戏成功界面

扩展路径：

4a. 系统反馈开始游戏失败界面

字段列表：

4. 蜜蜂=蜜蜂图片文件+蜜蜂初始坐标+蜜蜂飞行速度+蜜蜂飞行方向

非功能需求及设计约束：

4. 蜜蜂从静止状态变为飞行状态的时间在2秒之内。

(1) 考虑系统边界

从用例规约的基本路径的第1步“玩家请求开始游戏”可知，系统应该提供一个界面让系统参与者玩家“请求开始游戏”，将该界面称为用例的请求界面。系统用例是“开始游戏”，该用例的请求界面应该是游戏的第1个界面，所以，命名该用例的请求界面为“游戏首界面”。

从基本路径第4步“系统反馈开始游戏成功界面”可知，该用例的成功界面是“开始游戏成功界面”。从扩展路径 4a“系统反馈开始游戏失败界面”可知，该用例的失败界面是“开始游戏失败界面”。

综上所述，“开始游戏”用例有三个界面对象，分别是请求界面“游戏首界面”、成功界面“开始游戏成功界面”和失败界面“开始游戏失败界面”。

(2) 考虑系统责任

从用例规约的基本路径第2步“系统验证开始游戏请求”可知，系统责任是“验证开始游戏请求”，该责任应该属于验证对象，命名验证对象为“开始游戏验证对象”，即用例名+验证对象。

从用例规约的基本路径第 3 步“系统改变蜜蜂的状态”可知，系统责任是“改变蜜蜂的状态”，该责任应该属于改变对象，命名改变对象为“开始游戏改变对象”，即用例名+改变对象。

综上所述，从系统责任的角度发现 2 个对象：开始游戏验证对象和开始游戏改变对象。

(3) 用名词、代词和名词短语

将用例规约中的名词、代词和名词短语使用下划线标注出来，如下所示：

用例名称：开始游戏。

参与者：玩家。

简述：玩家开始玩游戏，蜜蜂处于飞行状态。

前置条件：玩家已经选择了关卡。

后置条件：蜜蜂已处于飞行状态。

基本路径：

1. 玩家请求开始游戏
2. 系统验证开始游戏请求
3. 系统改变蜜蜂的状态
4. 系统反馈开始游戏成功界面

扩展路径：

4a. 系统反馈开始游戏失败界面

字段列表：

4. 蜜蜂=蜜蜂图片文件+蜜蜂初始坐标+蜜蜂飞行速度+蜜蜂飞行方向

非功能需求及设计约束：

4. 蜜蜂从静止状态变为飞行状态的时间在 2 秒之内。

由上面的标注可知，从用例名中发现对象“游戏”。用例名的命名规则是动词+名词，所以，一般而言，用例名应该有一个对象。从简述中发现两个对象：蜜蜂和飞行状态。从系统参与者发现对象“玩家”，从前置条件中发现对象“关卡”。从基本路径第 2 步发现对象“系统”。从基本路径第 3 步发现对象“状态”。从基本路径第 4 步发现对象“开始游戏成功界面”，从扩展路径 4a 发现对象“开始游戏失败界面”。而这两个对象在前面已经被发现了，这里可以删掉。从字段列表中发现了对象：蜜蜂图片文件、蜜蜂初始坐标、蜜蜂飞行速度、蜜蜂飞行方向。

另外，只标注第一次发现的对象。综上所述，利用名词、代词和名词短语发现了以下对象：游戏、玩家、蜜蜂、飞行状态、关卡、系统、状态、蜜蜂图片文件、蜜蜂初始坐标、蜜蜂飞行速度、蜜蜂飞行方向。

综上所述，发现的对象包括：游戏首界面、开始游戏成功界面、开始游戏失败界面、开始游戏验证对象、开始游戏改变对象、游戏、玩家、蜜蜂、飞行状态、关卡、系统、状态、蜜蜂图片文件、蜜蜂初始坐标、蜜蜂飞行速度、蜜蜂飞行方向。

2. 筛选对象

(1) 冗余

飞行状态和状态实际上指的是同一个对象，并且是蜜蜂对象的属性，有一个对象是冗余的，这里保留状态，删除飞行状态。开始游戏改变对象的责任是改变游戏的状态，而状态属性保存在游戏对象中，只有游戏对象才能够改变自身的状态，所以，开始游戏改变对象和游戏是同一个对象，有一个对象是冗余的，这里保留游戏，删除开始游戏改变对象。

(2) 无关

从“开始游戏”系统用例规约中没有发现无关的对象。

(3) 笼统

系统是个笼统的对象，在用例规约中代表 BusyBee 手游，在分析的时候，应该删掉。

(4) 属性

蜜蜂图片文件、蜜蜂初始坐标、蜜蜂飞行速度和蜜蜂飞行方向等对象是蜜蜂对象的属性，可以简称为：图片文件、初始坐标、飞行速度和飞行方向。另外，蜜蜂还有一个属性：状态。

(5) 操作

从“开始游戏”系统用例规约中没有发现操作的对象。

在“开始游戏”系统用例规约中发现的对象中被筛选的对象如表 6-1 所示。

表 6-1　被筛选的对象

冗余	无关	笼统	属性	操作
飞行状态，开始游戏改变对象	无	系统	状态，图片文件，初始坐标，飞行速度和飞行方向	无

筛选之后的对象有：游戏首界面、开始游戏成功界面、开始游戏失败界面、开始游戏验证对象、游戏、玩家、蜜蜂和关卡。

6.1.4　案例分析二：“58 同城”注册系统用例

1. 发现对象

注册系统用例规约的详述形式如下所示：

用例编号：UC04。

用例名称：注册。

参与者：顾客。

简述：顾客注册成为“58 同城”的会员。

前置条件：无。

后置条件：顾客注册成功。

基本路径：

1. 顾客请求注册
2. 系统反馈注册界面
3. 顾客提交注册信息
4. 系统验证注册信息
5. 系统生成顾客信息
6. 系统反馈注册成功界面

扩展路径：

3a. 如果顾客输入动态码后没有及时提交注册信息，系统显示“动态码超时，请重新获取动态码”。

3b. 如果顾客已经注册过，系统显示“已经注册过了，请进行登录”。

3c. 如果顾客想重新获取输入动态码，可以重新获取验证码。

3d. 如果顾客输入的用户名格式不对，系统显示“用户名格式错误”。

3e. 如果顾客输入的密码格式不对，系统显示“密码格式错误”。

3f. 如果密码和确认密码不一致，系统显示“密码不一致”。

3g. 如果顾客没有选择用户使用协议及隐私政策，系统显示“请选择用户使用协议及隐私政策”。

6a. 系统反馈注册失败界面。

字段列表：

3. 顾客=手机号+用户名+密码

非功能需求及设计约束如下：

3. 用户名为4~20个字符，支持汉字、字母、数字及以上组合。

3. 密码为8~16个非连续或重复的字符。

(1) 考虑系统边界

从用例规约的基本路径的第1步“顾客请求注册”可知，系统应该提供一个界面让系统参与者顾客“请求注册”，一般将该界面称为用例的请求界面。系统用例是“注册”，该用例的请求界面应该是“58同城”的第1个界面，所以，命名该用例的请求界面为“首界面”。

从基本路径的第3步可知，顾客在注册界面上提交注册信息。

从基本路径第6步“系统反馈注册成功界面”可知，该用例的成功界面是“注册成功界面”。从扩展路径6a“系统反馈注册失败界面”可知，该用例的失败界面是“注册失败界面”。

综上所述，注册用例有四个界面对象，分别是请求界面“首界面”、注册界面、成功界面“注册成功界面”和失败界面“注册失败界面”。

(2) 考虑系统责任

从用例规约的基本路径第4步“系统验证注册信息”可知，系统责任是“验证注册信息”，该责任属于验证对象，命名验证对象为“注册验证对象”，即用例名+验证对象。

从用例规约的基本路径第5步“系统生成顾客信息”可知，系统责任是“生成顾客信息”，该责任属于改变对象，命名改变对象为“注册改变对象”，即用例名+改变对象。

综上所述，从系统责任的角度发现两个对象：注册验证对象和注册改变对象。

(3) 用名词、代词和名词短语

将用例规约中的名词、代词和名词短语使用下划线标注出来，如下所示：

用例名称：注册。

参与者：顾客。

简述：顾客注册成为“58同城”的会员。

前置条件：无。

后置条件：顾客注册成功。

基本路径：

1. 顾客请求注册
2. 系统反馈注册界面
3. 顾客提交注册信息
4. 系统验证注册信息
5. 系统生成顾客信息
6. 系统反馈注册成功界面

扩展路径：

3a. 如果顾客输入动态码后没有及时提交注册信息，系统显示“动态码超时，请重新获取动态码”。

3b. 如果顾客已经注册过，系统显示“已经注册过了，请进行登录”。

3c. 如果顾客想重新获取输入动态码，可以重新获取验证码。

3d. 如果顾客输入的用户名格式不对，系统显示“用户名格式错误”。

3e. 如果顾客输入的密码格式不对，系统显示“密码格式错误”。

3f. 如果密码和确认密码不一致，系统显示“密码不一致”。

3g. 如果顾客没有选择用户使用协议及隐私政策，系统显示“请选择用户使用协议及隐私政策”。

6a. 系统反馈注册失败界面。

字段列表：

3. 顾客=手机号+用户名+密码

非功能需求及设计约束如下：

3. 用户名为4~20个字符，支持汉字、字母、数字及以上组合。

3. 密码为8~16个非连续或重复的字符。

由上面的标注可知，从参与者中发现对象“顾客”，从简述中发现一个对象“会员”。从基本路径第2步发现两个对象：系统和注册界面，其中，注册界面在前面已经发现过了，可以删掉。从基本路径第3步发现对象“注册信息”，从基本路径第5步发现对象“顾客信息”，从基本路径第6步发现对象“注册成功界面”，从扩展路径6a发现对象“注册失败界面”。而这两个对象在前面已经被发现了，这里可以删掉。从扩展路径3a~3g发现对象：动态码、验证码、用户名、密码。从字段列表中发现了对象：手机号。

另外，只标注第一次发现的对象。利用名词、代词和名词短语发现了的对象有：顾客、会员、系统、注册信息、顾客信息、动态码、验证码、用户名、密码、手机号。

综上所述，发现的对象有：首界面、注册界面、注册成功界面、注册失败界面、注册验证对象、注册改变对象、顾客、会员、系统、注册信息、顾客信息、动态码、验证码、用户名、密码、手机号。

2. 筛选对象

(1) 冗余

顾客、会员和顾客信息实际上指的是同一个对象，有两个对象是冗余的，这里保留顾客，删除会员和顾客信息。

(2) 无关

动态码和验证码不需要保存在系统中，这两个对象是无关的，可以删掉。

(3) 笼统

系统是个笼统的对象，在用例规约中代表“58 同城”，在分析的时候，应该删掉。

(4) 属性

用户名、密码、手机号等对象是顾客对象的属性。

(5) 操作

注册验证对象和顾客改变对象的责任可以合并为一个对象的责任，可以将该对象命名为注册控制。

在注册系统用例规约中发现的对象中被筛选的对象如表 6-2 所示。

表 6-2 被筛选的对象

冗余	无关	笼统	属性	操作
会员，顾客信息	动态码，验证码	系统	手机号，用户名，密码	注册验证对象，顾客改变对象

筛选之后的对象有：首界面、注册界面、注册成功界面、注册失败界面、注册控制、顾客。

6.2 对象分类

将对象分类就是为每一组具有共同属性和操作的对象定义一个类，用一个类符号表示。把陆续发现的属性和操作添加到类的表示符号中，就得到了这些对象的类。

在将对象分类过程中，有些是直接从对象名中得到类，如蜜蜂、关卡、玩家、顾客等。而有些是需要对对象进行分析，如“甲明天有一次数学课，所以今天他要备课”，通过分析，我们知道甲是一名教师，教师是一个类，而甲只是一个教师对象。

类的命名应遵循以下几条原则：

(1) 类的名字应恰好符合这个类(和它的特殊类)所包含的全部对象。例如，一个类(和它的特殊类)的对象既有初中生又有高中生，则以“中学生”作为类名，如果还包括大学生，则以“大中学生”作为类名。

(2) 类的名字应该反映每个对象个体，而不是整个群体。例如，用“学生”而不用“学生们”。因为类在系统中的作用就是用来定义和创建每个对象实例，它所描述的是任何一个对象实例。它在特定语境中的一次出现，是表明它的任何一个对象实例将具有哪些状态和行为，而不是说整个群体共同拥有一组状态并同时发生相同的行为。

(3) 使用名词或带有定语的名词，使用规范的词汇，不用市井俚语。使用领域专家及用户惯常使用的词汇，特别要避免使用毫无实际意义的字符和数字作为类名。

(4) 一般而言，在 OOA 时，类名、属性名和方法名都使用中文描述。

6.2.1 案例分析

案例一：BusyBee 手游的“开始游戏”系统用例

从“游戏首界面”对象抽象出类“游戏首界面”，从“开始游戏成功界面”对象抽象出类“开始游戏成功界面”，从“开始游戏失败界面”对象抽象出类“开始游戏失败界面”，从“开始游戏验证”对象抽象出类“开始游戏控制”，该类的类名以“控制”结束是为了与动态建模中的 BCE 模式相一致。BCE 中的 C 就是 Control 的首字母，即控制的意思。而 B 是 Boundary 的首字母，边界的意思，E 是 Entity 的首字母，即实体的意思。从游戏、玩家、蜜蜂和关卡等对象中分别抽象出类游戏、玩家、蜜蜂和关卡，类名与对象名一致。

综上所述，对象类化后的类包括：游戏首界面、开始游戏成功界面、开始游戏失败界面、开始游戏控制、游戏、玩家、蜜蜂和关卡，如图 6-2 所示。

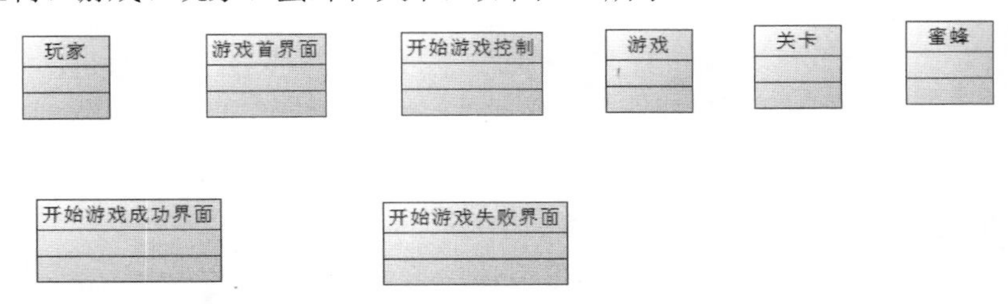

图 6-2 BusyBee 手游的“开始游戏”系统用例中的类

案例二：“58 同城”的注册系统用例

从“首界面”对象抽象出类“首界面”，从“注册界面”对象抽象出类“注册界面”，从“注册成功界面”对象抽象出类“注册成功界面”，从“注册失败界面”对象抽象出类“注册失败界面”，从“注册控制”对象抽象出类“注册控制”，从“顾客”对象中抽象出类“顾客”，类名与对象名一致。

综上所述，对象类化后的类包括：首界面、注册界面、注册成功界面、注册失败界面、注册控制、顾客，如图 6-3 所示。

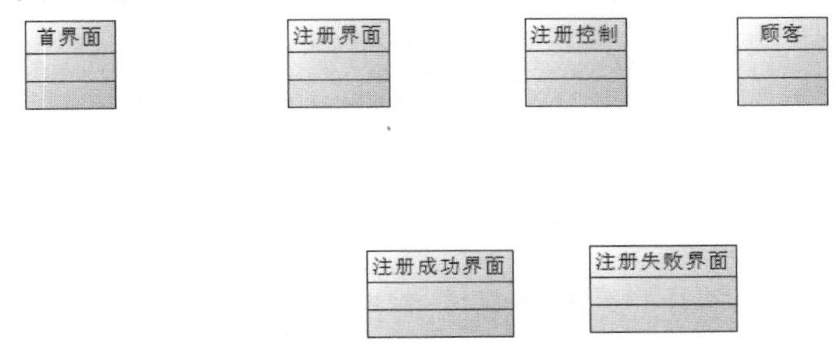

图 6-3 “58 同城”的注册系统用例中的类

6.2.2 领域类图

案例一：BusyBee 手游的“开始游戏”系统用例

在上述类中，游戏首界面、开始游戏成功界面和开始游戏失败界面是边界类，开始游戏控制是控制类，而游戏、玩家、蜜蜂和关卡等类是游戏这个领域的知识和业务概念的抽象，称之为实体类。可以单独为实体类创建类图，称之为领域类图。领域类图表示了领域中重要的业务概念和它们之间的关系，是真实世界各个事物的表示，而不是软件系统中各个组件的表示。BusyBee 手游的“开始游戏”系统用例的领域类图如图 6-4 所示。

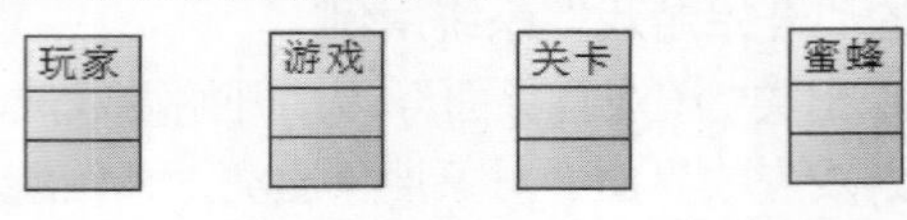

图 6-4　BusyBee 手游的“开始游戏”系统用例的领域类图

案例二：“58 同城”的注册系统用例

在上述类中，首界面、注册界面、注册成功界面和注册失败界面等类是边界类，注册控制类是控制类，而顾客类是实体类。“58 同城”的注册系统用例的领域类图如图 6-5 所示。

图 6-5　“58 同城”的注册系统用例的领域类图

6.3 定义类的属性

属性是用来描述类的静态特征，一个类的所有对象都具有相同的属性，即它们的数量、名称及其数据类型都相同，而每个对象的属性值则可以互不相同。

属性的命名在词汇使用方面和类的命名原则基本相同，使用名词或带定语的名词，使用规范的、问题域通用的词汇，避免使用无意义的字符和数字。

6.3.1 识别属性

许多类的属性可以通过用例规约的字段列表发现。当然，有些字段列表中只列出了实体类的部分属性，这时候，需要从几个用例的用例规约的字段列表中进行综合分析，最后定义出实体类的所有属性。例如，以 BusyBee 手游的“开始游戏”系统用例规约为例，从字段列表中可知，蜜蜂具有的属性有：状态、图片文件、初始坐标、飞行速度和飞行方向。

有些类很直观，按照一般常识就可以知道它应该由这些属性来描述。例如，学生的学号、姓名、专业、班级等属性都很容易想到。但是要注意，按照一般常识发现的属性未必真正有用，应该在审查时去掉那些无用的属性。

有些类的属性，只有认真研究当前领域才能得到，例如商品的条形码。在日常生活中人们并不注意它，当考虑超级市场这类问题域时则会发现它是必须设置的属性。

有些类的属性，只有在具体考察系统责任时才能决定是否需要。例如航空订票系统有一项功能是通过手机短信通知航班信息，则其中的“乘客”类必须有“手机号码”这个属性。如果系统没有这个功能，就未必需要这个属性。

类的属性描述类的静态特征，对任何一个属性而言，属性值的变化都意味着类的对象处于不同的状态，仅仅靠刻画类固有特征的属性来辨别对象的状态是不够的，还需要增加一些专门用来描述类的对象的状态的属性。例如，以 BusyBee 手游为例，蜜蜂有静止、飞行两个状态，需要为蜜蜂设立一个“状态”属性，通过其属性值表示蜜蜂所处的状态。而游戏有开始游戏、重新开始游戏、运行、暂停、胜利、失败、处于某个关卡等状态，需要为蜜蜂设立一个“状态”属性，通过其属性值表示游戏所处的状态。

6.3.2 案例分析

案例一：BusyBee 手游的“开始游戏”系统用例

从前面的分析可知，游戏类有状态这个属性，蜜蜂类有状态、图片文件、初始坐标、飞行速度和飞行方向等属性。关卡类有关卡序号这个属性，表示关卡的级别。玩家、边界类和控制类目前没有属性。定义了属性的“开始游戏”系统用例领域类图如图 6-6 所示。

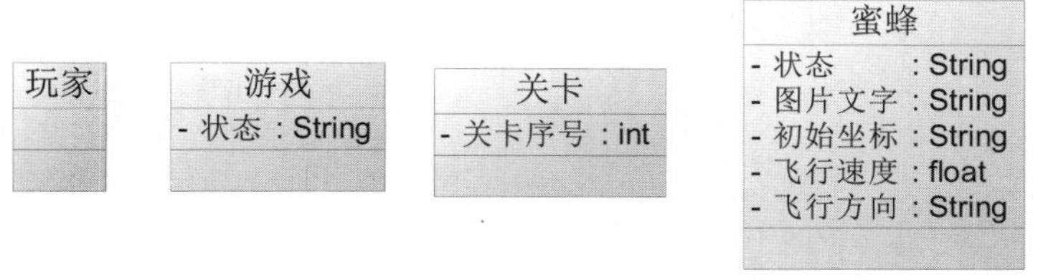

图 6-6　定义了属性的“开始游戏”系统用例领域类图

当然，随着分析的系统用例越来越多，有些类的属性会增加，例如，在“游戏评级”系统用例中，游戏类有一个属性：游戏星级。在“重置游戏”系统用例中，关卡类有一个属性：关卡状态。增加了属性的领域类图如图 6-7 所示。

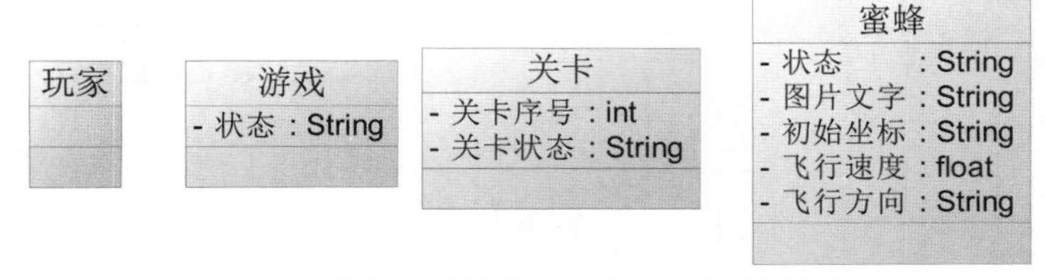

图 6-7　增加了属性的 BusyBee 手游领域类图

案例二：“58 同城”的注册系统用例

顾客类有三个属性：手机号、用户名和密码。定义了属性的注册系统用例领域类图如图 6-8 所示。

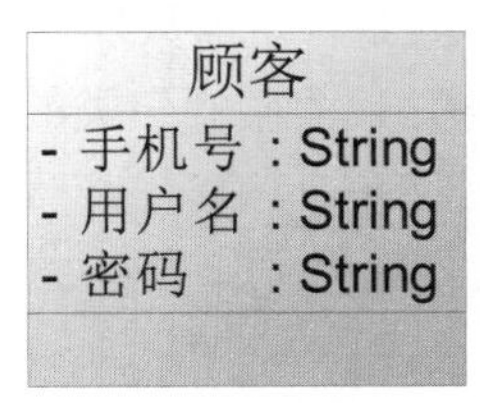

图 6-8　定义了属性的“58 同城”的注册系统用例领域类图

6.4 确定类之间的关系

在图 6-7 中的 BusyBee 手游领域类图中，“玩家”类与“游戏”类之间是关联关系，一个玩家只玩一个游戏，玩家也可以不玩游戏，但是，如果没有玩家，这个关系是不成立的，“玩家”

类的多重性(multiplicity)是 1..1，“游戏”类的多重性是 0..1，如图 6-9 所示。

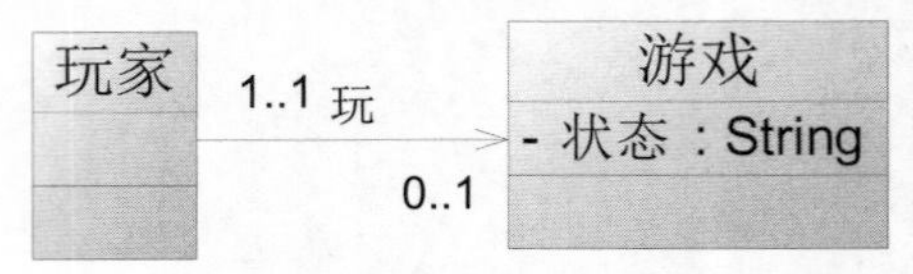

图 6-9　“玩家”类与“游戏”类的结构化

“游戏”类和“关卡”类之间是组合关系，一个游戏具有多个关卡，且至少具有一个关卡。关卡是该游戏的关卡，每个游戏的关卡都是不同的，“游戏”类的多重性是 1..1，“关卡”类的多重性是 1..*，如图 6-10 所示。

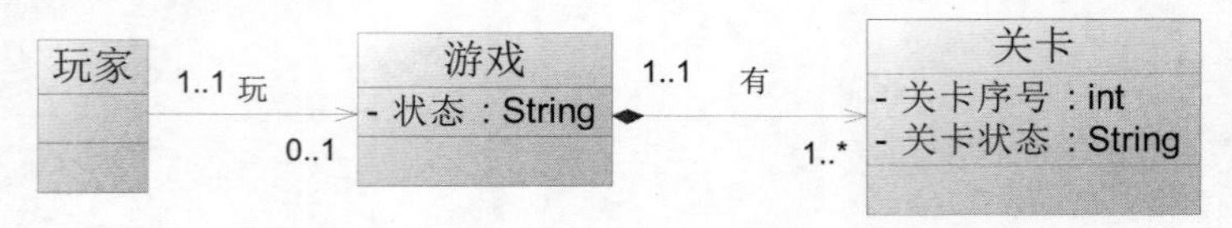

图 6-10　“游戏”类与“关卡”类的结构化

“游戏”类和“蜜蜂”类之间是组合关系，一个游戏具有一个蜜蜂，且至少具有一个蜜蜂，而蜜蜂是该游戏的蜜蜂，“游戏”类的多重性是 1..1，“蜜蜂”类的多重性是 1..1，如图 6-11 所示。

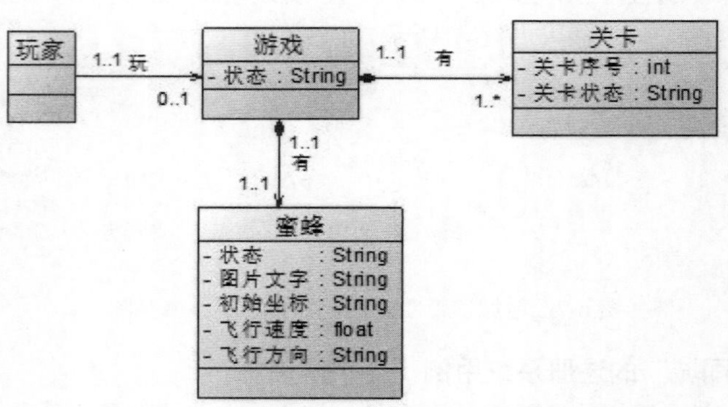

图 6-11　“游戏”类与“蜜蜂”类的结构化

玩家可以操纵蜜蜂，也可以不操纵蜜蜂，玩家只操纵一只蜜蜂。“玩家”类和“蜜蜂”类之间是关联关系，“玩家”类的多重性是 1..1，“蜜蜂”类的多重性是 0..1，如图 6-12 所示。

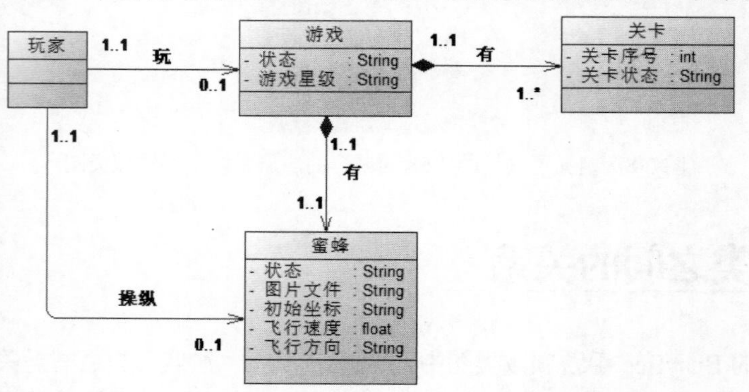

图 6-12　“玩家”类与“蜜蜂”类的结构化

玩家可以选择和设置多个关卡，“玩家”类和“关卡”类之间是关联关系，“玩家”类的多重性是 1..1，“关卡”类的多重性是 0..*。关卡不同，蜜蜂的飞行速度不同，“关卡”类与“蜜蜂”类之间是关联关系，“关卡”类的多重性是 1..1，“蜜蜂”类的多重性是 1..1，如图 6-13 所示。

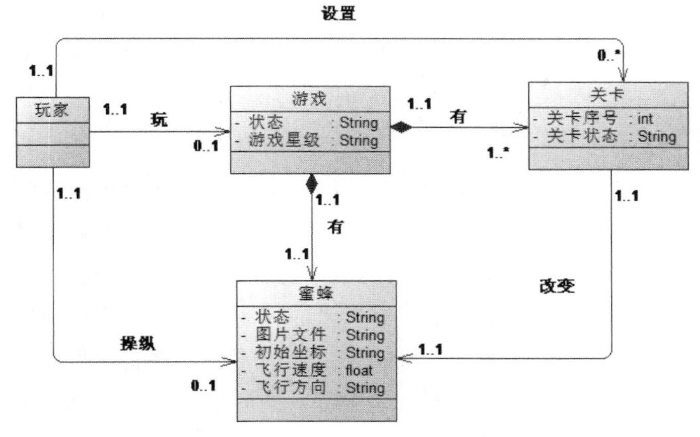

图 6-13 “玩家”类、“关卡”类与“蜜蜂”类的结构化

由于“58 同城”的注册系统用例中只有一个实体类，所以，没有必要进行类的结构化。

6.5 定义类的方法

6.5.1 BCE 模式

定义类的方法，需要使用模式。比较常用的模式是 BCE 模式。BCE 是边界(boundary)、控制(control)、实体(entity)的首字母，该模式是将系统用例中的对象分为边界对象、控制对象和实体对象。边界对象用来隔离系统内外，通常负责接收并响应系统内外的信息。所以，参与者对象只能跟边界对象互动，不能直接发送消息给控制对象或实体对象。控制对象用来控制用例执行期间的复杂运算或业务逻辑(business logic)。实体对象对应领域概念的类，主要用来保存问题领域中的重要信息，封装了跟数据结构和数据存储有关的变化。每种对象的职责如表 6-3 所示。

表 6-3 BCE 的职责表

构造型	边界对象	控制对象	实体对象
责任	输入、输出以及简单的过滤	控制用例流，为实体类分配责任	系统的核心，封装领域逻辑和数据

BCE 的符号如图 6-14 所示。

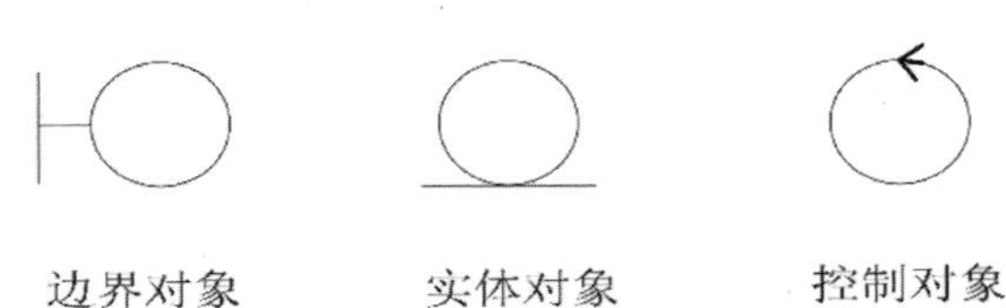

图 6-14 BCE 的符号

使用BCE模式建模的原则如下：

(1) 参与者只能与边界对象交谈。

(2) 边界对象只能与控制对象和参与者交谈。

(3) 实体对象只能与控制对象交谈。

(4) 控制对象既能与边界对象交谈，也能与控制对象交谈，但不能与参与者交谈。

6.5.2 设计方法

通过分析用例规约中的动词来设计方法。例如，分析用例规约“系统验证开始游戏请求”，系统责任是“验证开始游戏请求”，根据表6-3中边界类、控制类和实体类的职责分配，该职责应该属于控制类。分析用例规约“系统改变蜜蜂的状态”，“改变蜜蜂的状态”的职责应该属于实体类。而分析用例规约“用户提交注册信息”，“提交注册信息”的职责应该属于边界类。一般而言，用例规约中的“提交”“反馈”等职责属于边界类，“验证”职责属于控制类，“生成”“更新”“修改”“删除”“取消”等职责属于实体类。而对于登录、浏览信息等需要读数据库信息的用例，“验证”职责也属于实体类。

为了设计方法，需要使用BCE模式来建模系统用例，使用序列图把系统用例规约中边界类、控制类和实体类的对象的动态交互情况表示出来，把消息设计为方法。具体情况读者可阅读UML中有关使用序列图设计方法的内容，由于篇幅限制，这里就不一一赘述了。

方法的命名应该采用动词，或者采用动词加名词所组成的动宾结构。方法名应尽可能反映该方法所提供的功能。

6.5.3 案例分析一：“玩家→开始游戏”用例

该用例的基本路径和扩展路径的最后一步如下：

基本路径：

1. 玩家请求开始游戏
2. 系统验证开始游戏请求
3. 系统改变蜜蜂的状态
4. 系统反馈开始游戏成功界面

扩展路径：

4a. 系统反馈开始游戏失败界面

1. 建立分析类图

由前面的分析可知，与该用例分析类图有关的类包括：游戏首界面、开始游戏成功界面、开始游戏失败界面、开始游戏控制、游戏、玩家、蜜蜂。其中，游戏首界面、开始游戏成功界面、开始游戏失败界面是边界类，开始游戏控制是控制类，游戏、玩家、蜜蜂是实体类。“开始游戏”用例的分析类图如图6-15所示。

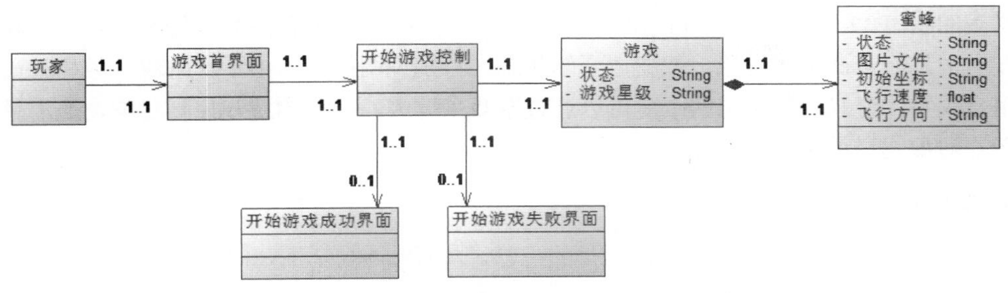

图 6-15　“开始游戏”用例的分析类图

在图 6-15 中，“游戏”类与“蜜蜂”类的关系来自领域类图。其余类之间都是关联关系，而每个类的多重性都是 1..1，结果界面类除外，“开始游戏成功界面”类和“开始游戏失败界面”类的多重性是 0..1，因为无论是成功界面还是失败界面都至多出现 1 次。系统用例成功的时候，系统反馈成功界面，不会反馈失败界面；而系统用例失败的时候，系统反馈失败界面，不会反馈成功界面。

2. 建立序列图

每个类方法的确定须通过用例的动态模型来确定。一般使用序列图来为每个类定义方法。图 6-16 是“开始游戏”系统用例加入对象的序列图。

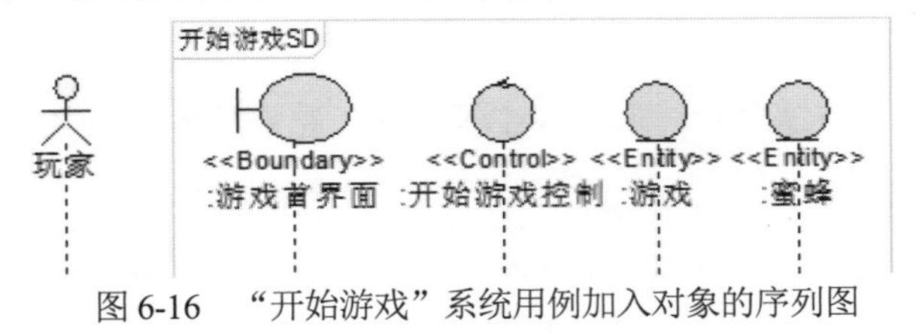

图 6-16　“开始游戏”系统用例加入对象的序列图

添加了消息的序列图如图 6-17 所示。

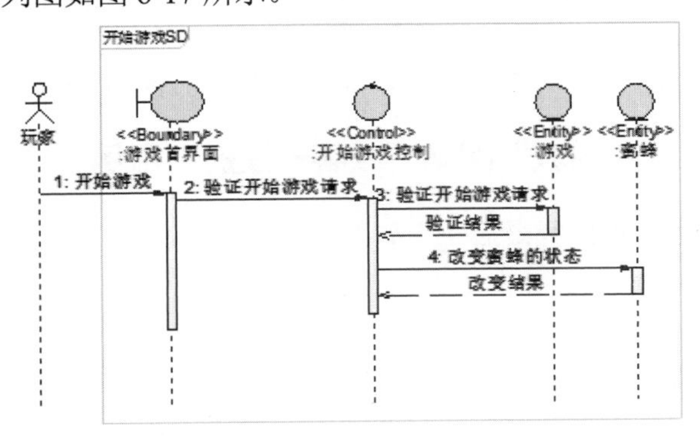

图 6-17　“开始游戏”系统用例添加了消息的序列图

图 6-17 中的消息都来自于用例规约，第 1 条消息“开始游戏”来自于基本路径的第 1 步“玩家请求开始游戏”，玩家在游戏首界面上请求，发起该用例。第 2 条消息“验证开始游戏请求”来自于基本路径的第 2 步“验证开始游戏请求”，是系统对第 1 条消息的响应。第 3 条消息“验证开始游戏请求”是开始游戏控制对象将请求发送给游戏实体对象，只有游戏实体对象才能够

验证游戏的状态。第 4 条消息来自于基本路径的第 3 步“系统改变蜜蜂的状态”，开始游戏控制对象发送消息给蜜蜂实体对象，改变蜜蜂的状态。特别说明的是，由于“游戏”类和“蜜蜂”类是组合关系，蜜蜂对象状态的改变可以通过游戏来完成，即开始游戏控制对象发送消息给游戏，游戏对象发送消息给蜜蜂对象。

3. 设计方法

除了反馈消息，将其他消息设计为类的方法，如图 6-18 所示。

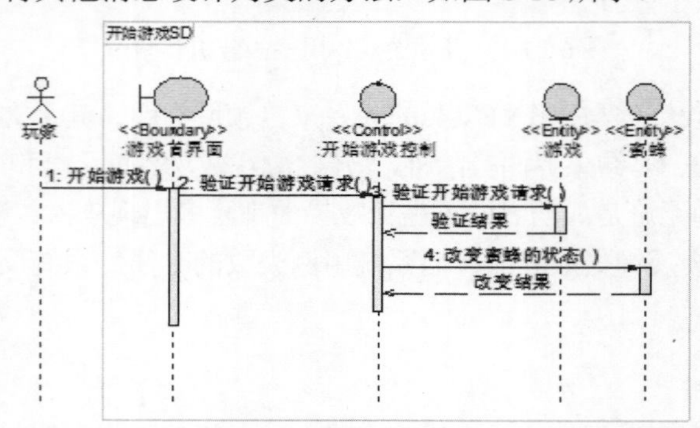

图 6-18　将消息设计为方法的“开始游戏”系统用例的序列图

4. 整理分析类图

分析类图中的类有了方法之后，形状发生了变化，整理后的分析类图如图 6-19 所示。

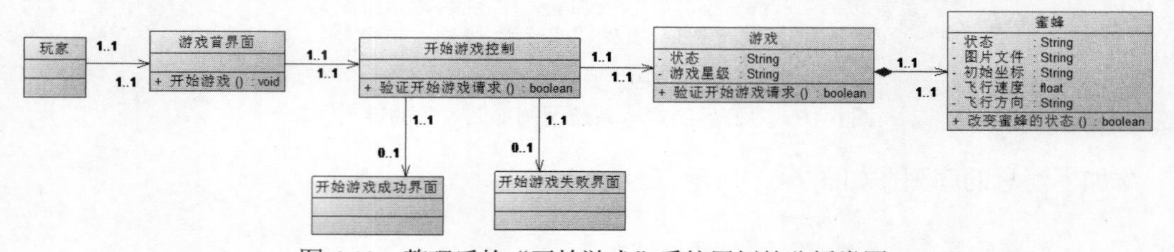

图 6-19　整理后的“开始游戏”系统用例的分析类图

6.5.4　案例分析二：“58 同城”网站“顾客→注册”用例

该用例的基本路径和扩展路径最后一步如下：

基本路径：

1. 顾客请求注册
2. 系统反馈注册界面
3. 顾客提交注册信息
4. 系统验证注册信息
5. 系统生成顾客信息
6. 系统反馈注册成功界面

扩展路径：

6a. 系统反馈注册成功界面

1. 建立分析类图

由前面的分析可知，与该用例分析类图有关的类包括：首界面、注册界面、注册成功界面、注册失败界面、注册控制、顾客。其中，首界面、注册界面、注册成功界面、注册失败界面是边界类，注册控制是控制类，顾客是实体类。注册用例的分析类图如图 6-20 所示。

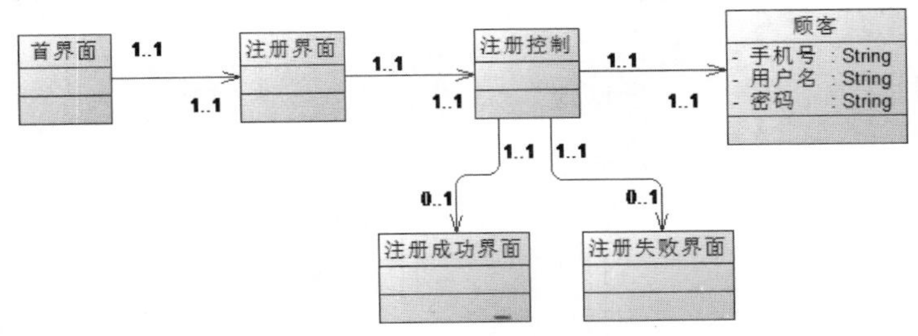

图 6-20　注册用例的分析类图

在图 6-20 中，所有类之间都是关联关系，而每个类的多重性(multiplicity)都是 1..1，结果界面类除外，“注册成功界面”类和“注册失败界面”类的多重性是 0..1，因为无论是成功界面还是失败界面都至多出现 1 次。系统用例成功的时候，系统反馈成功界面，不会反馈失败界面；而系统用例失败的时候，系统反馈失败界面，不会反馈成功界面。

2. 建立序列图

每个类方法的确定须通过用例的动态模型来确定。一般使用序列图为每个类定义方法。图 6-21 是注册系统用例加入对象的序列图。

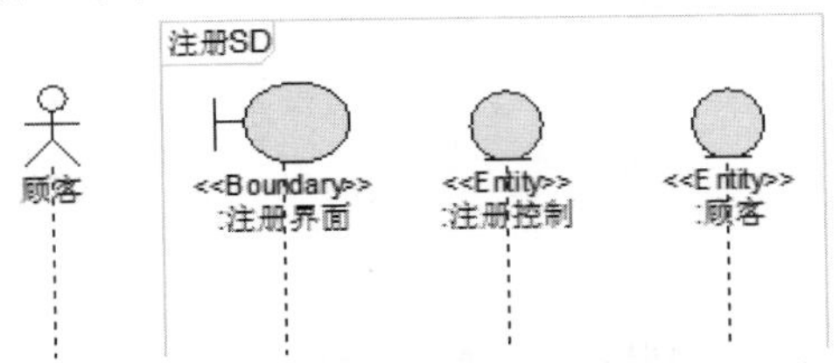

图 6-21　注册系统用例加入对象的序列图

添加了消息的序列图如图 6-22 所示。

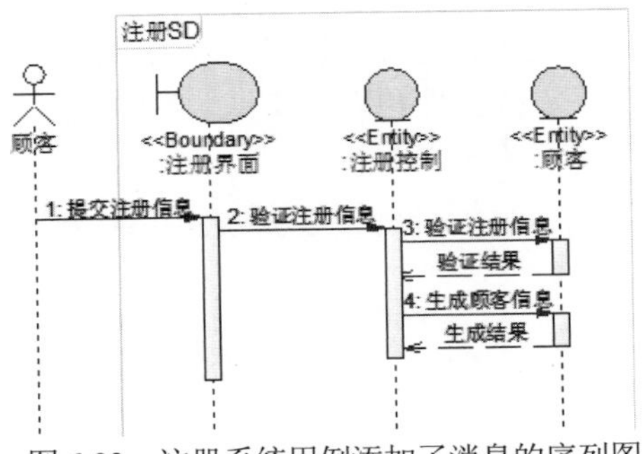

图 6-22　注册系统用例添加了消息的序列图

图 6-22 中的消息都来自于用例规约，第 1 条消息“顾客提交注册信息”是顾客在注册界面上提交注册信息。第 2 条和第 3 条消息来自基本路径第 4 步“系统验证注册信息”。第 4 条消息

"生成顾客信息"来自基本路径第 5 步"系统生成顾客信息"。

3. 设计方法

除了反馈消息，将其他消息设计为类的方法，如图 6-23 所示。

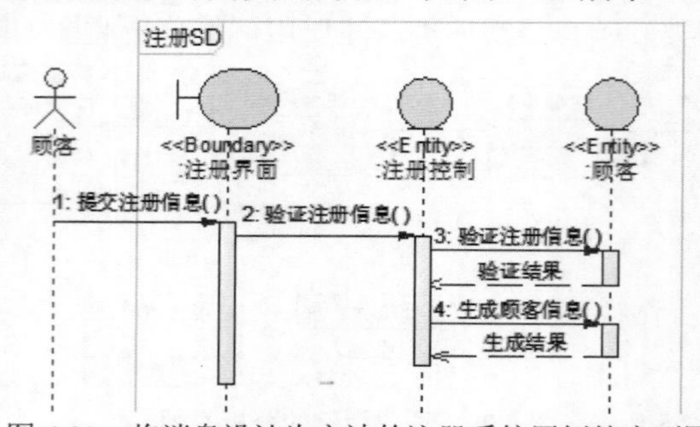

图 6-23　将消息设计为方法的注册系统用例的序列图

4. 整理分析类图

分析类图中的类有了方法之后，形状发生了变化，整理后的分析类图如图 6-24 所示。

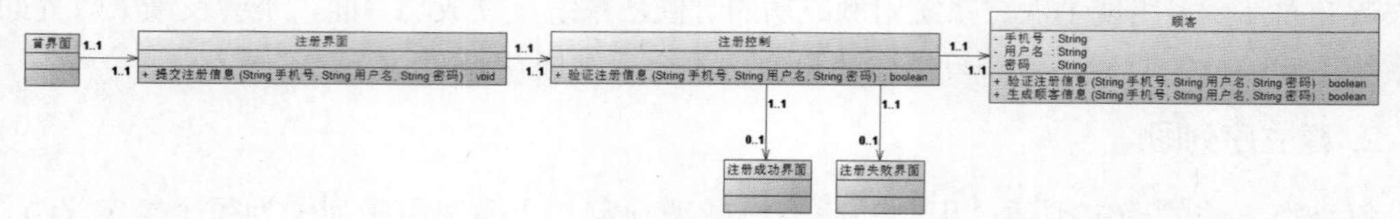

图 6-24　整理后的注册系统用例的分析类图

6.6 习题

1. 选择题

(1) 汽车有一个发动机，汽车和发动机之间的关系是(　　)。

A. 一般具体　　B. 整体部分　　C. 分类关系　　D. 主从关系

(2) 关于类和对象的描述中，选项(　　)是错误的。

A. 对象是具有明确语义边界并封装了状态和行为的实体

B. 类与对象之间的关系如同铸件和它的模具之间的关系

C. 对象是类的实例

D. 类是对具有相同属性和操作的一组对象的抽象描述

2. 填空题

可以从考虑系统边界、考虑系统责任、(　　)几个方面发现对象。

3. 简答题

(1) 试简述面向对象分析的过程。

(2) 可以从哪些方面对发现的对象进行筛选？

(3) 类的命名应该遵循哪些原则？

(4) 使用 BCE 模式建模的原则有哪些？

4. 应用题

根据小组分工，对前面章节应用题中所选择软件的主要系统用例执行以下操作：

(1) 在详述形式的用例规约中发现对象和筛选对象。

(2) 对象分类，画出领域类图。

(3) 定义类的属性。

(4) 确定领域类中类间的关系。

(5) 画出分析类图和序列图，定义类的方法。

꠸ 第7章 ꠹

设 计

软件系统设计(software system design)包括软件架构设计(software architecture design)和软件详细设计(software detail design)。软件架构设计是对软件系统内的元素以及元素间关系的一种主观映射的产物，是软件系统开发中的一个关键环节，是软件系统质量的重要保证。一个好的软件架构必须可靠和安全，使软件系统易于维护和使用，在用户的使用率、数量增加很快的情况下保持合理的性能，能够根据不同的客户群和市场需求进行调整。

软件详细设计说明软件系统各个层次中的每个模块，为程序员编码提供依据。软件详细设计对软件系统所依赖运行的硬件(如操作系统、中间件、接口软件)等软件环境进行描述，对配置要求进行说明和设计，并详细描述系统所受的内部和外部条件的约束和限制(如业务和技术方面的条件与限制以及进度、管理等)。

对于面向对象方法而言，软件详细设计包括以下内容：

1. 类设计(class design)

包括类的属性和方法设计，并设计连接类及其协作者之间的消息规约。类设计的重点是方法设计，包括方法名、参数、返回值和访问权限的设计，以及数据结构和算法的设计。

2. 界面设计(interface design)

包括界面风格、信息架构、界面元素等设计。主要是对 OOA 分析出的界面和系统的外部接口(包括功能和数据接口)进行设计。

3. 数据库设计(database design)

数据库设计的任务是对需要长期存储的数据如何存储和检索进行设计，主要是数据库、数据库中的表以及表之间关系的设计。

软件系统设计的组成如图 7-1 所示。

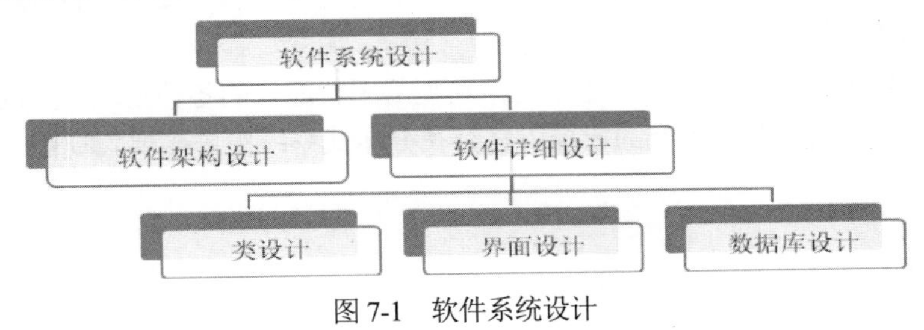

图 7-1　软件系统设计

7.1 软件架构设计

7.1.1 软件架构视图

可以使用多种架构视图来表示软件架构，RUP 的视图集称为“4+1 视图模型”，如图 7-2 所示。

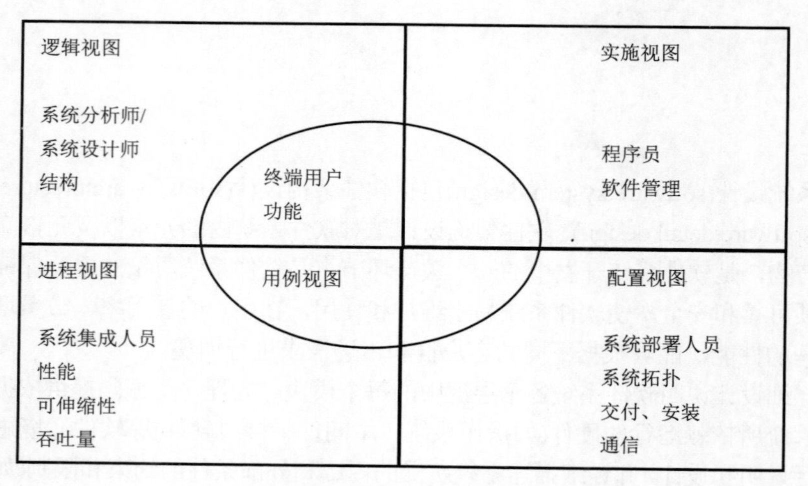

图 7-2 4+1 视图模型

(1) 用例视图(use-case view)：包括用例和场景，“4+1 视图模型”中的“1”，说明软件架构以需求为中心，其他四个视图都是以用例视图为基础。

(2) 逻辑视图(logical view)：包括最重要的设计类、从这些设计类到包和子系统的组织形式，以及从这些包和子系统到层的组织形式，还包括一些用例实现。它是设计模型的子集。前面系统设计简介中的架构设计就属于逻辑视图，它是系统分析师和系统设计师的主要工作之一。通过逻辑视图，可以设计出具体的类。

(3) 实施视图(implementation view)：包括实施模型及其从模块到包和层的组织形式的概览，同时还描述了将逻辑视图中的包和类向实施视图中的包和模块分配的情况，它是实施模型的子集。程序员可以根据逻辑视图在集成开发环境(intergrated development environment，IDE)中创建项目，项目结构中的包和类都与逻辑视图一致。

(4) 进程视图(process view)：包括所涉及任务(进程和线程)的描述，它们的交互和配置，以及将设计对象和类向任务分配的情况。只有在系统具有很高程度的并行时，才需要该视图。在 RUP 中，它是设计模型的子集。系统集成人员在创建任务时更多地要考虑性能、可伸缩性、吞吐量等非功能性需求。

(5) 配置视图(deployment view)：包括对最典型的平台配置的各种物理节点的描述以及将任务(来自进程视图)向物理节点分配的情况。只有在分布式系统中才需要该视图，它是部署模型的一个子集。

7.1.2　软件架构风格

1. 分层体系架构

分层体系架构(layered architecture)指的是将软件系统的组件分隔到不同的层中，每一层中的组件保持内聚性，每一层都应与它下面的各层保持松散耦合。

分层体系架构具有以下优点：

(1) 开发人员专业分工，专注某一层。由于某一层仅仅调用其相邻下一层所提供的接口，只需要本层的接口和相邻下一层的接口定义清晰完整，开发人员集中关注于这一层的功能和技术。

(2) 很容易用新的实现替换原有层次的实现。只要前后提供的接口相同，即可替换。软件系统开发过程中，功能需求不断变化，可以替换现有的层次以满足新的需求变化。

(3) 降低了系统间的依赖。例如，业务逻辑层中的业务发生变化，人机交互层以及数据访问层程序不需要变化。这大大降低了系统各层之间的依赖。

(4) 有利于复用。充分利用现有的功能程序组件，将具有相对独立功能的层应用于新系统的开发。在新系统开发的过程中，能够将重点集中于实现新系统特有的业务功能，缩短系统开发周期，提高系统的质量。

分层体系架构的缺点如下：

(1) 级联修改问题。在一些复杂的业务中，由于业务流程发生变化，所有层都需要修改。

(2) 性能问题。即使是一个直接简单的操作，也需要在整个软件系统中层层传递，造成性能下降，加大开发的复杂度。

在实际开发中应该权衡分层体系架构的利弊关系，选择符合实际项目的最佳方案。

2. C/S 和 B/S 架构

C/S(client/server)又称为客户/服务器架构，在 20 世纪 80 年代末提出。C/S 架构的软件系统分为客户端和服务器端两大部分，客户端部分为每个用户所专有，而服务器端部分则由多个用户共享其信息与功能。客户端部分通常负责执行前台功能，如管理用户接口、数据处理和报告请求等；而服务器端部分执行后台服务，如管理共享外设、控制对共享数据库的操作等。这种体系结构由多台计算机构成，协同完成整个软件系统的应用，从而达到软件系统中软、硬件资源最大限度的利用。

任何一个应用系统，无论是简单的单机系统还是复杂的网络系统，都由三个部分组成：人机交互处理部分(表示层)、业务逻辑处理部分(功能层)和数据逻辑处理部分(数据层)。人机交互处理部分的功能是与用户进行交互，业务逻辑处理部分的功能是进行具体的运算和数据处理，数据逻辑处理部分的功能是对数据库中的数据进行查询、修改和更新等。

C/S 架构比较适合于在小规模、用户数较少、单一数据库且有安全性和快速性保障的局域网环境下运行。随着应用系统的大型化，以及用户对系统性能要求的不断提高，两层模式(2-Tier)的 C/S 架构越来越满足不了用户需求。这主要体现在程序开发量大、系统维护困难、客户机负担过重、成本增加及系统的安全性难以保障等方面。

B/S 架构(browser/server)又称为浏览器/服务器架构，是 Web 兴起后的一种架构。B/S 架构统一了客户端，将系统功能的核心部分集中到服务器上，简化了系统的开发、维护和使用。客户机上只要安装一个浏览器，通过 Web Server 同数据库进行数据交互。

B/S 架构是对 C/S 架构的一种改进，主要利用了不断成熟的 Web 浏览器技术：结合浏览器的多种脚本语言和 ActiveX 技术，用通用浏览器实现原来需要复杂专用软件才能实现的强大功能，同时节约了开发成本。

B/S 架构的最大优点就是可以在任何地方进行操作而不用安装任何专门的软件，只要有一台能上网的电脑就能使用，客户端零安装、零维护，系统的扩展非常容易。而 B/S 架构的软件的缺点主要是应用服务器运行数据负荷较重，一旦发生服务器“崩溃”等问题，后果不堪设想。因此，许多单位都备有数据库存储服务器，以防万一。

7.1.3 常用的架构模式

1. 分层架构

分层架构是最常见的一种架构模式，是很多架构模式的基础。

(1) 分层的基本原则

对系统进行分层的基本原则如下：

① 可见度。各子系统只能与同一层及其下一层的子系统存在依赖关系。

② 易变性。最上层放置随用户需求的改变而改变的元素，最底层放置随实施平台(硬件、语言、操作系统、数据库等)的改变而改变的元素，中间的各层放置广泛适用于各种系统和实施环境的元素。如果在这些大类中进一步划分，有助于对模型进行组织，则添加更多的层。

③ 通用性。一般将抽象的模型元素放置在模型的低层。如果它们不针对于具体的实施，则倾向于将其放置在中间层。

④ 层数。对于小型系统，三层就足够了。对于复杂系统，通常需要 5~7 层。无论复杂程度如何，如果超过 10 层，就需要慎重考虑了。层数越多，越需慎重。

分层架构通过对关注点的分离有利于分化系统的复杂性，提高系统的可扩展和可维护性，但在分层架构中为了获取底层的功能可能需要进行多个层次的传递，不可避免地导致性能的下降。为了保持架构的稳定在开发中增加功能，往往需要在各层都要添加相应的代码。

(2) 三层架构

三层架构从下至上分别为数据访问层、业务逻辑层、界面层，如图 7-3 所示。

① 界面层。界面层最接近用户，用于显示数据和接收用户输入的数据，为用户提供一种交互式操作的界面。

② 业务逻辑层。业务逻辑层主要是对数据层的操作，或是逻辑处理数据业务。业务逻辑层是系统架构中体现核心价值的部分。它的关注点主要集中在业务规则的制定、业务流程的实现等与业务需求有关的系统设计，与系统所应对的问题域逻辑有关。

③ 数据访问层。数据访问层主要是对数据库或者文本文件等非原始数据的操作层，是对数据库而不是数据的操作，为业务逻辑层或界面层提供数据服务。如果要加入 ORM 的元素，就会包括对象和数据表之间的 mapping，以及对象实体的持久化。

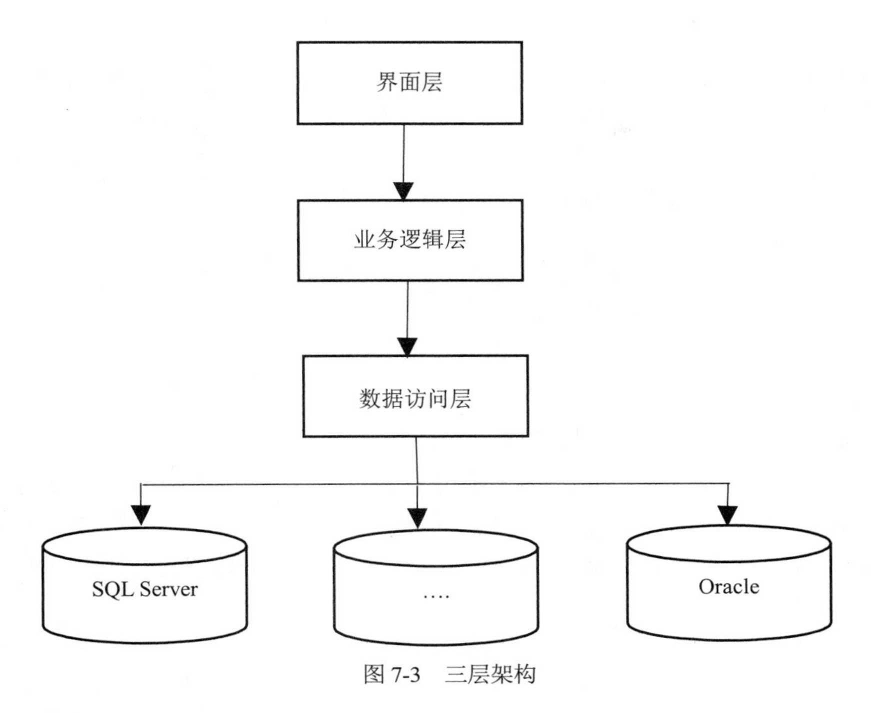

图 7-3 三层架构

2. MVC 模式

M 代表模型(model)，V 代表视图(view)，C 代表控制器(controller)。MVC 模式通过把数据模式从各种可以被存取和控制的数据中分离出来，改善分布式系统的设计。MVC 模式由三部分组成：模型是应用对象，没有用户界面，通过更新 view 的数据来反映数据的变化；视图表示它在屏幕上的显示，代表流向用户的数据；控制器定义用户界面对用户输入的响应方式，负责把用户的动作转成针对模型的操作。MVC 的结构如图 7-4 所示。

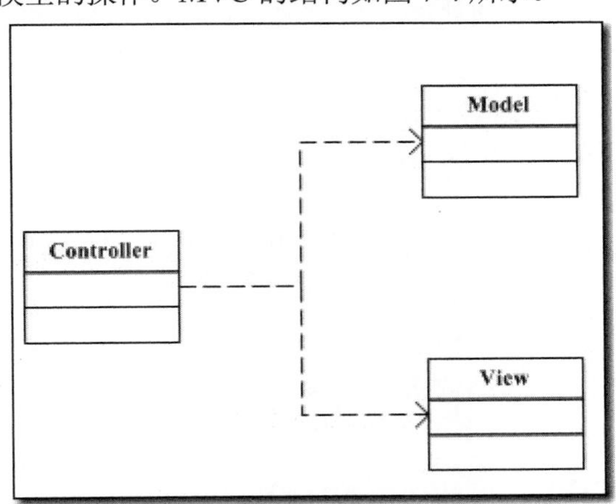

图 7-4 MVC 的结构示意图

(1) ASP.NET 中的 MVC

ASP.NET MVC 在分层架构中被定位为 UI 的实现，这里的 Model 应该被看作用于显示的数据模型，也称为 View Model。MVC 的 Model 用来展示数据，Controller 应该生成一个 Model 交付给 View 来渲染。在通过 Web 页面提交一些数据时，数据来自 View，View 应该提供一个 Model 交给 Controller 来执行相应的业务，它们的关系如图 7-5 所示。

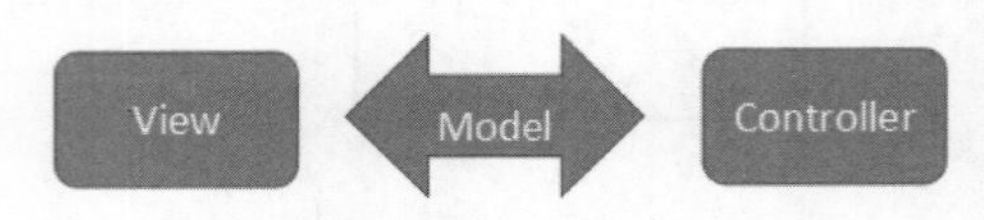

图 7-5　ASP.NET MVC 三层架构

(2) SSM

SSM 框架是 Spring、SpringMVC 和 MyBatis 首字母的简称。

① Spring：Spring 是一个开源框架，是为了解决企业应用开发的复杂性而创建的。Spring 使用基本的 JavaBean 来完成以前只可能由 EJB 完成的事情。从简单性、可测试性和松耦合的角度而言，任何 Java 应用都可以从 Spring 中受益。Spring 是一个轻量级的控制反转(IoC)和面向切面(AOP)的容器框架。

② Spring MVC：Spring MVC 属于 SpringFrameWork 的后续产品，已经融合在 Spring Web Flow 里面。Spring MVC 分离了控制器、模型对象、分派器以及处理程序对象的角色，这种分离让它们更容易进行定制。

③ MyBatis：MyBatis 是一个基于 Java 的持久层框架，消除了几乎所有的 JDBC 代码和参数的手工设置以及结果集的检索，使用简单的 XML 或注解用于配置和原始映射，将接口和 Java 的 POJOs 映射成数据库中的记录。

(3) Android 中的 MVC

Android 中界面部分也采用了当前比较流行的 MVC 框架。

① 视图层：一般采用 XML 文件进行界面的描述，这些 XML 可以理解为 Android app 的 View，使用的时候可以非常方便地引入，同时便于后期界面的修改，与界面对应的 id 不变化则代码不用修改，大大增强了代码的可维护性。

② 控制层：Android 的控制层是 Activity，也就是说，不要在 Activity 中写代码，要通过 Activity 交给模型层处理。

③ 模型层：针对业务模型建立的数据结构和相关的类，就可以理解为 Android app 的 Model。Model 与 View 无关，而与业务相关，对数据库的操作、对网络等的操作都应该在 Model 里面处理，对业务计算等操作也必须放在该层。

也可以把 Activity 作为视图，单独定义控制层的类。

7.2 系统架构设计

7.2.1 BCE 模式转换为 MVC 模式

一般来说，可以将 OOA 的 BCE 模式转换为 MVC 模式，其转换的关系如图 7-6 所示。

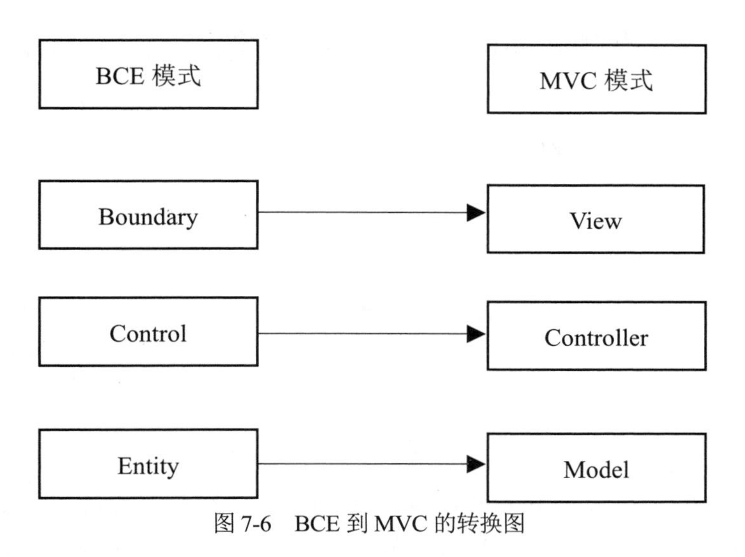

图 7-6 BCE 到 MVC 的转换图

其中，Boundary 转换为 View，Control 转换为 Controller，Entity 转换为 Model。只不过在 OOA 时，类的所有信息，包括类名、属性、方法都采用中文命名，而在 OOD 时，类的所有信息，包括类名、属性、方法都采用英文命名。还有在许多技术中，将数据访问逻辑从 Model 中分离出来，Model 中只包含业务逻辑。分离了数据访问逻辑的 BCE 到 MVC 的转换如图 7-7 所示。

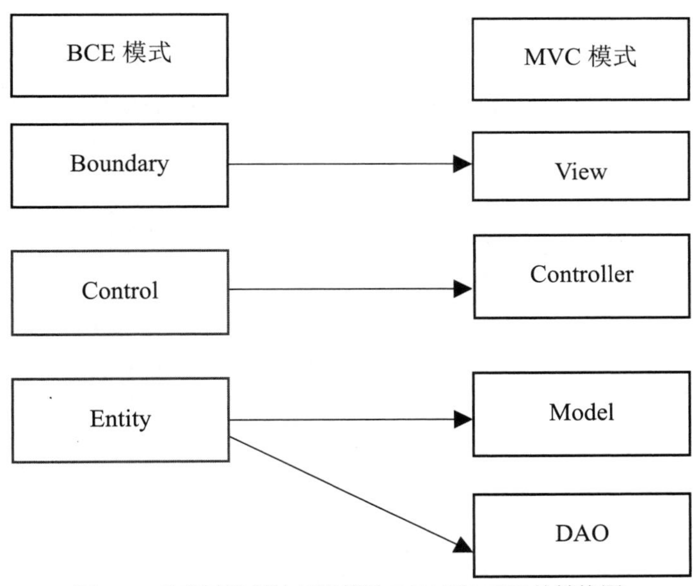

图 7-7 分离了数据访问逻辑的 BCE 到 MVC 的转换图

这里需要多说几句，BCE 模式是分析模式，以用例为单位进行工作，要分析出一个用例有什么样的类，有多少个类，每个类有哪些属性和方法，类之间有什么关系。而 MVC 模式是系统架构模式，用来进行系统架构设计，以系统为单位工作，系统应该分成几个部分，每个部分的职责是什么，它们之间通过什么连接。将 BCE 转换为 MVC 的意思是分析时得到的类在 MVC 架构下应该设计成什么样的类。

一般使用包图进行系统架构的建模，MVC 系统架构的包图如图 7-8 所示。

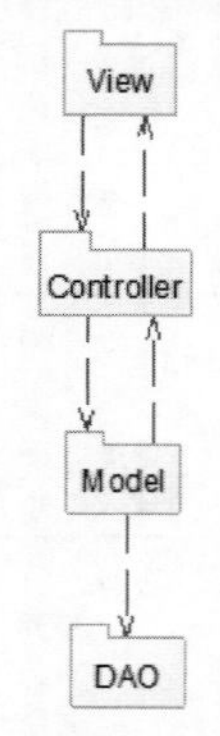

图 7-8　MVC 系统架构包图

在图 7-8 中，View 依赖于 Controller，View 会将从参与者输入的信息传给 Controller。而在 B/S 结构下，参与者输入的信息是直接传给 Controller，就没有这个依赖关系了。实际上，Model 和 DAO 这两个包会自我依赖，因为这两个包中的类会调用同一个包中的其他类的方法，这里没有画出来。

技术、平台不同，MVC 的具体实现不同，这需要读者根据自己具体使用的技术和平台进行选择。由于技术和平台的种类太多，本书不可能一一涉及，下面以 JavaWeb 的 SSM 架构下的包图进行简单介绍。

SSM 架构的包图如图 7-9 所示。

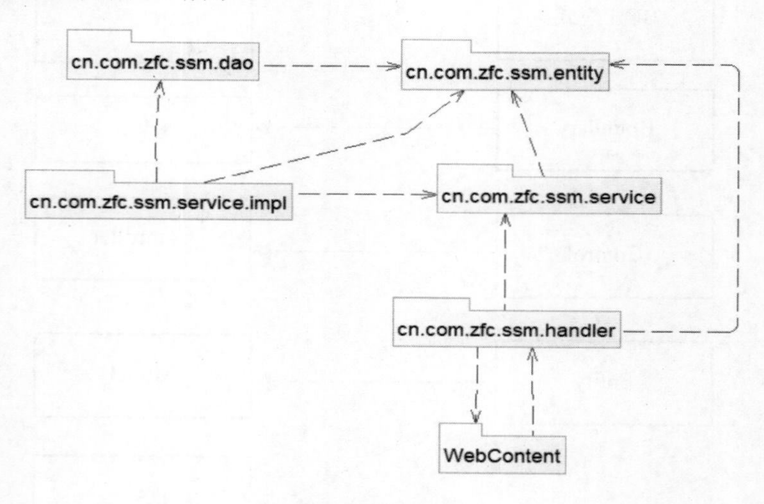

图 7-9　SSM 包图

(1) WebContent：页面，View 层。

(2) cn.com.zfc.ssm.handler：控制器，Controller。

(3) cn.com.zfc.ssm.service：业务层，Model 的接口层，符合接口隔离原则和依赖倒置原则。

(4) cn.com.zfc.ssm.service.impl：业务类，Model 的接口层的实现类。

(5) cn.com.zfc.ssm.dao：数据访问，DAO 的接口层，便于各种数据库的扩展。

(6) cn.com.zfc.ssm.entity：实体类，用于 ORM。

各个包名中的 zfc 是系统名的简写，可以是拼音，也可以是英文。

其项目结构如图 7-10 所示。

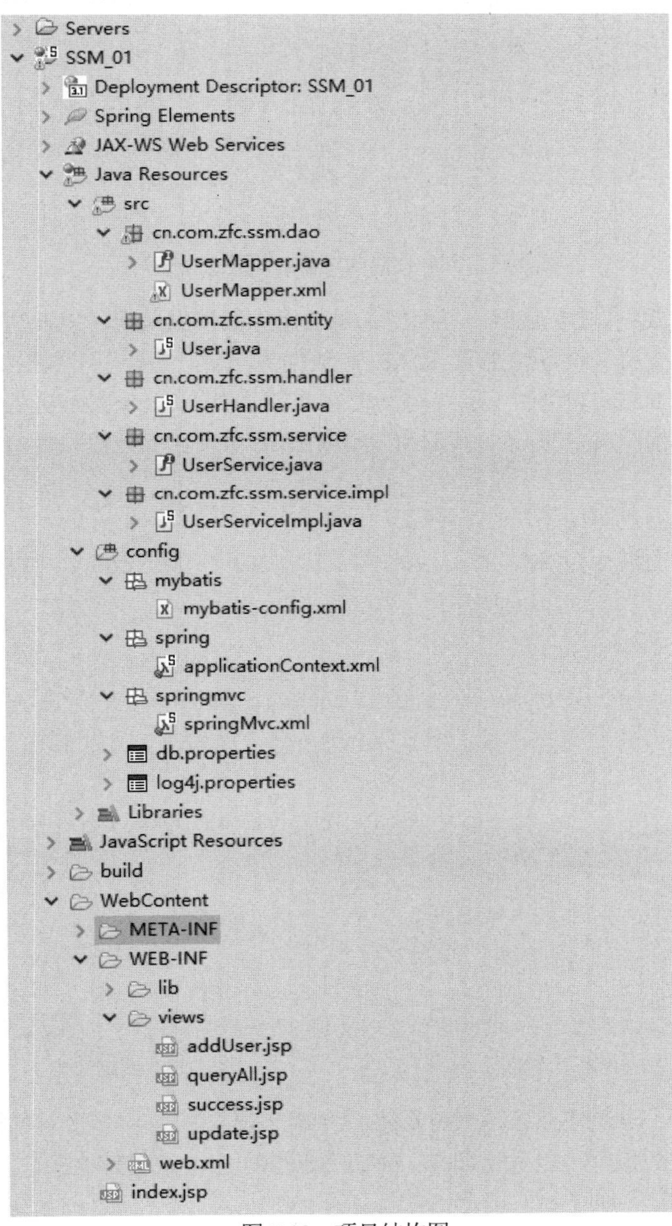

图 7-10　项目结构图

7.2.2　BCE 模式转换为分层架构模式

任何技术都可以采用分层架构模式，基本的分层架构模式是三层架构模式，将 OOA 的 BCE 模式转换为三层架构模式，其转换关系如图 7-11 所示。

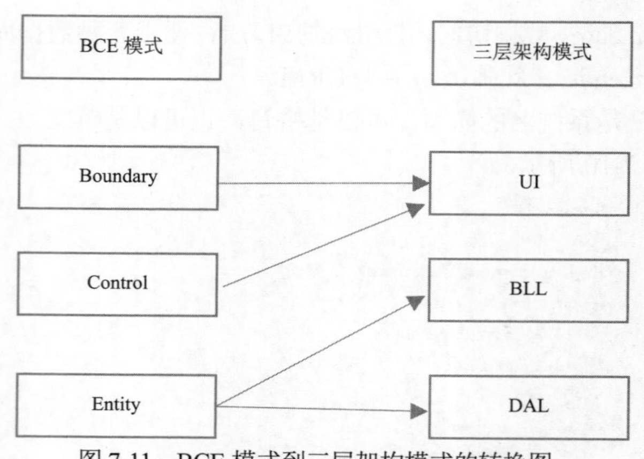

图 7-11　BCE 模式到三层架构模式的转换图

在三层架构模式种，UI 是用户界面层，主要用作数据的呈现，以及与用户的交互。BLL 是业务逻辑层，主要用于业务的处理。DAL 是数据访问层，主要用于数据处理。BCE 模式中的 Boundary 和 Control 的职责由三层架构模式中的 UI 承担，Entity 的业务处理职责和数据访问职责分别由三层架构模式中的 BLL 和 DAL 承担，BLL 负责业务处理职责，DAL 负责数据访问职责。

三层架构模式的包图如图 7-12 所示。

后来，为了方便进行 ORM，在三层的基础上增加了实体层 Entity，如图 7-13 所示。

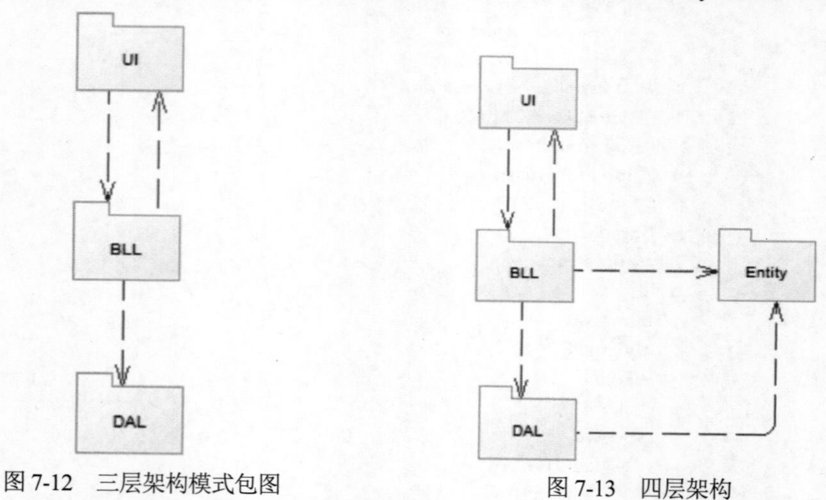

图 7-12　三层架构模式包图

图 7-13　四层架构

随着业务逻辑层 BLL 中业务越来越复杂，UI 层必须与 BLL 中多个对象打交道，所以又在四层架构的基础上增加了外观层(facade)，为 UI 层提供一个一致对外的接口，使得对于 BLL 的使用更加容易，如图 7-14 所示。

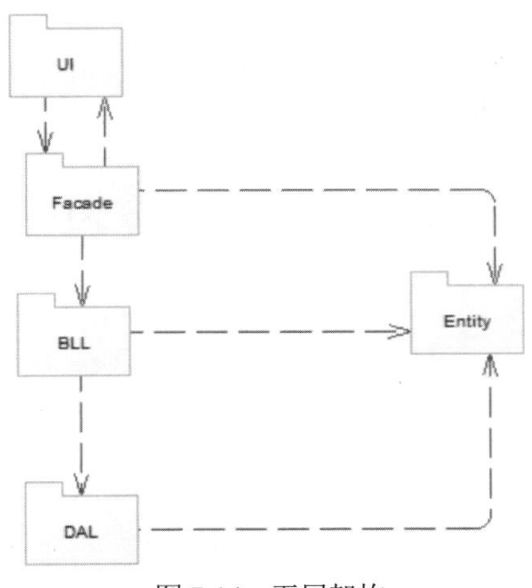

图 7-14 五层架构

7.2.3 案例分析一：BusyBee 手游游戏模块

游戏模块包括开始游戏、暂停游戏、重新开始游戏、游戏胜利和游戏失败等功能。

1. 系统架构包图

该游戏采用 MVC 架构，其架构包图如图 7-15 所示。

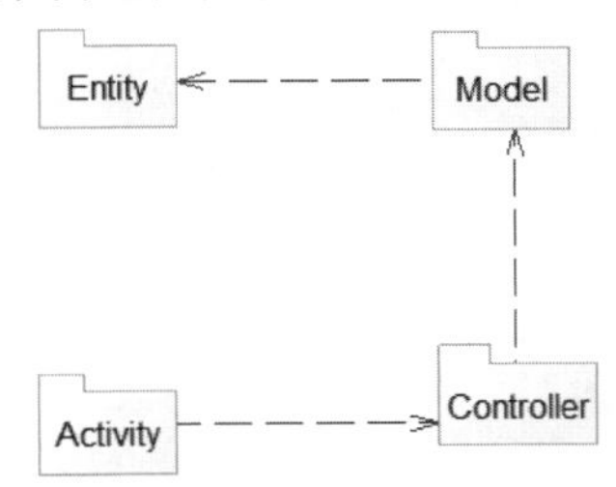

图 7-15 BusyBee 手游系统架构包图

在图 7-15 中，各个包的职责列举如下：

- 模型(model)：模型提供应用程序的核心功能，并且说明了视图的相互依赖关系以及控制器组件。
- 视图(activity)：每个视图都对应用户信息的特定表示风格和格式。视图从模型检索数据，并且当数据在其他视图中发生改变的时候，更新视图的表示。视图还创建与之关联的控制器。
- 控制器(controller)：控制器以事件的形式接收用户数据，事件触发模型中操作的执行。这些会引起信息的改变，并且在所有视图中触发所有更新，从而确保所有视图都得到更新。
- 实体(entity)：实体在数据访问时提供 ORM(object-relational mapping，对象关系映射)功能。

2. 游戏模块类图

根据系统架构设计，游戏模块类图如图 7-16 所示。

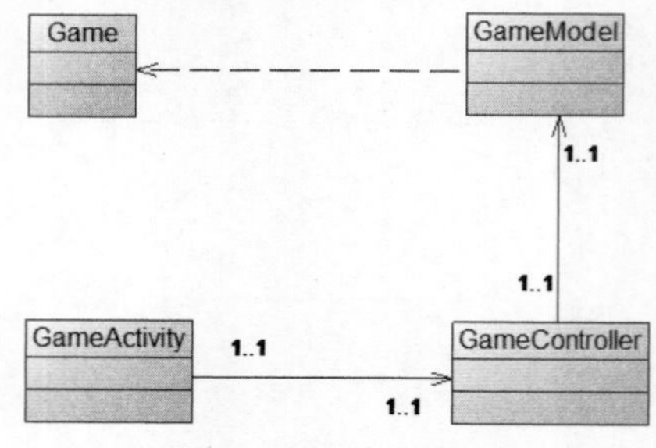

图 7-16 游戏模块类图

在图 7-16 中，GameActivity 是视图，GameController 是控制器，GameModel 是模型，Game 是实体。

7.2.4 案例分析二：“58 同城”顾客模块

1. 系统采用分层架构

顾客模块包括注册、登录、更新密码等系统用例。以.NET 四层架构为例，系统架构包图如图 7-13 所示，“58 同城”顾客模块的类图如图 7-17 所示。

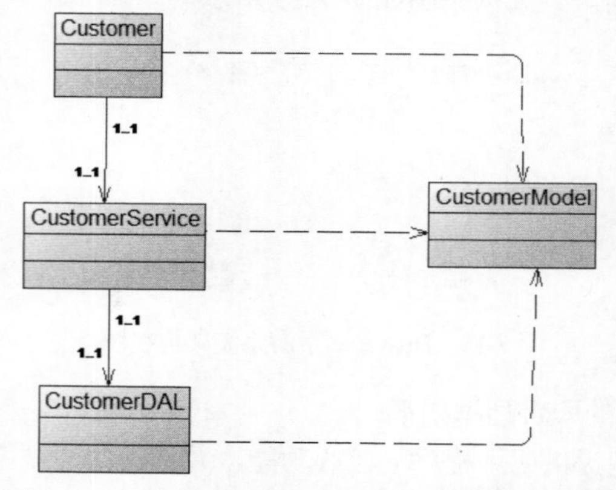

图 7-17 “58 同城”.NET 四层架构的顾客模块类图

在图 7-17 中，Customer 类属于 UI 层，是 Customer.aspx.cs，即 UI 层的界面类。CustomerService 属于业务逻辑层，CustomerDAL 属于数据访问层，CustomerModel 属于实体层，用于 ORM。在.NET 中，实体层使用 Model 表示，与 MVC 中的 Model 不一样。在 MVC 中，实体层使用 Entity 表示。实际上，在.NET 的多层架构中，可以在业务逻辑层和数据访问层加入接口，以处理业务变化和数据库的变化。加入了接口的类图如图 7-18 所示。

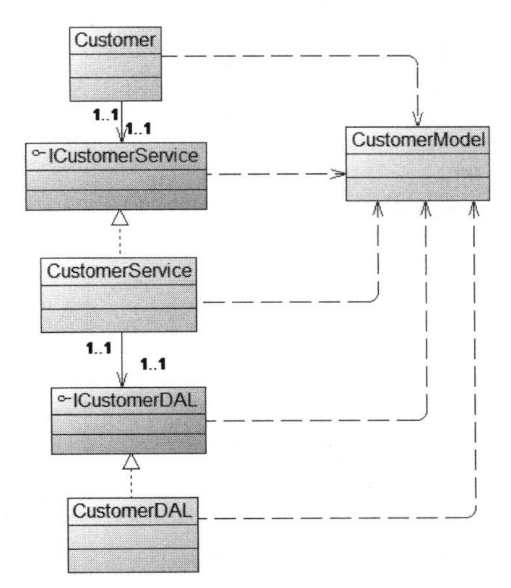

图 7-18　“58 同城”加入接口.NET 四层架构的顾客模块类图

在图 7-18 中，ICustomerService 是业务逻辑层的接口，ICustomerDAL 是数据访问层的接口。

2. 系统采用 SSM 架构

以 Java Web 的 SSM 架构为例，系统架构包图如图 7-19 所示。

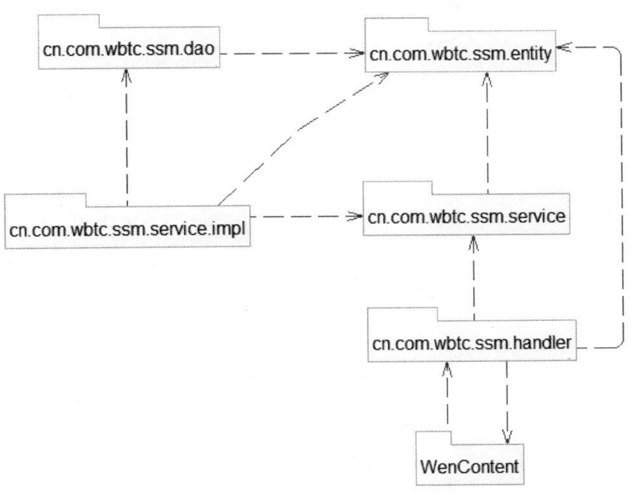

图 7-19　“58 同城”SSM 架构包图

在图 7-19 中，各个包的职责如下：

(1) WebContent：页面，View 层。

(2) cn.com.wbtc.ssm.handler：控制器，ViewModel。

(3) cn.com.wbtc.ssm.service：业务层，Model 的接口层，符合接口隔离原则和依赖倒置原则。

(4) cn.com.wbtc.ssm.service.impl：业务类，Model 的接口层的实现类。

(5) cn.com.wbtc.ssm.dao：数据访问，DAO 的接口层，便于各种数据库的扩展。

(6) cn.com.wbtc.ssm.entity：实体类，用于 ORM。

“58 同城”顾客模块的类图如图 7-20 所示。

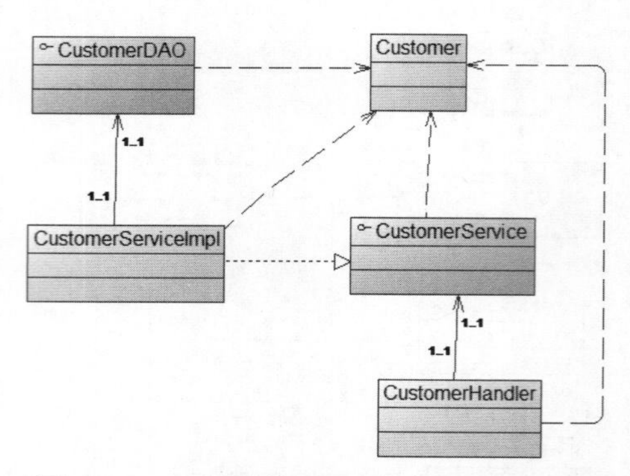

图 7-20　“58 同城”SSM 架构顾客模块类图

在图 7-20 中，CustomerHandler 属于 ViewModel，CustomerService 属于 Model 的接口层，CustomerServiceImpl 属于 Model 的实现类层，CustomerDAO 属于数据访问层，Customer 属于实体层。

7.3　类设计

通过系统架构设计，模块中的每个类都被确定下来，接下来应该对类进行设计，即设计类的属性和方法。类的设计与实现条件有关，包括编程语言、复用支持、数据库等。编程语言对类的设计影响最大，有些编程语言可能不支持某些面向对象的概念和原则，例如多态性，此时要根据编程语言的实际表达能力进行适当的处理。如果在类的设计中能够复用一些已经完成设计和编码的类，无疑将提高设计和编程效率。只是在实际复用的时候需要进行调整。现在的面向对象技术平台和编程语言，无论是微软的.NET，还是 Java Web 等 Web 开发技术，或者是 Android、iPhone 等手机开发技术，都提供了常用的类库，为设计提供可复用的类，使得设计的效率大大提高。数据库要求对涉及数据访问逻辑的类进行相应的修改，补充一些访问该数据库所需的属性和操作。

对于.NET 而言，类中私有数据称作字段(field)，而属性指的是对字段的读写访问，类似于 Java 中的 get 和 set 方法。这一点与 Java 不一样。

另外，在类设计时要求“高内聚、低耦合”。因此，在介绍类的设计之前先介绍内聚和耦合的相关知识。

7.3.1　内聚和耦合

1. 内聚

内聚(cohesion)是评价一个元素的职责被关联和关注强弱的尺度。如果一个元素具有很多紧密相关的职责，而且只完成有限的功能，则这个元素就具有高内聚性。此处的元素可以是类或类中的方法，也可以是模块、子系统或者系统。

设计时应该力求做到高内聚，通常中等程度的内聚也是可以采用的，而且效果和高内聚相差不多。

内聚和耦合是密切相关的，模块内的高内聚往往意味着模块间的松耦合。内聚和耦合都是进行系统设计的有力工具，但是实践表明内聚更重要，应该把更多注意力集中到提高模块的内聚程度上。

低内聚有如下几类：如果一个模块完成一组任务，这些任务彼此间即使有关系，关系也很松散，这种内聚称为偶然内聚(coincidental cohesion)。有时在写完一个程序之后，发现一组语句在两处或多处出现，于是把这些语句作为一个模块以节省内存，这样就出现了耦合内聚的模块。如果一个模块完成的任务在逻辑上属于相同或相似的一类(如一个模块产生各种类型的全部输出)，则称为逻辑内聚(logical cohesion)。如果一个模块包含的任务必须在同一段时间内执行(如模块完成初始化工作)，则称为时间内聚(temporal cohesion)。

在偶然内聚的模块中，各种元素之间没有实质性联系，很可能在一种应用场合需要修改这个模块，在另一种应用场合又不允许修改，从而陷入困境。事实上，偶然内聚的模块出现修改错误的概率比其他类型的模块高得多。

在逻辑内聚的模块中，不同功能混在一起，合用部分程序代码，即使局部功能的修改有时也会影响全局。因此，这类模块的修改也比较困难。

时间关系在一定程度上反映了程序的某些实质，所以时间内聚比逻辑内聚好一些。中内聚主要有两类：如果一个模块内的处理元素是相关的，而且必须以特定次序执行，则称为过程内聚(procedural cohesion)；如果模块中所有元素都使用同一个输入数据和(或)产生同一个输出数据，则称为通信内聚(communicational cohesion)。

高内聚也有两类：如果模块内所有处理元素属于一个整体，完成一个单一的功能，则称为功能内聚(functional cohesion)。如果模块执行很多操作，每个操作都有自己的入口点和独立的代码，并且都对相同的数据结构执行，则称为信息内聚(informational cohesion)。

对以上7种内聚的优劣进行排序，依次是信息内聚、功能内聚、通信内聚、过程内聚、时间内聚、逻辑内聚和偶然内聚。

分层架构和MVC架构都很好地体现了高内聚和低耦合。

2. 耦合

耦合(coupling)是评价一个模块中各个元素之间连接或依赖强弱关系的尺度。元素可以是类或类中的方法，也可以是模块、子系统或者系统。耦合强弱取决于模块间接口的复杂程度、进入或访问一个模块的点、通过接口的数据。

在软件设计中应该追求尽可能松散耦合的系统。在这样的系统中可以研究、测试或维护任何一个模块，而不需要对系统的其他模块有很多的了解。此外，由于模块间联系简单，发生在一处的错误传播到整个系统的可能性就很小。因此，模块间耦合的程度强烈影响系统的可理解性、可测试性、可靠性和可维护性。

如果两个模块中的每一个都能独立地工作而不需要另一个模块的存在，那么它们彼此完全独立，这意味着模块间无任何连接，耦合程度最低。但是，在一个软件系统中不可能所有模块之间都没有任何连接。

如果两个模块彼此间通过参数交换信息，而且交换的信息仅仅是数据，那么，这种耦合称为数据耦合(data coupling)。如果两个模块中的一个模块传递控制信息(尽管有时这种控制信息以数据的形式出现)给另一个模块，则这种耦合称为控制耦合(control coupling)。

例如，如果p模块调用q模块并且q给p传回一个标志："我不能完成我的工作"，那么就是q在传递数据。但是如果标志是"我不能完成我的工作，相应地，显示出错消息ABC123"，那么p和q是控制耦合的。换句话说，如果q给p传递回信息，并且p决定接收该消息后将采取什么行为，那么p则是正在传递数据。但是，如果q不仅给p传递回信息，同时通知p必须采取什么操作，就是控制耦合。

数据耦合是低耦合，系统中必须存在这种耦合，因为只有当某些模块的输出数据作为另一个模块的输入数据时，系统才能完成有价值的功能。一般来说，一个系统内可以只包含数据耦合。控制耦合是中等程度的耦合，它增加了系统的复杂度。控制耦合往往是多余的，在模块适当分解之后通常可以用数据耦合代替它。

如果被调用的模块需要使用作为参数传递进来的数据结构中的所有元素，则把整个数据结构作为参数传递是完全正确的。但是，当把整个数据结构作为参数传递而被调用的模块只需要使用一部分数据元素时，就出现了印记耦合(stamp coupling)，也称为特征耦合(feature coupling)。在这种情况下，被调用的模块可以处理的数据多于它需要的数据，这将导致对数据访问失去控制，从而给计算机犯罪提供了机会。

当两个或多个模块通过一个公共数据环境相互作用时，它们之间的耦合称为公共耦合(common coupling)。公共数据环境可以是全局变量、共享的通信区、共享的公共覆盖区、任何存储介质上的文件、物理设备等。

公共耦合的复杂程度随耦合的模块个数而变化，当耦合的模块个数增加时复杂程度显著增加。如果只有两个模块有公共环境，那么这种耦合有下面两种可能。

(1) 一个模块往公共环境送数据，另一个模块从公共环境取数据。这是数据耦合的一种形式，是比较松散的耦合。

(2) 两个模块都既往公共环境送数据又从里面取数据，这种耦合比较紧密，介于数据耦合和控制耦合之间。

如果两个模块共享的数据很多，都通过参数传递可能很不方便，这时可以利用公共耦合。最高程度的耦合是内容耦合(content coupling)。如果出现下列情况之一，两个模块之间就发生了内容耦合：

(1) 一个模块访问了另一个模块的内部数据。

(2) 一个模块不通过正常入口而转到另一个模块的内部。

(3) 一个模块有多个入口。

应该尽量使用数据耦合，少用控制耦合和印记耦合，限制公共耦合的范围，完全不用内容耦合。

7.3.2 设计属性

.NET 的字段及 Java 的属性的命名采用 camel 命名法，属性名的第一个单词的第一个字母为小写，其他单词的第一个字母为大写。

1. ORM 类的属性设计

无论是分层架构，还是MVC架构，专门负责ORM的类，都被称为ORM类。设计ORM类的属性是属性设计中最重要的任务。ORM类的属性是从BCE中的Entity类转换而来，所以可以把 Entity 类中的属性应用到 ORM 类中，只是将中文变为英文。例如，在 BusyBee 手游开始游戏模块类图中，Game 类的属性来自于“游戏”实体类，其属性如表 7-1 所示。

表 7-1 Game 类的属性

属性	类型	说明
status	string	状态
star	string	游戏星级

在表 7-1 中，status 和 star 分别来自于“游戏”实体类的游戏状态和游戏星级属性。

Bee 类的属性来自于“蜜蜂”实体类，其属性如表 7-2 所示。

表 7-2 Bee 类的属性

属性	类型	说明
status	string	蜜蜂的状态
pictureFile	string	图片文件
initCoordinate	string	初始坐标
flySpeed	float	飞行速度
flyDirection	string	飞行方向

在表 7-2 中，status、pictureFile、initCoordinate、flySpeed 和 flyDirection 分别来自于“蜜蜂”实体类的状态、图片文件、初始坐标、飞行速度和飞行方向等属性。

2. UI 类或 View 类属性的设计

无论是分层架构的 UI 层，还是 MVC 架构的 View 层，其类的职责是负责数据的输入和输出。UI 类或 View 类的属性与界面上的控件息息相关。现在的大多数技术都将 View 分成了两个部分：前台的界面和后台的代码。比如，在微软的 ASP.NET 技术中，一个界面由两个文件构成：ASPX 文件和代码文件。这样使得界面设计和代码设计可以独立进行。并且，现在的大多数技术都采用标记语言来表示 View。例如，微软的 ASPX 文件是 XML 格式的，Java Web 的 View 是 HTML 或 JSP 格式的，Android 的 View 是 xml 格式的。而这些界面都可以采用图形的方式进行设计，即用拖放控件的方式进行设计。这样使得 View 类的属性可以通过集成开发环境自动生成，避免了手动操作。

例如，在 BusyBee 手游开始游戏模块类图中，GameActivity 类是 View 类，其属性如表 7-3 所示。

表 7-3 GameActivity 类的属性

属性	类型	说明
btnStartGame	StartButton	开始按钮
btnPauseGame	PauseButton	暂停按钮
btnReStartGame	ReStartButton	重新开始按钮
btnJumpPlayer	JumpButton	跳转按钮

而 StartButton 按钮类的属性如表 7-4 所示。

表 7-4　StartButton 按钮类的属性

属性	类型	说明
bmpBtnStartGame	string	开始按钮图片
btnStartX	float	开始按钮的 X 坐标
btnStartY	float	开始按钮的 Y 坐标
context	context	上下文对象

PauseButton、ReStartButton 和 JumpButton 等按钮类的属性与 StartButton 按钮类的属性类似，这里就不一一赘述了。

3. 数据访问类属性的设计

数据访问类中的属性则根据具体的数据访问技术来进行处理，如连接字符串、连接对象、sql 语句字符串等。

4. 关联关系中类属性的设计

如果两个类具有关联关系，则指向类有一个属性，其类型是被指向类。例如，在图 7-21 所示的游戏模块类图，GameActivity 类和 GameController 类之间具有关联关系，由 GameActivity 指向 GameController，GameActivity 是指向类，GameController 是被指向类，在 GameActivity 类中有一个属性，其类型是 GameController，如图 7-21 所示。

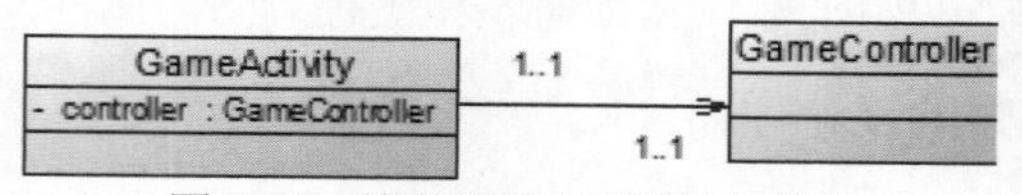

图 7-21　关联关系中类属性的设计

在图 7-21 中，GameActivity 类的属性 controller 的类型是 GameController。

7.3.3　设计方法

在方法的设计中，方法名、参数、返回值、访问权限等可以如面向对象分析一样，以用例为单位，通过序列图进行设计，这在前面 UML 的序列图和分析中有比较详细的说明，这里就不阐述，将在后面的案例分析中进行详细说明。需要注意的是，设计时，方法名、参数都应该采用英文命名。并且，不同技术的命名规则不一样，有些技术采用 camel 命名法，方法名的第一个单词的第一个字母为小写，其他单词的第一个字母为大写。有些技术的方法采用 Pascal 命名法，方法名的每个单词的第一个字母为大写。

7.3.4　案例分析一：BusyBee 手游游戏模块

1. 属性设计

在 BusyBee 手游游戏模块的实现类图中，实体类 Game 类来自于分析时的游戏类，该类有 status 和 star 两个属性。根据类之间的关联关系，GameActivity 类、GameController 类有属性，其中，GameActivity 类的属性为 controller，类型为 GameController。GameController 类的属性为 model，类型为 GameModel。属性如表 7-5 所示。

表 7-5　BusyBee 手游游戏模块类的属性

类	属性	类型	说明
Game	status	string	状态
	star	string	游戏星级
GameActivity	controller	GameController	游戏控制器对象
GameController	model	GameModel	游戏模型对象

添加了属性的 BusyBee 手游游戏模块实现类图如图 7-22 所示。

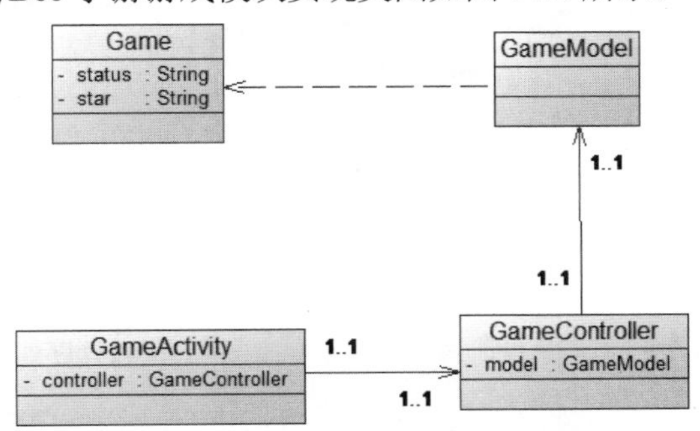

图 7-22　添加了属性的 BusyBee 手游游戏模块实现类图

对于 GameActivity 类中的界面元素的属性，由于比较多，这里就不表示在类图中。

2. 设计方法

下面以“玩家→开始游戏”用例为例，说明使用序列图设计类的方法。

该用例的基本路径如下：

1. 玩家请求开始游戏
2. 系统验证开始游戏请求
3. 系统改变蜜蜂的状态
4. 系统反馈开始游戏成功界面

开始游戏用例的设计序列图如图 7-23 所示。

图 7-23　开始游戏用例的设计序列图

添加了消息的序列图如图 7-24 所示。其中，第 1 条消息来自于基本路径第 1 步“玩家请求开始游戏”，第 2 条消息来自于基本路径的第 2 步“系统验证开始游戏请求”，第 3 条消息来自于基本路径的第 3 步“系统改变蜜蜂的状态”。

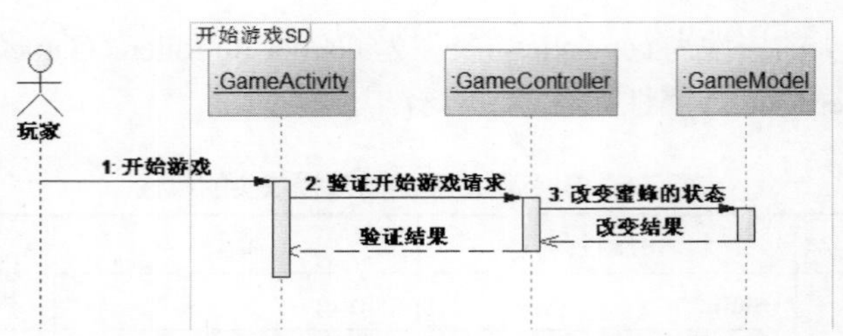

图 7-24　添加了消息的开始游戏用例的设计序列图

将消息设计为方法的序列图如图 7-25 所示。

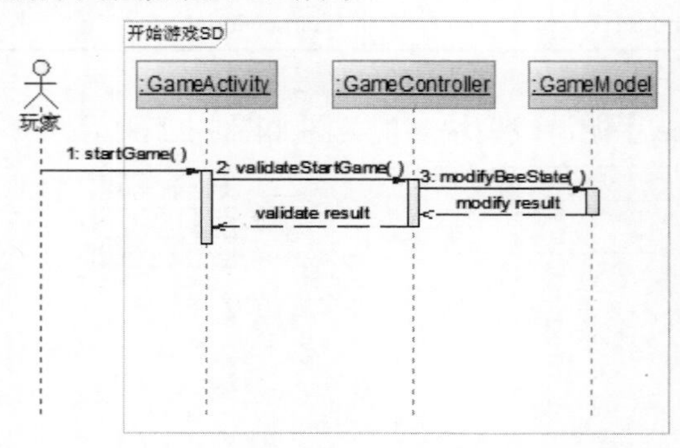

图 7-25　将消息设计为方法的开始游戏用例的设计序列图

在图 7-25 中，GameActivity 类的方法 startGame 由消息“开始游戏”设计而来，GameController 类的方法 validateStartGame 由消息“验证开始游戏请求”设计而来，GameModel 类的方法 modifyBeeState 由消息“改变蜜蜂的状态”设计而来。

完成了开始游戏用例方法设计的游戏模块实现类图如图 7-26 所示。

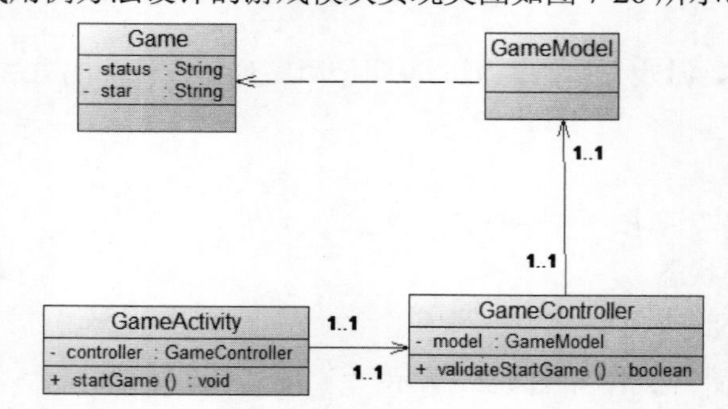

图 7-26　完成了开始游戏用例方法设计的游戏模块实现类图

7.3.5　案例分析二：“58 同城”顾客模块

1. 系统采用分层架构

(1) 设计属性

在“58 同城”顾客模块的实现类图中，实体类 CustomerModel 类来自于分析时的顾客类，该类有 phone、userName 和 pwd 等属性，其中，phone 是手机号，userName 是用户名，pwd 是密码。根据类之间的关联关系，Customer 类、CustomerService 类有属性，其中，Customer 类的属性为 service，类型为 CustomerService。CustomerService 类的属性为 dal，类型为 CustomerDAL。数据访问类 CustomerDAL 有属性，如连接字符串、sql 命令，这里不一一列出。属性如表 7-6 所示。

表 7-6 “58 同城”顾客模块类的属性

类	属性	类型	说明
CustomerModel	phone	string	手机号
	userName	string	用户名
	pwd	string	密码
Customer	Service	CustomerService	顾客服务对象
CustomerService	dal	CustomerDAL	顾客数据访问对象

添加了属性的“58 同城”的顾客模块实现类图如图 7-27 所示。

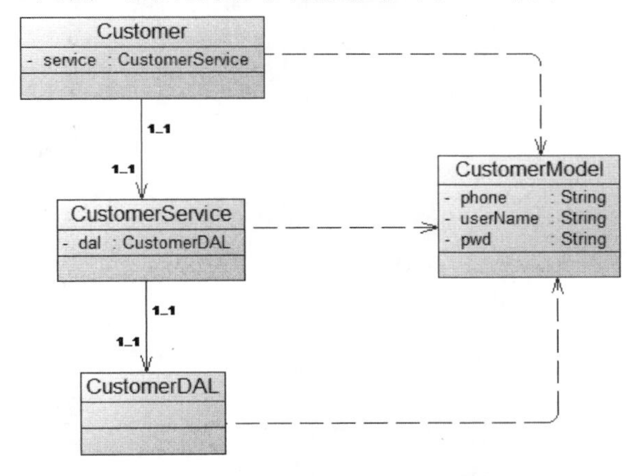

图 7-27 添加了属性的“58 同城”顾客模块实现类图

对于 Customer 类中的界面元素的属性，由于比较多，这里就不表示在类图中了。

(2) 设计方法

下面以“顾客→注册”用例为例，说明如何使用序列图设计类。

该用例的基本路径如下：

1. 顾客请求注册
2. 系统反馈注册界面
3. 顾客提交注册信息
4. 系统验证注册信息
5. 系统生成顾客信息
6. 系统反馈注册成功界面

注册用例的设计序列图如图 7-28 所示。

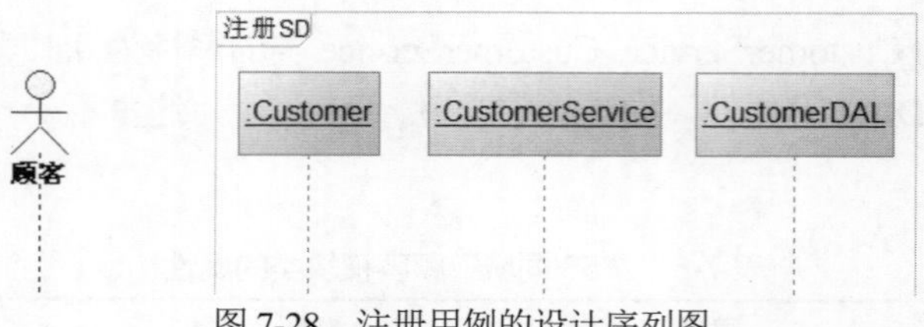

图 7-28　注册用例的设计序列图

添加了消息的序列图如图 7-29 所示。其中，第 1 条消息来自于基本路径第 3 步“顾客提交注册信息”，第 2 条消息和第 3 条消息来自于基本路径第 4 步“系统验证注册信息”，第 4 条消息来自于基本路径第 5 步“系统生成顾客信息”。

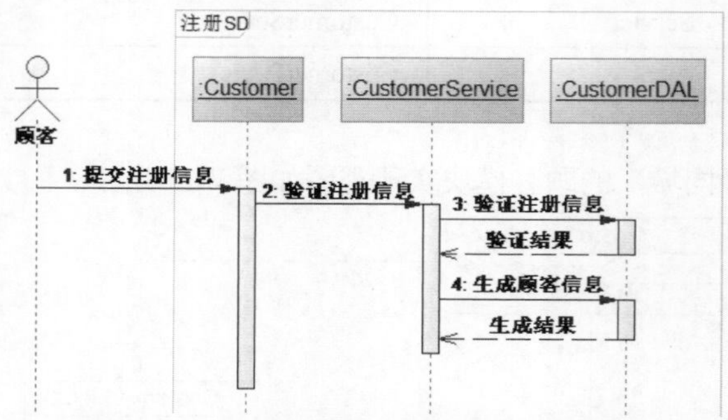

图 7-29　添加了消息的注册用例的设计序列图

将消息设计为方法的序列图如图 7-30 所示。

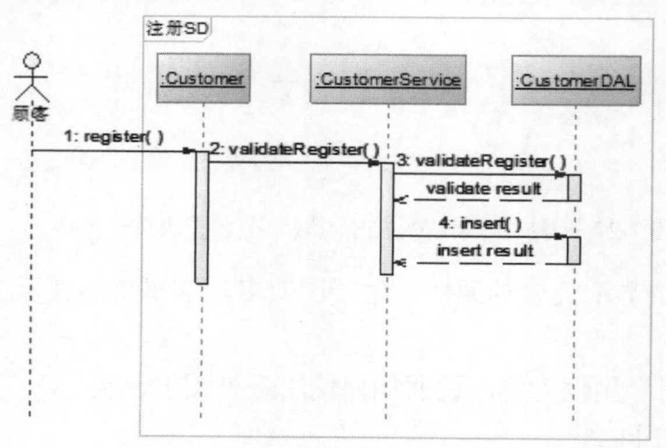

图 7-30　将消息设计为方法的注册用例的设计序列图

在图 7-30 中，Customer 类的方法 Register 由消息“提交注册信息”设计而来，CustomerService 类和 CustomerDAL 类的方法 ValidateRegister 由消息“验证注册信息”设计而来，CustomerDAL 类的方法 Insert 由消息“生成顾客信息”设计而来。

完成了注册用例方法设计的顾客模块实现类图如图 7-31 所示。

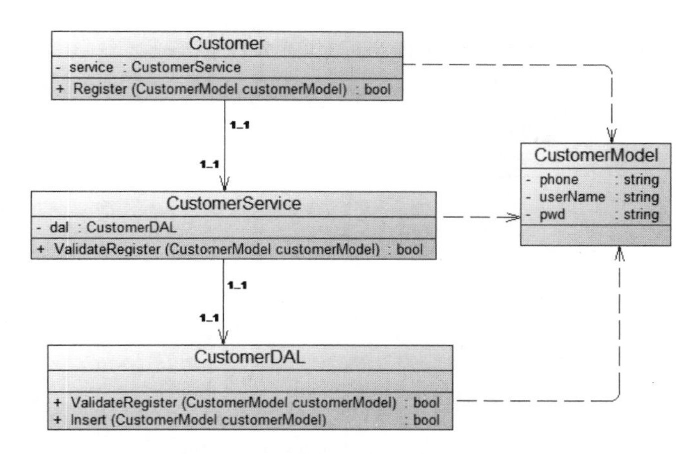

图 7-31　完成了注册用例方法设计的顾客模块实现类图

2. 系统采用 SSM 架构

(1) 设计属性

在图 7-32 中，实体类 Customer 类来自于分析时的顾客类，该类有属性：phone、userName 和 pwd，其中，phone 是手机号，userName 是用户名，pwd 是密码。根据类之间的关联关系，CustomerHandler 类、CustomerServiceImpl 类有属性，其中，CustomerHandler 类的属性为 service，类型为 CustomerService。CustomerServiceImpl 类的属性为 dao，类型为 CustomerDAO。属性如表 7-7 所示。

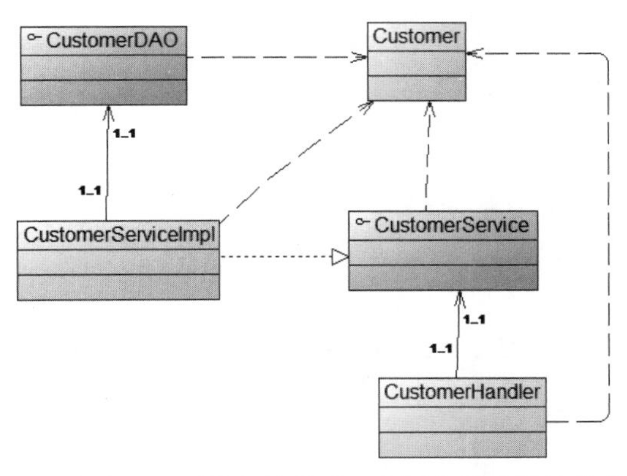

图 7-32　采用 SSM 系统架构的“58 同城”顾客模块的实现类图

表 7-7　“58 同城”顾客模块类的属性

类	属性	类型	说明
Customer	phone	string	手机号
	userName	string	用户名
	pwd	string	密码
CustomerHandler	Service	CustomerService	顾客服务对象
CustomerServiceImpl	dao	CustomerDAO	顾客数据访问对象

添加了属性的“58 同城”顾客模块实现类图如图 7-33 所示。

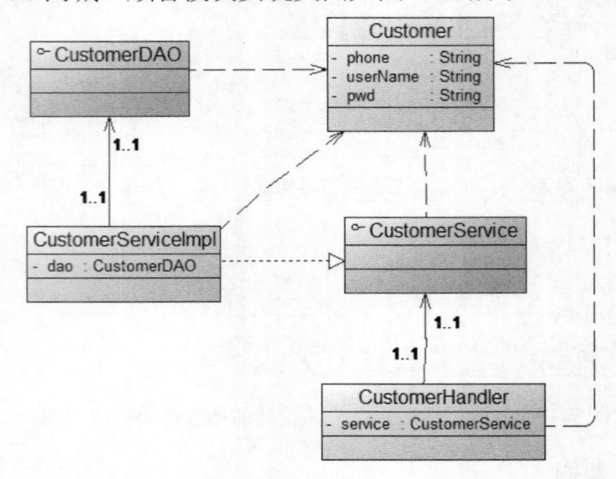

图 7-33 采用 SSM 架构添加了属性的“58 同城”顾客模块实现类图

(2) 设计方法

下面以“顾客→注册”用例为例，说明如何使用序列图设计类。

该用例的基本路径如下：

1. 顾客请求注册
2. 系统反馈注册界面
3. 顾客提交注册信息
4. 系统验证注册信息
5. 系统生成顾客信息
6. 系统反馈注册成功界面

注册用例的设计序列图如图 7-34 所示。

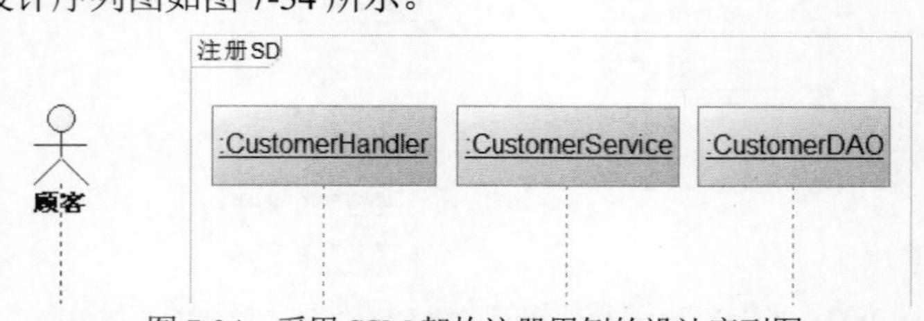

图 7-34 采用 SSM 架构注册用例的设计序列图

添加了消息的序列图如图 7-35 所示。其中，第 1 条消息来自于基本路径第 3 步“顾客提交注册信息”，第 2 条消息和第 3 条消息来自于基本路径第 4 步“系统验证注册信息”，第 4 条消息来自于基本路径第 5 步“系统生成顾客信息”。

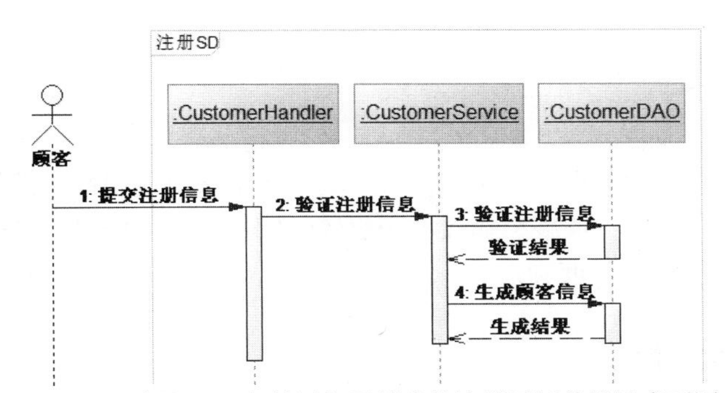

图 7-35　采用 SSM 架构添加了消息的注册用例的设计序列图

将消息设计为方法的序列图如图 7-36 所示。

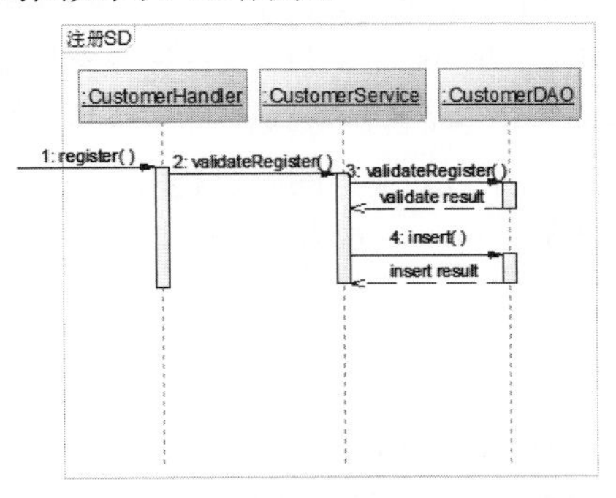

图 7-36　采用 SSM 架构将消息设计为方法的注册用例的设计序列图

在图 7-36 中，CustomerHandler 类的方法 register 由消息“提交注册信息”设计而来，CustomerService 接口和 CustomerDAO 接口的方法 validateRegister 由消息“验证注册信息”设计而来，CustomerDAO 接口的方法 insert 由消息“生成顾客信息”设计而来。

完成了注册用例方法设计的顾客模块实现类图如图 7-37 所示。

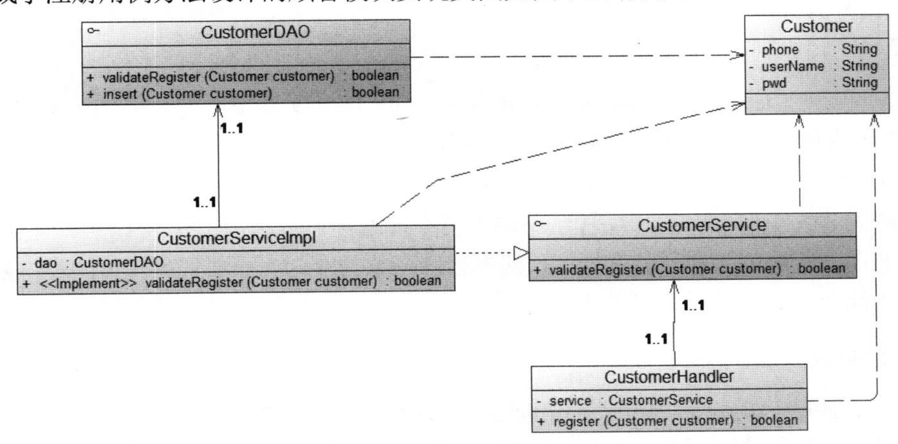

图 7-37　采用 SSM 架构完成了注册用例方法设计的顾客模块实现类图

在图 7-37 中，CustomerServiceImpl 类的方法 validateRegister 是实现了接口 CustomerService 的方法 validateRegister。

7.4 设计模式

经过系统架构设计，设计出了类。而在不同的问题中，可使用性、性能、可靠性、可扩展性等非功能需求不同，会增加或减少类以得到更好的解决方案。所以，在讲述设计模式之前，需要了解面向对象设计的基本原则。

7.4.1 面向对象设计原则

1. 单一职责原则

单一职责原则(single responsibility principle，SRP)的定义如下：

(1) 一个对象应该只包含单一的职责，并且该职责被完整地封装在一个类中。

(2) 另一种定义方式是：就一个类而言，应该仅有一个引起它变化的原因。

(3) 一个类(或者大到模块，小到方法)承担的职责越多，它被复用的可能性越小，而且如果一个类承担的职责过多，就相当于将这些职责耦合在一起，当其中一个职责变化时，可能会影响其他职责的运作。

2. 开闭原则

开闭原则(open-closed principle，OCP)的定义如下：

(1) 一个软件实体应当对扩展开放，对修改关闭。

(2) 在设计一个模块的时候，应当使这个模块可以在不被修改的前提下被扩展，即实现在不修改源代码的情况下改变这个模块的行为。

(3) 在开闭原则的定义中，软件实体可以指一个软件模块、一个由多个类组成的局部结构或一个独立的类。一个软件实体应该通过扩展来实现变化，而不是通过修改已有的代码来实现变化。

3. 依赖倒转原则

依赖倒转原则(dependence inversion principle，DIP)的定义如下：

(1) 高层模块不应该依赖低层模块，它们都应该依赖抽象。

(2) 抽象不应该依赖细节，细节应该依赖抽象。

另一种表述为：要针对接口编程，不要针对实现编程。

简单来说，依赖倒转原则就是指：代码要依赖抽象的类，而不要依赖具体的类；要针对接口或抽象类编程，而不是针对具体类编程。

4. 里氏替换原则

里氏替换原则(Liskov substitution principle，LSP)的定义如下：

所有引用基类(父类)的地方必须能透明地使用其子类的对象。或者把所有的父类全部替换为子类，其软件行为没有变化。

里氏替换原则是实现开闭原则的一种重要方式。由于使用基类对象的地方都可以使用子类对象，因此在程序中尽量使用基类类型来对对象进行定义。而在运行时再确定其子类类型，用子类对象替换父类对象。

5. 接口隔离原则

接口隔离原则(interface segregation principle，ISP)的定义如下：

(1) 客户端不应该依赖它不需要的接口。

(2) 类间的依赖关系应该建立在最小的接口上。

不要在一个接口里放很多的方法，这样会显得这个类很臃肿。接口应该尽量细化，一个接口对应一个功能模块，同时接口里的方法应该尽可能少，使接口更加轻便灵活。接口隔离原则和单一职责原则的审视角度不同：单一职责原则要求类和接口职责单一，注重的是职责，是业务逻辑上的划分；接口隔离原则要求方法要尽可能少，是在接口设计上的考虑。例如，一个接口的职责包含 10 个方法，这 10 个方法都放在一个接口中，并且提供给多个模块访问，各个模块按照规定的权限访问，并规定了“不使用的方法不能访问”，这样的设计是不符合接口隔离原则的，接口隔离原则要求“尽量使用多个专门的接口”，这里专门的接口就是指提供给每个模块的都应该是单一接口(即每一个模块对应一个接口)，而不是建立一个庞大臃肿的接口来容纳所有的客户端访问。

6. 迪米特法则(LoD)

迪米特法则(law of demeter，LoD)又称为最少知识原则，一个类对于其他类知道的越少越好，就是说一个对象应当对其他对象有尽可能少的了解，只和朋友通信，不和陌生人说话。

一个类应当尽可能少地与其他类发生相互作用。每一个类对其他的类都只有最少的知识，而且局限于那些与类密切相关的类。

迪米特法则的初衷在于降低类之间的耦合。由于每个类尽量减少对其他类的依赖，因此，很容易使得系统的功能模块功能独立，相互之间不存在(或很少有)依赖关系。

迪米特法则希望类之间直接的联系越少越好，应用迪米特法则有可能造成的后果就是：系统中存在大量的中介类，这些类之所以存在完全是为了传递类之间的相互调用关系，这在一定程度上增加了系统的复杂度。

7. 合成复用原则

合成复用原则(composite reuse principle，CRP)又叫组合/聚合复用原则，其定义如下：

对于软件复用，尽量先使用组合或者聚合等关联关系来实现，其次才考虑使用继承关系来实现。如果要使用继承关系，则必须严格遵循里氏替换原则。

合成复用原则与里氏替换原则相辅相成，两者都是开闭原则的具体实现规范。

7.4.2 设计模式概述

模式(pattern)起源于建筑业而非软件业，模式之父——美国加利佛尼亚大学环境结构中心研究所所长 Christopher Alexander 博士在其著作《A Pattern Language: Towns，Buildings，Construction》中定义了 253 个建筑和城市规划模式。

最早将模式的思想引入软件工程方法学的“四人组”(Gang of Four，GoF)，分别是 Erich Gamma、Richard Helm、Ralph Johnson 和 John Vlissides，他们在 1994 年归纳发表了 23 种在软件开发中使用频率较高的设计模式，旨在用模式来统一沟通面向对象方法在分析、设计和实现间的鸿沟。

软件模式是将模式的一般概念应用于软件开发领域，即软件开发的总体指导思路或参照样板。软件模式并非仅限于设计模式(design pattern)，还包括架构模式(architecture pattern)、分析模式(analysis pattern)和代码模式(code pattern)等，实际上，在软件生存期的每一个阶段都存在着一些被认同的模式。

设计模式(design pattern)是一套被反复使用、多数人知晓的、经过分类编目的、代码设计经验的总结，使用设计模式是为了可重用代码，让代码更容易被他人理解，保证代码可靠性。

根据其目的(模式用来做什么)可分为创建型模式(creational pattern)、结构型模式(structural pattern)和行为型模式(behavioral pattern)三种。

创建型模式对类的实例化过程进行了抽象，能够将软件模块中对象的创建和对象的使用分离。为了使软件的结构更加清晰，外界对于这些对象只需要知道它们共同的接口，而不清楚其具体的实现细节，使整个系统的设计更加符合单一职责原则。结构型模式描述如何将类或者对象结合在一起形成更大的结构，就像搭积木，可以通过简单积木的组合形成复杂的、功能更为强大的结构。行为型模式是对在不同的对象之间划分责任和算法的抽象化。行为型模式不仅仅关注类和对象的结构，而且重点关注它们之间的相互作用。

7.4.3　简单工厂模式

1. 模式动机

考虑一个简单的软件应用场景，一个软件系统可以提供多个外观不同的按钮(如圆形按钮、矩形按钮、菱形按钮等)，这些按钮都源自同一个基类，不过在继承基类后不同的子类修改了部分属性，从而使得它们可以呈现不同的外观。

希望在使用这些按钮时，不需要知道这些具体按钮类的名字，不需要使用 new 运算来自己构造具体按钮类的对象。只需要知道表示该按钮类的一个参数，并提供一个调用方便的方法，把该参数传入方法即可返回一个相应的按钮对象。此时，就可以使用简单工厂模式。

这里需要注意的是，外观不同的按钮的种类、数量是不变的，如这里只有三种按钮。并且，在未来也不需要有更多外观的按钮。如果未来由于业务的需要，会需用更多外观的按钮，如三角形按钮，则不能够使用简单工厂模式。

2. 模式定义

简单工厂模式(simple factory pattern)，又称为静态工厂方法模式(static factory method pattern)，它属于类创建型模式。在简单工厂模式中，可以根据参数的不同返回不同类的实例。简单工厂模式专门定义一个类来负责创建其他类的实例，被创建的实例通常都具有共同的父类。

3. 模式结构

模式结构如图 7-38 所示。

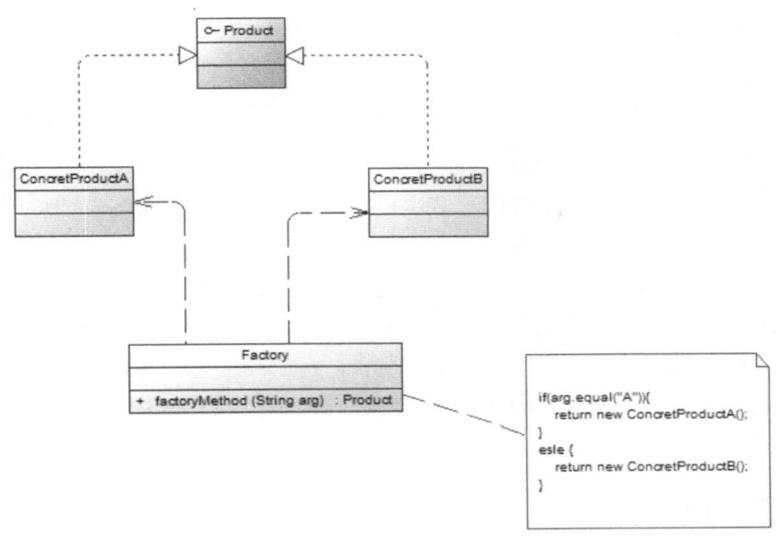

图 7-38 简单工厂模式结构

在模式结构中有以下角色：

(1) Product：抽象产品。

(2) ConcretProductA 和 ConcretProductA：具体产品。

(3) Factory：工厂，有一个工厂方法 factoryMethod。

4. 模式实例

某电视机厂专为各知名电视机品牌代工生产电视机，当需要海尔牌电视机时只需要在调用该工厂的工厂方法时传入参数“Haier”，需要海信电视机时只需要传入参数“Hisense”，工厂可以根据传入的不同参数返回不同品牌的电视机。现使用简单工厂模式来模拟该电视机工厂的生产过程。类图如图 7-39 所示。

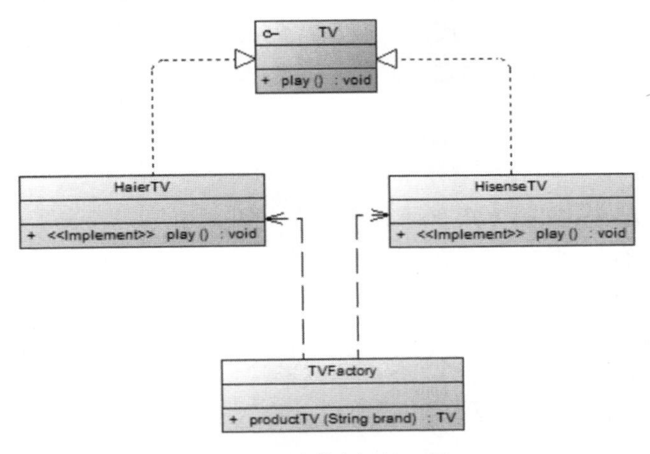

图 7-39 简单电视机工厂

在图 7-39 中，TV 是抽象的电视机产品类，HaierTV 和 HisenseTV 是具体的电视机产品类，TVFactory 是简单电视机工厂类，类中的方法 ProductTV 是工厂方法。

5. 模式优缺点

(1) 简单工厂模式的优点

工厂类含有必要的判断逻辑，可以决定在什么时候创建哪一个产品类的实例，客户端可以免除直接创建产品对象的责任，而仅仅“消费”产品。客户端无须知道所创建的具体产品类的类名，只需要知道具体产品类所对应的参数即可，对于一些复杂的类名，通过简单工厂模式可以减少使用者的记忆量。

(2) 简单工厂模式的缺点

由于工厂类集中了所有产品创建逻辑，一旦不能正常工作，整个系统都要受到影响。系统扩展困难，一旦添加新产品就不得不修改工厂逻辑，在产品类型较多时，有可能造成工厂逻辑过于复杂，不利于系统的扩展和维护。简单工厂模式由于使用了静态工厂方法，造成工厂角色无法形成基于继承的等级结构。

7.4.4 工厂方法模式

1. 模式动机

在简单工厂模式中，只提供了一个工厂类，该工厂类处于对产品类进行实例化的中心位置，它知道每一个产品对象的创建细节，并决定何时实例化哪一个产品类。简单工厂模式最大的缺点是当有新产品要加入到系统中时，必须修改工厂类，加入必要的处理逻辑，这违背了“开闭原则”。在简单工厂模式中，所有的产品都由同一个工厂创建，工厂类职责较重，业务逻辑较为复杂，具体产品与工厂类之间的耦合度高，严重影响了系统的灵活性和扩展性，而工厂方法模式则可以很好地解决这一问题。

2. 模式定义

工厂方法模式(factory method pattern)又称为工厂模式，也叫虚拟构造器(virtual constructor)模式或者多态工厂(polymorphic factory)模式，它属于类创建型模式。在工厂方法模式中，工厂父类负责定义创建产品对象的公共接口，而工厂子类则负责生成具体的产品对象，这样做的目的是将产品类的实例化操作延迟到工厂子类中完成，即通过工厂子类来确定究竟应该实例化哪一个具体产品类。

3. 模式结构

工厂方法模式的结构如图 7-40 所示。

在模式结构中有以下角色：

(1) Factory：抽象工厂

(2) Product：抽象产品

(3) ConcretFactory：具体工厂

(4) ConcretProduct：具体产品

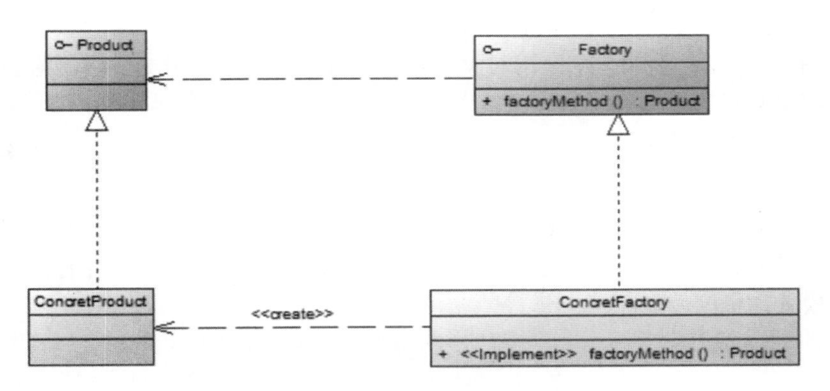

图 7-40 工厂方法模式的结构

4. 模式实例

将原有的工厂进行分割，为每种品牌的电视机提供一个子工厂，海尔工厂(HaierTVFactory)专门负责生产海尔电视机(HaierTV)，海信工厂(HisenseTVFactory)专门负责生产海信电视机(HisenseTV)，如果需要生产 TCL 电视机或创维电视机，只需要对应增加一个新的 TCL 工厂或创维工厂即可，原有的工厂无须做任何修改，使得整个系统具有更加的灵活性和可扩展性，如图 7-41 所示。

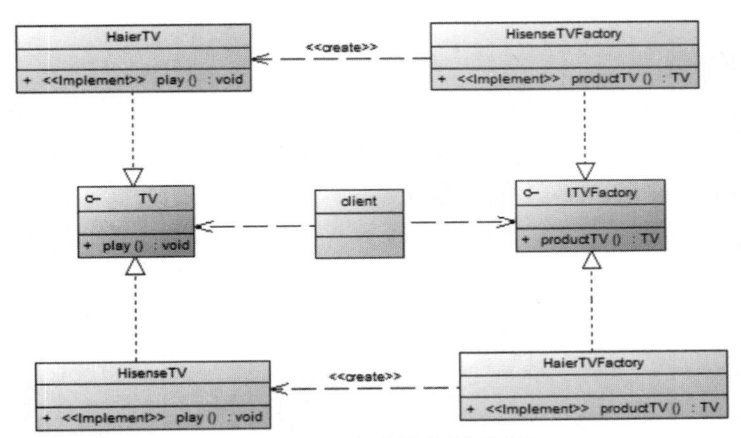

图 7-41 工厂方法模式电视机厂

7.4.5 中介者模式

1. 模式动机

在如图 7-42 所示的“QQ 聊天”界面中，在用户与用户直接聊天的设计方案中，用户对象之间存在很强的关联性，将导致系统出现如下问题：

(1) 系统结构复杂：对象之间存在大量的相互关联和调用，若有一个对象发生变化，则需要跟踪和该对象关联的其他所有对象，并进行适当处理。

(2) 对象可重用性差：由于一个对象和其他对象具有很强的关联，若没有其他对象的支持，一个对象很难被另一个系统或模块重用，这些对象表现得更像一个不可分割的整体，职责较为混乱。

(3) 系统扩展性低：增加一个新的对象需要在原有相关对象上增加引用，增加新的引用关系也需要调整原有对象，系统耦合度很高，对象操作很不灵活，扩展性差。

在面向对象的软件设计与开发过程中，根据“单一职责原则”，应该尽量将对象细化，使其只负责或呈现单一的职责。

对于一个模块，可能由很多对象构成，而且这些对象之间可能存在相互的引用。为了减少对象两两之间复杂的引用关系，使之成为一个松耦合的系统，需要使用中介者模式，这就是中介者模式的模式动机。

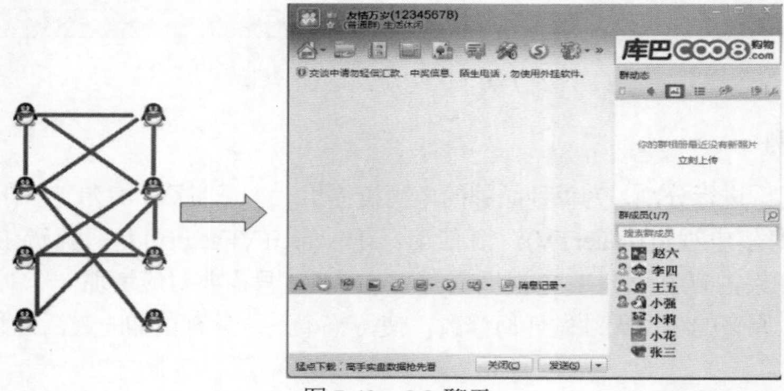

图 7-42　QQ 聊天

2. 模式定义

中介者模式(mediator pattern)用一个中介对象来封装一系列的对象交互，中介者使各对象不需要显式地相互引用，从而使其耦合松散，而且可以独立地改变它们之间的交互。中介者模式又称为调停者模式，它是一种对象行为型模式。

3. 模式结构

中介者模式结构如图 7-43 所示。

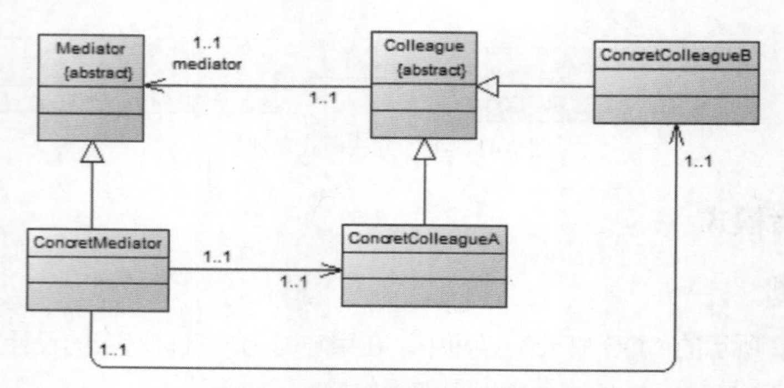

图 7-43　中介者模式结构图

在模式结构中有以下角色：

(1) Mediator：抽象中介者。

(2) ConcreteMediator：具体中介者。

(3) Colleague：抽象同事类。

(4) ConcreteColleagueA 和 ConcreteColleagueB：具体同事类。

4. 模式实例

某论坛系统欲增加一个虚拟聊天室(virtual chatroom)，允许论坛会员(member)通过该聊天室进行信息交流，普通会员(common member)可以给其他会员发送文本信息，钻石会员(diamond member)既可以给其他会员发送文本信息，还可以发送图片信息。该聊天室可以对不雅字符进行过滤，如“日”等字符；还可以对发送的图片大小进行控制。用中介者模式设计该虚拟聊天室，如图 7-44 所示。

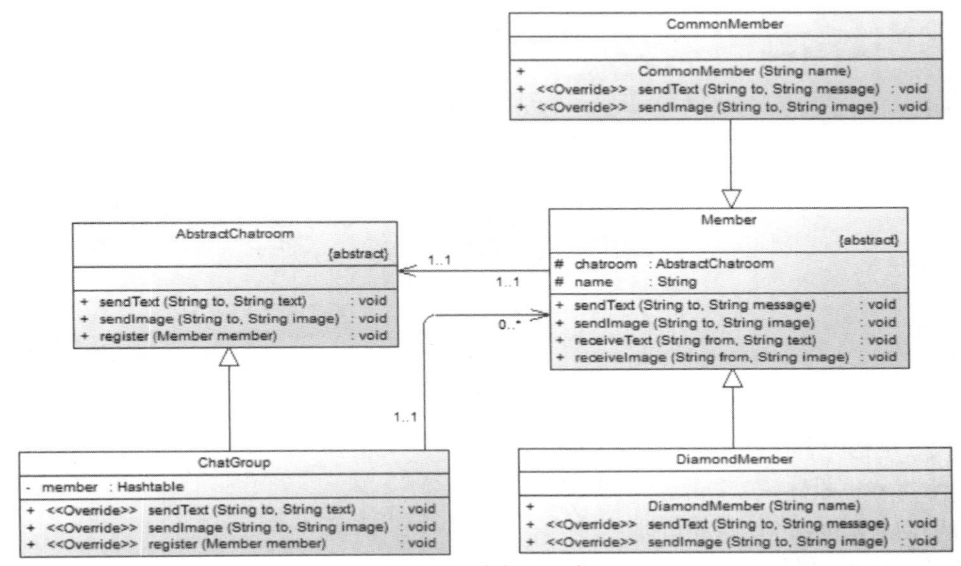

图 7-44 虚拟聊天室

在图 7-44 中，AbstractChartroom 是抽象的聊天室类，ChatGroup 是具体的聊天室类。Member 是抽象的成员类，DiamondMember 是钻石会员类，CommonMember 是普通会员类。

5. 模式优缺点

(1) 中介者模式的优点

简化了对象之间的交互，将各同事解耦，减少子类生成，可以简化各同事类的设计和实现。

(2) 中介者模式的缺点

在具体中介者类中包含了同事之间的交互细节，可能会导致具体中介者类非常复杂，使得系统难以维护。

7.4.6 观察者模式

1. 模式动机

建立一种对象与对象之间的依赖关系，一个对象发生改变时将自动通知其他对象，其他对象则相应做出反应。在此，发生改变的对象称为观察目标，而被通知的对象称为观察者，一个观察目标可以对应多个观察者，而且这些观察者之间没有相互联系，可以根据需要增加和删除观察者，使得系统更易于扩展，这就是观察者模式的模式动机。

2. 模式定义

观察者模式(observer pattern)是定义对象间的一种一对多依赖关系，使得每当一个对象状态发生改变时，其相关依赖对象皆得到通知并被自动更新。观察者模式又叫做发布—订阅(publish/subscribe)模式、模型—视图(model/view)模式、源—监听器(source/listener)模式或从属者(dependents)模式。观察者模式是一种对象行为型模式。

3. 模式结构

观察者模式的结构如图 7-45 所示。

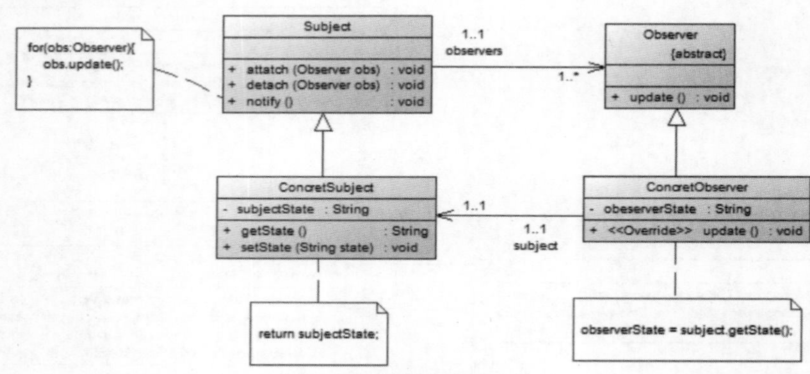

图 7-45 观察者模式结构

在模式结构中有以下角色：

(1) Subject：目标。

(2) ConcreteSubject：具体目标。

(3) Observer：观察者。

(4) ConcreteObserver：具体观察者。

4. 模式实例

假设猫(Cat)是老鼠(Mouse)和狗(Dog)的观察目标(MySubject)，老鼠和狗是观察者(MyObserver)，猫叫(Cry)老鼠跑，狗也跟着叫，使用观察者模式描述该过程，如图 7-46 所示。

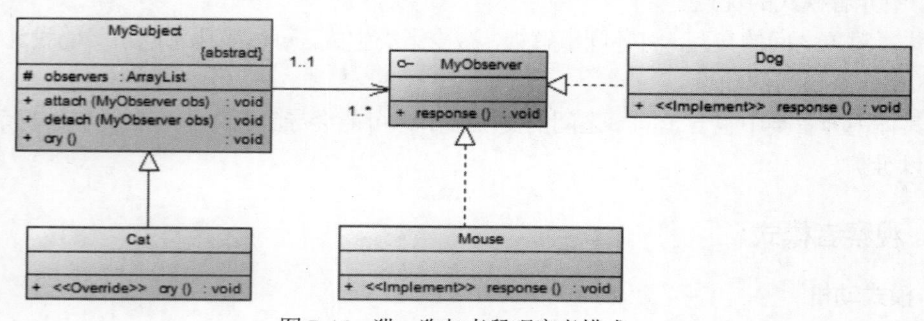

图 7-46 猫、狗与老鼠观察者模式

5. 模式优缺点

(1) 观察者模式的优点

观察者模式可以实现表示层和数据逻辑层的分离，并定义了稳定的消息更新传递机制，抽象了更新接口，使得可以有各种各样不同的表示层作为具体观察者角色。观察者模式在观察目标和观察者之间建立一个抽象的耦合。观察者模式符合“开闭原则”的要求。

(2) 观察者模式的缺点

如果一个观察目标对象有很多直接和间接的观察者的话，将所有的观察者都通知到会花费很多时间。如果在观察者和观察目标之间有循环依赖的话，观察目标会触发它们之间进行循环调用，可能导致系统崩溃。观察者模式没有相应的机制让观察者知道所观察的目标对象是怎样发生变化的，而仅知道观察目标发生了变化。

7.5 数据库设计

软件系统在运行期间会处理大量的数据信息，没有对数据的处理就没有软件存在的价值。因此，如何表示数据，以及如何对数据进行持久化的存储，即数据库设计，是软件设计的一项重要任务。数据库设计包括逻辑模型设计、物理模型设计，以及 SQL 脚本生成。

7.5.1 逻辑模型设计

数据表之间的关系可以通过数据库逻辑模型中实体之间的关系来进行说明。CDM(conceptual data model)是使用比较广泛的数据库逻辑模型，它提供不受任何 DBMS 约束的面向用户的表达方法。CDM 模型的构成成分是实体和联系集。其中，实体是一个数据的使用者，其代表软件系统中客观存在的生活中的实物，如人、动物、物体、列表、部门、项目等，实体的内涵用实体类型表示。实体中的所有特性称为属性，如用户有姓名、性别、住址、电话等属性。实体标识符是在一个实体中能够唯一表示实体的属性和属性集的标示符，但针对一个实体只能使用一个实体标识符来标明。实体标识符也就是实体的主标识符(primary identifier)，它对应数据表中的主键(primary key)。

在客观世界中，实体不会是单独存在的，实体和其他实体之间有着千丝万缕的联系(relationShip)。例如，某一个人在公司的某个部门工作，其中的实体有“某个人”和“公司的某个部门”，它们之间有着很多的联系。当实体成为数据库中的数据表时，这些联系通过表中的外键(foreign key)实现，即某些表的主键会成为另外一些表中的外键。

当提起实体间联系的时候，最先想到的是 one to one、one to many 和 many to many 这三种联系类型，在 CDM 中，联系还有另外三个可以设置的属性：mandatory(强制性联系)、dependent(依赖性联系)和 dominant(统制联系)。

1. mandatory(强制性)

联系的强制性指的是实体间是不是一定会出现这种联系。换句话说，当谈及一个联系的应用场景的时候，联系对应的那两个实体型的实体实例的个数可不可能为零。例如，在 BusyBee 手游中，玩家玩游戏的联系中，一个玩家可以玩游戏，也可以不玩游戏，玩家只玩一个游戏。在该联系中，玩家是强制性的，而游戏不是强制性的。

如果把这个模型对应到最后生成的表，假设 A-B 间的联系对 A 是 mandatory，那么如果在

A 里面包含 B 的外键，这个外键不能为空值，反之可以为空值。

2. dependent(依赖性)

每一个 Entity 型都有自己的 identifier，如果两个 Entity 型之间发生关联，其中一个 Entity 型的 identifier 进入另一个 Entity 型并与该 Entity 型中的 identifier 共同组成其 identifier，这种联系称为依赖性联系。一个 Entity 型的 identifier 进入另一个 Entity 型后充当其非 identifier 时，这种关联称为非依赖性联系。概念说起来有些拗口，说白了就是主-从表关系，从表要依赖于主表。例如，在游戏和关卡的联系中，实体型关卡必须依赖实体型游戏，即对于每一个关卡实例，必须指向某一个游戏实例。

对于依赖型联系，必须注意它不可能是一个多对多联系，在这个联系中，必须有一个作为主体的实体型。一个 dependent 联系的从实体可以没有自己的 identifier。

3. dominant(统制性)

这个联系属性最为简单，它仅作用于一对一联系，并指明这种联系中的主从表关系。在 A、B 两个实体型的联系中，如果 A→B 被指定为 dominant，那么 A 为这个一对一联系的主表，B 为从表，并且在数据表中会产生一个外键关系(如果不指定 dominant 属性，会产生两个外键关系)。比如游戏和蜜蜂之间的联系，因为蜜蜂属于游戏，它们是一个一对一关系。

图 7-47 是 BusyBee 手游的 CDM。

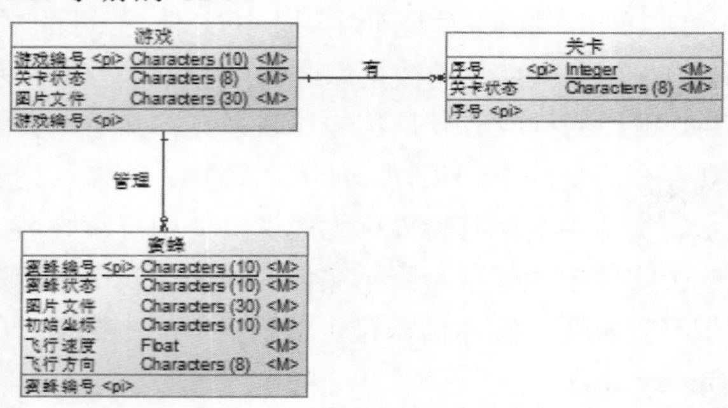

图 7-47　BusyBee 手游的 CDM

在图 7-47 中，游戏、蜜蜂和关卡等实体的属性来自于调研中的数据，与需求用例规约字段列表中的信息一致，也与领域类图中对应实体类中的属性一致。每个实体都有一个主标识符(primary identifier，PI)。游戏实体的 PI 是游戏编号，关卡实体的 PI 是序号，蜜蜂实体的 PI 是蜜蜂编号。实体之间的关系主要是联系，与领域类图中对应实体类之间的关系一致。游戏与关卡的关系是一对多，游戏必须要出现，而关卡可以不出现。游戏与蜜蜂的关系是一对多，游戏必须要出现，而蜜蜂可以不出现。

7.5.2　物理模型设计

在进行数据库设计的时候，需要将逻辑模型变成物理模型。物理数据模型(physical data model，PDM)可以由数据库建模工具自动生成。在进行转换时，需要选择物理数据库。如果逻辑模型是正确的，建模工具能够生成物理模型，否则会失败。图 7-48 是使用 PowerDesigner 将图 7-47 中的 CDM 自动生成的 PDM(MySQL 5.0)。

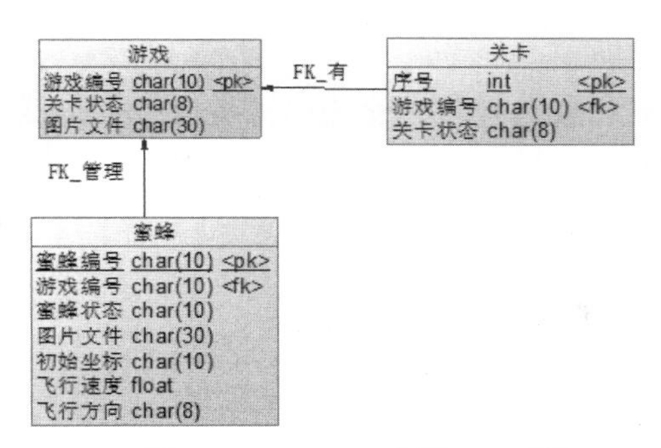

图 7-48　BusyBee 手游 PDM 图

在图 7-48 中，有 3 张表：游戏、关卡和蜜蜂，主键分别是游戏编号、序号和蜜蜂编号，而游戏编号成为关卡表中的外键(foreign key，FK)，也是蜜蜂表中的外键。这是因为在 CDM 中，游戏与关卡的关系是一对多，游戏是 1，关卡是多。同样的原因，游戏与蜜蜂的关系是一对多，游戏是 1，蜜蜂是多。

7.5.3　SQL 脚本生成

可以使用数据库建模工具从物理数据模型自动生成 SQL 脚本。使用 PowerDesigner 自动生成 SQL 脚本的过程如下：

在 PDM 模型中，选择“数据库”菜单中的“Generate Database”菜单项，PowerDesigner 弹出 Database Generation 界面，如图 7-49 所示。

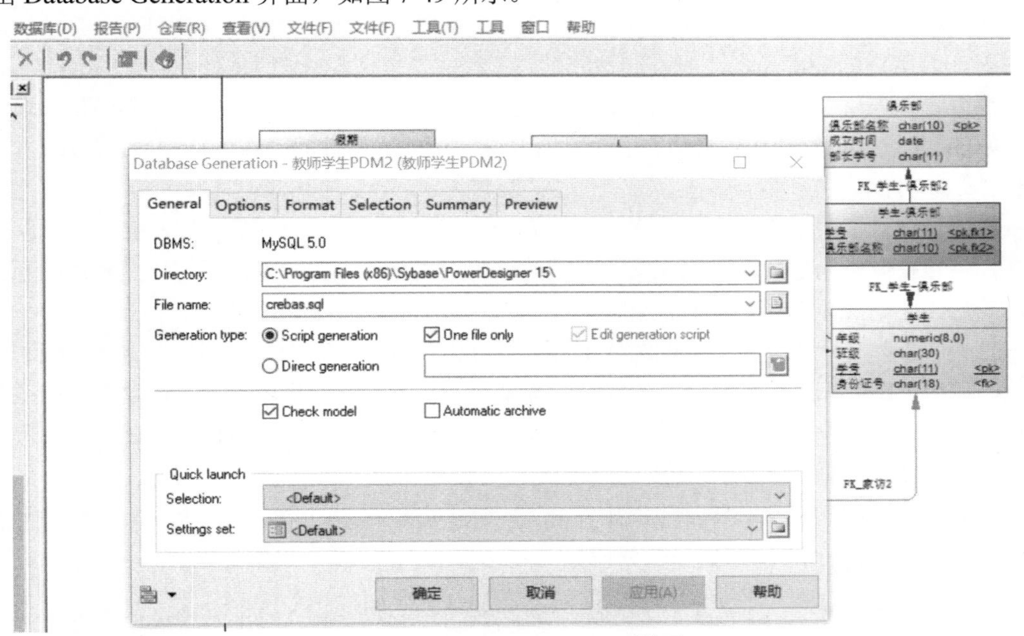

图 7-49　Database Generation 界面

在界面中的“Directory”选择或创建 SQL 文件保存的目录，在“File Name”命名 SQL 文件的文件名，默认为 crebas.sql。点击“确定”按钮后，如果 PDM 没有问题，会产生图 7-50 所示的界面。

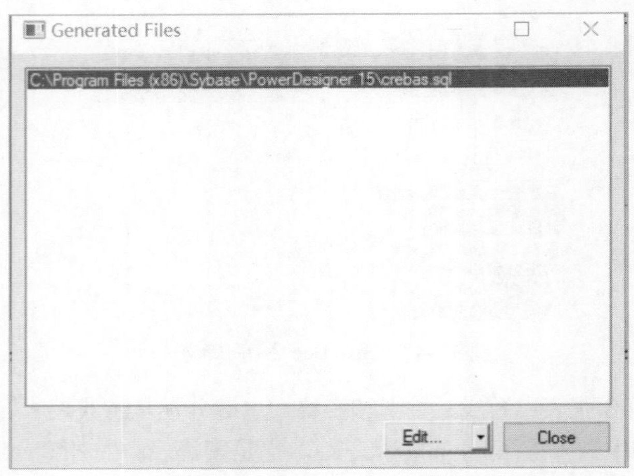

图 7-50　Generated Files 界面

双击文件，或点解 Edit 按钮，可以查看 SQL 脚本。由于篇幅有限，这里就不列出脚本了。

7.6 界面设计

界面指的是人与计算机之间传递、交换信息的媒介和对话接口，是计算机系统的重要组成部分，界面中所包含的对象(称作界面对象)构成了系统的人机界面。现今的系统大多采用图形方式的人机界面——形象、直观、易学、易用，远远胜于命令行方式的人机界面，是使软件系统赢得广大用户的关键因素之一。

界面设计(即 UI 设计)是人与机器之间传递和交换信息的媒介，这里所说的界面特指软件界面。好的 UI 设计不仅能让软件变得有个性有品味，还能让软件的操作变得舒适、简单、自由，充分体现软件的定位和特点。

界面设计既取决于需求，又与界面支持系统密切相关。人机界面的开发不仅是设计和实现问题，也包括分析问题，即对人机交互需求的分析。人机界面的开发也不纯粹是软件问题，它还需要心理学、美学等其他学科的知识。

把界面作为系统中一个独立的组成部分进行分析和设计，有利于隔离界面支持系统的变化对问题域部分的影响。为了进行界面设计，需要对使用系统的人进行分析，以便设计出适合其特点的交互方式和界面表现形式。对人和机器的交互过程进行分析，其核心问题是人如何命令系统，以及系统如何向人提交信息。

界面设计应遵循以下几个基本原则：

1. 用户导向原则

设计界面首先要明确到底谁是使用者，要站在用户的观点和立场上考虑设计软件。人通过感觉器官认识客观世界，因此设计界面时要充分考虑人的视觉、触觉、听觉的感受。人机界面是在可视介质上实现的，如正文、图形、图表等。人们根据显示内容的体积、形状、颜色等种种表征来解释所获取的可视信息。因此，字体、大小、位置、颜色、形状等都会直接影响信息提取的难易程度。很好地表示可视信息是设计友好界面的关键。

用户本身的技能、个性上的差异、行为方式的不同，都可能对界面造成影响。不同类型的人对同一界面的评价也不同。终端用户的技能直接影响他们从人机界面上获取信息的能力，影响交互过程中对系统作出反应的能力，以及使用启发式策略与系统和谐地交互的能力，应根据用户的特点设计界面。

不同的用户在使用软件系统时所处的环境不同，而工作环境对于用户的使用也有很大的影响。不适合的环境会增加系统的出错概率，降低用户的工作效率。不同用户的认知能力差异很大。对界面设计者来说，对用户的认知能力的理解非常重要。设计人机界面必须考虑到不同用户的认知能力，控制系统的复杂度和学习开销。

2. KISS 原则

KISS 原则就是“Keep It Simple And Stupid”的缩写，简洁和易于操作是界面设计的最重要的原则。毕竟，软件开发出来是让普通用户查阅信息和使用的。没有必要在界面上设置过多的操作，堆集很多复杂和花哨的图片。该原则一般要求减少大幅图片和动画的使用，操作设计尽量简单，并且有明确的操作提示，软件所有的内容和服务都在显眼处向用户予以说明等。

3. 布局控制

关于界面布局，很多界面设计者重视不够，界面设计得过于死板，甚至照抄他人。如果界面的布局凌乱，仅仅把大量的信息堆集在界面上，会干扰用户的使用。

4. 视觉平衡

在界面设计时，各种元素(如图形、文字、空白)都有视觉作用。根据视觉原理，图形与一块文字相比较，图形的视觉作用要大。所以，为了达到视觉平衡，在设计界面时需要用更多的文字来平衡一幅图片。另外，中国人的阅读习惯是从左到右、从上到下，因此视觉平衡也要遵循这个道理。例如，很多的文字是采用左对齐，需要在界面的右面加一些图片或一些较明亮、较醒目的颜色。一般情况下，每个界面都会设置一个头部和一个底部，头部部分常放置一些 Banner 广告或导航条，而底部通常放置联系方式和版权信息等。头部和底部在设计上也要注重视觉平衡。同时，也决不能低估空白的价值。如果界面上所显示的信息非常密集，这样不但不利于读者阅读，甚至会引起读者反感，破坏该软件的形象。在界面设计上，适当增加一些空白，精炼界面，会使得界面变得简洁。

5. 色彩搭配颜色

颜色是影响界面的重要因素，不同的颜色对人的感觉有不同的影响，例如：红色和橙色使人兴奋并使得心跳加速；黄色使人联想到阳光，是一种快活的颜色；黑色显得比较庄重。应考虑到希望对浏览者产生的影响，为界面设计选择合适的颜色(包括背景色、元素颜色、文字颜色、链节颜色等)。

6. 和谐性

通过对软件的各种元素(颜色、字体、图形、空白等)使用一定的规格，使得设计良好的界面看起来和谐。或者说，软件的众多单独界面应该看起来像一个整体。软件设计上要保持一致性，这又是很重要的一点。一致的结构设计，可以让浏览者对软件的形象有深刻的记忆；一致的导航设计，可以让浏览者迅速而又有效地进入软件中自己所需要的部分；一致的操作设计，可以让浏览者快速学会在整个软件的各种功能操作。破坏这一原则，会误导浏览者，并且让整个软件显得杂乱无章，给人留下不良的印象。当然，软件设计的一致性并不意味着刻板和一成不变，有的软件在不同栏目使用不同的风格，或者随着时间的推移不断改版软件，会给浏览者带来新鲜的感觉。

7．个性化

界面的整体风格和整体气氛表达要同业务组织形象相符合并能很好地体现企业CI(corporate identity)。任何一个成功的产品都建立在对需求的准确把握之上。需求分析对于新产品的开发或者已有产品的改进升级是不可缺少的早期环节之一。许多设计项目还没有很好地理解用户需求甚至几乎对用户需求完全不清楚。

界面设计应该注意以下问题：

(1) 体现以用户为中心的设计

首先从对用户的调研开始，然后对用户建模、信息概念设计、界面原型设计到用户测试及方案实现，整个设计过程都始终围绕着用户进行，真正做到以用户为中心。保证用户界面运作的一致性是界面设计的重点之一。在主页列表框的设计中，如果双击其中的一项，使得某些任务完成。由此双击列表框中的其中任何一个项，都应该有同样的任务完成。也就是所有窗口按钮的位置设计要达到一致性，提供的标签设计和信息要一致，颜色要一致。界面设计的一致性会使得用户对界面运作建立起精确的心理模型，以此降低用户培训和支持成本。

(2) 减少用户思考的设计

一般的短时记忆只能保持二十秒左右，最长不超过一分钟。在如此短的时间内能储存多少信息？答案是7±2即5～9个项目，平均为7个项目。根据米勒法则，从心理学的角度来看，人类处理信息的能力是有限的，有一个魔法数字7(正负2)的限制，也就是说，人的大脑最多同时处理5到9个信息。原因是短期记忆储存空间的限制，超过9个信息团，将会使得大脑出现错误的概率大大提高。可见，人在短时间内注意力是集中和少量的，基于识别的用户界面在很大程度依赖于用户所关心对象的可见性，显示太多的对象和属性会让用户很难找到感兴趣的对象。同时，用户不喜欢经常重复性输入一些信息，如个人账号、安全信息、操作习惯、下次的操作行为等，这些占用了用户完成其他重要任务的时间。

(3) 明确体现系统的特色服务

用户界面要非常明确地体现系统的特色服务，安排最大的空间并且在最显眼的位置摆放系统的最大“卖点”和用户最关心的内容。

(4) 迎合用户的习惯

迎合用户的习惯，主要为了让用户在操作中感觉简单到极致。作为一个UI设计人员，应当更多地了解用户习惯在什么地方寻找导航栏、习惯把哪部分作为系统的重点，在什么地方点击注册、在什么地方找搜索框、习惯点击什么样的按钮、什么颜色会加速用户的心跳。由此，根据用户的行为习惯，对系统的整体布局进行重新策划，使得简单、简单、再简单，简单到极致。通过清晰的流程和界面，让用户减少对明确体现软件的特色服务的思考以及寻找的时间；让准确的色彩和表述减少用户心理斗争的时间。通过不断地调研，用各种可用性实验来计算用户在每一个界面所需思考的时间，然后，最好的页面设计就是用户耗费时间最少的那个界面。

7.7 习题

1. 填空题

(1) 软件系统设计包括软件架构设计和(　　)。

(2) 软件详细设计包括类设计、界面设计和(　　)。

(3) C/S 架构的软件系统分为(　　)和服务器端两大部分。

(4) B/S 架构又称为(　　)/服务器架构，是 Web 兴起后的一种架构。

(5) MVC 是模型(model)、视图(view)和(　　)的缩写。

(6) 耦合是评价一个模块中各个元素之间连接或(　　)的尺度。

(7) 如果两个模块之间彼此间通过参数交换信息，而且交换的信息仅仅是数据，那么，这种耦合称为(　　)。

(8) 如果 p 模块调用 q 模块并且 q 给 p 传回一个标志："我不能完成我的工作"，那么就是 q 在传递数据。但是如果标志是"我不能完成我的工作，相应地，显示出错消息 ABC123"，那么 p 和 q 是(　　)的。

(9) 当把整个数据结构作为参数传递而被调用的模块只需要使用一部分数据元素时，就出现了印记耦合，也称为(　　)。

(10) 当两个或多个模块通过一个公共数据环境相互作用时，它们之间的耦合称为(　　)。

(11) 设计模块时应该尽量做到高内聚，低(　　)。

(12) 设计模式根据其目的可分为创建型模式、(　　)和行为型模式三种。

(13) 工厂方法模式又称为工厂模式，也叫(　　)或者多态工厂模式，它属于类创建型模式。

(14) CDM 指的是(　　)。

(15) PDM 指的是(　　)。

(16) 界面指的是(　　)与计算机之间传递、交换信息的媒介和对话接口，是计算机系统的重要组成部分。

2. 判断题

(1) C/S 架构比较适合于在小规模、用户数较少、单一数据库且有安全性和快速性保障的局域网环境下运行。　(　　)

(2) B/S 架构最大的优点就是可以在任何地方进行操作而不用安装任何专门的软件，只要有一台能上网的电脑就能使用。　(　　)

(3) 最高程度的耦合是公共耦合。　(　　)

(4) 内聚是评价一个元素的职责被关联和关注强弱的尺度。　(　　)

(5) 简单工厂模式属于类创建型模式。　(　　)

(6) 中介者模式是一种对象行为型模式。　(　　)

(7) 观察者模式是一种对象行为型模式。　(　　)

(8) 界面设计应该体现以客户为中心的设计。　(　　)

3．简答题

(1) 什么是“4+1 视图模型”？
(2) 对系统进行分层的基本原则是什么？
(3) MVC 模式各个部分的作用是什么？
(4) 试简要说明 ASP.NET MVC 的原理。
(5) 试简要说明 SSM 中各个部分的作用。
(6) 试简要说明 Android MVC 中各个部分的作用。
(7) 试比较几种内聚的不同点。
(8) 面向对象的设计原则有哪些？
(9) 界面设计应遵循的基本原则是什么？
(10) 界面设计应该注意哪些问题？

4．应用题

对前面所选择的软件，从.NET 四层架构、SSM 架构、Android 架构中选择一种架构：
(1) 画出架构的包图，小组分工协作，画出系统主要模块的类图。
(2) 设计每个模块主要类的属性和方法。
(3) 画出系统的 CDM，自动生成 PDM 和 SQL 脚本。

第8章 实现和测试

8.1 软件实现

软件实现是在软件详细设计的基础上进行的，它将详细设计得到的处理过程的描述转换为基于某种计算机语言的程序，即源程序代码。面向对象实现主要包括两项工作：把面向对象设计结果翻译成用某种程序语言书写的面向对象程序；测试并调试面向对象的程序。面向对象程序的质量基本由面向对象设计的质量决定，但是，所采用的程序语言的特点和程序设计风格也将对程序的可靠性、可重用性及可维护性产生深远影响。软件实现是需要人员最多、时间最长、工作量最大的开发阶段。本书不介绍如何编写程序，只是鉴于对软件质量和可维护性的影响，介绍编程语言的选择、从详细设计到实现转换的注意事项，以及编程应注意的编码规范。

8.1.1 编程语言

编程的目的是实现人与计算机通信，指挥计算机按人的意图正确工作。编程语言是人和计算机进行通信的最基本工具，其特性会影响人的思维和解决问题的方式。因此，编程语言不可避免地会影响人和计算机通信的方式和质量。

1. 编程语言的分类

根据编程语言的发展历程，基本将编程语言分为低级语言和高级语言两大类。

(1) 低级语言

低级语言包括机器语言和汇编语言。这两种语言都依赖相应的计算机硬件。机器语言属于第一代语言，汇编语言属于第二代语言。

(2) 高级语言

高级语言包括第三代程序设计语言和第四代超高级程序设计语言。第三代程序设计语言利用类英语的语句和命令，尽量不再指导计算机如何去完成一项操作，如 BASIC、COBOL 和 FORTRAN 等。第四代程序设计语言比第三代程序设计语言更像英语，但过程更弱，与自然语言非常接近，它兼有过程性和非过程性的两重特性，如数据库查询语言、程序生成器等。

2. 编程语言特性

编程语言特性包括心理特性、工程特性和技术特性三种。

(1) 心理特性

语言的心理特性是指影响程序员心理的语言性能，包括歧义性、简洁性、局限性、顺序性和传统性。

(2) 工程特性

从软件工程的观点、编程语言的特性着重考虑软件开发项目的需要，因此对编程语言的要求有可移植性、开发工具的可利用性、可维护性。

(3) 技术特性

语言的技术特性对软件工程各阶段都有影响，特别是当确定了软件系统需求之后，编程语言的技术特性就显得非常重要，要根据项目的特性选择相应特性的语言。在有些情况下，仅在语言具有某种特性时，设计需求才能满足。语言的特性对软件的测试与维护也有一定的影响，面向对象的语言使得程序高内聚、低耦合，使程序易测试、易维护。

3. 编程语言的选择

为了提高质量、提高开发效率并且降低成本，开发人员应当尽可能采用成熟可靠的技术来开发软件。为开发一个特定项目选择编程语言时，必须从技术特性、工程特性和心理特性几方面考虑。在选择语言时，首先从问题入手，确定它的要求是什么，以及这些要求的相对重要性。由于一种语言不可能同时满足各种需求，所以要对各种要求进行权衡，比较各种可用语言的适用程度，最后选择最适用的语言。编程语言的选择还依赖于开发的方法。如果要用快速原型模型来开发，要求能快速实现原型，因此宜采用 4GL。如果是面向对象方法，宜采用面向对象语言(如 Java、C#等)编程。

选用编程语言的实用标准如下：

(1) 语言自身的特性。

(2) 软件的应用领域。

(3) 软件开发的环境。

(4) 软件开发的方法。

(5) 算法和数据结构的复杂性。

(6) 软件可移植性要求。

(7) 软件开发人员的知识。

8.1.2 实现类图到代码的转换

根据模块的实现类图，在项目中已经创建了类文件、接口文件。当然，还根据技术架构包图在项目中创建了页面文件。而在实现的时候，需要在类文件、接口文件和页面文件中实现类图中的元素，如类、属性、方法、参数、返回值。因此，这里需要明确的是类图与代码的对应关系。这包括两个内容：一是单独类或接口的表示，另一个是类图元素之间的关系在代码中如何表示。

1. 将类或接口转换为代码

下面以类为例，说明如何将类图中的类或接口转换为代码。

在“58 同城”SSM 架构的顾客模块实现类图中，CustomerHandler 类如图 8-1 所示。

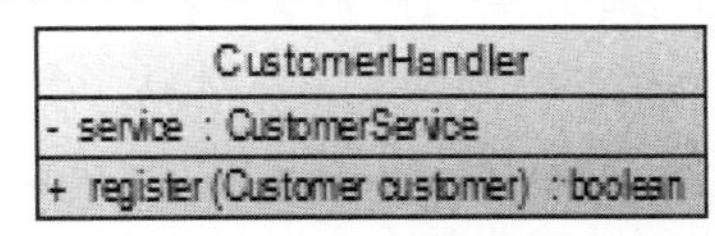

图 8-1　“58 同城”SSM 架构的顾客模块实现类图中的 CustomerHandler 类

在项目中的 cn.com.wbtc.ssm.handler 文件夹中定义 CustomerHandler 类后，集成开发环境自动在代码文件中创建 CustomerHandler 类的代码，如下所示：

```
CustomerHandler.java
package cn.com.wbtc.ssm.handler;

……
import cn.com.wbtc.ssm.entity.Customer;
import cn.com.wbtc.ssm.service.CustomerService;

@Controller
public class CustomerHandler{

}
```

此时，可先为 CustomerHandler 类创建类注释，如下所示：

```
/*
* CustomerHandler 类的简要说明
*/
@Controller
public class CustomerHandler{

}
```

而设计了属性和方法的 CustomerHandler 类的代码如下所示：

```
/*
* CustomerHandler 类的简要说明
*/
@Controller
public class CustomerHandler{
private CustomerService service;    //服务访问对象

    /*
*  提交注册信息方法
*  参数说明：
* customer：顾客信息，封装提交在注册界面中的顾客信息
*  返回值说明：该方法没有返回值
    */
    public boolean register(Customer customer){
//调用业务服务对象的 validateRegister 方法验证注册信息
```

```
return service.validateRegister(customer);
}
}
```

由于在注册界面中的注册信息是手机号、用户名和密码，因此，需要在注册按钮的事件处理程序中对这三个信息进行封装，定义一个 Customer 对象，然后，在注册按钮的事件处理程序中调用 register 方法，并把 Customer 对象作为实参传给该方法。

可以看出，类的基本结构与代码结构非常吻合，意味着只要有了类图，类的代码结构就明确了。在这里，Java 的成员访问控制有 public(+)、protected(#)、private(-)和默认的(~)四种方式。

在“58 同城”.NET 分层架构的顾客模块实现类图中，Customer 类如图 8-2 所示。

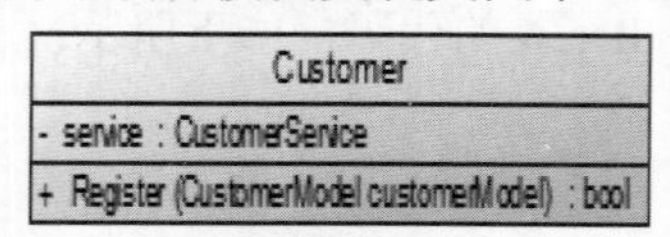

图 8-2 “58 同城”.NET 分层架构的顾客模块实现类图中的 Customer 类

在项目中的 UI 文件夹中定义 Customer.aspx 文件后，集成开发环境自动在 Customer.aspx.cs 代码文件中创建 Customer 类的代码，如下所示：

```
Customer.cs
using system;

public class Customer{

}
```

此时，可先为 Customer 类创建类注释，如下所示：

```
/*
* Customer 类的简要说明
*/
public class Customer{

}
```

设计了属性和方法的 Customer 类的代码如下所示：

```
/*
* Customer 类的简要说明
*/
public class Customer{
private CustomerService service;   //服务访问对象

    /*
*  提交注册信息方法
*  参数说明：
* customerModel：顾客信息，封装提交在注册界面中的顾客信息
*  返回值说明：该方法没有返回值
   */
   public void Register(CustomerModel customerModel){
   //调用业务服务对象的 validateRegister 方法验证注册信息
```

```
return service.ValidateRegister(customerModel);
}
}
```

由于注册界面中的注册信息是手机号、用户名和密码，因此，需要在注册按钮的事件处理程序中对这三个信息进行封装，定义一个 CustomerModel 对象，然后，在注册按钮的事件处理程序中调用 Register 方法，并把 CustomerModel 对象作为实参传给该方法。

可以看出，类的基本结构与代码结构非常吻合，意味着只要有了类图，类的代码结构就明确了。在这里，C#的成员访问控制有四种方式：public(+)、protected(#)、private(-)和 internal(i)。

2. 类之间的关系

(1) 关联关系

如果 A 和 B 两个类之间存在关联关系，并且由 A 指向 B，则在类 A 中有一个属性，其类型为B。例如，在CustomerHandler类和CustomerService类之间存在关联关系，由CustomerHandler类指向 CustomerService 类，则在 CustomerHandler 类中有一个属性 service，其类型为 CustomerService 类。

而聚合和组合是特殊的关联关系，是整体-部分关系，在整体类中有一个属性，其类型为集合类，集合类中元素的类型为部分类。例如，一个游戏 Game 中有多个关卡 Level，Game 类与 Level 类是组合关系，Game 类是整体类，Level 类是部分类。在 Game 类中有一个属性 levels，其类型属于集合类型，如图 8-3 所示。

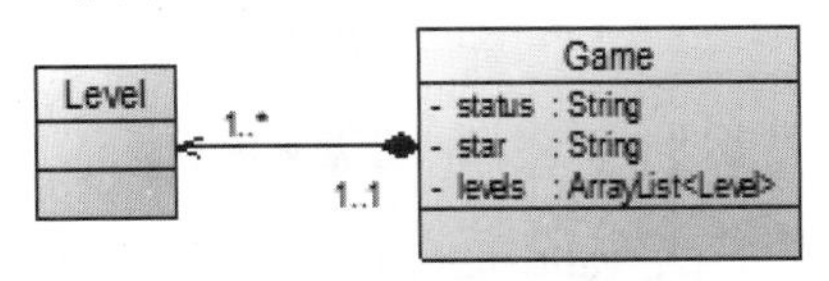

图 8-3　组合关系类图

对应的代码如下：

```
public class Game {
    private String status;
    private String star;
    private ArrayList<Level> levels;
}
```

聚合关系与组合关系类似，这里就不一一赘述了。

(2) 泛化关系

如果两个类存在泛化关系，则一个类是一般类或父类，另一个类是特殊类或子类，则特殊类或子类将继承一般类或父类中 protected 的属性，重用一般类或父类中的功能，并可以增加自己的新功能。在 Java 中使用 extends 关键字明确标识泛化关系，在 C#中使用“：”明确标识泛化关系。泛化关系如图 8-4 所示。

图 8-4　泛化关系类图

Java 代码如下：

```
public class A extends B{
}
```

C#代码如下：

```
public class A : B{
}
```

实现关系与泛化关系类似，这里就不一一赘述了。

8.1.3 序列图与代码的对应

本节将介绍在设计阶段利用序列图设计方法，细化消息交互时存在的各种情况，以便程序员在编程时对实现功能的思路进行准确把握。

1. 消息的调用

序列图中消息调用示例如图 8-5 所示。

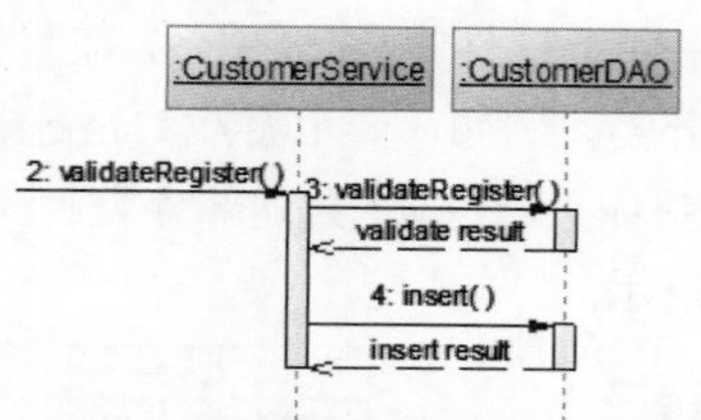

图 8-5 序列图中消息调用示例

CustomerService 类的对象的方法 validateRegister 调用了 CustomerDAO 类的对象的方法 validateRegister 和 insert。其代码如下：

```
public class CustomerService{
    private CustomerDAO dao;
……
    public boolean validateRegister(Customer customer){
          dao.validateRegister(customer);
          dao.insert(customer);
}
}
```

2. 片段(fragment)

常见的片段有两个：opt 和 alt。opt 是可选片段，相当于条件控制结构 if，如图 8-6 所示。

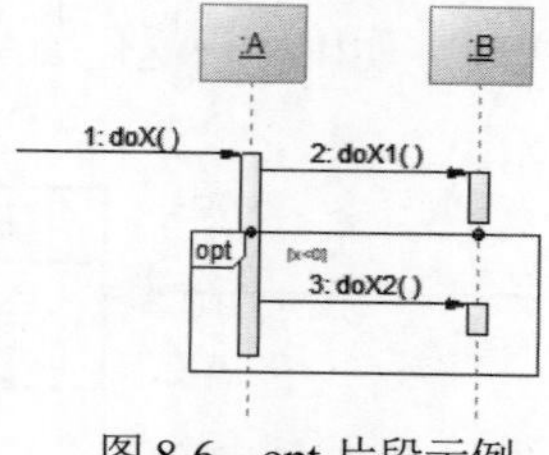

图 8-6 opt 片段示例

其代码如下：

```
public class A{
    ……

public void doX(){
b.doX1();

          if(x < 0){
b.doX2();
}
}
}
```

alt 片段是互斥片段，相当于条件控制结构 if-else，如图 8-7 所示。

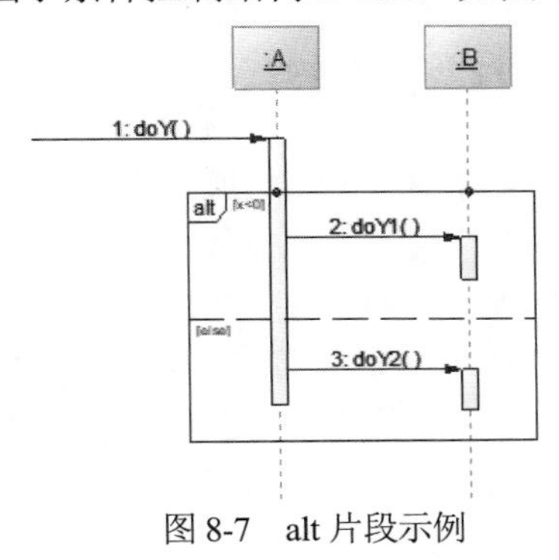

图 8-7 alt 片段示例

其代码如下：

```
public class A{
    ……

public void doY(){
          if(x < 10){
                b.doY1();
}
else{
    b.doY2();
}
}
}
```

8.1.4 程序设计风格

程序设计风格指一个人在编制程序时所表现出来的特点、习惯逻辑思路等。在程序设计中程序员应养成良好的编程习惯，使程序结构合理、清晰，以便于机器执行和供人阅读。在软件生存期内，人们经常要阅读程序。特别是在软件测试和维护阶段，编写程序的人和参与测试、维护的人都要阅读程序。人们认识到，阅读程序是软件开发和维护过程中的一个重要组成部分，而且阅读程序的时间要比写程序的时间多。因此，有人提出在编写程序时，应该使程序具备良好的风格，以便于人们今后反复阅读，并沿着程序员的思路去理解程序的功能。

随着计算机技术的发展，软件的规模增大了，软件的复杂性也增强了。为了提高程序的可读性，应具有良好的编程风格。

风格就是一种好的规范，当然程序设计风格肯定是一种好的程序设计规范，包括良好的代码设计、函数模块、接口功能以及可扩展性等，更重要的就是程序设计过程中代码的风格，包括缩进、注释、变量及函数的命名、泛型，且容易理解。

良好的程序设计风格主要包括的内容有：源程序文档化、数据说明标准化、语句结构简单化和输入/输出规范化。

1. 源程序文档化

源程序文档化包括标识符的命名、安排注释以及标准的书写格式等。

(1) 标识符的命名

标识符包括项目名、包名、文件夹名、模块名、类名、接口名、方法名、属性名、参数名、局部变量名等。标识名应该见名知意，如 Game 表示游戏，count 表示计数，总量用 total，average 表示平均值等。标识符应该使用与它本身含义相近或一致的英文、符号表示，不要太长也不要太短，以便于记忆和理解。过长的名字会增加工作量，使程序的逻辑流程变得模糊，给修改带来困难。明确的标识符名能够简化程序语句，易于对程序功能的理解。必要时可使用缩写的名字，命名规则包括 camel 命名法和 PASCAL 命名法。camel 命名法除第一个单词的第一个字母要小写，其余单词的第一个字母大写，而其他字母小写。PASCAL 命名法的每个单词的第一个字母大写，其他字母小写。在一个程序中，一个标识符只用于表示一个事物。

在 Java 中，一般遵循以下命名规则：

① 类名使用 PASCAL 命名法，属性、方法以及对象(句柄)使用 camel 命名法。对于所有标识符，其中包含的所有单词都应紧靠在一起，而且大写中间单词的首字母。例如：ThisIsAClassName、thisIsMethodOrFieldName。

若在定义中出现了常数初始化字符，则大写 static final 基本类型标识符中的所有字母。这样便可标志出它们属于编译期的常数。Java 包(package)属于一种特殊情况：它们全都是小写字母，即便中间的单词也是如此。对于域名扩展名称，如 com、org、net 或者 edu 等，全部都应小写。

② 为了常规用途而创建一个类时，应采取“经典形式”，并包含对下述元素的定义：equals()、hashCode()、toString()、clone()(implement Cloneable)、implement Serializable。

C#的命名规则如下：

① 类和接口命名。类和接口使用 PASCAL 命名法，类的名字要用名词，避免使用单词的缩写，除非它的缩写已经广为人知，如 HTTP。接口的名字要以字母 I 开头。保证对接口的标准实现名字只相差一个“I”前缀，例如对 IComponent 接口的标准实现为 Component。泛型类型参数的命名：命名要为 T 或者以 T 开头的描述性名字，例如：

```
public class List<T>
public class MyClass<Tsession>
```

对同一项目的不同命名空间中的类，命名避免重复。避免引用时的冲突和混淆。

② 方法命名。方法使用 PASCAL 命名法，第一个单词一般是动词，如果方法返回一个成

员变量的值，方法名一般为 Get+成员变量名，若返回的值是 bool 变量，一般以 Is 作为前缀。另外，如果必要，考虑用属性来替代方法。如果方法修改一个成员变量的值，方法名一般为：Set + 成员变量名。同上，考虑用属性来替代方法。

③ 变量命名。变量使用 camel 命名法，按照使用范围来分，代码中的变量基本有以下几种类型，类的公有变量；类的私有变量(受保护同公有)；方法的参数变量；方法内部使用的局部变量。这些变量的命名规则基本相同。区别如下：

- 类的公有变量按通常的方式命名，无特殊要求。
- 类的私有变量采用两种方式均可：一般采用变量前加“m”前缀，例如 mWorkerName。
- 方法的参数变量采用 camalString，例如 workerName。

方法内部的局部变量采用 camalString，例如 workerName。不要用_或&作为第一个字母，尽量要使用短而且具有意义的单词；

单字符的变量名一般只用于生命期非常短暂的变量：i、j、k、m、n 一般用于 integer；c、d、e 一般用于 characters；s 用于 string。如果变量是集合，则变量名要用复数。例如表格的行数，命名应为：RowsCount。

命名组件要采用匈牙利命名法，所有前缀均应遵循同一个组件名称缩写列表。缩写的基本原则是取组件类名各单词的第一个字母，如果只有一个单词，则去掉其中的元音，留下辅音。缩写全部为小写。

(2) 注释

注释是程序员与日后用户之间通信的重要工具，用自然语言或伪码描述。它说明了程序的功能，特别在维护阶段，对理解程序提供了明确指导。注释分序言性注释和功能性注释。序言性注释应置于每个模块的起始部分，主要内容有：

① 说明每个模块的用途、功能。

② 说明模块的接口：调用形式、参数描述及从属模块的清单。

③ 数据描述：重要数据的名称、用途、限制、约束及其他信息。

④ 开发历史：设计者、审阅者姓名及日期，修改说明及日期。

功能性注释嵌入在源程序内部，说明程序段或语句的功能以及数据的状态。注意以下几点：

① 注释用来说明程序段，而不是每一行程序都要加注释。

② 使用空行或缩格或括号，以便容易区分注释和程序。

③ 修改程序也应修改注释。

注释一般有三种形式：

① // 注释一行。

② /* ...... */ 注释若干行。

③ /**……*/文档注释。

代码注释约定和规范如下：

① 代码注释约定。

所有的方法和函数都应该以描述这段代码的功能的一段简明注释开始(方法是干什么)。这种描述不应该包括执行过程细节(它是怎么做的)，因为这常常是随时间而变的，而且这种描述会导致不必要的注释维护工作，甚至会成为错误的注释。代码本身和必要的嵌入注释将描述实现方法。

当参数的功能不明显且当过程希望参数在一个特定的范围内时，也应描述传递给过程的参数。被过程改变的函数返回值和全局变量，特别是通过引用参数的那些返回值和变量，也必须在每个过程的起始处描述。

② 模块头部注释规范。

每一个物理文件单元块都需要有模块头部注释规范，例如，C#中的.cs 文件用于每个模块开头的说明，主要包括：

- 文件名称(file name)：此文件的名称。
- 功能描述(description)：此模块的功能描述与大概流程说明。
- 数据表(tables)：所用到的数据表、视图、存储过程的说明，如关系比较复杂，则应说明哪些表是可擦写的，哪些表为只读的。
- 作者(author)：作者是谁。
- 日期(create date)：日期是哪天。
- 参考文档(reference)(可选)：该文档所对应的分析文档、设计文档。
- 引用(using) (可选)：开发的系统中引用其他系统的 DLL、对象时，要列出其对应的出处，是否与系统有关(不清楚的可以不写)，以方便制作安装文档。
- 修改记录(revision history)：若档案的所有者改变，则需要有修改人员的名字、修改日期及修改理由。
- 分割符：*************************** (前后都要有)。

Java 源文件注释采用 /** …… */，在每个源文件的头部要有必要的注释信息，包括文件名、文件编号、版本号、作者、创建时间、文件描述(包括本文件历史修改记录)等。中文注释示例如下:

- /**
- * 文件名：
- * CopyRight
- * 文件编号：
- * 创建人：
- * 日期：
- * 修改人：
- * 日期：
- * 描述：
- * 版本号：
- */

类(模块)注释采用 /** …… */，在每个类(模块)的头部要有必要的注释信息，包括工程名、类(模块)编号、命名空间、类可以运行的 JDK 版本、版本号、作者、创建时间、类(模块)功能描述(如功能、主要算法、内部各部分之间的关系、该类与其类的关系等，必要时还要有一些如特别的软硬件要求等说明)、主要函数或过程清单及本类(模块)历史修改记录等。英文注释示例如下：

- /**
- * CopyRight

- * Project：
- * Module ID：
- * Comments：
- * JDK version used：
- * Namespace：
- * Author：
- * Create Date：
- * Modified By：
- * Modified Date：
- * Why & What is modified
- * Version：

③ 方法注释规范。

程序员可以使用含有 XML 文本的特殊注释语法为他们的代码编写文档。在源代码文件中，具有某种格式的注释可用于指导某个工具根据这些注释和它们后面的源代码元素生成 XML。具体应用当中，类、接口、属性、方法必须有<Summary>节，另外方法如果有参数及返回值，则必须有<Param>及<Returns>节。C#的方法注释示例如下：

```
/// <summary>
///  …
/// </summary>
/// <param name=" "></param>
/// <returns></returns>
```

事件不需要头注解，但包含复杂处理时(如：循环、数据库操作、复杂逻辑等)，应分割成单一处理函数，事件再调用函数。所有的方法必须在其定义前增加方法注释。方法注释采用“///”形式自动产生 XML 标签格式的注释。

一个代码文件如果由一人编写，则此代码文件中的方法无需作者信息，非代码文件作者在此文件中添加方法时必须要添加作者、日期等注释。修改任何方法时，必须要添加修改记录的注释。

④ 代码行注释规范。

如果处理某一个功能需要很多行代码实现，并且有很多逻辑结构块，类似此种代码应该在代码开始前添加注释，说明此块代码的处理思路及注意事项等。

注释从新行增加，与代码开始处左对齐，双斜线与注释之间以空格分开。

⑤ 变量注释规范。

定义变量时需添加变量注释，用以说明变量的用途。

Class 级变量应以采用“///”形式自动产生 XML 标签格式的注释。

(3) 标准的书写格式

① 变量声明。

为了保持更好的阅读习惯，请不要把多个变量声明写在一行中，即一行只声明一个变量。例如：

```
String strTest1，strTest2;
```

应写成：

```
String strTest1;
String strTest2;
```

② 代码缩进。

一致的代码缩进风格，有利于代码结构层次的表达，使代码更容易阅读和传阅。代码缩进使用 Tab 键实现，最好不要使用空格，为保证在不同机器上代码缩进保持一致，特规定 Tab 键宽度为 4 个字符。

避免方法中有超过 5 个参数的情况，一般以 2~3 个为宜。如果超过了，则应使用 struct 传递多个参数。

为了更容易阅读，代码行不要太长，最好的长度是与屏幕宽度一致(根据不同的显示分辨率其可见宽度也不同)。一般不要超过正在使用的屏幕宽度，每行代码不要超过 80 个字符。

程序中不应使用 goto 语句，在 switch 语句中总是要用 default 子句来显示信息，方法参数多于 8 个时采用结构体或类方式传递。操作符/运算符左右空一个半角空格，所有块的{}号分别放置一行，并嵌套对齐，不要放在同一行上。

③ 空行。

空行将逻辑相关的代码段分隔开，以提高可读性。下列情况应该总是使用两个空行：

- 一个源文件的两个片段(section)之间。
- 类声明和接口声明之间。

下列情况应该总是使用一个空行：

- 两个方法之间。
- 方法内的局部变量和方法的第一条语句之间。
- 块注释或单行注释之前。
- 一个方法内的两个逻辑段之间，用以提高可读性。

下列情况应该总是使用空格：

- 空白应该位于参数列表中逗号的后面，如：

```
void UpdateData(int a，int b)
```

- 所有的二元运算符，除了"."，应该使用空格将之与操作数分开。一元操作符和操作数之间不应该加空格，比如：负号("-")、自增("++")和自减("--")。例如：

```
a += c + d;
d++;
```

- for 语句中的表达式应该被空格分开，例如：

```
for (expr1; expr2; expr3)
```

- 强制转型后应该跟一个空格，例如：

```
char c;
int a = 1;
c = (char) a;
```

2. 数据说明标准化

为了使数据定义更易于理解和维护，应遵守以下指导原则：

(1) 数据说明的顺序应规范，使数据的属性更易于查找，从而有利于测试、纠错与维护。例如，按常量说明、简单变量类型说明、数组说明、公共数据块说明、文件说明的顺序进行数据说明。在类型说明中，还可进一步要求按整型、实型、字符型、逻辑型的顺序进行说明。

(2) 一个语句说明多个变量时，各变量名按字典顺序排列。例如，下面的语句：

```
int size，length，width，cost，price，amount
```

写成

```
int amount，cost，length，price，size，width
```

(3) 对于复杂的数据结构，要加注释，说明在程序实现时的特点。

3. 语句构造原则简单化

语句构造的原则是简单直接，不能为了追求效率而使代码复杂化。为了便于阅读和理解，不要一行写多个语句。不同层次的语句采用缩进形式，使程序的逻辑结构和功能特征更加清晰。要避免复杂的判定条件，避免多重的循环嵌套。表达式中使用括号以提高运算顺序的清晰度。

4. 输入输出规范化

在编写输入和输出程序时应遵守以下原则：

(1) 输入操作步骤和输入格式尽量简单。

(2) 应检查输入数据的合法性、有效性，报告必要的输入状态信息及错误信息。

(3) 输入一批数据时，使用数据或文件结束标志，而不用计数控制。

(4) 交互式输入时，提供可用的选择和边界值。

(5) 当程序设计语言有严格的格式要求时，应保持输入格式的一致性。

(6) 输出数据表格化、图形化。

输入、输出风格还受其他因素的影响，如输入、输出设备，用户经验及通信环境等。

5. 追求效率原则

效率包括时间效率和空间效率，时间效率指的是计算机的处理时间，空间效率指的是存储空间的使用，对效率的追求明确以下几点：

(1) 效率是一个性能要求，目标在需求分析给出。

(2) 追求效率建立在不损害程序可读性或可靠性基础上，要先使程序正确，再提高程序效率；先使程序清晰，再提高程序效率。

(3) 提高程序效率的根本途径在于选择良好的设计方法、良好的数据结构算法，而不是靠编程时对程序语句做调整。

8.1.5　案例分析一：BusyBee 手游游戏模块

在 BusyBee 手游中，采用 SurfaceView 作为游戏框架，其特点是在单独线程中重绘画面，编码时按照设计使用了布尔类型的变量控制该线程的启动和消亡，定义了 5 种游戏状态常量，包括游戏等待、游戏中、游戏胜利、游戏失败和游戏暂停，在 myDraw() (绘图方法)和 logic()(逻辑处理方法)根据不同的游戏状态常量呈现需要的资源和动作。主要代码如下：

```
// 创建 SurfaceView 视图，响应此函数
@Override
public void surfaceCreated(SurfaceHolder holder) {
screenW = this.getWidth();
screenH = this.getHeight();
initGame();
    ……
// 实例线程
th = new Thread(this);
// 启动线程
th.start();
new Thread(new MyThread()).start();
}
// TODO 自定义的游戏初始化函数
public void initGame() {
if (gameState == GAME_LOADING) {
// 图片资源初始化
……}
}
// TODO  游戏绘图
public void myDraw() {
try {
canvas = sfh.lockCanvas();
if (canvas != null) {
canvas.drawColor(Color.WHITE);
switch (gameState) {
case GAME_LOADING:
// 绘制各种道具
……
break;
case GAMEING:
// 绘制各种道具
……
break;
case GAME_PAUSE:
// 绘制各种道具
……
break;
case GAME_WIN:
// 绘制各种道具
……
break;
case GAME_LOST:
// 绘制各种道具
……
break;
}}
```

```
} catch (Exception e) {
} finally {
if (canvas != null)
sfh.unlockCanvasAndPost(canvas);
}}
// TODO 游戏逻辑
private void logic() {
// 逻辑处理根据游戏状态不同进行不同处理
switch (gameState) {
 ……
}}
@Override
public void run() {
while (flag) {
long start = System.currentTimeMillis();
myDraw();
logic();
long end = System.currentTimeMillis();
try {
if (end - start < 50) {
        Thread.sleep(50 - (end - start));
}
} catch (InterruptedException e) {
e.printStackTrace();
}}}
// SurfaceView 视图消亡时，响应此函数
@Override
public void surfaceDestroyed(SurfaceHolder holder) {
flag = false;
flag2 = false;
musicManage.offMusic();
}
// TODO 触屏事件监听
@Override
public boolean onTouchEvent(MotionEvent event) {
// 获取当前触屏的位置
int pointX = (int) event.getX();
int pointY = (int) event.getY();
switch (gameState) {
……
}
return true;
}
……
}
```

其余类的代码比较简单，这里就不一一赘述了。

8.1.6 案例分析二：“58 同城”顾客模块

下面以“58 同城”顾客模块的 MVVM 架构为例，说明模块的代码实现过程。

1. Customer 类

```
package cn.com.wbtc.ssm.entity;

public class Customerimplements Serializable {
    private static final long serialVersionUID = 1L;
    private Long id;
    private String phone; //手机号
    private String userName; //用户名
    private String pwd; //密码
}
```

2. CustomerDAO 接口

```
package cn.com.wbtc.ssm.dao;

import cn.com.wbtc.ssm.entity.Customer;

public interface CustomerDAO extends BaseMapper<Customer> {
}
```

3. Service 接口

```
package cn.com.wbtc.ssm.service;

import cn.com.wbtc.ssm.entity.Customer;

public interface CustomerService extends IService<Customer> {
    public boolean validateRegister(Customer customer);
}
```

4. CustomerServiceImpl 类

```
package cn.com.wbtc.ssm.service.impl;

import cn.com.wbtc.ssm.entity.User;
import cn.com.wbtc.ssm.dao.CustomerDAO;
import cn.com.wbtc.ssm.service.CustomerService;

@Service
public class CustomerServiceImpl extends ServiceImpl<CustomerDAO, Customer> implements CustomerService {
    private CustomerDAO dao;

@Override
public boolean validateRegister(Customer customer){
    dao.validateRegister(customer);
```

```
        dao.insert(customer);
    }
    }
```

在实际编程实现的时候，可以将上述两次方法调用合并为一次，即在 insert 方法中插入数据的时候进行验证。

5. CustomerHandler 类

```
package cn.com.wbtc.ssm.handler;

import cn.com.wbtc.ssm.entity.Customer;
import cn.com.wbtc.ssm.service.CustomerService;

@RequestMapping("/customer")
public class CustomerHandler {
    @Autowired
    private CustomerService service;

    @Autowired
    private RedisTemplate redisTemplate;

    /**
     *注册
     * @param map
     * @return
     */
    @PostMapping("/register")
    public R<Customer>register(@RequestBody Map map){
        log.info(map.toString());

        // 获取手机号
        String phone = map.get("phone").toString();

        // 获取用户名
        String name = map.get("name").toString();

          // 获取密码
        String pwd = map.get("pwd").toString();

  Customercustomer = new Customer(phone，name，pwd);
 if(register(customer)){
 return R.success(customer);
        }
        Else{
            return R.error("注册失败");
 }
 }

 /**
     *注册
```

```
        * @param customer
        * @return
        */
        public boolean register(Customer customer){
return service.validateCustomer(cusomer);

            }


        }
}
```

8.2 软件测试

软件系统的开发体现了人们智力劳动的成果。在软件开发过程中，尽管人们利用了许多旨在改进、保证软件质量的方法去分析、设计和实现软件，但在工作中难免会出错。这样，在软件系统中就会隐藏一些错误和缺陷，对于规模大、复杂性高的软件系统更是如此。在这些错误中，有的甚至是致命的错误，如果不排除，就会导致财产甚至生命的重大损失。因此，软件开发人员必须认真计划、彻底地进行软件测试。

8.2.1 软件测试的基本概念

1. 什么是软件测试

为了保证软件的质量和可靠性，人们力求在分析、设计等开发阶段结束之前，对软件进行严格的技术评审。但由于人们本身能力的局限，不可能发现所有的错误和缺陷。而且，在编码的时候还会引进大量的错误。这些错误和缺陷如果在软件交付后且投入生产性运行之前不能被排除，在运行中迟早会暴露出来。到那时，不仅改正这些错误的代价高，而且往往造成很恶劣的后果。

软件测试是为了发现错误而执行程序的过程。或者说，软件测试是根据软件开发各阶段的规格说明和程序的内部结构而精心设计一批测试用例(即输入数据及其预期的输出结果)，并利用这些测试用例去运行程序，以发现程序错误的过程。

软件测试在软件生存期中横跨两个阶段：通常在编写出每一个模块之后就对它做必要的测试(称为单元测试)。模块的编写者与测试者是同一个人。编码与单元测试属于软件生存期的同一个阶段。在这个阶段结束之后，对软件系统还要进行各种综合测试，这是软件生存期的另一个独立阶段，即测试阶段，通常由专门的测试人员承担这项工作。

2. 软件测试的目标、任务和原则

(1) 软件测试的目标

设计软件测试的目标是以最少的时间和人力系统地找出软件中潜在的各种错误和缺陷。

① 确认软件的质量，一方面是确认软件做了人们所期望的事情，另一方面是确认软件以正确的方式做了这件事情。

② 提供信息，比如提供给开发人员或程序经理的回馈信息，为风险评估所准备的信息。

③ 软件测试。不仅是测试软件产品，还包括软件开发的过程。如果一个软件产品在开发完成之后发现了很多问题，说明此软件开发过程很可能是有缺陷的，因此软件测试的第三个目的是保证整个软件开发过程是高质量的。

(2) 测试人员在软件开发过程中的任务

① 寻找 Bug；

② 避免软件开发过程中的缺陷；

③ 衡量软件的质量；

④ 关注用户的需求。

(3) 软件测试的原则

① 应当把“尽早地和不断地进行软件测试”作为软件开发者的座右铭。

不应把软件测试仅看作软件开发的一个独立阶段，而应当把它贯穿到软件开发的各个阶段中。坚持在软件开发的各个阶段进行技术评审，这样才能在开发过程中尽早发现和预防错误，把出现的错误克服在早期，杜绝发生错误的隐患。

② 测试用例应由测试输入数据和与之对应的预期输出结果这两部分组成。

测试以前应当根据测试的要求选择测试用例(test case)，用来检验程序员编制的程序，因此不但需要测试的输入数据，而且需要针对这些输入数据的预期输出结果。

③ 程序员应避免检查自己的程序。

程序员应尽可能避免测试自己编写的程序，程序开发小组也应尽可能避免测试本小组开发的程序。如果条件允许，最好建立独立的软件测试小组或测试机构。这点不能与程序的调试相混淆，调试由程序员自己来做可能更有效。

④ 在设计测试用例时，应当包括合理的输入条件和不合理的输入条件。

合理的输入条件是指能验证程序正确的输入条件，不合理的输入条件是指异常的、临界的，可能引起问题异变的输入条件。软件系统处理非法命令的能力必须在测试时受到检验。用不合理的输入条件测试程序时，往往比用合理的输入条件进行测试能发现更多的错误。

⑤ 充分注意测试中的群集现象。

在被测程序段中，若发现错误数目多，则残存错误数目也比较多。这种错误群集性现象，已被许多程序的测试实践证实。根据这个规律，应当对错误群集的程序段进行重点测试，以提高测试投资的效益。

⑥ 严格执行测试计划，排除测试的随意性。

测试之前应仔细考虑测试的项目，对每一项测试做出周密的计划，包括被测程序的功能、输入和输出、测试内容、进度安排、资源要求、测试用例的选择、测试的控制方式和过程等，还要包括系统的组装方式、跟踪规程、调试规程，回归测试的规定，以及评价标准等。对于测试计划，要明确规定，不要随意解释。

⑦ 应当对每一个测试结果做全面检查。

有些错误的征兆在输出实测结果时已经明显地出现了，但是如果不仔细、全面地检查测试结果，就会使这些错误被遗漏掉。所以必须对预期的输出结果明确定义，对实测的结果仔细分析检查，暴露错误。

⑧ 妥善保存测试计划、测试用例、出错统计和最终分析报告，为维护提供方便。

3. 软件测试的对象

软件测试并不等于程序测试。软件测试应贯穿于软件定义与开发的整个期间。因此，需求、分析、设计和实现等各个阶段所得到的文档资料，包括需求规格说明、分析说明书、设计说明书以及源程序，都应该成为测试的对象。软件测试不应限于程序测试的狭小范围内，而置其他阶段的工作不顾。

事实上，到程序的测试为止，软件开发工作已经经历了许多环节，每个环节都可能发生问题。为了把握各个环节的正确性，人们需要进行各种确认和验证工作。

确认(validation)一系列的活动和过程，其目的是想证实在一个给定的外部环境中软件的逻辑正确性。它包括需求规格说明的确认和程序的确认，而程序的确认又分为静态确认与动态确认。静态确认一般不在计算机上实际执行程序，而是通过人工分析或者程序正确性证明来确认程序的正确性；动态确认主要通过动态分析和程序测试来检查程序的执行状态，以确认程序是否有问题。

验证(verification)则试图证明在软件生存期各个阶段，以及阶段间的逻辑协调性、完备性和正确性。

确认与验证工作都属于软件测试。在对需求理解与表达的正确性、分析理解与表达的正确性、设计理解与表达的正确性、实现的正确性以及运行的正确性的验证中，任何一个环节上发生问题都可能在软件测试中表现出来。

4. 测试信息流

测试信息流如图 8-8 所示。

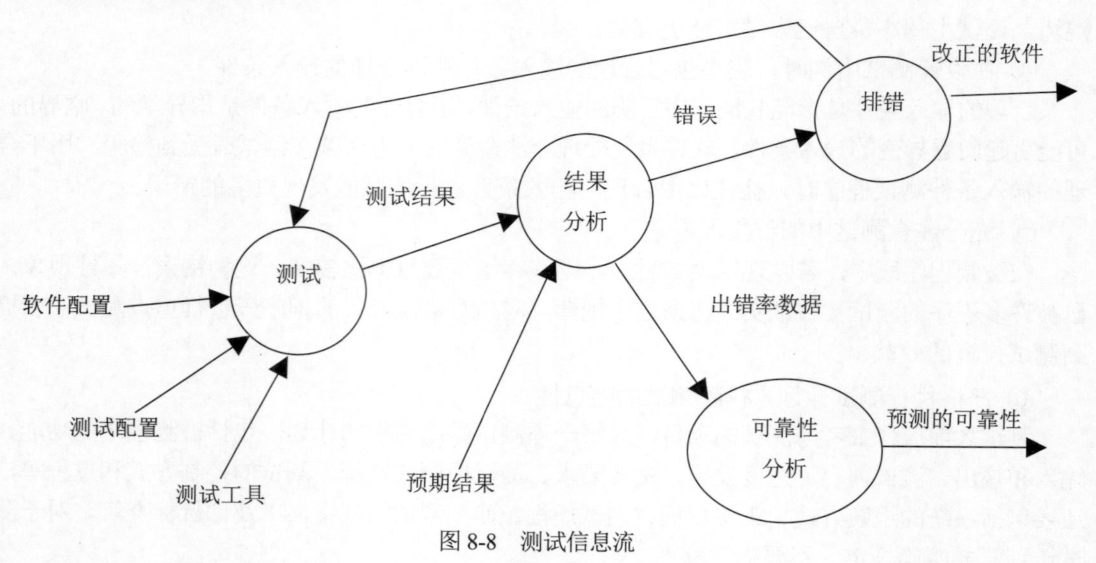

图 8-8　测试信息流

测试过程需要三类输入：

(1) 软件配置：包括软件需求规格说明、软件设计规格说明、源代码等；

(2) 测试配置：包括测试计划、测试用例、测试驱动程序等；

(3) 测试工具：测试工具为测试的实施提供某种服务。例如，测试数据自动生成程序、静态分析程序、动态分析程序、测试结果分析程序及驱动测试的工作台等。

测试之后，对实测结果与预期结果进行比较。如果发现出错的数据，就要进行调试。对已经发现的错误进行错误定位，确定出错性质，并改正这些错误，同时修改相关的文档。修正后的文档一般都要经过再次测试，直到通过测试为止。

通过收集和分析测试结果数据，对软件建立可靠性模型。

如果测试发现不了错误，那么可以肯定，测试配置考虑得不够细致充分，错误仍然潜伏在软件中。这些错误最终不得不由用户在使用中发现，并在维护时由开发者去改正。但改正错误的费用将比在开发阶段改正错误的费用高出 40~60 倍。

5. 测试与软件开发各阶段的关系

软件开发过程是一个自顶向下，逐步细化的过程，而测试过程则是依相反的顺序安排的自底向上，逐步集成的过程。低一级测试为上一级测试准备条件。首先对每一个程序模块进行单元测试，消除程序模块内部在逻辑上和功能上的错误和缺陷。再对照软件设计进行集成测试和确认测试，检测和排除子系统(或系统)结构上的错误。随后再对照分析，进行系统测试。最后从系统全体出发，对照需求，运行系统，看是否满足要求，进行验收测试。测试与软件开发各阶段的关系如图 8-9 所示。

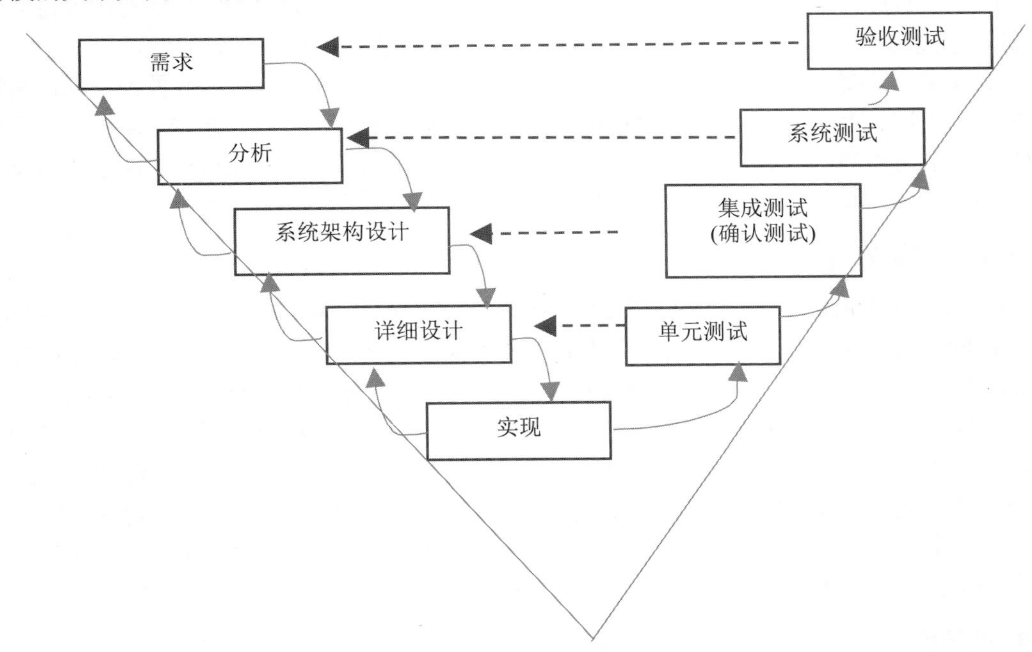

图 8-9　测试与软件开发各阶段的关系

(1) 单元测试：验证软件模块是否按照详细设计说明正确执行，即保证每个模块能够正常运行。单元测试一般由开发人员执行，首先设定最小的测试单元，然后通过设计相应的测试用例来验证各个单元功能的正确性。

(2) 集成测试(确认测试)：检查多个单元是否按照系统架构设计描述的方式协同工作。集成测试的主要关注点是系统能够成功编译，实现了主要的业务功能，系统各个模块之间数据能够正常通信等。

(3) 系统测试：验证整个系统是否满足需求规格说明。

(4) 验收测试：从客户的角度检查系统是否满足合同中定义的需求或者客户需求。

8.2.2 测试方法概述

1. 黑盒测试

根据软件产品的功能设计规格，在计算机上进行测试，以判定每个实现的功能是否符合要求。这种测试方法就是黑盒测试。黑盒测试意味着测试要在软件的接口处进行。就是说，这种方法是把测试对象看作一个黑盒子，测试人员完全不考虑程序内部的逻辑结构和特性，只依据程序的需求分析规格说明，检查程序的功能是否符合它的功能说明。

用黑盒测试发现程序中的错误，必须在所有可能的输入条件和输出条件中确定测试数据，来检查程序是否都能产生正确的输出。

2. 白盒测试

指根据软件产品的内部工作过程，在计算机上进行测试，以判定每种内部操作是否符合设计规格要求，所有内部成分是否已经过检查。白盒测试把测试对象看作一个打开的盒子，允许测试人员利用程序内部的逻辑结构及有关信息，设计或选择测试用例，对程序所有逻辑路径进行测试。通过在不同点检查程序的状态，确定实际的状态是否与预期的状态一致。

不论是黑盒测试，还是白盒测试，都不可能进行所谓的穷举测试。任何软件开发项目都要受到期限、费用、人力和机时等条件的限制，为了节省时间和资源，提高测试效率，就必须要从数量极大的可用测试用例中精心挑选少量的测试数据，使得采用这些测试数据能够达到最佳的测试效果，能够高效率地把隐藏的错误揭露出来。

3. 基于风险的测试

基于风险的测试是指评估测试的优先级，即先做高优先级的测试，如果时间或精力不够，低优先级的测试可以暂时先不做。根据软件的特点来确定：如果一个功能出了问题，它对整个产品的影响有多大，这个功能出问题的概率有多大？如果出问题的概率很大，出了问题对整个产品的影响也很大，那么在测试时就一定要覆盖到。对于一个用户很少用到的功能，出问题的概率很小，即使出了问题影响也不是很大，那么如果时间比较紧的话，就可以考虑不测试。

基于风险测试的两个决定因素就是：该功能出问题对用户的影响有多大，出问题的概率有多大。其他的影响因素还有复杂性、可用性、依赖性、可修改性等。测试人员主要根据事情的轻重缓急来决定测试工作的重点。

4. 基于模型的测试

模型实际上就是用语言把一个系统的行为描述出来，定义出它可能的各种状态，以及它们之间的转换关系，即状态转换图。模型是系统的抽象。基于模型的测试是利用模型来生成相应的测试用例，然后根据实际结果和原先预想的结果的差异来测试系统。

8.2.3 白盒测试用例设计

1. 逻辑覆盖

逻辑覆盖是以程序内部的逻辑结构为基础来设计测试用例的技术，属白盒测试。这一方法要求测试人员对程序的逻辑结构有清楚的了解，甚至掌握源程序的所有细节。由于覆盖测试的目标不同，逻辑覆盖又可分为：语句覆盖、判定覆盖、条件覆盖、判定—条件覆盖、条件组合覆盖及路径覆盖。

某程序的流程图如图 8-10 所示。

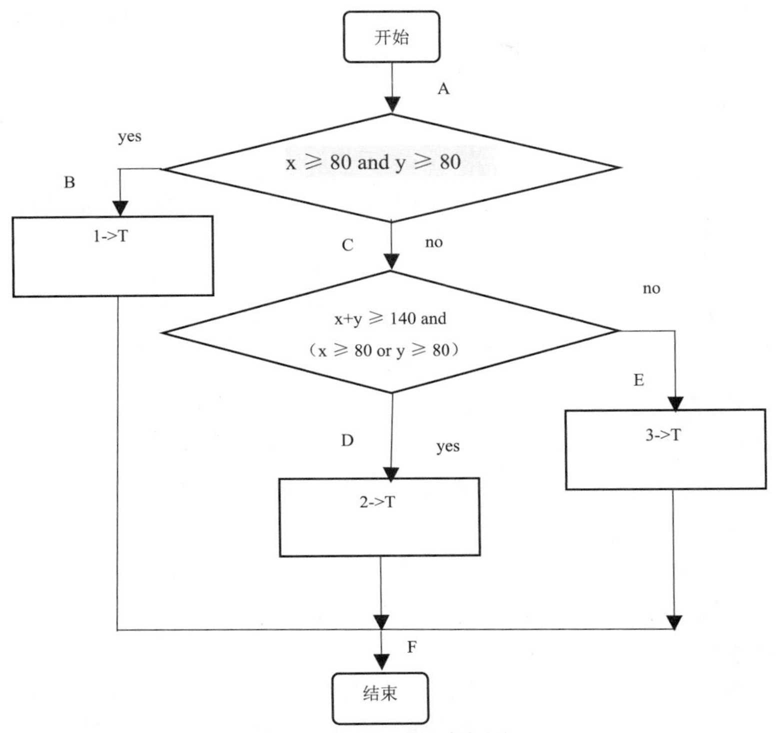

图 8-10　被测试方法的流程图

(1) 语句覆盖

语句覆盖就是设计若干个测试用例，运行被测程序，使得每一可执行语句至少执行一次。这种覆盖又被称为点覆盖，它使得程序中每个可执行语句都得到执行。但它是最弱的逻辑覆盖，效果有限，必须与其他方法交互使用。用例设计如表 8-1 所示。

表 8-1　语句覆盖测试用例

序号	x	y	路径
1	50	50	ACEF
2	90	80	ABF
3	90	50	ACDF

优点：可以直观地从源代码得到测试用例，无须细分每条判定表达式。

缺点：由于这种测试方法仅仅针对程序逻辑中显示存在的语句，但对于隐藏的条件和可能达到的隐式逻辑分支，是无法测试的。在 if 结构中若源代码没有给出 else 后面的执行分支，那么语句覆盖测试就不会考虑这种情况。但是不能排除这种意外的分支不会被执行，而往往这种错误会经常出现。再如，在 do-while 结构中，语句覆盖执行其中某一个条件分支。那么显然，语句覆盖对于多分支的逻辑运算是无法全面反映的，它只在乎运行一次，而不考虑其他情况。

(2) 判定覆盖

判定覆盖就是设计若干个测试用例，运行被测程序，使得程序中每个判断的取真分支和取假分支至少经历一次。判定覆盖又称为分支覆盖。

判定覆盖只比语句覆盖稍强一些，但实际效果表明，只是判定覆盖，还不能保证一定能查出在判断的条件中存在的错误。因此，还需要更强的逻辑覆盖准则去检验判断内部条件。用例设计如表 8-2 所示。

表 8-2　判定覆盖测试用例

序号	x	y	x≥80 and y≥80	x+y≥140and (x≥80 or y≥80)	路径
1	50	50	F	F	ACEF
2	90	50	F	T	ACDF
3	90	80	T	T	ABF

在表 8-2 中，F 表示为假，T 表示为真。

在该例中，语句覆盖和判定覆盖的测试用例是一样的，因为每个分支都有语句。

优点：判定覆盖比语句覆盖的测试路径多，测试能力比语句覆盖强。判定覆盖也比较简单，无须细分每个判定就可以得到测试用例。

缺点：由于大部分判定语句是由多个逻辑条件组合而成的，若只判断其整个最终结果，而忽略每个条件的取值情况，必然会遗漏部分测试路径。

(3) 条件覆盖

条件覆盖就是设计若干个测试用例，运行被测程序，使得程序中每个判断的每个条件的可能取值至少执行一次。条件覆盖深入到判定中的每个条件，但可能不能满足判定覆盖的要求。用例设计如表 8-3 所示。

表 8-3　条件覆盖测试用例

序号	x	y	x≥80	y≥80	x+y≥140	x≥80 or y≥80	路径
1	50	50	F	F	F	F	ACEF
2	80	80	T	T	T	T	ABF
3	50	80	F	T	F	T	ACEF
4	70	70	F	F	T	F	ACEF
5	70	80	F	T	T	T	ACDF
6	80	70	T	F	T	T	ACDF

在表 8-3 中，F 表示为假，T 表示为真。

由表 8-3 可知，前面两个测试用例就可满足每个条件的取值至少执行一次。

优点：条件覆盖比判定覆盖增加了对符合判定条件情况的测试，增加了测试路径。

缺点：要达到条件覆盖，需要足够多的测试用例，但条件覆盖并不能保证判定覆盖。条件覆盖只能保证每个条件至少有一次为真，而不考虑所有的判定条件。

(4) 判定—条件覆盖

判定—条件覆盖就是设计足够的测试用例，使得判断中每个条件的所有可能取值至少执行一次，同时每个判断本身的所有可能判断结果至少执行一次。换言之，即是要求各个判断的所有可能的条件取值组合至少执行一次。

判定—条件覆盖有缺陷。从表面看，它测试了所有条件的取值。但是事实并非如此。往往某些条件掩盖了另一些条件，会遗漏某些条件取值错误的情况。为彻底检查所有条件的取值，需要将判定语句中给出的复合条件表达式进行分解，形成由多个基本判定嵌套的流程图。这样就可以有效地检查所有的条件是否正确了，用例设计如表 8-4 所示。

表 8-4　判定—条件覆盖测试用例

序号	x	y	x≥80 and y≥80	x+y≥140 and (x≥80 or y≥80)	x≥80	y≥80	x+y≥140	x≥80 or y≥80	路径
1	50	50	F	F	F	F	F	F	ACEF
2	80	80	T	T	T	T	T	T	ABF
3	70	80	F	T	F	T	T	T	ACDF
4	80	70	F	T	T	F	T	T	ACDF

在表 8-4 中，F 表示为假，T 表示为真。

优点：判定—条件覆盖满足判定覆盖和条件覆盖准则，弥补了二者的不足。

缺点：判定—条件覆盖准则的缺点是未考虑条件的组合情况。

(5) 条件组合覆盖

条件组合覆盖就是设计足够的测试用例，运行被测程序，使得每个判断的所有可能的条件取值组合至少执行一次。

这是一种相当强的覆盖准则，可以有效地检查各种可能的条件取值的组合是否正确。它不但可覆盖所有条件的可能取值的组合，还可覆盖所有判断的可取分支，但可能有的路径会遗漏掉，测试还不完全。用例设计如表 8-5 所示。

表 8-5　条件组合覆盖测试用例

序号	x	y	x≥80 and y≥80	x+y≥140 and (x≥80 or y≥80)	x≥80	y≥80	x+y≥140	x≥80 or y≥80	路径
1	50	50	F	F	F	F	F	F	ACEF
2	50	80	F	F	F	T	F	T	ACEF
3	80	50	F	F	T	F	F	T	ACEF
4	80	80	T	T	T	T	T	T	ABF
5	70	70	F	F	F	F	T	F	ACEF
6	70	80	F	T	F	T	T	T	ACDF
7	80	70	F	T	T	F	T	T	ACDF

在表 8-5 中，F 表示为假，T 表示为真。

优点：条件组合覆盖准则满足判定覆盖、条件覆盖和判定—条件覆盖准则，更改的判定—条件覆盖要求设计足够多的测试用例，使得判定中每个条件的所有可能结果至少出现一次。每个判断本身的所有可能也出现一次，并且每个条件都显示能单独影响判断结果。

缺点：线性地增加了测试用例的数量。

(6) 路径覆盖

路径覆盖就是设计足够的测试用例，覆盖程序中所有可能的路径。这是最强的覆盖准则。但在路径数目很大时，真正做到完全覆盖是很困难的，必须把覆盖路径数目压缩到一定限度。用例设计如表 8-6 所示。

表 8-6　路径覆盖测试用例

序号	x	y	x≥80 and y≥80	x+y≥140 and (x≥80 or y≥80)	x≥80	y≥80	x+y≥140	x≥80 or y≥80	路径
1	50	50	F	F	F	F	F	F	ACEF
2	80	80	T	T	T	T	T	T	ABF
3	70	80	F	T	F	T	T	T	ACDF
4	80	70	F	T	T	F	T	T	ACDF

在表 8-6 中，F 表示为假，T 表示为真。

优点：路径覆盖方法可以对程序进行彻底的测试，比前面所讲的覆盖面都广。

缺点：由于路径覆盖需要对所有可能的路径进行测试(包括循环、条件组合、分支选择等)，那么需要设计大量、复杂的测试用例，使得工作量呈指数级增长。

2. 基本路径测试

基本路径测试法是在程序控制流图的基础上，通过分析控制构造的环路复杂性，导出基本可执行路径集合，从而设计测试用例的方法。设计出的测试用例要保证在测试中程序的每个可执行语句至少执行一次。在程序控制流图的基础上，通过分析控制构造的环路复杂性，导出基本可执行路径集合，从而设计测试用例。包括以下 4 个步骤和一个工具方法：

(1) 画出控制流图：控制流图是描述程序控制流的一种图示方法。

(2) 计算程序圈复杂度：即程序的环路复杂性度量，从程序的环路复杂性可导出程序基本路径集合中的独立路径条数，这是确定程序中每个可执行语句至少执行一次所必须的测试用例数目的上界。

(3) 导出测试用例：根据圈复杂度和程序结构设计用例数据输入和预期结果。

(4) 准备测试用例：确保基本路径集中的每一条路径的执行。

工具方法：

(1) 图形矩阵

指在基本路径测试中起辅助作用的软件工具，利用它可以自动确定一个基本路径集。

(2) 程序的控制流图

指描述程序控制流的一种图示方法。圆圈称为控制流图的一个结点，表示一个或多个无分支的语句或源程序语句，如图 8-11 所示。

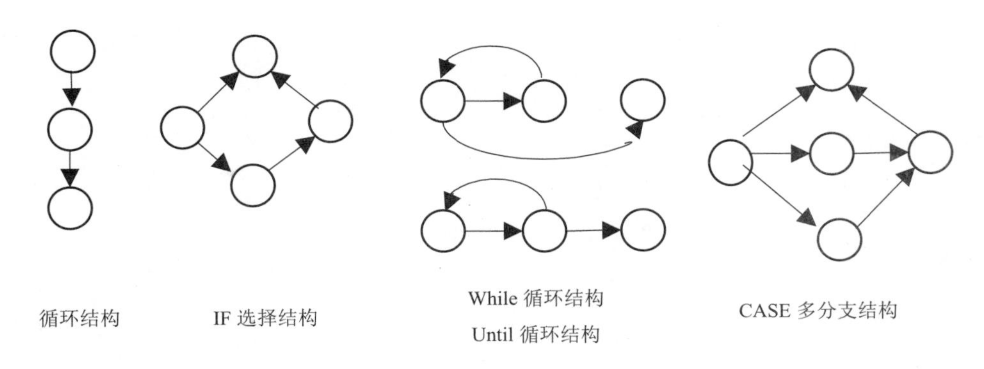

图 8-11 控制流图的结构

控制流图中只有两种图形符号：

图 8-11 中的每个圆称为流图的结点，代表一条或多条语句。流图中的箭头称为边或连接，代表控制流。

任何过程设计都要被翻译成控制流图。在将程序流程图简化成控制流图时，应注意：在选择或多分支结构中，分支的汇聚处应有一个汇聚结点。边和结点圈定的区域叫做区域，当对区域计数时，图形外的区域也应记为一个区域，如图 8-12 所示。

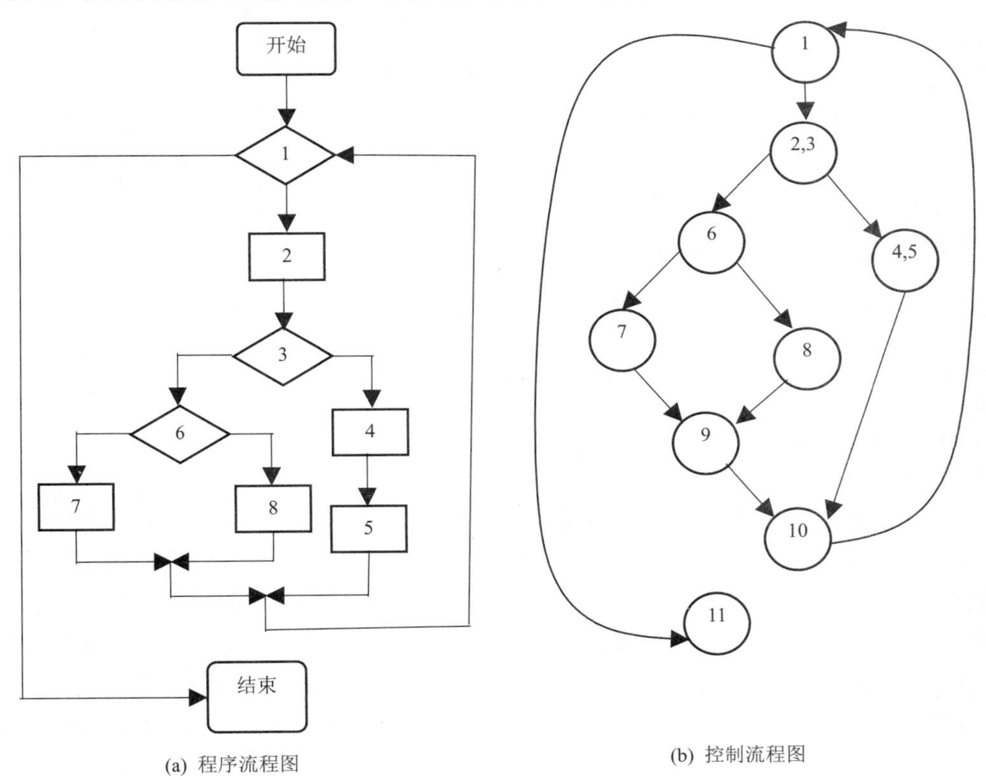

(a) 程序流程图

(b) 控制流程图

图 8-12 程序流程图和对应的控制流图

如果判断中的条件表达式是由一个或多个逻辑运算符(OR、AND、NAND、NOR)连接的复合条件表达式，则需要改为一系列只有单条件的嵌套的判断，如图 8-13 所示。

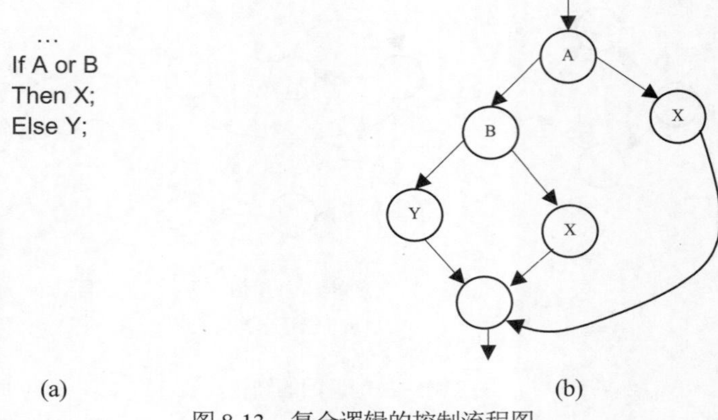

图 8-13　复合逻辑的控制流程图

独立路径是至少沿一条新的边移动的路径，如图 8-14 所示。

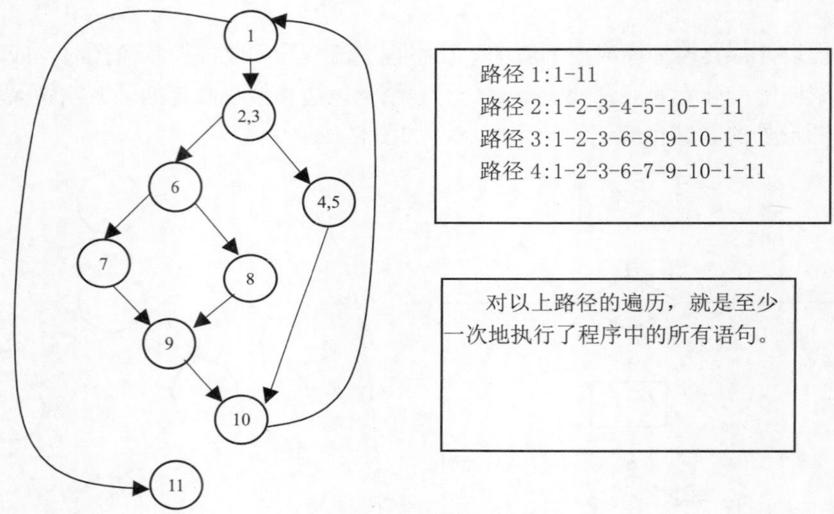

图 8-14　独立路径示例

基本路径测试法的步骤如下：

第一步：画出控制流图

流程图用来描述程序控制结构，可将流程图映射到一个相应的流图(假设流程图的菱形决定框中不包含复合条件)。在流图中，每一个圆，称为流图的结点，代表一个或多个语句。一个处理方框序列和一个菱形决策框可被映射为一个结点，流图中的箭头，称为边或连接，代表控制流，类似于流程图中的箭头。一条边必须终止于一个结点，即使该结点并不代表任何语句(例如：if-else-then 结构)。由边和结点限定的范围称为区域。计算区域时应包括图外部的范围。

下面以排序的过程 sort 为例，说明测试用例的设计过程。用 PDL 语言描述 sort 过程如下所示。

```
PROCEDURE sort;
INTERFACE ACCEPTS recordNum，type;
TYPE x，y IS INTEGER;
x=0;
```

```
y=0;
decrement recordNum by 1;
WHILE recordNum > 0
          IF type == 0
          THEN x = y +2;
          break;
          ELSEIF type==1
          THEN x=y+10;
          ELSE x=y+20;
          ENDIF
     decrement recordNum by 1;
     ENDWHILE
END sort
```

画出其程序流程图和对应的控制流图如图 8-15 所示。

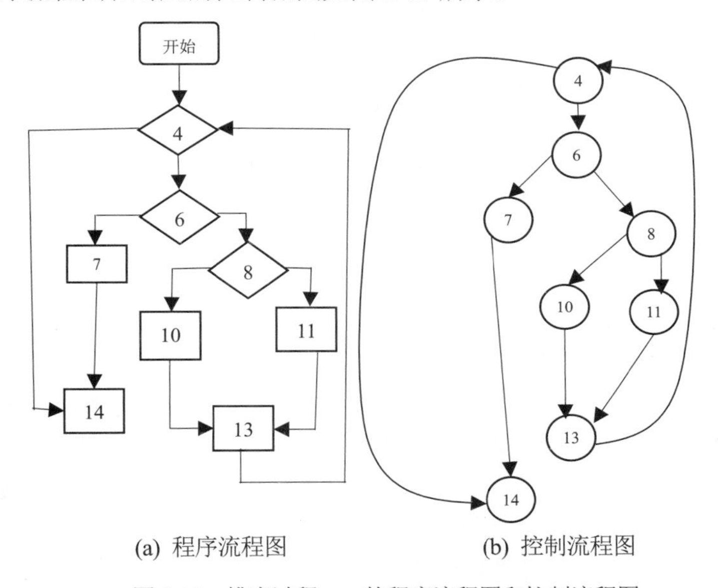

(a) 程序流程图　　　　　　(b) 控制流程图

图 8-15　排序过程 sort 的程序流程图和控制流程图

第二步：计算圈复杂度

圈复杂度是一种为程序逻辑复杂性提供定量测度的软件度量，将该度量用于计算程序的基本的独立路径数目，为确保所有语句至少执行一次的测试数量的上界。独立路径是指和其他的独立路径相比，至少引入一个新处理语句或一个新判断的程序通路，必须包含一条在定义之前不曾用到的边。V(G)值正好等于该程序的独立路径的条数。

有以下三种方法计算圈复杂度：

(1) 流图中区域的数量对应于环型的复杂性；

(2) 给定流图 G 的圈复杂度 V(G)，定义为 V(G)=E－N+2，E 是流图中边的数量，N 是流图中结点的数；

(3) 给定流图 G 的圈复杂度 V(G)，定义为 V(G)=P+1，P 是流图 G 中判定结点的数量。

第三步：导出测试用例

根据上面的计算方法，可得出 V(G)=E－N+2=10－8+2=4 或者 V(G)=P+1=3+1=4。

Path1：4-14

Path2：4-6-7-14

Path3：4-6-8-10-13-4-14

Path4：4-6-8-11-13-4-14

根据上面的独立路径，设计输入数据，使程序分别执行到上面四条路径。

第四步：准备测试用例

为了确保基本路径集中的每一条路径的执行，根据判断结点给出的条件，选择适当的数据以保证某一条路径可以被测试到，满足上面例子基本路径集的测试用例是：

[Path1]输入数据：recordNum=0，或者取 recordNum<0 的某一个值。

预期结果：x=0。

[Path2]输入数据：recordNum=1，type=0。

预期结果：x=2。

[Path3]输入数据：recordNum=1，type=1。

预期结果：x=10。

[Path4]输入数据：recordNum=1，type=2。

预期结果：x=20。

8.2.4 黑盒测试用例设计

1. 等价类划分

等价类划分是一种典型的黑盒测试方法。使用这一方法时，完全不考虑程序的内部结构，只依据程序的规格说明来设计测试用例。由于不可能用所有可以输入的数据来测试程序，而只能从全部可供输入的数据中选择一个子集进行测试。如何选择适当的子集，使其尽可能多地发现错误，解决的办法之一就是等价类划分。

把数目极多的输入数据(有效的和无效的)划分为若干等价类。所谓等价类是指某个输入域的子集合，在该子集合中，各个输入数据对于揭露程序中的错误都是等效的，并合理地假定：测试某等价类的代表值就等价于对这一类其他值的测试。因此，我们可以把全部输入资料合理地划分为若干等价类，在每一个等价类中取一个数据作为测试的输入条件，就可用少量代表性测试数据，取得较好的测试效果。

等价类的划分有两种不同的情况：

(1) 有效等价类。指对于程序规格说明来说，是合理的、有意义的输入数据构成的集合。利用它，可以检验程序是否实现了规格说明预先规定的功能和性能。

(2) 无效等价类。指对于程序规格说明来说，是不合理的、无意义的输入数据构成的集合。利用它，可以检查程序中功能和性能的实现是否有不符合规格说明要求的地方。

在设计测试用例时，要同时考虑有效等价类和无效等价类的设计。软件不能都只接收合理的数据，还要经受意外的考验，接受无效的或不合理的数据，这样获得的软件才能具有较高的可靠性。划分等价类的原则如下：

(1) 按区间划分。如果可能的输入数据属于一个取值范围或值的个数限制范围，则可以确立一个有效等价类和两个无效等价类。

例如，对输入数据的说明：项数可以从 1 到 999，则有效等价类是“1≤项数≥999”，无效等价类有两个：“项数<1”和“项数>999”。

(2) 按数值划分。如果规定了输入数据的一组值，而且程序要对每个输入值分别进行处理，则可为每个输入值确立一个有效等价类，此外针对这组值确立一个无效等价类，它是所有不允许的输入值的集合。

例如，规定输入必须大于 0，则有效等价类是输入大于 0，无效等价类是输入小于或等于 0。

(3) 按数值集合划分。如果可能的输入数据属于一个值的集合，或者须满足“必须如何”的条件，这时可确立一个有效等价类和一个无效等价类。

例如，编程语言对变量标识符规定为“以字母开头的……串”，那么所有以字母开头的串构成有效等价类，而不在此集合内的串归于无效等价类。

(4) 按限制条件或规则划分。如果规定了输入数据必须遵守的规则或限制条件，则可以确立一个有效等价类(符合规则)和若干个无效等价类(从不同角度违反规则)。

例如，成人须满 18 岁，则考虑成人为有效等价类，未满 18 岁者为无效等价类。

接下来介绍确立测试用例的过程。

在确立了等价类之后，建立等价类表，列出所有划分出的等价类，再从划分出的等价类中按以下原则选择测试用例：

设计尽可能少的测试用例，覆盖所有的有效等价类；针对每一个无效等价类，设计一个测试用例来覆盖它。

案例分析：

对于年龄，要求是正整数，年龄范围为(0，150)，年龄中不能为空，不能有字母、负数、汉字、字符。

(1) 建立等价类表，如表 8-7 所示。

表 8-7　年龄的等价类表

输入条件	有效等价类	编号	无效等价类	编号
年龄	正整数	E01	负数	E04
			小数	E05
			字母	E06
			字符	E07
			汉字	E08
	(0，150)	E02	>=150	E09
			<=0	E10
	非空	E03	空	E11

(2) 等价类导出的测试用例如表 8-8 所示。

表 8-8　等价类导出的测试用例

编号	有效输入	覆盖有效等价类
U01	50	E01、E02、E03
编号	无效输入	覆盖无效等价类
U02	-40	E04
U03	10.3	E05
U04	"B"	E06
U05	"$"	E07
U06	"年"	E08
U07	200	E09
U08	0	E10
U09	空	E1

2. 边界值分析

边界值的分析是利用了一个规律，即程序最容易发生错误的地方就在边界值的附近，它取决于变量的类型及变量的取值范围。比如，在做三角形计算时，要输入三角形的三个边长：A、B 和 C。我们应注意到这三个数值应当满足 $A>0$、$B>0$、$C>0$、$A+B>C$、$A+C>B$、$B+C>A$，才能构成三角形。但如果把六个不等式中的任何一个大于号“＞”错写成大于等于号“≥”，那就不能构成三角形。问题恰出现在容易被疏忽的边界附近。这里所说的边界是指，相当于输入等价类和输出等价类而言，稍高于其边界值及稍低于其边界值的一些特定情况。

使用边界值分析方法设计测试用例，首先应确定边界情况。通常输入等价类与输出等价类的边界，就是应着重测试的边界情况。应当选取正好等于、刚刚大于或刚刚小于边界的值作为测试数据，而不是选取等价类中的典型值或任意值作为测试资料。一般对于有 n 个变量时，会有 $6n+1$ 个测试用例，取值分别是 min−1、min、min+1、normal、max−1、max、max+1 的组合。边界值分析测试用例如表 8-9 所示。

表 8-9　边界值分析测试用例

测试用例编号	A	B	C	预期输出
U01	1	50	50	等腰三角形
U02	2	50	50	等腰三角形
U03	79	40	40	等腰三角形
U04	80	40	40	非三角形
U05	50	1	50	等腰三角形
U06	50	2	50	等腰三角形
U07	40	79	40	等腰三角形
U08	40	80	40	非三角形
U09	50	50	1	等腰三角形

(续表)

测试用例编号	A	B	C	预期输出
U10	50	50	2	等腰三角形
U11	40	40	79	等腰三角形
U12	40	40	80	非三角形
U13	50	50	50	等边三角形

边界值分析方法是最有效的黑盒测试方法，但当边界情况很复杂的时候，要找出适当的测试用例还需针对问题的输入域、输出域边界，耐心细致地逐个考虑。

3. 错误推测法

人们也可以靠经验和直觉推测程序中可能存在的各种错误，从而有针对性地编写检查这些错误的例子。这就是错误推测法。

错误推测法的基本想法是：列举出程序中所有可能有的错误和容易发生错误的特殊情况，根据它们选择测试用例。例如，在介绍单元测试时曾列出在模块中常见的许多错误，这些是单元测试经验的总结。此外，对于在程序中容易出错的情况，也有一些经验总结出来。例如，输入数据为 0，或输出数据为 0 是容易发生错误的情形，因此可选择输入数据为 0，或使输出数据为 0 的例子作为测试用例。又例如，输入表格为空或输入表格只有一行，也是容易发生错误的情况。可选择表示这种情况的例子作为测试用例。再例如，可以针对一个排序程序，输入空的值(没有数据)、输入一个数据、让所有的输入数据都相等、让所有输入数据有序排列、让所有输入数据逆序排列等，进行错误推测。

4. 因果图

前面介绍的等价类划分方法和边界值分析方法，都着重考虑输入条件，但未考虑输入条件之间的联系。如果在测试时必须考虑输入条件的各种组合，可能的组合数将是天文数字。因此必须考虑使用一种适合于描述对于多种条件的组合，相应产生多个动作的形式来考虑设计测试用例，这就需要利用因果图。

因果图方法最终生成的就是判定表，它适合于检查程序输入条件的各种组合情况。

利用因果图生成测试用例的基本步骤是：

(1) 分析软件规格说明描述中，哪些是原因(即输入条件或输入条件的等价类)，哪些是结果(即输出条件)，并给每个原因和结果赋予一个标识符。

(2) 分析软件规格说明描述中的语义，找出原因与结果之间、原因与原因之间对应的关系，根据这些关系，画出因果图。

由于语法或环境限制，有些原因与原因之间、原因与结果之间的组合情况不可能出现。为表明这些特殊情况，在因果图上用一些记号标明约束或限制条件。

(3) 把因果图转换成判定表。

(4) 把判定表的每一列拿出来作为依据，设计测试用例。

通常，在因果图中，用 Ci 表示原因，Ei 表示结果，其基本符号如图 8-16 所示。各结点表示状态，可取值“0”或“1”。“0”表示某状态不出现，“1”表示某状态出现。

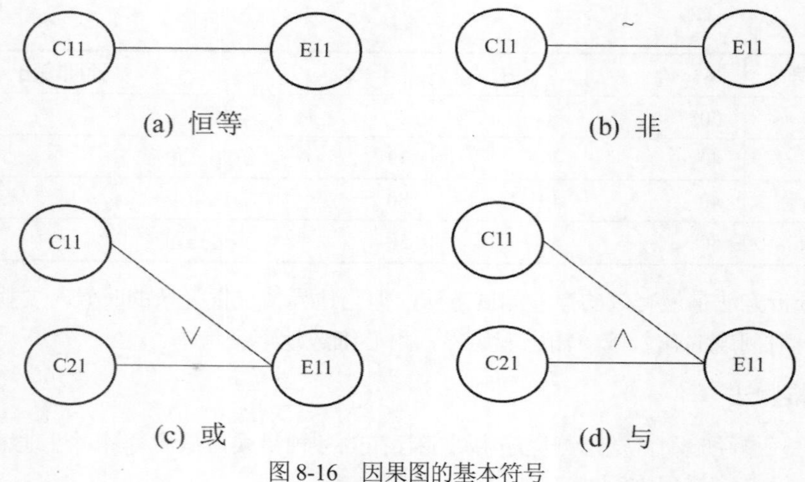

图 8-16　因果图的基本符号

① 恒等：若原因出现，则结果出现。若原因不出现，则结果也不出现。

② 非：若原因出现，则结果不出现。若原因不出现，反而结果出现。

③ 或(∨)：若几个原因中有一个出现，则结果出现，几个原因都不出现，结果不出现。

④ 与(∧)：若几个原因都出现，结果才出现。若其中有一个原因不出现，结果不出现。

为了表示原因与原因之间、结果与结果之间可能存在的约束条件，在因果图中可以附加一些表示约束条件的符号。从输入(原因)考虑，有四种约束；从输出(结果)考虑，还有一种约束，如图 8-17 所示。

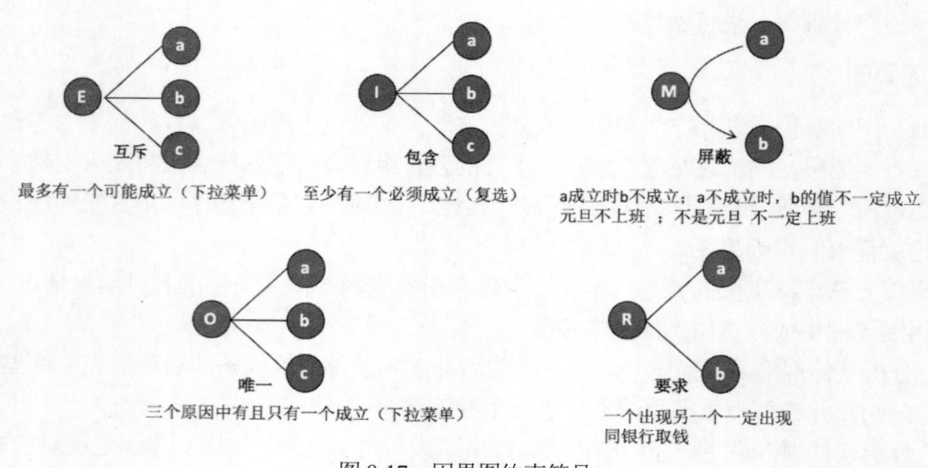

图 8-17　因果图约束符号

在图 8-17 中：

① E(互斥)：表示 a、b、c 三个原因不会同时成立，三个中最多有一个可能成立。

② I(包含)：表示 a、b、c 三个原因中至少有一个必须成立。

③ M(屏蔽)：表示当 a 是 1 时，b 必须是 0。而当 a 为 0 时，b 的值不定。

④ O (唯一)：表示 a、b 和 c 当中必须有一个，且仅有一个成立。

⑤ R(要求)：表示当 a 出现时，b 必须也出现。不可能 a 出现，b 不出现。

案例分析：

有一个单价为五角钱的饮料自动售货机软件。对其采用因果图方法设计测试用例，需求如下：

(1) 若售货机没有零钱找。一个显示“零钱找完”的红灯亮，以提示顾客在此情况下不要投入 1 元钱，否则此红灯不亮。

(2) 顾客投入 5 角硬币，然后按下“橙汁”或“啤酒”按钮，则相应的饮料被送出。

(3) 顾客投入 1 元钱并按下“橙汁”或“啤酒”按钮后，若售货机没有找零钱，则显示“零钱找完”的红灯亮，1 元硬币被退出，且无饮料送出。若有零钱找，则零钱被退出且饮料被送出。

自动售货机的原因和成果如表 8-10 所示。

表 8-10　自动售货机的原因分析

原因		结果	
编号	原因	编号	结果
1	售货机有零钱找	21	售货机“零钱找完”灯亮
2	投入 1 元硬币	22	退还 1 元硬币
3	投入 5 角硬币	23	退还 0.5 元硬币
4	按“橙汁”按钮	24	送出橙汁饮料
5	按“啤酒”按钮	25	送出啤酒饮料

中间节点如表 8-11 所示。

表 8-11　中间节点

编号	中间节点
11	投入 1 元硬币且按饮料
12	按“橙汁”或“啤酒”按钮
13	退还 5 角零钱且售货机有零钱找
14	钱已付清

自动售货机的因果图如图 8-18 所示。

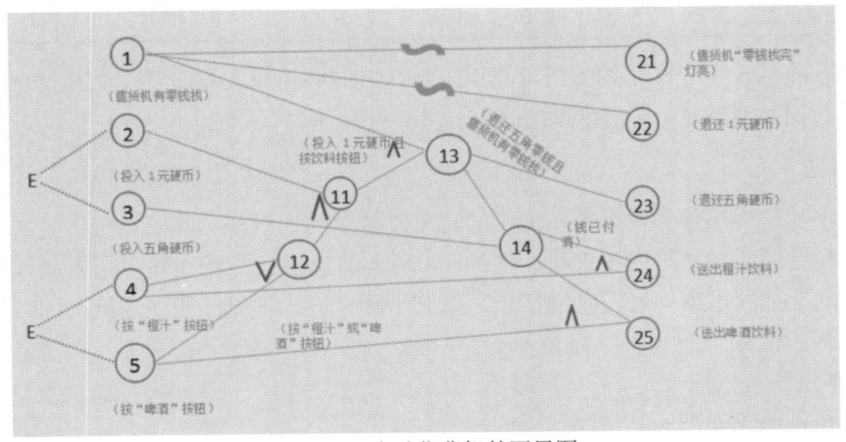

图 8-18　自动售货机的因果图

自动售货机的测试用例如表 8-12 所示。

表 8-12　自动售货机的测试用例

用例编号	有无零钱	投入金额	饮料	预期结果
U01	有	1 元	橙汁	退回五角钱，送出橙汁
U02	有	1 元	啤酒	退回五角钱，送出啤酒
U03	有	5 角	橙汁	送出橙汁
U04	有	5 角	啤酒	送出啤酒
U05	无	1 元	橙汁	灯亮，退出 1 元钱
U06	无	1 元	啤酒	灯亮，退出 1 元钱
U07	无	5 角	橙汁	灯亮，送出橙汁
U08	无	5 角	啤酒	灯亮，送出啤酒

因果图判定表如表 8-13 所示。

表 8-13　因果图判定表

			1	2	3	4	5	6	7	8	9	10	11
输入	投入 1 元 5 角硬币	(1)	1	1	1	1	0	0	0	0	0	0	0
	投入 2 元硬币	(2)	0	0	0	0	1	1	1	1	0	0	0
	按“可乐”按钮	(3)	1	0	0	0	1	0	0	0	1	0	0
	按“雪碧”按钮	(4)	0	1	0	0	0	1	0	0	1	1	0
	按“红茶”按钮	(5)	0	0	1	0	0	0	1	0	0	0	1
中间结点	已投币	(11)	1	1	1	1	1	1	1	1	0	0	0
	已按钮	(12)	1	1	1	0	1	1	1	0	1	1	1
输出	退还 5 角硬币	(21)	0	0	0	0	1	1	1	0	0	0	0
	送出“可乐”饮料	(22)	1	0	0	0	0	1	0	0	0	0	0
	送出“雪碧”饮料	(23)	0	1	0	0	0	1	0	0	0	0	0
	送出“红茶”饮料	(24)	0	0	1	0	0	0	1	0	0	0	0

因果图方法是一个非常有效的黑盒测试方法，它能够生成没有重复性的且发现错误能力强的测试用例，而且对输入、输出同时进行了分析。

5. 场景法

软件几乎都是用事件触发来控制流程的，事件触发的情景便形成了场景，而同一事件不同的触发顺序和处理结果就形成事件流。这种在软件设计方面的思想也可以引入到软件测试中，可以比较生动地描绘出事件触发时的情景，有利于测试设计者设计测试用例，同时使测试用例更容易被理解和执行。

(1) 基本流和备选流

基本流和备选流如图 8-19 所示。

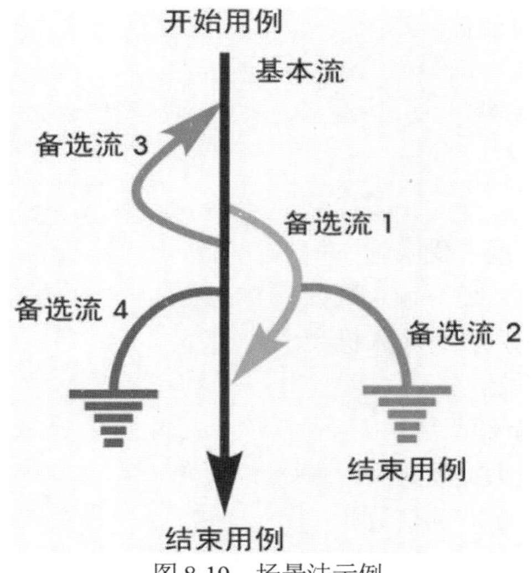

图 8-19　场景法示例

图 8-19 中经过用例的每条路径都用基本流和备选流表示，直黑线表示基本流，是经过用例的最简单路径。备选流用不同的色彩表示，一个备选流可能从基本流开始，在某个特定条件下执行，然后重新加入基本流中(如备选流 1 和 3)；也可能起源于另一个备选流(如备选流 2)，或者终止用例而不再重新加入到某个流(如备选流 2 和 4)。

(2) 场景组合

按上图组合多个不同的场景：

场景 1：基本流

场景 2：基本流　备选流 1

场景 3：基本流　备选流 1　备选流 2

场景 4：基本流　备选流 3

场景 5：基本流　备选流 3　备选流 1

场景 6：基本流　备选流 3　备选流 1　备选流 2

场景 7：基本流　备选流 4

场景 8：基本流　备选流 3　备选流 4

(3) 用例设计步骤

① 分析需求，确定出软件的基本流和各项备选流。

② 依据基本流和各项备选流，生成不同的场景。

③ 针对生成的各场景，设计相应的测试用例。

④ 重新审核生成的测试用例，去掉多余的部分，并针对最终确定出的测试用例，设计测试数据。

(4) 案例分析

例子：分析 ATM 取款机的场景流程，设计测试用例和测试数据。

① 基本流

1. 插入磁卡

2. ATM 验证账户正确

3. 输入密码正确，通过验证
4. 输入取款金额
5. 取出金额
6. 取卡

② 备选流

备选流一：账户不存在或者受限制
备选流二：密码不正确，还有输入机会
备选流三：密码不正确，没有输入机会
备选流四：卡中余额不足
备选流五：ATM 机中余额不足
备选流六：超过每日最大提款限额
备选流七：输入金额非 100 的倍数

③ 场景设计

场景设计如表 8-14 所示。

表 8-14　场景设计

场景描述	基本流	备选流
场景 1—成功的取款	基本流	
场景 2—账户不存在/账户受限	基本流	备选流 1
场景 3—密码不正确(还有输入机会)	基本流	备选流 2
场景 4—密码不正确(不再有输入机会)	基本流	备选流 3
场景 5—卡中余额不足	基本流	备选流 4
场景 6—机中余额不足	基本流	备选流 5
场景 7—超过每日取款上限	基本流	备选流 6
场景 8—输入金额非 100 倍数	基本流	备选流 7

④ 用例设计

用例设计如表 8-15 所示。

表 8-15　场景法的测试用例设计

用例编号	场景条件	PIN	账号	输入的金额	账面金额(元)	ATM 金额(元)	预期结果
U01	场景 1：成功的取款	4987	809-498	100	500	200	成功取款，账户余额被更新为 400
U02	场景 2：账户不存在/账户受限	n/a	809-497	n/a	500	2000	取款选用不可用，用例结束
U03	场景 3：密码不正确(还有输入机会)	4987	809-498	n/a	500	70	警告消息，返回基本流步骤 3 输入密码
U04	场景 4：密码不正确(不再有输入机会)	4987	809-498	n/a	500	2000	警告消息，吞卡

(续表)

用例编号	场景条件	PIN	账号	输入的金额	账面金额(元)	ATM 金额(元)	预期结果
U05	场景 5：卡中余额不足	4987	809-498	600	500	2000	警告消息，返回基本流步骤 4 输入金额
U06	场景 6：机中余额不足	4987	809-498	400	500	300	提示消息，返回基本流步骤 4 输入金额
U07	场景 7：超过每日取款上限	4987	809-498	(24 小时内已取款 1900)200	500	300	警告消息，返回基本流步骤 4 输入金额
U08	场景 8：输入金额非 100 倍数	4987	809-498	150	500	200	警告消息，返回基本流步骤 4 输入金额

6. 判定表组成法

判定表是分析和表达多逻辑条件下执行不同操作的情况的工具。判定表能够将复杂的问题按照各种可能的情况全部列举出来，简明并避免遗漏。因此，利用判定表能够设计出完整的测试用例集合。

在一些数据处理问题当中，某些操作的实施依赖于多个逻辑条件的组合，即针对不同逻辑条件的组合值，分别执行不同的操作。判定表很适合于处理这类问题。

(1) 判定表的几个要素。

① 条件桩：列出了问题的所有条件。通常认为列出的条件的次序无关紧要。

② 动作桩：列出了问题规定可能采取的操作。这些操作的排列顺序没有约束。

③ 条件项：列出针对它左列条件的取值。在所有可能情况下的真假值。

④ 动作项：列出在条件项的各种取值情况下应该采取的动作。

⑤ 规则：任何一个条件组合的特定取值及其相应要执行的操作。在判定表中贯穿条件项和动作项的一列就是一条规则，显然，判定表中列出多少组条件取值，也就有多少条规则，即条件项和动作项有多少列。

(2) 判定表的建立步骤。

① 确定规则的个数。假如有 n 个条件，每个条件有两个取值(0，1)，故有 $2n$ 种规则。

② 列出所有的条件桩和动作桩。

③ 填入条件项。

④ 填入动作项，等到初始判定表。

⑤ 简化。合并相似规则(相同动作)。

B. Beizer 指出了适合使用判定表设计测试用例的条件：

① 规格说明以判定表形式给出，或很容易转换成判定表。

② 条件的排列顺序不会也不影响执行哪些操作。

③ 规则的排列顺序不会也不影响执行哪些操作。

④ 每当某一规则的条件满足，并确定要执行的操作后，不必检验别的规则。

⑤ 如果某一规则得到满足要执行多个操作，这些操作的执行顺序无关紧要。

(3) 判定表设计法举例。

书籍阅读指南中有以下建议：

① 如果觉得疲倦并且对书的内容感兴趣，理解所读的内容，请停止阅读，休息；

② 如果觉得疲倦并且对书的内容感兴趣，但不理解所读的内容，请停止阅读，休息；

③ 如果不觉得疲倦并且对书的内容感兴趣，但不理解所读的内容，回到本章重读；

④ 如果觉得疲倦并且对书的内容不感兴趣，但理解所读的内容，跳到下一章去阅读；

⑤ 如果觉得疲倦并且对书的内容不感兴趣，但不理解所读的内容，请停止阅读，休息；

⑥ 不疲倦，对书的内容感兴趣，理解所读的内容，继续读下去；

⑦ 不疲倦，不感兴趣，不理解所读的内容，跳到下一章去读；

⑧ 不疲倦，不感兴趣，理解所读的内容，跳到下一章去读。

Step1：根据需求将条件桩、条件项、动作桩、动作项分别列出来，如表 8-16 所示。

表 8-16　条件桩、条件项、动作桩、动作项

		1	2	3	4	5	6	7	8
问题	觉得疲倦吗	Y	Y	Y	Y	N	N	N	N
	感兴趣吗	Y	Y	N	N	Y	Y	N	N
	理解所读的内容吗	Y	N	Y	N	Y	N	Y	N
建议	重读					✓			
	继续						✓		
	跳下一章							✓	✓
	休息	✓	✓	✓	✓				

Step2：根据化简规则对判定表进行化简。

只要觉得疲惫，那么其他两项就不再考虑，直接休息，所以表 8-16 中 1~4 可以简化合并成一条。不疲惫且感兴趣时，无论是否理解所读的内容，都直接休息。简化以后的测试用例如表 8-17 所示。

表 8-17　简化以后的测试用例

		1	2	3	4
问题	觉得疲倦吗	-	-	Y	Y
	感兴趣吗	Y	Y	N	N
	糊涂吗	Y	N	-	-
建议	重读	X			
	继续		X		
	跳下一章				X
	休息			X	

(4) 判定表的优点和缺点。

优点：它能把复杂的问题按各种可能的情况一一列举出来，简明而易于理解，且可避免遗漏。

缺点：不能表达重复执行的动作，例如循环结构；合并存在漏测的风险。一个显然易见的原因是，虽然某个输入条件在输出接口上是无关的，但是在软件设计上，内部针对这个条件执行了不同的程序分支(因分析内部业务流程而定)；输入和输出的逻辑关系，明确用判定表，不是很明确用因果图然后使用判定表。

(5) 适合使用判定表设计测试用例的条件。

① 规格说明以判定表形式给出，或很容易转换成判定表。

② 条件的排列顺序不会也不影响执行哪些操作。

③ 规则的排列顺序不会也不影响执行哪些操作。

④ 每当某一规则的条件已经满足，并确定要执行的操作后，不必检验别的规则。

⑤ 如果某一规则得到满足且要执行多个操作，这些操作的执行顺序就无关紧要。

这 5 个必要条件的目的是为了使操作的执行完全依赖于条件的组合。其实对于某些不满足这几条的判定表，同样可以借以设计测试用例，只不过仍需增加其他的测试用例。

8.2.5　程序的静态测试

1. 源程序静态分析

通常采用以下一些方法进行源程序的静态分析。

(1) 生成各种引用表

直接从表中查出说明/使用错误等，如循环层次表、变量交叉引用表、标号交叉引用表等；为用户提供辅助信息，如子程序(宏、函数)引用表、等价(变量、标号)表、常数表等；用来做错误预测和程序复杂度计算，如操作符和操作数的统计表等。

(2) 静态错误分析

静态错误分析主要用于确定在源程序中是否有某类错误或“危险”结构。

① 类型和单位分析。为了强化对源程序中数据类型的检查，发现在数据类型上的错误和单位上的不一致性，在程序设计语言中扩充了一些结构。如单位分析要求使用一种预处理器，它能够通过使用一般的组合/消去规则，确定表达式的单位。

② 引用分析。最广泛使用的静态错误分析方法就是发现引用异常。如果沿着程序的控制路径，变量在赋值以前被引用，或变量在赋值以后未被引用，这时就发生了引用异常。为了检测引用异常，需要检查通过程序的每一条路径，也可以建立引用异常的探测工具。

③ 表达式分析。对表达式进行分析，以发现和纠正在表达式中出现的错误。包括：在表达式中不正确地使用了括号造成错误；数组下标越界造成错误；除式为零造成错误；对负数开平方，或对 π 求正切值造成错误；以及对浮点数计算的误差进行检查。

④ 界面分析。关于接口的静态错误分析，主要检查过程、函数过程之间接口的一致性，因此要检查形参与实参在类型、数量、维数、顺序、使用上的一致性；检查全局变量在使用上的一致性。

2. 人工测试

静态分析中进行人工测试的主要方法有桌前检查、代码审查和走查。经验表明，使用这种方法能够有效地发现 30%~70%的逻辑设计和编码错误。

(1) 桌前检查(desk checking)

指由程序员自己检查自己编写的程序。程序员在程序通过编译之后，进行单元测试设计之前，对源程序代码进行分析、检验，并补充相关的文件，目的是发现程序中的错误。

① 检查变数的交叉引用表。重点是检查未说明的变量和违反了类型规定的变量；还要对照源程序，逐个检查变量的引用、变量的使用序列；临时变量在某条路径上的重写情况；局部变量、全局变量与特权变量的使用。

② 检查标号的交叉引用表。验证所有标号的正确性：检查所有标号的命名是否正确；转向指定位置的标号是否正确。

③ 检查子程序、宏、函数。验证每次调用与被调用位置是否正确；确认每次被调用的子程序、宏、函数是否存在；检验调用序列中调用方式与参数顺序、个数、类型上的一致性。

④ 等值性检查。检查全部等价变量的类型的一致性，解释所包含的类型差异。

⑤ 常量检查。确认每个常量的取值和数制、数据类型；检查常量每次引用同它的取值、数制和类型的一致性。

⑥ 标准检查。使用标准检查程序或手工检查程序检查违反标准的问题。

⑦ 风格检查。检查在程序设计风格方面发现的问题。

⑧ 比较控制流。比较由程序员设计的控制流图和由实际程序生成的控制流图，寻找和解释每个差异，修改文档和校正错误。

⑨ 选择、启动路径。在程序员设计的控制流图上选择路径，再到实际的控制流图上启动这条路径。如果选择的路径在实际控制流图上不能启动，则源程序可能有错。用这种方法启动的路径集合应保证源程序模块的每行代码都被检查，即桌前检查应至少是语句覆盖。

⑩ 对照程序的规格说明，详细阅读源代码。程序员对照程序的规格说明书、规定的算法和程序设计语言的语法规则，仔细阅读源代码，逐字逐句进行分析和思考，比较实际的代码和期望的代码，从它们的差异中发现程序的问题和错误。

⑪ 补充文档。桌前检查的文档是一种过渡性的文档，不是公开的正式文档。通过编写文件，也是对程序的一种下意识的检查和测试，可以帮助程序员发现更多的错误。这种桌前检查，由于程序员熟悉自己的程序和自身的程序设计风格，可以节省很多的检查时间，但应避免主观片面性。

(2) 代码会审(code reading review)

代码会审是由若干程序员和测试员组成一个会审小组，通过阅读、讨论和争议，对程序进行静态分析的过程。

代码会审分两步：第一步，小组负责人提前把设计规格说明书、控制流程图、程序文本及有关要求、规范等分发给小组成员，作为评审的依据。小组成员在充分阅读这些材料之后，进入审查的第二步：召开程序审查会。在会上，首先由程序员逐句讲解程序的逻辑。在此过程中，程序员或其他小组成员可以提出问题，展开讨论，审查是否存在错误。实践表明，程序员在讲解过程中能发现许多自己原来没有发现的错误，而讨论和争议则促进了问题的暴露。

在会前，应当给会审小组每个成员准备一份常见错误的清单，把以往所有可能发生的常见错误罗列出来，供与会者对照检查，以提高会审的实效。这个常见错误清单也叫做检查表，它对程序中可能发生的各种错误进行分类，对每一类列举出尽可能多的典型错误，然后把它们制成表格，供在会审时使用。这种检查表类似于本章单元测试中给出的检查表。

(3) 走查(walkthroughs)

走查与代码会审基本相同，其过程分为两步。第一步也是把材料先发给走查小组的每个成员，让他们认真研究程序，然后再开会。开会的程序与代码会审不同，不是简单地读程序和对照错误检查表进行检查，而是让与会者“充当”计算机。即首先由测试组成员为被测程序准备一批有代表性的测试用例，提交给走查小组。走查小组开会，集体扮演计算机角色，让测试用例沿程序的逻辑运行一遍，随时记录程序的踪迹，供分析和讨论使用。

人们借助于测试用例的媒介作用，对程序的逻辑和功能提出各种疑问，结合问题开展热烈的讨论和争议，能够发现更多的问题。

8.2.6　面向对象测试

1. 面向对象影响测试

面向对象测试的目标与传统测试一样，即用尽可能低的测试成本和尽可能少的测试用例，发现尽可能多的软件缺陷。面向对象测试的测试策略也遵循从“小型测试”到“大型测试”，即从单元测试到最终的功能性测试和系统性测试。

面向对象的软件结构与传统的功能模块结构有所区别，类作为构成面向对象程序的基本元素，封装了数据及作用在数据上的操作。父类定义共享的公共特性，子类继承父类所有特征外，还引入了新的特征。

面向对象技术的封装、继承、多态和动态绑定等特性，提高了软件开发质量，但同时也给软件测试提出了新的问题，增加了测试的难度。

传统软件的测试关注模块的算法细节和模块接口间流动的数据，面向对象软件的类测试由封装在类中的操作和对象的状态行为驱动。

(1) 封装性影响测试

封装是面向对象的三大特征之一，给测试带来许多问题。在面向对象软件中，对象的行为是被动的，在接收到相关外部信息后才被激活，进行相关操作返回结果。在工作过程中，对象的状态可能发生变化而进入新的状态。但由于信息隐藏与封装机制，类的内部属性和状态对外界是不可见的，只能通过类自身的方法获得，这给类测试时测试用例是否处于预期状态的判断带来困难，在测试时添加一些对象的实现方式和内部状态的函数考察对象的状态变化。

(2) 继承性影响测试

① 反扩展性公理

反扩展性公理认为若有两个功能相同而实现不同的程序，对其中一个程序是充分的测试数据集未必对另一个也是充分的测试数据集。这一公理表明若在子类中重定义了某一继承的方法，即使两个函数完成相同的功能，对被继承方法是充分的测试数据集未必对重定义的方法是充分的。

② 反分解性公理

反分界性公理认为对一个程序进行充分的测试，并不表示其中的成分都得到了充分的测试。因为这些独立的成分有可能被用在其他的环境中，此时就需要在新的环境中对这个部分重新进行测试。因此，若一个类得到了充分的测试，当其被子类继承后，继承的方法在子类环境中的行为特征需要重新测试。

③ 反组合性公理

反组合性公理认为一个测试数据集对于程序中各个单元都是充分的并不表示它对整个程序是充分的，因为独立部分交互时会产生在隔离状态下所不具备的新特性。这一公理表明，若对父类中某一方法进行了重新定义，仅对该方法自身或其所爱的类进行重新测试是不够的，还必须测试其他有关的类。随着继承层次的加深，虽然可供重用的类越来越多，编程效率也越来越高，但测试的工作量和难度也越来越大。并且，如果父类发生修改，这种变化会自动传播给所有的子类，使得父类和子类都必须重新测试。因此，继承并未简化测试问题，而使测试更加复杂。

(3) 多态性影响测试

多态使得面向对象程序对外呈现出强大的处理能力，但同时却使得程序内“同一”函数的行为复杂化，多态促成了子类型替换。一方面，子类型替换使面向对象的状态难以确定。如果一个对象保护了类型的对象变量，则A类型的所有子类型的对象被允许赋给该变量。在程序允许过程中，该变量可能引用不同类型的对象，其结构不断变化。另一方面，子类型替换使得父类对象发送的消息也向该类的所有子类对象发送。如果A类有两个子类B和C，D类也有两个子类E和F，A类对象向D类对象发送消息m，则测试类对象发出消息m时，需考虑所有可能的组合。

2. 面向对象测试模型

面向对象测试包括面向对象分析测试、面向对象设计测试、面向对象单元测试、面向对象集成测试和面向对象系统测试。面向对象测试模型如图8-20所示。

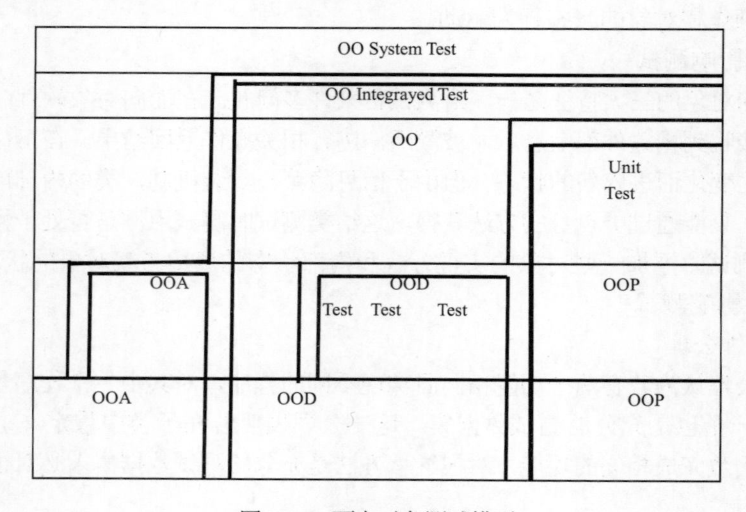

图8-20　面向对象测试模型

3. 面向对象分析测试

(1) 对象测试

OOA 中发现的对象是对问题空间中对象的抽象，可以从以下方面对其进行测试：

① 对象是否全面，是否问题空间中所有涉及的实例都反映在认定的抽象对象中。

② 对象是否具有多个属性。只有一个属性的对象通常应被看成其他对象的属性，而不是抽象为独立的对象。

③ 对认定为同一对象的实例，是否有共同的、区别于其他实例的共同属性。

④ 对认定为同一对象的实例是否提供或需要相同的服务，如果服务随着不同的实例而变化，认定的对象就需要分解或利用继承性来分类表示。

⑤ 如果系统没有必要始终保持对象代表的实例的信息，或者没有必要提供或得到关于它的服务，认定该对象无必要。

⑥ 对象的名称应该尽量准确。

(2) 结构测试

① 分类结构的测试

- 对于分类结构中的一般类，是否在领域中含有不同于已知的特殊类的对象，即是否能派生出新的特殊类。
- 对于分类结构中的特殊类的对象，是否能抽象出在现实中有意义的更一般的一般类。
- 一般类的属性是否能完全体现所有特殊类的对象的共性。
- 特殊类是否具有一般类属性基础上的特殊属性。

② 整体—部分结构的测试

- 整体类和部分类的组装关系是否符合现实的关系。
- 整体类和部分类是否在考虑的领域中有实际应用。
- 整体类中是否遗漏了反映在领域中有用的部分类。

(3) 主题测试

主题如同文章的内容概要，是在类和结构基础上抽象，其提供 OOA 非结果的可见性。主题测试应该考虑以下方面：

① 贯彻 George Miller 的“7±2”原则，如果主题个数超过 7 个，就要对相关密切的主题进行归并。

② 主题所反映的一组类和结构是否具有相同或相近的属性和方法。

③ 认定的类和结构是否具有类和结构更高层的抽象，是否便于理解 OOA。

④ 主题间的消息联系是否代表主题所反映的类和结构之间的所有关联。

(4) 属性和实例关联的测试

属性用来描述类所反映的对象特性，关联反映类的对象之间的映射关系。对属性和实例关联的测试从如下方面考虑：

① 定义的属性是否对所有的对象都适用。

② 定义的属性在现实世界是否与对象的关系密切。

③ 定义的属性在领域中是否与对象关系密切。

④ 定义的属性是否能够不依赖于其他属性被独立理解。

⑤ 每个对象的属性是否定义完整。

⑥ 定义的关联是否符合现实。

⑦ 在领域中关联是否定义完整，特别是要注意一对多和多对多的关联。

(5) 方法和消息关联的测试

方法定义了每个类在领域中所要求的行为。在领域中对象的通信被定义为消息。对方法和消息关联的测试从如下方面进行：

① 类的对象在领域中的不同状态是否定义了相应的方法。

② 类所需要的方法是否都定义了相应的消息。

③ 定义的消息所指引的方法是否正确。

④ 沿着消息执行的线程是否合理，是否符合现实过程。

⑤ 定义的方法是否重复，是否定义了能够得到的方法。

4. 面向对象设计测试

(1) 类的测试

OOD 的类是 OOA 中定义的类的实现化，测试准则如下：

① 是否包含了 OOA 中所有的类。

② 是否体现了 OOA 中定义的属性。

③ 是否能实现 OOA 中定义的方法。

(2) 类层次结构测试

测试包含如下内容：

① 类层次结构是否涵盖了所有定义的类。

② 子类是否具有父类没有的属性。

③ 子类间的共同属性是否完全在父类中得以体现。

(3) 对类库支持测试

类库主要用于支持软件开发的重用。其测试规则如下：

① 一组子类中关于某种含义相同或基本相同的操作是否具有相同的接口。

② 类中方法的功能是否单纯，相应的代码行是否较少，一般建议不超过 30 行。

③ 类的层次结构是否深度大、宽度小。

5. 面向对象单元测试

与传统的单元不同，面向对象测试中的单元是封装的类和对象。类的测试内容如下：

(1) 是否涵盖面向对象分析中所有认定的对象。

(2) 是否能体现分析中定义的属性，是否能实现分析中定义的服务。

(3) 是否对应着一个含义明确的数据抽象。

(4) 是否尽可能少得依赖其他类，类中的方法是否具备单一用途。

(5) 方法的声明是否与设计一致。

(6) 方法实现是否与算法一致。

(7) 方法间的调用是否与设计一致。

设计测试用例，具体步骤如下。

(1) 先选定检测的类，参考面向对象设计结果，仔细分析出类的状态和相应的行为、类或成员函数间传递的消息、输入或输出的界定等。

(2) 确定覆盖标准。

(3) 利用结构关系图确定待测类的所有关联。

(4) 根据程序中类的对象构造测试用例，确认使用什么输入来激发类的状态、使用类的服务以及期望产生什么行为等。

6. 面向对象集成测试

首先，测试程序的结构，称之为静态测试，然后，根据功能结构图、类结构图或者实体关系图进行动态测试。

(1) 测试聚合类

聚合类一般具有如下行为：

① 存放这些对象的引用。

② 创建这些对象的实例。

③ 删除这些对象的实例。

(2) 测试协作类

凡不是汇集类的非原始类就是协作类。协作类在一个或多个操作中使用其他对象并将其作为现实中不可缺少的一部分。协作类测试的复杂性远远高于汇集类的测试，协作类测试还必须在参与交互的类的环境中进行，需要创建对象之间交互的环境。

(3) 交互测试

系统交互既发生在类内方法之间，也发生在多个类之间。类 A 与类 B 的交互如下所述：

① 类 B 的实例变量作为参数传给类 A 的某方法，类 B 的改变必然导致类 A 的方法的回归测试。

② 类 A 的实例作为类 B 的一部分，类 B 对类 A 中变量的引用需要进行回归测试。

交互测试的粒度与缺陷的定位密切相关，粒度越小越容易定位缺陷。但是，粒度小使得测试用例数和测试执行开销增加。因此，测试权衡于资源制约和测试粒度之间，应正确地选择交互测试的粒度。

7. 面向对象系统测试

单元测试和集成测试仅能保证软件开发的功能得以实现，不能确保在实际运行时用户的需要，因此，必须对软件进行规范的系统测试。确认测试和系统测试不关心类之间连接的细节，仅着眼于用户的需求，测试软件在实际投入使用中与系统其他部分配套允许的情况，保证系统各部分在协调的工作环境下能正常工作。

系统测试参照面向对象分析模型，测试组件序列中对象、属性和服务。组件是由若干类构建的，首先实施接受测试。接受测试将组件放在应用环境中，检查类的说明，采用极值甚至不正确数值进行测试。其次，组件的后续测试应顺着主类的线索进行。

系统测试时可以采用传统的系统测试的方法，但是在设计测试用例时会有所不同，测试用例的设计还是需要考虑从对象入手。

8.3 习题

1. 选择题

(1) (　　)验证整个系统是否满足需求规格说明。

A. 单元测试　　B. 集成测试　　C. 系统测试　　D. 验收测试

(2) 以下(　　)不属于源程序文档化。

A. 程序的视觉组织　　B. 数据说明标准化

C. 安排注释　　D. 标识符的命名

(3) 以下(　　)方法不属于白盒测试技术。

A. 路径覆盖测试　　B. 语句覆盖测试　　C. 边界值分析　　D. 条件覆盖测试

(4) 在白盒测试技术中，(　　)是最弱的覆盖标准。

A. 语句覆盖　　B. 路径覆盖　　C. 条件覆盖　　D. 判定覆盖

(5) 软件测试是软件质量保证的重要手段，以下(　　)是软件测试的基础环节。

A. 功能测试　　B. 单元测试　　C. 验收测试　　D. 系统测试

2. 填空题

(1) 编程语言特性包括心理特性、(　　)和技术特性三种。

(2) 如果A和B两个类之间存在关联关系，并且由A指向B，则在类A中有一个属性，其类型为(　　)。

(3) 良好的程序设计风格主要包括的内容有：(　　)、数据说明标准化、语句结构简单化和(　　)。

(4) 源程序文档化包括标识符的命名、安排注释以及(　　)等。

(5) 注释分序言性注释和(　　)。

(6) 确认包括(　　)和程序的确认。

(7) 测试过程需要三类输入：软件配置、(　　)和测试工具。

(8) 等价类的划分有两种不同的情况：(　　)和无效等价类。

3. 判断题

(1) 为了保持更好的阅读习惯，请不要把多个变量声明写在一行中，即一行只声明一个变量。(　　)

(2) 追求效率建立在不损害程序可读性或可靠性的基础上，要先使程序正确，再提高程序效率；先使程序清晰，再提高程序效率。(　　)

(3) 软件测试等于程序测试。(　　)

4. 简答题

(1) 选用编程语言的实用标准有哪些？

(2) 为了使数据定义更易于理解和维护，有哪些指导原则？

(3) 语句构造原则有哪些？

(4) 在编写输入和输出程序时考虑哪些原则？

(5) 软件测试的目标是什么？

(6) 请简要说明单元测试、集成测试、系统测试和验收测试的作用。

(7) 什么是黑盒测试？

(8) 什么是白盒测试？

(9) 试简要说明逻辑判定几种测试方法的区别。

(10) 划分等价类的原则是什么？

(11) 利用因果图生成测试用例的基本步骤是什么？

(12) 走查和代码会审的区别是什么？

(13) 试简要说明继承性影响测试的三个公理。

5. 应用题

对前面所选择的软件，小组分工协作：

(1) 实现所负责模块主要类的主要方法。

(2) 对所负责模块主要类进行单元测试。

(3) 对系统进行黑盒测试。

꒰ 第9章 ꒱
软 件 维 护

在软件开发完成并交付客户使用后，就进入软件运行/维护阶段。此后的工作就是要保证软件在一段相当长的时期内能正常运行，这样对软件的维护就必不可少了。

9.1 软件维护的概念

9.1.1 软件维护的定义

在软件运行/维护阶段对软件系统所进行的修改就是所谓的软件维护。根据维护工作的性质不同，维护的活动可分为以下 4 种类型。

1. 纠错性维护

在软件交付使用后，由于开发时测试不彻底、不完全，也包括测试技术本身的缺陷，必然会有一部分隐藏的错误被带到运行阶段。这些隐藏的错误在某些特定的使用环境下会暴露出来。为了识别和纠正错误，改正软件性能上的缺陷，排除实施中的误使用，应进行的诊断和改正错误的过程就是纠错性维护(corrective maintenance)。纠错性维护可以解决开发时未能测试各种可能情况带来的问题；改正原来程序中数据类型不合理的错误；解决原来程序中处理文件中最后一个记录的问题等。纠错性维护的工作量要占整个维护工作量的 17%~21%。所发现的错误有的不太重要，不影响系统的正常运行，其维护工作可随时进行；而有的错误则非常重要，甚至影响整个系统的正常运行，其维护工作必须制定计划，进行修改，并且要进行复查和控制。

2. 适应性维护

随着信息技术的飞速发展，软件运行的外部环境(新的硬、软件配置)或数据环境(数据库、数据格式、数据输入/输出方式、数据存储介质)可能发生变化，为了使软件适应这种变化而修改软件的过程就是适应性维护(adaptive maintenance)。由于计算机硬件价格不断下降，各类系统软件屡出不穷，人们常常为改善系统硬件环境和运行环境而产生系统更新换代的需求；企业的外部市场环境和管理需求的不断变化也使得各级管理人员不断提出新的信息需求。这些因素都将导致适应性维护工作的产生。适应性维护的工作量占整个维护工作量的 18%~25%，进行这方面的维护工作也要像系统开发一样，有计划、有步骤地进行。

3. 完善性维护

完善性维护(perfective maintenance)是为扩充功能和改善性能而进行的修改，主要是指对已有的软件系统增加一些在系统分析和设计阶段中没有规定的功能与性能特征。这些功能对完善系统功能非常必要。另外，还包括对处理效率和编写程序的改进。完善性维护的工作量占整个维护工作的 50%~60%，比重较大。也是关系到系统开发质量的重要方面，这方面的维护除了要有计划、有步骤地完成外，还要注意将相关的文档资料加入到前面相应的文档中去。

在软件维护阶段的最初几年，纠错性维护的工作量较大，随着错误发现率逐渐降低并趋于稳定，软件进入一个正常使用期。然而，由于新需求不断提出，适应性维护和完善性维护的工作量逐步增加，在这种维护过程中又会引入新的错误，从而加重了维护的工作量。

4. 预防性维护

为了改进应用软件的可靠性和可维护性，为了适应未来的软硬件环境的变化，应主动增加预防性的新的功能，以使应用系统适应各类变化而不被淘汰。例如将专用报表功能改成通用报表生成功能，以适应将来报表格式的变化，这类维护被称为预防性维护(preventive maintenance)。预防性维护的工作量占整个维护工作量的 4%左右。

在整个软件维护阶段花费的全部工作量中，预防性维护只占很小的比例，而完善性维护占了几乎一半的工作量，四种维护占总维护工作量的比例如图 9-1 所示。

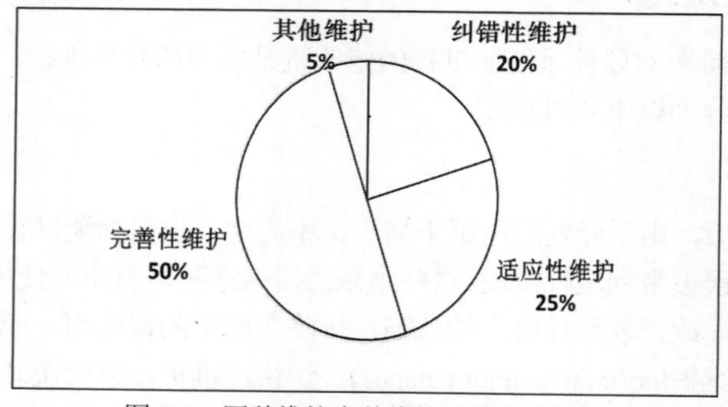

图 9-1　四种维护占总维护工作量的比例

而软件维护活动花费的工作占了整个软件生存期工作量的 70%以上(工作量的比例直接反映了成本的比例)，这是由于在漫长的软件运行过程中需要不断对软件进行修改，以使其进一步完善，改正新发现的错误，适应新的环境和客户新的需求，这些修改需要花费很多精力和时间，而且有时修改不正确，还会引入新的错误。同时，软件维护技术不像开发技术那样成熟、规范化，自然工作量就比较多。

9.1.2　影响软件维护工作量的因素

在软件维护过程中，需要花费大量的工作量，从而直接影响了软件维护的成本。因此，应当考虑哪些因素影响软件维护的工作量，相应应该采取什么维护策略，才能有效地维护软件并控制维护的成本。影响软件维护工作量的因素有以下 6 种：

(1) 系统规模。

(2) 程序设计语言。

(3) 系统已使用时间(以年为单位)。

(4) 数据库技术的应用水平。

(5) 所采用的软件开发技术及软件开发工程化的程度。

(6) 其他(如应用的类型、数学模型、任务的难度、IF 嵌套深度、索引或下标等)对维护工作量都有影响。

此外，许多软件在开发时并未考虑将来的修改，这为软件维护也带来许多问题。

9.1.3　软件维护的策略

根据影响软件维护工作量的各种因素，针对三种典型维护，James Martin 等提出了一些策略，以控制维护成本。

1. 纠错性维护

通常要生产 100%可靠的软件并不一定合算，成本太高。但使用新技术可大大提高可靠性，并减少进行纠错性维护的需要。这些技术包括：数据库管理系统、软件开发环境、程序自动生成系统和高级语言。应用以上 4 种方法可产生更可靠的代码。此外，还可以考虑以下几点：

(1) 利用应用软件包，可开发出比由用户自己开发可靠性更高的软件。

(2) 防错性程序设计。把自检能力引入程序，通过非正常状态的检查，提供审查跟踪。

(3) 通过周期性审查，在形成维护问题之前就可确定质量缺陷。

2. 适应性维护

这一类的维护不可避免，但可以采用以下策略加以控制。

(1) 在配置管理时，把硬件、操作系统和其他相关环境因素的可能变化考虑在内，可以减少某些适应性维护的工作量。

(2) 把与硬件、操作系统以及其他外围设备有关的程序归到特定的程序模块中，可把因环境变化而必须修改的程序局部在某些程序模块之中。

(3) 使用内部程序列表、外部文件，以及处理的例行程序包，为维护时修改程序提供方便。

3. 完善性维护

利用前两类维护中列举的方法，也可以减少这一类维护。特别是数据库管理系统、程序生成器、应用软件包，可减少系统或程序员的维护工作量。

9.2　软件维护活动

为了有效地进行软件维护，应事先做好组织工作，确定实施维护的机构，明确提出维护申请报告的过程及评价的过程；为每一个维护申请规定标准的处理步骤；还必须建立维护活动的记录制度以及规定评价和评审的标准。

9.2.1 软件维护申请报告

所有软件维护申请应按规定的方式提出。软件维护部门通常提供维护申请报告(maintenance request form，MRF)，或称软件问题报告，由申请维护的用户填写。如果遇到一个错误，用户必须完整地说明产生错误的情况，包括输入数据、错误清单以及其他有关材料。如果申请的是适应性维护或完善性维护，用户必须提出一份修改说明书，列出所有希望的修改。维护申请报告将由维护管理员来研究处理。

维护申请报告是由软件组织外部提交的文档，它是计划维护工作的基础。软件开发组织内部相应地做出软件修改报告(software change report，SCR)，并指明：

(1) 所需修改变动的性质。

(2) 申请修改的优先级。

(3) 为满足某个维护申请报告，所需的工作量。

(4) 预计修改后的状况。

软件修改报告应提交给修改负责人，经批准后才能开始进一步安排维护工作。

9.2.2 软件维护的过程

维护过程本质上是修改和压缩了的软件定义和开发过程，而且事实上远在提出一项维护要求之前，与软件维护有关的工作就已经开始了。首先必须建立一个维护团队，随后必须确定报告和评价的过程，而且必须为每个维护要求规定一个标准化的事件序列。此外，还应该建立一个适用于维护活动的记录保管过程，并且规定复审标准。

1. 确定维护的类型

这需要维护人员和用户反复协商，弄清楚错误概况以及对业务的影响程度，以及用户希望做什么样的修改，并把这些情况存入故障数据库。

然后由维护团队的负责人确认维护类型，如果用户把一个请求看作是纠错性维护，而软件开发者把该请求看作适应性或完善性维护，应协商不同的观点。

2. 对于纠错性维护从评价错误的严重性开始

如果存在一个严重的错误，则由管理员组织有关人员立即开始分析问题、寻找原因，进行“救火”式的紧急维护，此时可暂不顾及正常的维护控制，在维护完成、交付用户使用后再做“补偿”工作；如果错误不严重，可根据任务情况，视轻重缓急，与其他维护任务统筹安排。

所谓“救火”式的紧急维护，是指如果发生的错误非常严重，不马上解决可能会导致重大事故，这样就必须紧急修改，暂不再顾及正常的维护控制，不考虑评价可能发生的副作用。在维护完成、交付用户之后再去做这些工作。

3. 确定维护优先级

对于适应性维护和完善性维护，如同它是另一个开发工作一样，需要建立每个请求的优先级。如果优先级非常高，就可立即开始维护工作；否则，根据优先级进行排队，统一安排。

4. 实施维护任务

不管任何类型的维护，所做维护的工作都大致相同。包括：修改软件需求说明、修改软件设计、必要的代码修改、单元测试、集成测试、确认测试以及对软件配置评审等。

为了估计软件维护的有效程度，确定软件系统的质量，同时确定维护的实际开销，需要在维护的过程中做好维护文档记录。其内容包括：程序名称、源程序语句条数、机器代码指令条数、所用的程序设计语言、程序的安装日期、程序安装后的运行次数、与程序安装后运行次数相关的处理故障次数、程序改变的层次及名称、修改程序所增加的源程序语句条数、修改程序所减少的源程序语句条数、每次修改所付出的“人时”数、修改程序的日期、软件维护人员的姓名、维护申请报告的名称、维护的类型、维护开始时间和维护结束时间、花费在维护上的累计“人时”数、维护工作的净收益等。对每项维护任务都应该收集上述数据。

评价维护活动比较困难，因为缺乏可靠的数据。但如果维护的档案记录做得比较好，可以得出一些评价维护活动的数值。可参考的度量值，如：

(1) 每次程序运行时的平均出错次数。

(2) 花费在每类维护上的“人时”数。

(3) 每个程序、每种语言、每种维护类型的程序平均修改次数。

(4) 因为维护，增加或删除每个源程序语句所花费的平均“人时”数。

(5) 用于每种语言的平均“人时”数。

(6) 维护申请报告的平均处理时间。

(7) 各类维护申请的百分比。

这 7 种度量值提供了定量的数据，据此可对开发技术、语言选择、维护工作计划、资源分配以及其他许多方面作出判定，因此，这些数据可以用来评价维护工作。

5. 维护复审

在维护任务完成后，要对维护工作进行评审，主要对以下问题总结：

(1) 在当前环境下，设计、编码、测试工作是否还有改进的余地和必要？

(2) 缺乏哪些维护资源？

(3) 维护工作遇到的障碍有哪些？

(4) 从维护申请的类型来看，是否还需要有预防性维护？

9.3 程序修改的步骤及副作用

在软件维护时，会对源程序进行修改。通常对源程序的修改不能无计划地仓促上阵，为了正确、有效地修改，需要经历 3 个步骤：分析和理解程序、实施修改(包括修改程序的副作用)以及重新验证程序。

9.3.1 分析和理解程序

经过分析，全面、准确、迅速地理解程序是决定维护成败和质量好坏的关键。在这一方面，软件的可理解性和文档质量非常重要。为此必须：

(1) 研究程序的使用环境及有关资料，尽可能得到更多的背景信息。

(2) 理解程序的功能和目标。

(3) 掌握程序的结构信息，即从程序中细分出若干成分，如程序系统结构、控制结构、数据结构和输入/输出结构等。

(4) 了解数据流信息，以及所涉及的数据来自何处，在哪里被使用。

(5) 了解控制流，即执行每条路径的结果。

(6) 如果设计存在，则可利用它们画出结构图和系统架构图。

(7) 理解程序的操作(使用)要求。

为了容易地理解程序，要求自顶向下地理解现有源程序的程序结构和数据结构，为此可采用以下几种方法。

(1) 分析程序结构图。

① 搜集所有存储程序的文件，阅读这些文件，记下它们包括的过程名，建立一个包括这些过程名和文件名的文件。

② 分析各个过程的源代码。

③ 分析各个过程的接口，估计更改的复杂性。

(2) 数据跟踪。

① 建立各层次的程序级上的接口图，展示各模块或过程的调用方式和接口参数。

② 利用数据流分析方法，对过程内部的一些变量进行跟踪；维护人员通过这种数据流跟踪，可获得有关数据在过程间如何传递，在过程内部如何处理等信息。这对于判断问题原因特别有用。在跟踪过程中可在源程序中间插入自己的注释。

(3) 控制跟踪。

(4) 在分析过程中，应充分阅读和使用源程序清单和文档，分析现有文档的合理性。

(5) 充分使用由编译程序或汇编程序提供的交叉引用表、符号表，以及其他有用的信息。

(6) 如有可能，争取参加开发工作。

9.3.2 修改程序

对程序的修改，必须事先做出计划，有准备、周密有效地实施修改。

1. 设计程序的修改计划

程序的修改计划要考虑人员和资源的安排。小的修改可以不需要详细的计划，而对于需要耗时数月的修改，就需要计划立案。此外，在编写有关问题和解决方案的大纲时，必须充分地描述修改作业的规格说明。修改计划的内容主要包括以下几项。

(1) 规格说明信息：数据修改、处理修改、作业控制语言修改、系统之间接口的修改等。

(2) 维护资源：新程序版本、测试数据、所需的软件系统、计算机时间等。

(3) 人员：程序员、用户相关人员、技术支持人员、厂家联系人、数据录入员等。

(4) 媒体提供：纸质、计算机媒体等。

针对以上每一项，要说明必要性、从何处着手、是否接受、日期等。通常，可采用自顶向下的方法，在理解程序的基础上做如下工作。

(1) 研究程序的各个模块、模块的接口及数据库，从全局的观点提出修改计划。

(2) 依次把要修改的及那些受修改影响的模块和数据结构分离出来。为此，要做以下工作：

① 识别受修改影响的数据。

② 识别使用这些数据的程序模块。

③ 对于上面的程序模块，按是产生数据、修改数据，还是删除数据进行分类。

④ 识别对这些数据元素的外部控制信息。

⑤ 识别编辑和检查这些数据元素的地方。

⑥ 隔离要修改的部分。

(3) 详细分析要修改的，以及那些受变更影响的模块和数据结构的内部细节，设计修改计划，标明新逻辑及要变动的现有逻辑。

(4) 向用户提供回避措施。用户的某些业务因软件中发生问题而中断，为不让系统长时间停止运行，需把问题局部化，在可能的范围内继续开展业务。可以采取的措施有两种。

① 在问题的原因还未找到时，先就问题的现象提供回避的操作方法，可能的情况有以下几种。

- 意外停机，系统完全不能工作——作为临时的处置，消除特定的数据，插入临时代码(打补丁)，以人工的方式运行系统。
- 安装的期限到期——系统有时要延迟变更。例如，税率改变时，继续执行其他处理，同时修补有关的部分再执行它，或者制作特殊的程序，然后再根据执行结果做修正。
- 发现错误运行系统——人工查找错误并修改。

② 如果弄清了问题的原因，可通过临时修改或改变运行控制以回避在系统运行时产生的问题。

2. 修改代码以适应变化

在修改时，要求做到以下几点：

(1) 正确、有效地编写修改代码。

(2) 谨慎修改程序，尽量保持程序的风格及格式，要在程序清单上注明改动的指令。

(3) 不要匆忙删除程序语句，除非完全肯定它是无用的。

(4) 不要试图共用程序中已有的临时变量或工作区，为了避免冲突或混淆用途，应自行设置自己的变量。

(5) 插入错误检测语句。

(6) 保持详细的维护活动和维护结果记录。

(7) 如果程序结构混乱，修改受到干扰，可抛弃程序重新编写。

9.3.3　修改程序的副作用及控制

所谓副作用是指因修改软件而造成的错误或其他不希望发生的情况，一般有以下 3 种副作用。

1. 修改代码的副作用

在使用程序设计语言修改源代码时，还可能引入新的错误。例如，删除或修改一个子程序、删除或修改一个标号、删除或修改一个标识符、改变程序代码的时序关系、改变占用存储的大小、改变逻辑运算符号、修改文件的打开或关闭、改进程序的执行效率，以及把设计上的改变翻译成代码的改变、为边界条件的逻辑测试做出改变时，都容易引入错误。

2. 修改数据的副作用

在修改数据结构时，有可能造成软件设计与数据结构不匹配，因而导致软件出错。数据的副作用是修改软件信息结构导致的结果。例如，在重新定义局部的或全局的常量、重新定义记录或文件的格式、增大或减少一个数组或高层数据结构的大小、修改全局或公共数据、重新初始化控制标志或指针、重新排列输入/输出或子程序的参数时，容易导致设计与数据不相容的错误。数据副作用可以通过详细的设计文档加以控制。在此文档中描述了一种交叉引用，把数据元素、记录、文件和其他结构联系起来。

3. 修改文档的副作用

对数据流、软件结构、逻辑模块或任何其他有关特性进行修改时，必须对相关技术文档进行相应的修改，否则会导致文档与程序功能不匹配、默认条件改变、新错误信息不正确等错误，使得软件文档不能反映软件的当前状态。对于用户来说，软件事实上就是文档。如果对可执行软件的修改不反映在文档中，可能引起文档的副作用。例如，对交互输入的顺序或格式进行修改，如果没有正确地记录在文档中，可能引起重大的问题。过时的文档内容、索引和文本可能造成冲突，引起用户业务的失败。因此，必须在软件交付之前对整个软件配置进行评审，以减少文档的副作用。事实上，有些维护请求并不要求改变软件设计和源代码，而是指出在文档中不够明确的地方。在这种情况下，维护工作主要集中在文档上。

为了控制因修改而引起的副作用，要做到：

(1) 按模块把修改分组。

(2) 自顶向下地安排被修改模块的顺序。

(3) 每次修改一个模块。

(4) 对于每个修改了的模块，在安排修改下一个模块之前，要确定这个修改的副作用，可以使用交叉引用表、表存储映像表、执行流程跟踪等。

9.3.4 重新验证程序

在将修改后的程序提交客户之前，需要用以下方法进行充分的确认和测试，以保证修改后的整个程序的正确性。

1. 静态确认

修改的软件，通常伴随着引起新的错误。为了能够做出正确的判定，验证修改后的程序时需要两个人参加。要检查：

(1) 修改是否涉及规格说明，修改结果是否符合规格说明，有没有歪曲规格说明。

(2) 程序的修改是否足以修正软件中的问题，源代码有无逻辑错误，修改时有无修补失误。

(3) 修改部分对其他部分有无不良影响(副作用)。

对软件进行修改，常常会引发别的问题，因此，有必要检查修改的影响范围。

2. 确认测试

在充分进行以上确认的基础上，要用计算机对修改程序进行确认测试。

(1) 确认测试程序：先对修改部分进行测试，然后隔离修改部分，测试程序的未修改部分，最后再把它们集成起来进行测试。这种测试称为回归测试。

(2) 准备标准的测试用例。

(3) 充分利用软件工具帮助重新验证过程。

(4) 在重新确认过程中，需邀请客户参加。

从维护角度来看，所需测试种类有：

(1) 对修改事务的测试。

(2) 对修改程序的测试。

(3) 操作过程的测试。

(4) 应用系统运行过程的测试。

(5) 使用过程的测试。

(6) 系统各部分之间接口的测试。

(7) 作业控制语言的测试。

(8) 与系统软件接口的测试。

(9) 软件系统之间接口的测试。

(10) 安全性测试。

(11) 后备/恢复过程的测试。

3. 维护后的验收

在交付新软件之前，维护主管部门要检验：

(1) 全部文档是否完毕，并已更新。

(2) 所有测试用例和测试结果已经正确记录。

(3) 记录软件配置所有副本的工作已经完成。

(4) 维护工序和责任是明确的。

9.4 提高软件的可维护性

9.4.1 结构化维护与非结构化维护

1. 非结构化维护

软件的开发过程对软件的维护影响很大，若一个软件没有采用软件工程方法进行开发，也没有任何文档，只有程序，这样的软件维护起来就非常困难，这类维护称为非结构化维护。由于这类维护只有源代码，没有或只有少量的文档，维护活动只能从阅读、理解、分析程序源代码开始。通过阅读和分析程序源代码来理解系统的功能、结构、数据、接口、设计约束等，势必要花费大量的人力、物力，而且很容易出错，很难保证程序的正确性。

2. 结构化维护

软件开发有正规的软件工程方法和完善的文档，维护这样的软件相对容易得多，这类维护称为结构化维护。由于存在软件开发各阶段的文档，这对于理解和掌握软件的功能、性能、结构、数据、接口和约束有很大的帮助。进行维护活动时，从需求文档弄清系统功能、性能的改变；从设计文档检查和修改设计；根据设计改动源代码，并从测试文档的测试用例进行回归测试。这对于减少维护人员的精力和花费，提高软件维护的效率有很大的作用。

9.4.2 提高软件可维护性的技术途径

软件的可维护对于延长软件的生存周期具有决定性的意义。这主要依赖于软件开发时期的活动。软件的可维护性是软件开发阶段的关键目标。

若要提高软件的可维护性，可以从两方面考虑。一方面，在软件开发期的各个阶段、各项开发活动进行的同时，应该时时、处处努力提高软件的可维护性，保证软件系统在发布之日有尽可能高水准的可维护性；另一方面，在软件维护期进行维护活动的同时，也要兼顾提高软件的可维护性，同时不能对可维护性产生负面影响。

提高软件可维护性的技术途径主要有以下 4 个方面：

1. 建立完整的文档

文档(包括软件系统文档和用户文档)是影响软件可维护性的决定因素。由于文档是对软件的总目标、程序各组成部分之间的关系、程序设计策略，以及程序实现过程的历史数据等的说明和补充，因此，文档对提高程序的可理解性有着重要作用。即使是一个十分简单的程序，要想有效地、高效率地维护它，也需要编制文档来解释其目的及任务。对于程序维护人员来说，要想对程序员的意图进行重新改造，并对今后变化的可能性进行估计，也必须建立完整的维护文档。文档版本必须随着软件的演化过程，时刻保持与软件的一致性。

2. 明确质量标准

在软件的需求阶段，应明确建立软件质量目标，确定所采用的各种标准和指导原则，提出关于软件质量保证的要求。

从理论上说，一个可维护的软件系统应该是可理解的、可靠的、可测试的、可修改的、可移植的、效率高的和可使用的。但要实现这些目标，需要付出很大的代价，而且有时也难以做到。因为某些质量特性是相互促进的，如可理解性和可测试性、可理解性和可修改性；但也有一些质量特性是相互抵触的，如效率和可移植性、效率和可修改性等。尽管可维护性要求每一种质量特性都要得到满足，但它们的相对重要性应该随软件系统的用途以及计算环境的不同而不同，例如，对于实时系统而言，可能强调可靠性；但对于电商系统而言，则可能强调可使用性和可移植性。因此，对于软件的质量特性，应当在提出目标的同时规定它们的优先级。这样做有助于提高软件的质量，并对整个软件生存周期的开发和维护工作都有指导作用。

3. 采用易维护的技术和工具

为了提高软件的可维护性，应采用易于维护的技术和工具。例如，采用软件重用、基于组件的开发等开发技术，可大大提高软件的可维护性。

4. 加强可维护性复审

在软件工程的每一个阶段、每一项活动的复审环节，应该着重对可维护性进行复审，尽可能提高可维护性，至少保证不降低可维护性。

9.5 习题

1. 选择题

(1) 维护中因为删除一个标识符而引起的错误是(　　)副作用。

A. 修改文档　　B. 修改代码　　C. 修改设计　　D. 修改数据

(2) 为提高系统性能而进行的维护属于(　　)。

A. 纠错性维护　　B. 完善性维护　　C. 适应性维护　　D. 预防性维护

(3) 在软件生命周期中，(　　)所占的工作量最大。

A. 分析阶段　　B. 实现阶段　　C. 维护阶段　　D. 测试阶段

(4) 系统维护中要解决的问题来源于(　　)。

A. 需求　　B. 分析和设计　　C. 实现和测试　　D. 前面3项都包括

2. 填空题

(1) 提高软件可维护性的技术途径有(　　)、明确质量标准、采用易维护的技术和工具和加强可维护性复审。

(2) 重新验证程序的方法有静态确认、(　　)和维护后的验收。

(3) 修改程序的副作用有修改代码的副作用、(　　)和修改文档的副作用。

3. 判断题

(1) 软件维护活动花费的工作占整个软件生存期工作量的70%以上。　　(　　)

(2) 完善性维护占了维护几乎一半的工作量。　　(　　)

4. 简答题

(1) 试简要说明软件维护的过程。

(2) 结构化维护与非结构化维护是什么？

(3) 提高软件可维护性的技术途径有哪些？

参考文献

[1] 段恩泽，等. 面向对象系统建模实用教程[M]. 2 版. 大连：东软电子出版社，2023.

[2] Roger S. Pressman，Bruce R. Maxim. 软件工程实践者的研究方法(原书第 8 版)[M]. 郑人杰，马素霞，等译. 北京：机械工业出版社，2016.

[3] Roger S. Pressman. 软件工程实践者的研究方法(原书第 5 版)[M]. 梅宏，译. 北京：机械工业出版社，2002.

[4] 郑人杰，马素霞，麻志毅. 软件工程[M]. 北京：人民邮电出版社，2012.

[5] Stephen R. Schach. 面向对象软件工程[M]. 黄林鹏，徐小辉，伍建焜，译. 北京：机械工业出版社，2011.

[6] Terrence W.Pratt，MarvinV.Zelkowitz. 程序设计语言设计与实现[M]. 3 版. 傅育熙，等译. 北京：电子工业出版社，1998.

[7] 杜育根. 软件工程教程 IBM RUP 方法实践[M]. 北京：机械工业出版社，2016.

[8] 张海藩，倪宁. 软件工程[M]. 3 版. 北京：人民邮电出版社，2010.

[9] 窦万峰，等. 软件工程方法与实践[M]. 北京：机械工业出版社，2010.

[10] 葛文庚，魏雪峰，孙利，等. 软件工程案例教程[M]. 北京：电子工业出版社，2015.

[11] Ian Sommerville. 软件工程[M]. 程成，译. 北京：机械工业出版社，2012.

[12] 钱乐秋，赵文耘，牛军钰. 软件工程[M]. 3 版. 北京：清华大学出版社，2016.

[13] Bernd Bruegge，Allen H. Dutoit.DObject Oriented Software Engineering Using UML，Patterns，and Java(Third Edition)[M]. 北京：清华大学出版社，2011.

[14] 石冬凌. 面向对象软件工程——原理和实践[M]. 大连：东软电子出版社，2020.

[15] 程杰. 大话设计模式[M]. 北京：清华大学出版社，2011.

[16] 段恩泽，等. 数据结构(C/C#语言版)[M]. 北京：清华大学出版社，2010.

[17] UML 软件工程组织：http://www.uml.org.cn/.